土木工程质量与性能检测鉴定加固技术

韩继云　主　编

中国建材工业出版社

图书在版编目（CIP）数据

土木工程质量与性能检测鉴定加固技术/韩继云主编.
—北京：中国建材工业出版社，2010.8
ISBN 978-7-80227-811-0

Ⅰ.①土… Ⅱ.①韩… Ⅲ.①土木工程—质量检验②
土木工程—鉴定③土木工程—加固 Ⅳ.①TU71

中国版本图书馆CIP数据核字（2010）第135594号

内 容 简 介

书中以论文集的形式，重点围绕土木工程质量与性能检测鉴定加固技术进行叙述。总结了既有和在建工程结构中的质量与性能在检测、鉴定、加固、改造、维护及安全使用领域的新理论、新技术、新材料、新工艺和工程经验。全书分五篇：综述及试验研究；工程质量与性能的监测和监测；结构可靠性鉴定及灾害鉴定；结构修复与加固技术；其他工程。

土木工程质量与性能检测鉴定加固技术
韩继云 主 编

出版发行：中国建材工业出版社
地 址：北京市西城区车公庄大街6号
邮 编：100044
经 销：全国各地新华书店
印 刷：北京鑫正大印刷有限公司
开 本：787mm×1092mm 1/16
印 张：23.5
字 数：603千字
版 次：2010年8月第1版
印 次：2010年8月第1次
书 号：ISBN 978-7-80227-811-0
定 价：**56.00元**

本社网址：www.jccbs.com.cn
本书如出现印装质量问题，由我社发行部负责调换。联系电话：（010）88386906

第三届工程质量学术交流会

主办单位：中国土木工程学会工程质量分会

中国建筑学会质量控制与检测技术专业委员会

承办单位：国家建筑工程质量监督检验中心

山东省建筑科学研究院

协办单位：山东省土木建筑学会检测鉴定加固专业委员会

会议学术委员会（排名不分先后）

黄　强　陈　凡　邱小坛　宋义仲　徐　骋　孙　斌

周　燕　陶　里　彭立新　袁海军　刘立渠　孙　彬

黄家文　程绍革　张国强　常萍萍　谭海亮　王　洁

会议组织委员会

主　任：宋义仲

副主任：刘维刚　崔士起　梅佐云　孙会社

委　员：高　兵　翟继孟　宋红戎　孙薇　刘　强

前　言

目前我国正处于经济快速发展时期，大量投资用于工业与民用建筑、交通、水工及港工项目，新建工程量大面广，同时我国既有建筑、桥梁等因使用功能改变或自然灾害等原因需重建或改造加固，因此新建工程的质量控制与既有建、构筑物的检测鉴定技术受到政府及业主的高度重视，随着全民质量意识普遍提高也越来越受到普通民众的广泛关注。

为提高我国新建工程质量控制与既有建构筑物检测鉴定技术水平，中国土木工程学会工程质量分会和中国建筑学会质量控制与检测技术专业委员会联合主办第三届全国工程质量学术交流会，在全国同行的大力支持下，完成了本论文集。

论文集反映了目前我国工程质量控制与检测鉴定的新技术、新方法，介绍了大量有关试验研究和工程标准规范编制情况，特别是总结了汶川地震后两年内全国开展中小学、幼儿园校舍抗震鉴定和加固的经验，并对工程质量检测鉴定课题进行了深入探讨。

论文集共收录了全国工程勘察、设计、施工、检测、监理、监督、科研及高校等单位专家提供的论文60篇，在此向作者表示感谢。

编　者

2010年8月

目　录

第一篇　综述及试验研究

第二篇　工程质量与性能的检测和监测

第三篇　结构可靠性鉴定及灾害鉴定

第四篇 结构修复与加固技术

第五篇 其他工程

第一篇

综述及试验研究

防火保护的 CFRP 加固混凝土结构耐火性能研究的新进展

张国强[1] 张 鑫[1] 司道林[2]

1. 山东建筑大学土木工程学院，济南，250101
2. 济南市工程质量与安全生产监督站检测中心，济南，250013

【摘 要】 近十年来，碳纤维加固混凝土结构技术被广泛应用于建筑物的加固、修复和改造领域。由于兼做碳纤维增强复合材料（Carbon Fiber Reinforced Polymer，简称 CFRP）基体和碳纤维与混凝土间胶粘剂的树脂耐火耐高温性能差，国内外众多规范对碳纤维加固混凝土结构技术在结构补强加固领域的应用范围进行了限制。粘贴碳纤维片材加固混凝土结构耐火性能成为工程界研究的热点。本文综合了国内外粘贴碳纤维片材加固混凝土结构火灾试验和理论分析的部分研究成果，对防火设计方法、CFRP 材料的热工性能和热力学性能以及有防火保护的碳纤维片材加固混凝土构件耐火性能的研究进展进行了系统总结，指出现有研究中存在的问题，同时对无机胶粘贴碳纤维片材加固混凝土构件耐火性能的研究进展进行了总结。

【关键词】 CFRP 加固混凝土构件，防火设计方法，热工性能，热力学性能，耐火性能

0 引言

纤维增强复合材料（Fiber Reinforced Polymer，简称 FRP）是由纤维材料和树脂基体材料按一定的比例混合并经过一定工艺复合形成的高性能新型材料[1]。自研究问世以来，FRP 材料已经在航空航天等领域应用多年。自 20 世纪 70 年代以来，碳纤维材料开始在土木工程中得到应用，受其昂贵价格的制约一直未得到普及。近十年来，特别是美国北岭地震和日本阪神大地震发生后，随着碳纤维加固技术的推广和发展，碳纤维材料才被广泛应用于建筑物的加固、修复和改造领域。与传统的外粘钢板加固法相比，粘贴 CFRP 加固法具有高强、高效及良好的耐腐蚀性能和耐久性，不增加构件体积和自重，适用面广，便于施工等优点[2]。

作者简介：张国强，硕士研究生，主要研究方向建筑物加固改造. E-mail：zgqdexinxiang@163. com。
张 鑫，教授，博士，主要研究方向混凝土结构、工程鉴定加固。
司道林，硕士研究生，主要研究方向工程检测与鉴定加固。

目前用于粘贴碳纤维片材加固混凝土结构的有机胶通常为环氧基的树脂材料，其玻璃态转换温度 T_g（Glass Transition Temperature，简称 GTT）一般较低。在动辄上千摄氏度的火灾温度下，有机胶会很快达到玻璃态转化温度。当有机胶本身的温度超过 T_g 后，胶粘剂就开始软化，逐步丧失在碳纤维与混凝土之间传递剪力的能力，影响碳纤维与混凝土的共同工作性能，造成 CFRP 的刚度和强度降低[3]。用于粘贴碳纤维片材的环氧树脂类有机胶，其力学性能在温度高于 60℃时逐步降低[4]。由于树脂的耐火性能差，国内外众多规范对碳纤维加固技术的应用范围进行了限制，现在主要用于桥梁结构和对防火要求不高的工业和民用建筑结构，同时考虑碳纤维加固混凝土结构防火安全的加固设计方法也较为保守。我国 2003 年颁布的《碳纤维片材加固混凝土结构技术规程》[5]：“考虑到在发生火灾等碳纤维片材可能失效的情况下，应保证结构不致产生严重破坏和倒塌。此时，应取结构自重荷载及在发生火灾等碳纤维片材失效时结构上可能的活荷载，并采用相应的材料强度验算结构安全性。”该规定并未考虑到加固混凝土结构的碳纤维片材在火灾下承担荷载的可能性。为改善碳纤维片材加固混凝土结构的耐火性能，使其应用于对耐火等级要求高的建筑结构，国内外学者通过两个方法提高碳纤维片材加固混凝土结构的耐火性能：一是在 CFRP 表面采取可靠有效的防火保护措施，防止碳纤维片材在高温下氧化，延缓树脂基体和胶粘剂的升温速度，提高加固构件的耐火极限；二是从不耐高温的树脂基体入手：（1）对树脂进行化学改性或引入新的基团提高树脂的高温性能；（2）用耐高温无机胶代替有机胶。国内外学者基于以上两个方法的试验研究取得了丰硕的成果。关于钢筋和混凝土两种材料的高温性能研究已经比较成熟，在此不再赘述。本文参考近年来国内外碳纤维片材加固混凝土结构火灾试验研究成果和理论分析成果，以防火保护的碳纤维片材加固混凝土构件为研究对象，对防火设计方法、CFRP 材料的热工性能和热力学性能以及有防火保护的粘贴碳纤维片材加固混凝土构件耐火性能的研究进展进行了系统的总结，指出现有研究中存在的一些问题，同时对无机胶粘贴碳纤维布加固混凝土构件耐火性能的研究进展进行了总结。

1 国内外对 CFRP 材料高温性能的研究

1.1 碳纤维的高温性能

碳纤维是各种有机纤维加热碳化而成，具有耐高温、轻质高强、良好的耐久性和抗疲劳性能等优点，一般不单独使用，而是嵌入到树脂、金属或陶瓷基体中制成复合材料。碳纤维作为 CFRP 材料增强体，承担结构的工作载荷。文献［6～8］的研究结果表明，碳纤维在惰性气体环境中有良好的耐热性能，其熔点大约在 4000℃左右。在有氧的环境中当温度达到 300～400℃时，碳纤维本身会发生明显的氧化；在高温隔绝氧气的环境中，碳纤维的抗拉强度在 1000℃以内基本保持不变。Bisby[9] 等对碳纤维、玻璃纤维和芳纶纤维在高温下的抗拉强度进行了总结，在高温下碳纤维比玻璃纤维和芳纶纤维具有更高的强度，在 1000℃以内强度几乎不降低（如图 1 所示，折减系数是高温下纤维的抗拉强度与 20℃时纤维的抗拉强度百分比）。

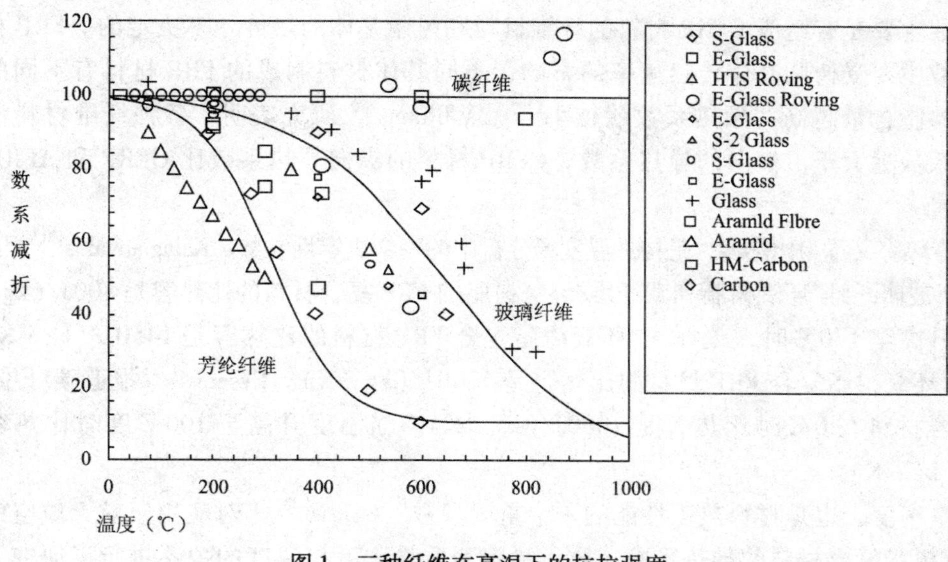

图1　三种纤维在高温下的抗拉强度

1.2　树脂基体的高温性能

树脂兼做FRP复合材料的基体和FRP与混凝土间的胶粘剂[10]。树脂基体起到粘结碳纤维予以赋形并传递应力和增韧的作用。对于树脂基体，当温度达到树脂的玻璃态温度时，它就会变软，强度会降低。我们常用的热塑性树脂玻璃态转换温度 T_g 一般在140～265℃内，而热固性树脂玻璃态转换温度 T_g 一般为65～80℃[11]。目前常用聚酯树脂在300～400℃时开始分解，当温度到达500℃时完全分解；环氧树脂在400～600℃范围内的分解；酚醛树脂在300～900℃的较长的温度范围内分解[12]。

考虑到树脂基体在高温下强度和刚度的降低，Plecnik[13]在环氧树脂在高于200℃的剪切和拉伸试验研究中发现，环氧树脂在达到玻璃态温度时的抗压强度有显著的降低，温度超过100℃时可以忽略不计。Glugur[14]对不同的结构环氧树脂胶进行高温下的剪切试验。试验表明：普通环氧树脂在80℃的高温下的强度是初始强度的30%，而对有抗热性能的环氧树脂胶在相同的温度下能保持其初始强度的80%。Dimitrienko[15]等对某一环氧树脂材料进行试验。试验结果表明：在150℃时其弹性模量降低50%，在300℃时降低了95 %。环氧树脂强度的降低速率取决于加热升温速率，加热升温越快，降低速率越慢。我国学者吴波[16]对碳纤维布配套的有机胶进行了高温剪切强度试验。结果表明：胶粘剂的剪切强度在60～80℃时有显著的降低。Gamage[17]等对采用环氧树脂作为胶粘剂粘贴碳纤维布的混凝土试块进行高温下剪切试验研究。试验结果表明：用于粘贴碳纤维布的环氧树脂的性能极易受温度影响，当环氧树脂本身的温度超过60℃时，其强度会显著降低。蔡正华[18]进行高温下CFRP布－混凝土界面的剪切性能试验研究，60℃时有机胶粘剂开始明显软化。从以上研究结果中可以得出树脂基体耐高温性能差，其软化温度较低。常用的树脂类树脂难以承受100℃以上的高温，其力学性能在温度高于60℃时开始降低。

1.3　CFRP的热工性能

在构件温度场分析中涉及的材料热工性能主要有3项，即导热系数、质量热容和质量密度。导热系数又称为热导率，是评价CFRP材料高温性能的一个重要参数。CFRP材料导热系数主要是有组成 CFRP 材料的纤维材料和树脂基体的热传导率决定的。FRP 材料的导热系数主要受树脂基体传热速率的影响，不同基体材料制成的 FRP 材料有不同的导热系数，树脂含量越高，导热系数就越小[19]。Williams[20]研究表明，各种纤维材料沿纵向的导热系数远大于沿横向的导热系数，CFRP 材料的纵向导热系数比 GFRP 和 AFRP 要大得多。

质量热容又称为比热容，是构件温度场分析中的一个决定性参数。Kalagiannakis[21]报道在室温条件下玻璃纤维/环氧树脂和碳纤维/环氧树脂的 FRP 复合材料的比热容是 800J/(kg·K)。当温度升高至 170℃时，碳纤维/环氧树脂复合 FRP 材料的比热容是 1450J/(kg·K)，玻璃纤维/环氧树脂复合 FRP 材料的比热容是 1300J/(kg·K)。Evseeva[22]报道碳纤维/环氧树脂复合材料在 0℃时比热容是 1000J/(kg·K)。当温度升高至 100℃度时比热容变为 1500J/(kg·K)。

质量密度，也是材料热工性能的一个重要参数。Griffis[23]等对应用于航天航空的碳纤维/环氧树脂复合材料的导热系数、质量热容和质量密度与温度的关系进行了研究，碳纤维/环氧树脂复合材料热导率在初始状态时近似为 1.4W/(m·K)，当温度升高至 500℃时减少了 0.2W/(m·K)；温度继续升高时，碳纤维/环氧树脂 FRP 复合材料的热导率近似保持不变。碳纤维/环氧树脂复合材料的比热容在温度低于 325℃时缓慢增长；在 325 ~ 343℃之间迅速增长；此后开始下降，在 510℃时急剧下降；碳纤维/环氧树脂复合 FRP 材料的质量密度随温度的变化不大，在低于 510℃时几乎不变；温度高于 510℃时，树脂基体分解挥发导致质量密度有所下降（CFRP 材料的导热系数、比热容和密度与温度关系见图 2）。

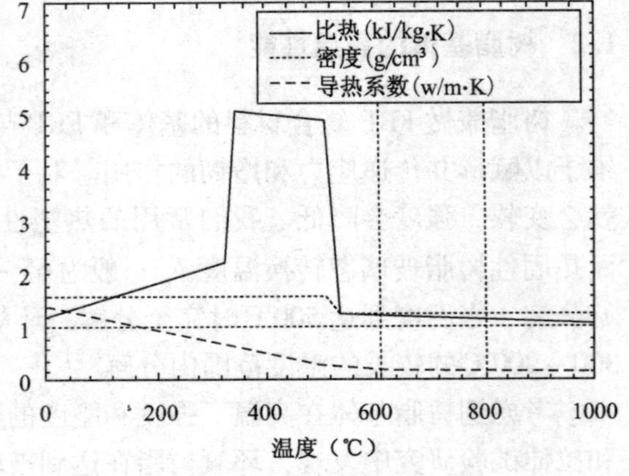

图 2　CFRP 材料导热系数、比热容和密度与温度关系

1.4　CFRP 的变形性能

FRP 材料与混凝土的热膨胀机理不同，它能在 FRP 与混凝土之间的胶粘剂内产生剪应力。Gentry[24]研究了在 0 ~ 60℃温度范围内两种不同的玻璃纤维/乙烯树脂酯化棒材的热膨胀量，两种材料的纵向热膨胀分别是 4.8με/℃和 8.3με/℃，而横向热膨胀系数分别是 38με/℃和 34με/℃。ACI4402R-08[11]给出了 3 种常用纤维的热膨胀系数（如表 1 所示），可以看出 FRP 材料的纵向热膨胀系数远小于横向的热膨胀系数。

表 1　常见 FRP 材料的热膨胀系数

FRP / 方向	热膨胀系数（10^{-6}/℃）		
	玻璃纤维	碳纤维	芳纶纤维
纵向	6 ~ 10	-1 ~ 0	-6 ~ -2
横向	19 ~ 23	22 ~ 50	60 ~ 80

1.5 CFRP 的高温力学性能

Gates[25] 研究了温度对碳纤维/树脂 FRP 复合材料抗拉性能和压缩性能的影响。试验研究表明：在温度达到 200℃时，CFRP 材料的纵向模量几乎不变，但其横向模量和剪切模量却有显著的降低。在拉伸和压缩试验中，研究发现在 125℃时强度减少 40% ~ 50%，在 200℃时强度减少 80% ~ 90%。Dimitrienko[26] 对碳纤维和玻璃纤维/环氧树脂复合 FRP 材料进行了试验，验证描述高温下材料性能的分析方程。研究发现 CFRP 材料和 GFRP 材料的强度和刚度在低于 300℃时有显著的降低。在 250℃时 CFRP 和 GFRP 其强度和刚度分别降低 80% 和 60%。吴波[16] 等在恒温炉中进行了碳纤维布的拉伸试验，碳纤维布的破坏形式均是脆性破坏，无明显的塑性发展。试验得到的碳纤维布拉伸强度随温度的变化曲线如图 3 所示。

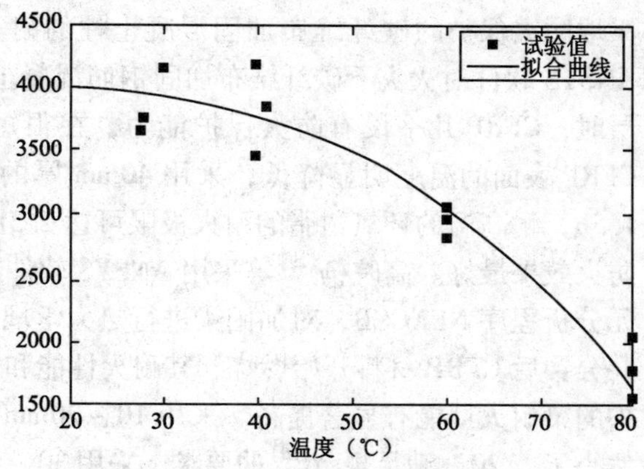

图 3　碳纤维布拉伸强度-温度曲线

加拿大的 Bisby[9] 在其博士论文中整理了各种 FRP 材料在高温下抗拉强度和弹性模量随温度的变化规律，并通过最小二乘法回归分析到了一个 S 型函数，可以很好的拟合各种 FRP 材料的高温性能。其关系式见式（1）和式（2）：

系数	CFRP	GFRP	AFRP
a_σ	0.1	0.1	0.1
b_σ	5.83×10^{-3}	8.10×10^{-3}	8.48×10^{-3}
c_σ	339.54	289.14	287.65
a_E	0.05	0.05	0.05
b_E	8.68×10^{-3}	7.91×10^{-3}	7.93×10^{-3}
c_E	367.41	320.35	290.49

$$f_{com.T}=f_{com}\left[\frac{1-a_\sigma}{2}\tan h[-b_\sigma(T_w-c_\sigma)]+\frac{1+a_\sigma}{2}\right] \tag{1}$$

$$E_{com.T}=E_{com}\left[\frac{1-a_E}{2}\tan h[-b_E(T_w-c_E)]+\frac{1+a_E}{2}\right] \tag{2}$$

式中　$f_{com.T}$和 $E_{com.T}$分别为温度 T_w 时的抗拉强度和弹性模量；

f_{com}和 E_{com}分别为常温时的抗拉强度和弹性模量。

2　防火保护的 CFRP 加固混凝土构件的耐火性能研究

2.1　理论分析研究

国内外对火灾下碳纤维布加固混凝土构件有限元分析的研究相对较少，主要是由于各种材料的非线性性能以及之间的耦合作用比较复杂，对加固构件非线性分析比较困难造成的。Bisby[27] 博士编制一个一维有限差分程序，该数值模型将圆柱分成若干圆环来预测碳纤维布加固混凝土柱的耐火极限。试验结果表明，由于没有采取任防火保护措施，树脂胶粘剂达到其玻璃态转换温度只有4min，加固构件达到其承载能力极限状态只需117min。由此可知未采取防火保护的碳纤维布加固混凝土柱的耐火极限不能满足规范要求。曾志长[28]等采用ANSYS软件对火灾下碳纤维布加固钢筋混凝土梁进行了温度场数值模拟研究。无防火保护层时，CFRP几乎没有防火保护能力，在很短的时间内失去加固作用；有防火保护层时，CFRP表面的温度明显降低，采用40mm厚的防火保护层时，普通环氧树脂的耐火极限为1.5h，耐高温的环氧树脂的耐火极限可达2.5h以上，且底面和两侧面全面涂抹防火涂料的防火效果最好。高皖杨[29]等采用ANSYS软件编制了碳纤维布加固钢筋混凝土梁火灾下有限元分析程序NFACCB，对加固梁进行热力学耦合分析。无防火保护的碳纤维布加固梁在受火几分钟后CFRP材料开始燃烧，其耐火性能和未加防火保护梁相差无几，而采用合理防火保护的梁耐火性能有显著提高。采用10~20mm厚的防火保护后，2h后加固梁的跨中挠度仍然小于*L*/20，满足规范[30]的要求。采用30~40mm厚的防火保护后，加固梁可获得4h以上的耐火极限。

2.2 火灾试验研究

Blontrock[31]等对采用石膏板和石棉两种不同防火材料的碳纤维布加固的钢筋混凝土板进行了火灾试验。试验结果表明：碳纤维布表面做防火保护对提高加固板的耐火极限是很有必要的；在升温24~55min时碳纤维布与混凝土之间的粘结作用开始丧失，此时胶粘剂的温度约为47~69℃。Gamage[17]等人对两组表面粘贴CFRP布的混凝土试块进行了高温下剪切试验。第一组试样表面没有设置隔热保护层；第二组为了验证隔热材料的保护作用，在试样表面设置了隔热保护层。第一组试验由于环氧树脂的耐热性差，试件在经受了5.5~6min的高温后便破坏，第二组试验由于隔热层的保护，试件的耐火极限达到了80~90min。

吴波[32]等在ISO834标准升温条件下，分别设置了15mm厚水泥砂浆，3mm厚和5mm厚薄型防火涂料3块不同防火材料的碳纤维布加固钢筋混凝土板和1块未加固板进行了对比试验。试验结果表明：与薄型防火涂料相比，水泥砂浆的防火保护效果相对较弱；防火涂料厚度越大，防火效果越好，厚度为5mm的防火涂料的防火效果相对较好。胡克旭[33]等对2根采用厚型防火涂料不同防护保护形式的钢筋混凝土梁进行了火灾试验，研究碳纤维布加固钢筋混凝土梁的防火方法。试验结果表明：采用50mm厚防火涂料全截面防火保护的加固梁的耐火极限超过了2.5h，在防火涂层内设置钢丝网能有效地防止开裂和脱落。

Williams和Bisby[34、35]等人对采用双层防火涂料保护碳纤维布加固的混凝土板和混凝土柱的耐火性能进行了试验研究。该防火体系内层是采用厚型钢结构防火涂料的VG层，又称惰性层，与碳纤维布有着良好的粘结性能，直接喷涂在CFRP的表面；外层是薄型钢结构涂料的EI层，又称为膨胀层，高温下可发泡形成隔热层。试验采用19mm厚的VG层和0.25mm厚的EI层及38mm厚的VG层和0.25mm厚的EI层，对CFRP片材加固的混凝土板进行防火保护，试验结果表明19mm厚的TyfoVG/EI保护层在132min时脱落，加固板的耐火极限约为2h；38mm厚的TyfoVG/EI防火保护层在4h内的火灾试验中始终保持完整，能为加固板提供大于4h的防火保护。用32mm厚的VG层和0.56mm厚的EI层及57mm厚的VG层和0.25mm厚的EI层对两根圆形加固柱进行防火保护，试验结果显示两柱的耐火极限均超过5h。对碳纤维布加固的混凝土构件进行有效的防火保护，可以显著的提高加固构件的耐火极限和抗火性能。

3 无机胶粘贴 CFRP 加固混凝土构件的耐火性能研究

3.1 无机胶的高温性能

与有机胶相比，无机胶有良好的耐高温性能和耐久性等优点。Foden[36]对无机聚合树脂胶粘剂进行了试验研究。研究表明：无机聚合树脂能抵抗高达1000℃的高温，用这种无机聚合树脂粘贴的碳纤维在经历800℃的高温后仍可保留63%的抗弯强度。熊光晶[37,38]等最早提出采用氯氧镁水泥作为无机胶，并对氯氧镁水泥的力学性能进行研究；尝试开发粘贴碳纤维布加固混凝土结构用氯氧镁水泥，研究了温度对聚合物改性氯氧镁水泥的影响。万黎黎[39]对经过100～400℃高温后的无机胶试样进行抗压试验研究。试验研究表明，加热到100℃时试样抗压强度有所提高，随着温度的升高，试样抗压强度开始逐渐降低。温度低于300℃时，MOC 能保持较好的抗压性能。郑文忠[40]对碱激发矿渣无机胶进行高温冷却后抗压强度的试验结果表明：仅以高温后的抗压强度作为评价指标，碱激发矿渣无机胶的耐火性能优于有机胶，其耐火温度上限可超过600℃。

3.2 火灾试验研究

国内外的研究表明[41～47]，在常温下用无机胶粘贴 CFRP 加固混凝土结构是可行的，只是无机胶的脆性使碳纤维加固混凝土构件的延性有所降低。陈忠范[41]等对采用无机胶粘贴碳纤维布加固钢筋混凝土梁进行了火灾试验，并对经过高温后的加固构件进行了静载荷试验。试验研究表明：在温度低于300℃时，MOC 能保持较好的加固性能；当温度超过300℃时，MOC 本身会因为结晶水的失水过多而失去龟裂裂缝，导致强度降低。建议在使用 MOC 作为胶粘剂时，碳纤维表面应采用防护保护。郑文忠[48]等人对无机胶碱矿渣胶结材料粘贴碳纤维布加固钢筋混凝土梁板在不同厚度的防火保护层下进行火灾对比试验，并采用厚型隧道防火涂料和厚型钢结构防火涂料进行对比。试验结果表明，在 ISO 834 标准火灾曲线下升温1.5h，再自然降温1h，试验梁板跨中的最大位移分别为11mm 和37mm，远小于 $L/20$，满足规范[30]的要求。厚型隧道防火涂料的防火效果明显优于厚型钢结构防火涂料。采用防火涂料保护后用无机胶粘贴碳纤维布加固的混凝土梁板，在火灾下和火灾后碳纤维布和混凝土可有效的共同工作。

4 防火设计方法

4.1 防火材料

目前用于建筑物防火材料主要有：（1）矿物棉、岩棉、玻璃棉；（2）泡沫塑料及多孔材料，主要有聚苯乙烯泡沫塑料和聚氨酯泡沫塑料；（3）膨胀珍珠岩及其制品，如玻璃珍珠岩板；（4）硅酸钙绝热制品，如硅酸钙板；（5）各种复合保温隔热材料，如复合硅酸盐保温材料、胶粉料聚苯乙烯颗粒保温隔热材料等[49]；还有饰面型防火涂料、电缆防火涂料、钢结构防火涂料、混凝土防火涂料、隧道防火涂料及预应力混凝土楼板防火涂料等[50]。现在没有专门用于 CFRP 加固混凝土构件的防火材料，试验研究选用的防火材料主要有：（1）矿物棉、岩棉、石棉；（2）各种防火板材；（3）防火涂料等。在碳纤维表面采取的防火保护有两个作用：一是隔热作用，在火灾发生时隔绝热量从外界向构件内部传递，减少高温对材料力学性能的影响；二是隔绝氧气作用，在上千摄氏度的火灾中，碳纤维和树脂基体极易成为新燃烧源，产生有毒烟气和造成火焰蔓延。采用防火保护后切断其燃烧途径。

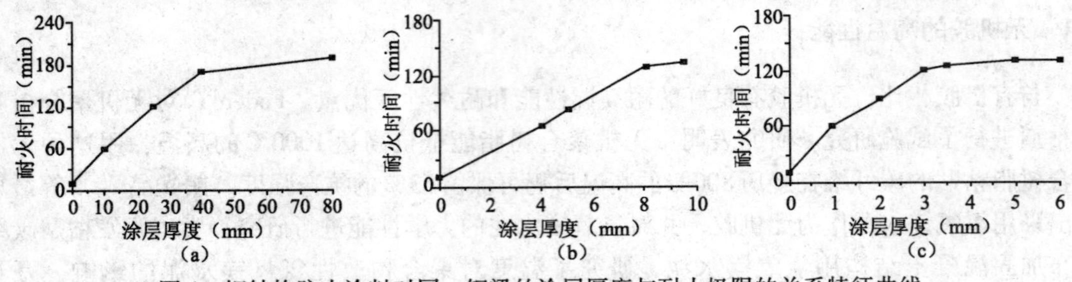

图4 钢结构防火涂料对同一钢梁的涂层厚度与耐火极限的关系特征曲线

4.2 防火保护层设计

对于如何设计防火保护层，规范只是给出以下要求[5]：“对已加固修复完的结构表面应进行防护处理，表面防护材料应与浸渍树脂或粘结树脂可靠粘结。选用的防火材料及其处理方法应使加固后建筑物达到要求的防火等级。”总结以上研究成果，本文认为对碳纤维布加固混凝土构件防火保护设计可以分为以下两步：

一是合理选择防火材料；由于防火涂料的热工参数稳定，防火效果好，不受构件几何形状的限制，相对于防火板材具有很大优势，现在的试验研究大多选用防火涂料作为加固构件的防火材料。树脂基体与建筑钢材的热工性能和热力学性能有着显著的差异，建筑钢材在高于200℃时，其力学性能才开始降低，而树脂在温度超过60℃时，其力学性能就明显下降。超薄型防火涂料和薄型防火涂料在发泡膨胀形成海绵状隔热层后才能起到防火作用，其发泡温度远高于树脂的软化温度，文献［51］研究表明，超薄型防火涂料对 CFRP 基本上没有保护作用，发泡膨胀后能有效地保护混凝土和钢筋。文献［52］建议不要单独使用薄型钢结构防火涂料对加固构件进行防火保护，可以与厚型防火涂料结合使用作为加固构件的防火保护材料。薄型防火涂料与厚型防火涂料组合使用防火效果良好，但施工工序复杂、经济性差，短时间内不会成为防火保护的首选。厚型防火涂料与前者相比，虽然其防火性能略差一些，但是施工工序简单、价格相对便宜、与混凝土和 CFRP 有良好的粘结性能，是碳纤维加固混凝土构件的首选防火材料。二是保护层设计，其中包括：(1) 确定防火保护层厚度：构件的耐火极限与防火涂层的厚度有很大关系，防火涂层越厚，构件的耐火极限越大，但也并非呈线性关系增长。在真实火灾中防火涂层厚度越厚，越易出现开裂、分层和脱落，影响防火效果。国家防火建材质检中心对厚涂型（H 类）、薄涂型（B 类）和超薄型（CB 类）三类钢结构防火涂料对同一钢梁的防火涂层厚度与耐火极限的关系进行了试验研究，试验结果如图4所示[50]。(2) 确定保护范围：对碳纤维加固的混凝土柱，应在柱外表面涂抹防火涂料；对碳纤维加固的混凝土板，应在板底涂抹防火涂料；对于碳纤维加固的混凝土梁，文献［28，53］研究表明，采用U型（梁底和两侧）全截面涂抹防火涂料；(3) 粘贴或涂抹方式：粘贴在 CFRP 表面的各种防火板材，应在其端部增加机械锚固，防止过早脱落；喷涂在 CFRP 表面的防火涂料应在其内部铺设钢丝网，对防火涂层形成一定的约束作用，防止开裂、分层和脱落，延长保护时间。

5　防火保护的CFRP加固混凝土结构耐火性能研究存在的问题

（1）目前，对碳纤维加固混凝土结构耐火性能的研究大多是采用标准火灾升温曲线提供的特定火场，并未考虑真实火场中室内可燃物、火焰、烟气羽流、热气层、壁面和通风口等因素对结构的影响。现在虽然取得了一些研究成果，但是还不足以建立一个合理、可靠的防火设计准则，还应进行更广泛深入的研究。

（2）现有试验研究表明，在上千摄氏度的火灾试验中，CFRP材料、混凝土和钢筋本身的材料力学性能已经有明显降低，用耐高温无机胶代替有机胶的同时也应考虑采取防火保护共同提高加固构件的耐火性能。

（3）现有的试验研究对象主要是碳纤维加固单个混凝土构件，并没有考虑火灾下构件的相互作用和应力重分布对构件耐火极限的影响。实际结构中由于相邻的构件之间存在着约束作用，在相同荷载条件下约束构件的变形比简支或铰接构件的小，整体结构中单个构件的耐火极限与无约束的单个构件的耐火极限有着明显的差异，尚未见到碳纤维加固整体混凝土结构耐火性能的研究。

（4）大多数火灾试验都是以构件的变形限值作为判断构件的失效准则，并未对火灾后加固构件的剩余承载力进行研究。实际上碳纤维加固混凝土构件在火灾后仍然有一定的剩余承载能力，CFRP材料和混凝土还可以共同工作。目前关于碳纤维加固混凝土结构火灾后的剩余承载力的研究几乎是空白。该方面的研究对火灾后的评定结构损伤和加固修复有很重要的意义。

（5）由于进行足尺的碳纤维加固混凝土结构火灾试验研究耗费时间长，费用大，目前国内外对足尺加固构件的试验研究有限。现在还没有得出有效的数值模型，用来模拟火灾下碳纤维加固混凝土构件的抗火性能。

参考文献

[1] 叶列平，冯鹏．FRP在工程结构中的应用和发展［J］．土木工程学报，2006，39（3）：24~36.

[2] 赵彤，谢剑．碳纤维布补强加固混凝土结构新技术［M］．天津：天津大学出版社，2001：3~4.

[3] 高皖扬．碳纤维加固混凝土梁耐火试验研究与理论分析［D］．上海：同济大学，2007.

[4] Tadeu A. J. B，Branco F. J. F. G Shear tests of steel plates epoxy-bonded to concrete under temperature［J］. Journal of Materials in civil Engineering，2000，12（1）：74~80.

[5] CECS 146：2003. 碳纤维片材加固混凝土结构技术规程［S］. 北京：中国计划出版社，2003.

[6] Bakis C. E. FRP Reinforcement：Materials and Manufacturing，Fiber-Reinforced-Plastic（FRP）Reinforcements for Concrete Structures：Properties and Applications，A，Nanni，ed.，Elsevier Science Publishers B. V，pp. 13~58.

[7] Bourbigot S，Flambard X. Heat Resistance and Flammability of High Performance Fibers［J］. Fire and Materials，2002，26（4-5）：155~168.

[8] Rostasy，F. Fiber Composite and Techniques as Non-metallic Reinforcement of Concrete，Brite Project 4142/BREU-CT 910515，Evaluation of Potential and Production technologies of FRP，Technical Report Task 1.

[9] Bisby L. A. Fire Behaviour of Fiber-Reinforced Polymer（FRP）Reinforced or Confined Concrete［D］. Canada：Queen's University，2003.

[10] 滕锦光，陈建飞，S. T. 史密斯等. FRP加固混凝土结构［M］. 李荣，腾锦光，顾磊. 北京：中国建筑工业出版社，2005：4~5.

[11] American Concrete Institute. ACI 4402R-08 Guide for the Design and Construction of Externally Bonded FRP Systems for Strengthening Concrete Structures [R]. Michigan: American Concrete Institute, 2008.

[12] Dodds N, Gibson A. G, Dewhurst D, et al. Fire behaviour of composite laminates [J]. Applied Science and Manufacturing, 2000, 31 (7): 689 ~ 702.

[13] Plecnik J. M, Bresler B, Cunningham J. D, et al. Temperature Effects on Epoxy Adhesives [J]. Journal of the Structural Division, 1980, 106 (ST1): 99 ~ 113.

[14] Gluguru N. D. Hysol Epoxy/Structural Adhesives [EB/OL], http: //www. gluguru. com/HysolEpoxyTable. html, May 30. 2003.

[15] Dimitrienko Y. Thermomechanics of Composites under High Temperatures [M]. London , Klewer Academic Publishers , 1999: 347.

[16] 吴波，万志军．碳纤维布及胶粘剂的高温强度研究 [A]．第三届全国钢结构防火及防腐技术研讨会暨第一届全国结构抗火学会交流会论文集 [C]．福州，2005：386 ~ 393.

[17] Gamage J. C. P. H, Al-Mhaidi R, Wong M. B. Bond characteristics of CFRP plated concrete members under elevated temperatures [J]. Composite Structures, 2006, 75: 199 ~ 205.

[18] 蔡正华．高温下 CFRP-混凝土界面受剪性能研究 [D]．上海：同济大学，2008.

[19] Schwartz M. M. Composite Material, Volume I [M]. Prentice Hall 432.

[20] Williams B. Fire Performance of FRP-strengthened reinforced concrete flexural members [D]. Canada: Department of Civil Engineering , Queen's University , Kingston, Ontario, 2004.

[21] Kalagiannakis G. , VanHemdrijck, D. Numerical Study on Nonlinear Effects of Heat Diffusion in Composites and its Potential in Non-destructive Testing [J]. Review of Scientific Instruments. 2003, 94 (1): 464 ~ 464.

[22] Evseeva L. E, Tanaeva S. A, Dubkova V. I, Macvskaya O. I. Influence of Thermocycling on the Thermophysical Properties of Epoy Compositions Hardened with Phosphorous Carbon Fibers [J]. Journal of Engineering Phsics and Thermophysics, 2003, 76 (1): 222 ~ 225.

[23] Griffis C. A, Masumura R. A, Chang C. I. Thermal Response of Graphite Epoxy Composite Subjected Rap Heating [J]. Environmental Effects on Composite Materials, 1984, (2): 245 ~ 260.

[24] Gentry T. R, Hudak C. E. Thermal Compatibility of Plastic Composite Reinforcement and Concrete. Advnced. Composite Materials in Bridges and Structures, M. EI-Badry, ed. , Montreal , Canada, pp. 149 ~ 156.

[25] Gates T. S. Effects of Elevated Temperature Viscoelastic Modeling of Graphite/Polymeric Composites, NASA Technical Memorandum 104160, National Aeronautics and Space Administration , Langlcy, U. S. A, pp. 29.

[26] Dimitrienko Y. L. Thermonmechanics of Composites High Temperatures [M]. London, Klewer Academic Publishers, 1999: 34.

[27] Bisby L. A, Green M. T, Kodur V. K. R . Modeling the Behavior of Fiber Reinforced Polymer Confined Concrete Columns Exposed to Fire [J]. Journal of Composites for Construction, 2005, 9 (1): 15 ~ 24.

[28] 曾志长，李耀庄，唐毓等．火灾高温下 CFRP 加固钢筋混凝土梁温度场分析 [J]．防灾减灾工程学报．2008，28 (1)：110 ~ 116.

[29] 高皖杨，胡克旭，陆洲导．火灾下碳纤维布加固钢筋混凝土梁非线性分析 [J]．同济大学学报（自然科学版）．2009，37 (5)：575 ~ 582.

[30] GB 50016—2006．建筑设计防火规范 [S]．北京：中国计划出版社，2006.

[31] Blontrock H, Taetwe, Matthys S. Properties of fiber reinforced plastics at elevated temperatures with regard to fire resistance of reinforced concrete members [A]. Fourth Intemational Symposium on Fiber Reinforced Polymer Reinforced for Reinforced Concrete columns Structures [C]. American Concrete Institute, Petroit Michigan, SP1885, 1999: 43 ~ 45.

[32] 吴波，王军丽．碳纤维布加固钢筋混凝土板的耐火性能试验研究 [J]．土木工程学报，2007，40

(6)：26~41.

[33] 胡克旭，何桂生. 碳纤维加固钢筋混凝土梁的防火方法研究 [J]. 同济大学学报（自然科学报），2006，34 (11)：1451~1456.

[34] William B, Bisby L A, Kodur V K R et al. Fire Insulation Schemes for FRP-Strengthened Concrete Slabs. Composites：Part A, 2006, 37：1151~1160.

[35] Kodur V. K. R, BisbyL. A, Green M. F. Experimental Evaluation of the Fire Behaviour of Insulated Fire-Reinforced-Ploymer-Strengthened Reinforced Concrete Columns. Fire Safety Journal, 2006, 41：547~557.

[36] Foden A J. Mechanical Properties and Material Characterization of Polysialate Structural Composites . Ph. D. thesis, Rutgers Univ. Piscataway , N. j. 1999.

[37] 熊光晶，马晓升，傅剑波. 纤维复合材料加固混凝土研发方向浅议 [A]. 第七届全国建筑物鉴定与加固改造学术会议 C，2004.

[38] 傅剑波，熊光晶. 改性氯氧镁水泥性能的若干影响因素及其改性机理初探 [D]. 汕头：汕头大学，2005.

[39] 万黎黎. 碳纤维加固钢筋混凝土梁耐火抗弯性能理论与试验研究 [D]. 南京：东南大学：2006.

[40] 郑文忠，陈伟宏，徐威等. 用碱激发矿渣耐高温无机胶在混凝土表面粘贴碳纤维布试验研究 [J]. 建筑结构学报，2009，30 (4)：138~157.

[41] 陈忠范，万黎黎，李建龙等. 无机胶粘贴碳纤维布加固钢筋混凝土梁的高温性能试验研究 [J]. 四川建筑科学研究，2007，33 (12)：169~173.

[42] Kurtz S, Balaguru P. Comparison of Inorganic Organic Matrices for Strengthening RC Beams with Carbon Sheets [J]. Journal of Structural Engineering, 2001, 127 (1)：35~42.

[43] 张文华，郑大伟，吴传威. 以飞灰制成无机聚合树脂应用于混凝土补强之可行性研究 [R]. 第十届海峡两岸环境保护学术研讨会. 2005.

[44] 王晏，冯鹏，叶列平等. 用于纤维片材加固混凝土结构的无机粘结材料——地聚物 [J]. 工业建筑，2004，34 (增刊)：16~20.

[45] 杨立滦. 无机胶粘贴碳纤维片材加固混凝土梁抗弯性能研究 [D]. 济南：山东建筑大学，2009.

[46] 孔祥菲. 无机胶粘贴 U 形碳纤维片材加固钢筋混凝土梁抗剪性能研究 [D]. 济南：山东建筑大学，2009.

[47] 吕莹. 无机胶粘贴碳纤维片材加固混凝土柱抗剪性能研究 [D]. 济南：山东建筑大学，2009.

[48] 郑文忠，万夫雄，李时光. 用无机胶粘贴 CFRP 布加固混凝土梁板抗火性能试验研究 [A]. 第五届全国钢结构防火及防腐技术研讨会暨第三届全国结构抗火学术交流会论文集 [C]. 济南，2009：104~125.

[49] 殷仲海. 保温隔热材料在建筑工程中的应用 [J]. 湖北教育学院院报，2005，22 (2)：72~74.

[50] 刘军军. 防火涂料的现状及发展趋势 [J]. 消防技术与产品信息，2004，(11)：28~31.

[51] 胡克旭，胡亚敏. CFRP 加固混凝土梁耐火机理初步研究 [A]. 第五届全国钢结构防火及防腐技术研讨会暨第三届全国结构抗火学术交流会论文集 [C]. 济南，2009：388~395.

[52] William B, Bisby L, Kodur V, et. al. Fire insulation schemes for FRP-strengthened concrete slabs. Composites. 2006, Part A 37：1151~1160.

[53] Blontrock H, Taerwe L, Vandevelde P. Fire Tests on Concrete Beams Strengthened with Fiber Composite Laminates. Third Ph. D. Symposium, Vienna, Austria, 2000.

拔出法测强曲线编制的试验研究

王 炎[1] 杨 继[1] 吴 磊[2]

1. 昆山市建设工程质量检测中心，昆山，215300
2. 昆山市建设工程质量监督站，昆山，215300

【摘 要】 通过配制各种强度等级的混凝土试件，在28天标准养护条件下，对混凝土试件进行后装拔出法、预埋拔出法的测试，再对同一强度等级下的试件进行抗压测试，并最终汇总所测得的拔出值、抗压强度，利用回归的方法建立后装拔出法、预埋拔出法的测强曲线，从而可以推算出不同拔出值下对应的混凝土抗压强度。

【关键词】 后装拔出法，预埋拔出法，测强曲线，试验

1 试验目的

拔出法是近20年才出现的一种混凝土强度检测技术，分为后装拔出法、预埋拔出法。其操作简单，又有足够的检测精度，是一种介于无损检测和钻芯法检测之间的一种检测方法，同时预埋拔出法对施工过程中混凝土质量的控制有着重要的意义。因此建立准确可靠的测强曲线，使工程技术人员可以方便地得到检测结果，从而推动拔出法得到广泛的应用。

2 试验方案

依据研究目的制定以下试验方案，即通过配制各种强度等级的混凝土试件，在28天标准养护条件下，对混凝土试件进行拔出法测试，再对同一强度等级下的试件进行抗压测试，并最终汇总所测得的拔出值、抗压强度，通过数理统计分析，去除异常数据，采用最小二乘法原理，按一元线性方程模型 $f_{cu} = aF_u + b$ 进行回归分析，建立在不同拔出值下对应的混凝土抗压强度。

3 试验设备

试验仪器主要采用浙江奉华铁科华方机械制造有限公司生产的BCY-1型混凝土强度拔出仪。仪器主要参数及照片（图1）如下：测力量程0~60kN、精确度1.5%、测量环境温度－10C°~60C°、钻头直径18.2~18.5mm、成型孔直径18.4~18.8mm、成型孔深度50~55mm、钻孔机转速9500转速/分、切槽深度25+0.2~0.5mm、切槽孔径 ϕ25±0.3mm、钻孔机切槽机功率均为750W、电源220V。

图 1　BCY-1 型混凝土强度拔出仪照片

4　试件制作

本次研究所覆盖的混凝土强度等级为 C10、C20、C25、C30、C35、C40、C45、C50，后装法、预埋法两种检测方法分别准备各强度等级的 300mm×300mm×300mm 混凝土试块拔出法试块 9 块，150mm×150mm×150mm 抗压试块 9 组。研究试样所采用的原材料（普通硅酸盐水泥、砂、石、水）选自昆山地区采用材料。按上述要求配制混凝土试件，在配制完后，待到相应的 28 天龄期后立即进行测试。每组试件由 1 个可布置三个测点的拔出试件和三个相应的 150mm×150mm×150mm 的立方体试块组成。

5　测试操作

5.1　后装拔出法试验按下列规定进行

钻孔：后装拔出法的测点应布置在 300mm×300mm×300mm 试件混凝土成型侧面，用薄壁钻钻孔。

磨槽：用磨槽机在混凝土孔壁内磨出环型槽，并检查成孔尺寸是否满足要求；然后安装锚固件。

进行拔出：在每一个拔出试件上，应进行 3 个测点的拔出试验（拔出试验后检查混凝土的破坏情况，当出现异常现象时，将该值舍去，在剩余的一个侧面补上），取三点的平均值为该试件的拔出力计算值，精确到 0.1kN。

抗压试验：将 3 块 150mm×150mm×150mm 的混凝土试件，按标准 GB/T 50081—2002 进行试块的抗压强度测试。

数据处理：将每组试件的拔出力计算值及立方体试块的抗压强度代表值汇总，按最小二乘法原理进行回归分析。

5.2　预埋拔出法试验按下列规定进行

安装预埋件：将锚盘、定位杆和连接圆盘按图 2 组成预埋件，在锚盘和定位杆外表涂上一层机油或其他隔离剂。预埋件应布置在 300mm×300mm×300mm 试件混凝土成型侧面。每个试件为 3 个点。在浇灌混凝土之前，将预埋件安装在模板内侧的适当部位。对于钢试模，须在钢试模的适当位置先钻一小孔，利用沉头螺丝直接将定位杆连同锚盘固定在小孔内侧。

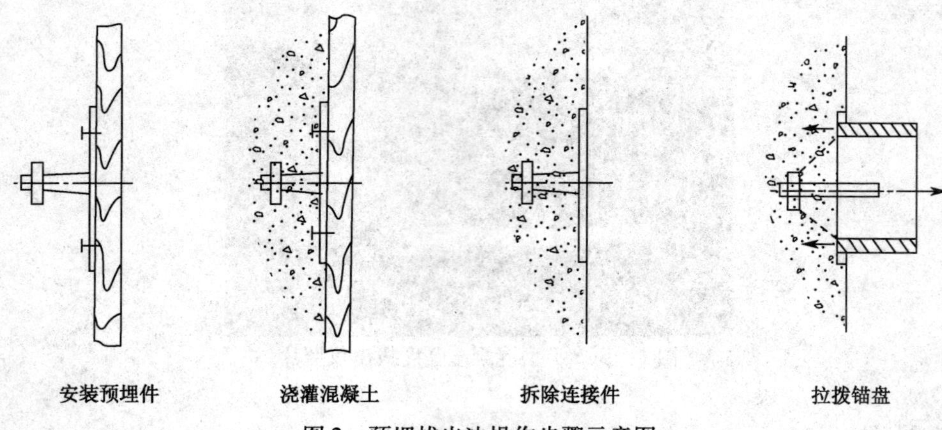

图 2　预埋拔出法操作步骤示意图

浇灌混凝土：在试模内浇灌混凝土时，预埋点周围的混凝土应与其他部位同样捣实，但是不能损坏预埋件。

拆除连接件：进行拔出试验前，应把连接圆盘和定位杆拆除。为避免由于混凝土强度较高拆卸困难，可在混凝土达到足够强度后，预先将定位杆旋松。

拉拔锚盘：将拉杆一端穿过小孔旋入锚盘中，另一端与拔出试验仪连接。拔出试验仪的承力环应均匀地压紧混凝土表面，并与拉杆和锚盘处于同一轴线。摇动拔出试验仪摇把对锚盘施加拔出力，取三点的平均值为该试件的拔出力计算值，精确到 0.1kN。

抗压测试：将 3 块 150mm×150mm×150mm 的混凝土试件，按标准 GB/T 50081—2002 进行试块的抗压强度测试。

数据处理：将每组试件的拔出力计算值及立方体试块的抗压强度代表值汇总，按最小二乘法原理进行回归分析。

6　结语

6.1　后装拔出法

根据实际检测数据，按一元线性方程模型进行回归分析，得到后装拔出法测强曲线公式为：$f_{cu}=0.59F_u+14.2$（$a=0.59$，$b=14.2$），相关系数 0.974，置信度 95%，平均相对误差 4.75%，相对标准差 7.38%，符合 CECES69：94《后装拔出法检测混凝土强度技术规程》中测强曲线相对标准差不大于 12% 的规定。由于试块强度分布于 10.8～58.0MPa，通过对各强度范围内的误差分析，认为该公式在昆山地区适用强度范围为 10～60MPa。

6.2　预埋拔出法

根据实际检测数据，按一元线性方程模型进行回归分析，得到预埋拔出法测强曲线公式为：$f_{cu}=1.12F_u-0.82$（$a=1.12$，$b=-0.82$），相关系数 0.982，置信度 95%，平均相对误差 3.31%，相对标准差 4.66%。由于试块强度分布于 14.8～56.0MPa，通过对各强度范围内的误差分析，认为该公式在昆山地区适用强度范围为 15～55MPa。

建筑物平移设计方案与截断前后的内力分析

颜丙冬[1]　张　鑫[2]　夏风敏[2]　贾留东[2]

1. 山东建筑大学土木工程学院，济南，250101
2. 山东建筑大学工程鉴定加固研究所，济南，250014

【摘　要】　介绍某高层建筑平移工程的设计方案，包括托换体系设计、行走机构设计、就位连接设计、牵引力施加系统设计。对建筑物截断前后的内力变化用SAP2000进行建模计算，并分析其变化的原因，为托换结构设计提供了依据。

【关键词】　高层建筑，整体平移，托换设计，计算分析

1　前言

我国的建筑物移位技术开始于20世纪80年代，但是这项技术在我国取得了突飞猛进的发展，其理论和技术处于世界领先水平。近年来，一批具有重大影响力和突破性的工程得以成功实践。山东莱芜高新区管委会15层综合楼平移工程就是具有代表性的工程之一。

莱芜高新管委会综合楼位于莱芜市高新区凤凰路的南端，为框架-剪力墙结构。由主楼和裙楼两部分组成，主楼地下1层，地上15层，裙楼地下1层，地上3层，筏板基础。建筑物长72.8m，宽41.3m，占地面积2700m^2，总建筑面积24673m^2，地上总高度67.6m。上部恒荷载319800kN、活荷载30080kN。单柱最大荷载11770kN（恒荷载10900kN，活荷载870kN），最大柱截面为1200mm×1200mm。基础埋深7.05m，筏板厚度650mm，基础梁高度2000mm[1]。

2　平移设计

2.1　托换体系

柱下的托换方式有包裹式托换和单梁式托换两种，其滚轴布置方式也分为满布和局部布置两种[2]。单梁式托换施工难度较大，对上部结构破坏较大，仅适用于层数较少、竖向荷载较小的柱子托换；框架柱一般采用包裹式托换，沿建筑物平移方向将外包梁延长，以将上部荷载均匀地传递到下轨道和基础上。滚轴满布方案的特点是传至基础的荷载比较均匀，单

基金项目：国家“十一五”科技支撑计划“既有建筑物移位改造关键技术研究”（2006BAJ06A03-06）。

作者简介：颜丙冬，硕士生，主要从事建筑物鉴定加固与改造研究；
张　鑫，教授，主要从事建筑物鉴定加固与改造研究；
夏风敏，副教授，主要从事建筑物鉴定加固与改造研究；
贾留东，副教授，主要从事建筑物鉴定加固与改造研究。

个滚轴受力较小，但在上轨道梁上有较大柱荷载或集中力时，欲使荷载均匀分布时，上轨道梁的截面尺寸要求较高，配筋亦较大；而滚轴局部布置时，由于荷载只在柱边的局部区域内存在，所以在上轨道梁上引起的内力和变形较小，滚轴受力比较均匀，上轨道梁的截面尺寸就可以适当减小了，仅在柱根部加大即可，因此，本工程采用了滚轴局部布置的柱包裹式托换结构，见图 1。

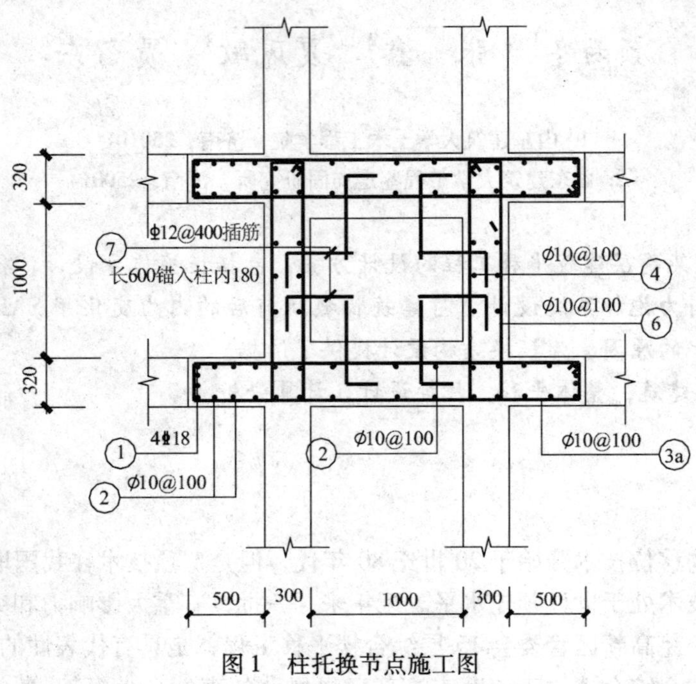

图 1　柱托换节点施工图

2.2　行走机构

目前建筑物的平移一般采用滑动式、轮动式或滚动式。滑动式是在建筑物上下轨道间安放滑块，施力使建筑物通过滑块与下轨道产生相对滑动，来达到建筑物移位的目的。优点是移动平稳，震动小，抗风荷。传统滑动缺点是移位阻力变化较大；近几年来在传统滑动式的基础上发展了一种内力可控的滑动支座，即用液压千斤顶代替普通滑块，千斤顶下垫滑动材料，通过实时调整千斤顶的反力，能有效地避免轨道的不平整和滑脚破坏对上部结构的影响。但其造价和对计算机控制系统的要求较高，适于荷载较大的高层建筑物[3]。轮动式一般适用于长距离移动荷重较小的建筑物。滚动式就是在上下轨道间安放滚轴施力使建筑物在滚轴上滚动，来实现建筑物移位的目的，这也是国内应用最普遍的办法。优点是阻力小，滚轴直径越大，摩擦系数越小，移动速度较快，平移过程振动相对较小，施工简单且建筑物只能沿滚轴滚动的方向移动，平移方向的可控性好，滚轴更换调整方便，当采用实心钢滚轴时，承载力高、变形小。缺点是移动过程中滚轴倒换、安放的工作量大，当轨道平整度不好时容易出现滚轴受力不均。

对上述三种方式进行综合比较后，本工程采用滚动式平移，即以直径 100mm 的实心钢滚轴作为行走机构，并以 20mm 厚的钢板作为轨道板。这样可以达到：建筑物移动的阻力系数小，钢滚轴承载能力高、变形小，上下轨道间的间隙较大，方便承重墙和柱切割施工，上下轨道梁受力更加均匀，局部抗压强度高，平移方向可控性好，对轨道平整性的适应性高。

2.3　就位连接

建筑物就位连接后，应满足稳定性和抗震的要求。由于该建筑物到位后，要恢复地下室的使用功能，需将上托换结构体系部分切除。墙柱连接采用截断面上下分别预埋钢筋，到位后焊接的连接方式。

2.4　牵引力施力系统

根据文献［2］提出的滚动式平移的牵引力计算公式：$F=kfG$（式中 F 为建筑物的牵引力；k 为综合调整系数，取值1.5~2.0，受滚轴压力、直径和轨道平整度的影响，由试验或施工经验确定；f 为摩擦系数，取1/15；G 为建筑物的重量）。由于该建筑物的重量较大，本工程采用了推拉结合的动力施加方式，在建筑物前后端分别设置了钢筋混凝土的反力支座，并采用初始启动时以顶推为主、正常移动时以牵拉为主的施力方式，具体加载情况见图2。各个轴线上的施力点按以下原则进行布置：每个轴线上的动力和阻力平衡；施力点沿轴线分散布置，使托换结构构件在平移过程中受压，不产生拉应力，尽量减小托换结构在平移过程中的轴向内力；施力点的位置应尽量靠近上轨道梁，减小在托换结构中产生的弯矩。

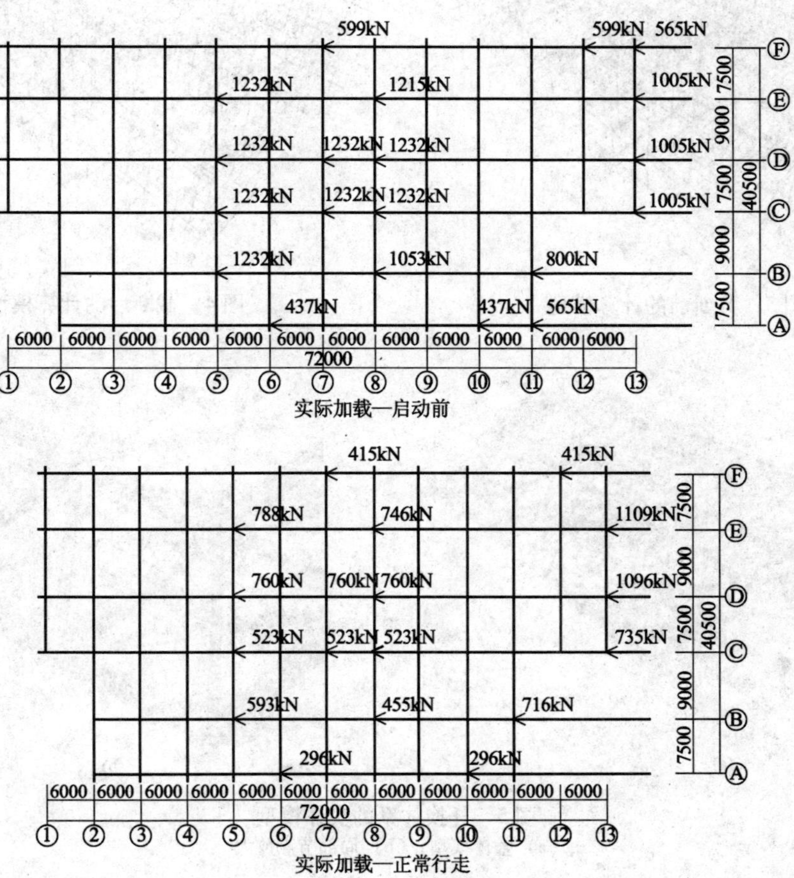

图2　实际加载情况下各工况加载力及加载点布置

3　建筑物截断前后的内力分析

建筑物移位工程必须在保证原有建筑物安全可靠的前提下进行。施工前必须全面搜集资料、进行工程地质勘察等，对建筑物进行可靠性及可行性分析，经专家会审后确定移位方案，以确保工程安全。而在对建筑物进行墙柱截断时是对建筑物影响最大的时候，以往大多是根据工程经验、增加设计冗余度等措施确保工程安全。

本文以高新区管委会工程为模型，用有限元软件 SAP2000 对该移位建筑截断前后梁柱等主要构件的内力进行计算分析对比。建模过程中，框架梁、柱、混凝土墙板采用空间杆系单元，按照实际尺寸建立，混凝土楼面板采用板壳单元，用摩擦摆隔振单元模拟托换结构与滚轴之间的摩擦力，对上轨道梁简化成变截面单梁，不考虑风荷载、地震荷载。由于截断前后对底层构件内力变化影响最大，故对三层以上构件进行整合集中到三层板上（为保证刚度一致，板厚取 1500mm，荷载取实际荷载）。建筑物截断前计算模型见图 3，截断后计算模型见图 4，托换结构实体模型见图 5。

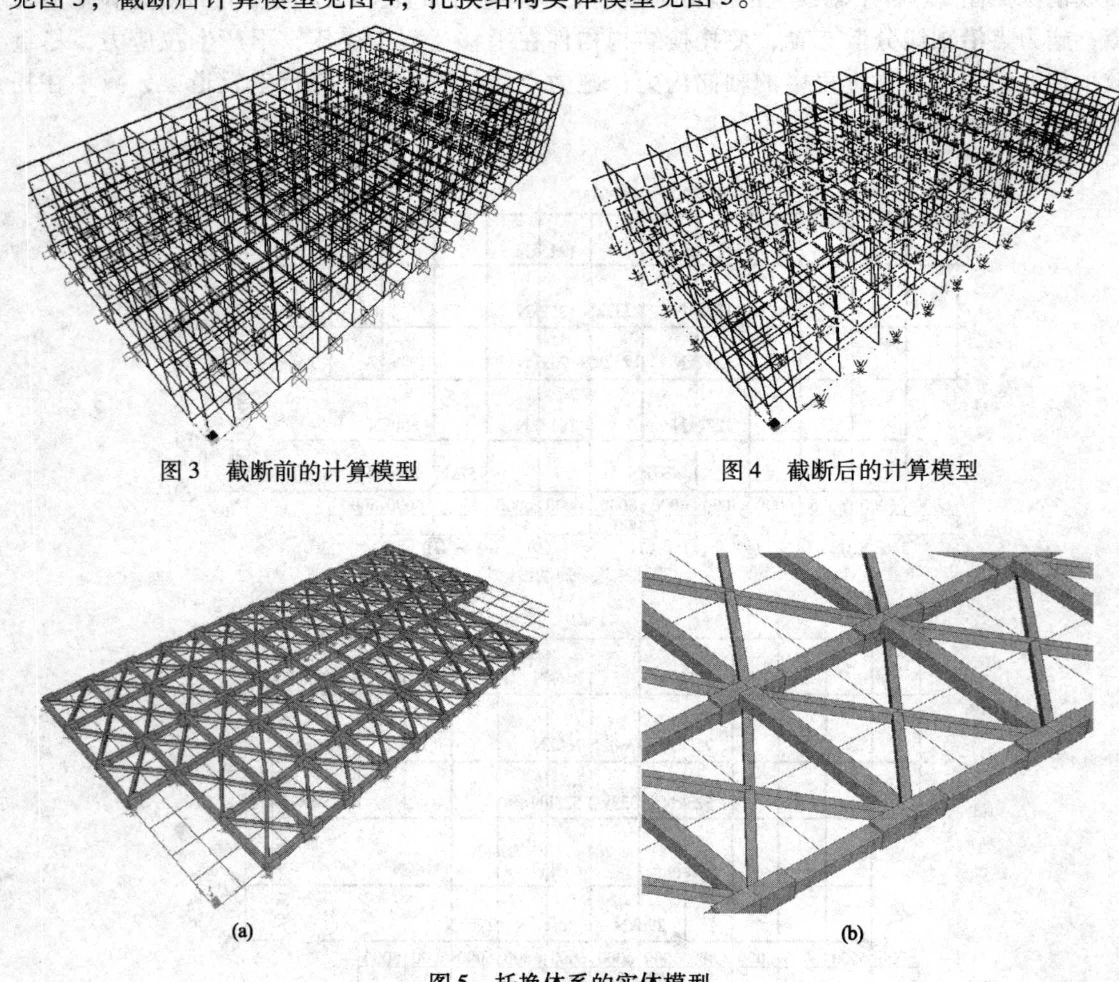

图 3　截断前的计算模型

图 4　截断后的计算模型

(a)

(b)

图 5　托换体系的实体模型

（a）整体模型；（b）局部节点放大

截断前后底层各构件内力对比见表 1。

表1　构件内力对比

节点编号	竖向轴力 F_3（kN）		弯矩 M_{2-2}（kN·M）		弯矩 M_{3-3}（kN·M）	
	截断前	截断后	截断前	截断后	截断前	截断后
435	5051.5	5054.2	50.4	51.51	51.94	51.51
441	8413.98	8302.3	55.78	63.87	7.75	16.87
445	7289	7280.84	67.35	74.17	18.17	49.4
142	2119.3	2142.56	87.9	83.6	48.57	59.21
233	1552.9	1536.84	87.53	83.69	6.64	10.95

从上表可以看出，截断前后柱子轴力变化很小，说明对柱子轴力没什么影响；从对主梁弯矩的对比，可以看出柱和剪力墙托换在截断后，剪力墙的刚度有所减小，柱的相对刚度有所增加，致使剪力墙周边的梁，与剪力墙相连端的负弯矩减小，与柱相连的负弯矩增加，但增加较小，结构仍能满足承载力要求，随层数的增加，其影响逐渐衰减。

4　结束语

本文就该高层移位工程方案设计进行了简单介绍，包括托换体系设计、行走机构设计、就位连接设计、牵引力施加系统设计等，并对建筑物截断前后的内力变化用 SAP2000 进行建模计算分析。从计算结果对比来看，建筑物截断前后内力变化和建筑物的结构布置有很大关系，本工程内力变化在承载力冗余范围内，结构承载力满足要求。

参考文献

[1] 贾留东，夏风敏，张鑫，张爱社．莱芜高新区 15 层综合楼平移设计与现场检测［J］．建筑结构，2009，30（6）：134～141.

[2] 张鑫，贾留东，魏焕卫，等．建筑物移位与纠倾技术［M］．北京：水利水电出版社，2008.

[3] 唐业清，林立岩，崔江余，等．建筑物移位纠倾与增层改造［M］．北京：中国建筑工业出版社，2008.

中小学校舍砖混结构安全及抗震性能鉴定实例分析

李正美[1] 王 迪[1] 杨苏杭[1,2] 徐 东[1]

1. 江苏科永和工程建设质量检测鉴定中心，南京，210000
2. 东南大学土木工程学院，南京，210000

【摘 要】 针对某校舍砖混结构的教学楼建筑，对其进行了安全性及抗震性能鉴定。主要从结构体系的合理性，承重墙体材料强度，房屋整体性连接构造，局部易倒塌部件及连接等方面对其进行抗震性能鉴定。提出该教学楼存在结构体系不尽合理，抗震措施严重缺失等结构体系的本质问题。抗震鉴定更应注重结构概念设计，应按照措施检查先行，计算为辅的路线进行。

【关键词】 校舍，砖混结构，安全性鉴定，抗震鉴定，结构概念

1 前言

汶川地震发生后，鉴于中小学校舍建筑在此次震害中受损严重，国家有关部门随即明确要求对校舍建筑进行全面的安全与抗震检测鉴定。以查明校舍建筑的安全及抗震性能现状，为今后校舍建筑的处理提供意见，并且为需进行抗震加固的建筑提供技术依据。我中心为江苏省首批获得中小学校舍安全工程抗震鉴定资格的机构，承担了大量校舍建筑鉴定项目。

通过对这些鉴定项目的分析总结，查明由于当时经济条件和历史情况的限制，许多校舍建筑均不同程度地存在抗震性能隐患。已有部分研究人员认为关于校舍建筑安全隐患的分析，不应过多地将抗震性能缺失仅归于施工质量问题上，而应瞄准校舍建筑结构设计在抗震概念设计方面的先天不足，存在结构形式不尽合理，抗震措施严重缺失等结构体系的本质问题。结合某砖混结构教学楼建筑，对其进行了安全性鉴定及抗震鉴定。该教学楼建于1991年，结构形式为5层砖混结构，建筑面积为3100m^2，设防烈度为8度丙类建筑，檐高18.15m，墙体材料为240mm厚普通黏土砖，该建筑正、背立面如图1所示，标准层平面图如图2所示。

2 现场检测及结果分析

2.1 图纸资料调查

经参阅图纸及现场调查实际的施工情况，要求确定该建筑结构实际情况与原结构是否一致。确定结构的平、立面布置方式，楼板类型及布置方式，墙体局部尺寸，圈梁、构造柱的

设置及构造，开洞位置及尺寸等，标准层平面布置如图 2 所示。该建筑虽建于 20 世纪 90 年代，但经图纸资料调查，可认为该建设设计时仍未执行 89 抗震规范。因此，该建筑按 A 类建筑（后续使用 30 年）进行抗震鉴定，现按重点设防乙类建筑进行抗震鉴定。

(a)

(b)

图 1　建筑正、背立面图

(a) 正立面图 (b) 背立面图

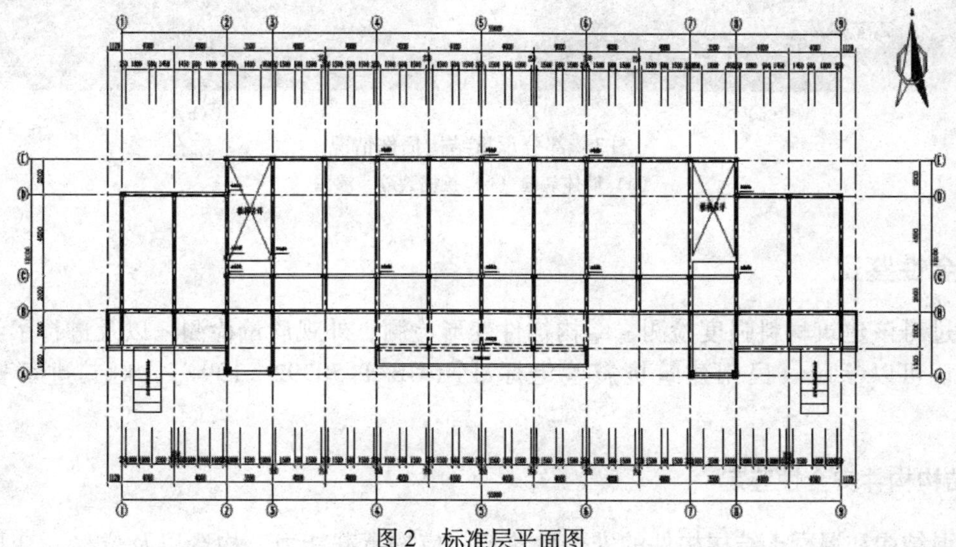

图 2　标准层平面图

2.2　主体结构材料性能检测

根据有关检测标准，对该建筑主体结构材料的性能进行现场实测。采用回弹龄期修正法检测圈梁、构造柱、楼屋面梁的混凝土抗压强度，采用砂浆回弹法检测砌筑砂浆的抗压强度。采用钢筋位置测定仪结合凿开验证对混凝土结构内部配筋进行检测。现场检测结果表明：普通黏土砖抗压强度基本大于 MU10，砂浆强度均大于 M1，混凝土构件强度在 C20 左右，混凝土构件的配筋均符合原设计要求，凿开混凝土表层后发现钢筋仅有轻度锈蚀。

2.3　现场详细检测

主要针对该建筑的上部承重结构的损伤及变形情况进行检查，如图 3 所示。主要包括上部墙体、梁、板等的有无开裂、变形、酥碱、墙体歪闪等明显的外观和内在质量缺陷。经现场调查，发现主要的损伤情况如下：(1) 上部承重墙体有部分明显空鼓，但无严重酥碱和明显歪闪。六楼墙体裂缝较多；(2) 支撑大梁、屋架构件的墙体无明显竖向裂缝及压碎迹象，承重墙、自承重墙及其交接处无明显裂缝；(3) 混凝土梁、柱及其节点处未发现露筋、锈蚀、开裂现象；(4) 走廊空心板端部拼缝处有开裂现象；(5) 顶层挑檐底部有裂缝，渗漏严重；(6) 女儿墙与屋面连接处局部开裂。

(a)

(b)

图 3　部分承重结构损伤情况

(a) 墙体裂缝 (b) 挑檐裂缝、渗漏

3　安全性鉴定

通过对该建筑材料强度检测、结构构件变形检测、外观质量检测，以及进行了结构验算分析。可以参照《民用建筑抗震鉴定标准》(GB/T 50292—1999)，对其进行安全性鉴定。

3.1　结构构件安全性鉴定

砖混结构和混凝土结构构件的安全性鉴定，应按承载能力、构造以及位移（变形）和裂缝 4 个检查项目，分别进行鉴定评级，并取其最低一级作为构件安全性等级。经结构验算分析，该建筑的砌体墙体 1-3 层抗压承载能力均不足，部分小墙肢高厚比不足。混凝土构件的楼屋面梁构造不满足现行设计规范要求，按表 1 进行构件安全性鉴定评级。

表 1　构件安全性鉴定评级表

构件类型	评级项目				安全性鉴定评级结果	每类构件安全性鉴定结果
	承载能力	构造	位移	裂缝		
砌体构件	C_u	C_u	B_u	B_u	C_u	C_u
混凝土构件	B_u	C_u	B_u	B_u	C_u	C_u

3.2　子单元安全性鉴定

上部承重结构的安全性按所含各种构件的安全性等级与结构侧向位移评级、结构的整体性等级划分为两个检查项目进行评定，再根据《民用建筑可靠性鉴定标准》中相关规定确定该子单元的安全性等级，按表2进行子单元鉴定评级。

表2　子单元鉴定评级

子单元名称	项目评级		安全性鉴定评级
	上部结构反应	地基稳定性	
地基基础	建筑物上部结构无沉降裂缝 B_u	建筑场地地基稳定，无滑动迹象 B_u	B_u
上部承重结构	构件安全性等级与结构侧向位移评级 C_u	结构整体性等级 C_u	C_u
围护系统的承重部分	各种构件的安全等级 C_u	该部分结构整体性的安全等级 B_u	Cu

3.3　鉴定单元安全性鉴定评级

鉴定单元安全性鉴定评级根据其地基基础和上部承重结构的安全性等级进行评定，并取其中较低等级作为其安全性等级，按表3进行子单元安全性鉴定评级。

表3　子单元安全性鉴定评级

鉴定单元	子单元安全性鉴定评级项目			安全性鉴定评级结果
	地基基础	上部承重结构	围护系统的承重部分	
教学楼	B_u	C_u	C_u	C_{su}

4　抗震性能鉴定

4.1　场地、地基和基础

上部结构的检查结果表明，该教学楼未见因不均匀沉降产生的墙体裂缝及场地滑移迹象，最大倾斜率为0.88‰，满足《建筑地基基础设计规范》(GB 50007—2002) 中"当 $H \leqslant$ 24m 时，倾斜率允许值为4‰"的规定，可评为无严重静载缺陷。根据《建筑抗震鉴定标准》第4.2.2条第4款：7度时地基基础现状无严重静载缺陷的乙、丙类建筑可不进行地基基础的抗震鉴定。故该教学楼不进行地基基础的抗震鉴定。

4.2　上部结构

根据《建筑抗震鉴定标准》，A类砌体房屋进行综合抗震能力的两级鉴定。当符合第一级鉴定的各项规定时，评为满足抗震鉴定要求；不符合第一级鉴定要求时，除有明确规定的情况外，在第二级鉴定中采用综合抗震能力指数的方法，计入构造影响做出判断。

（1）结构体系合理性判断

表4　结构体系和理性措施判断

结构体系合理性	房屋层数及最大高度	五层（局部四层、六层）、21.15m	第5.2.1条	不满足
	抗震横墙的最大间距	8.0m	第5.2.2.1条	满足
	房屋最大高宽比	2.7	第5.2.2.1条	不满足
	高度与底层平面的最长尺寸比较	高度小于底层最长尺寸	第5.2.2.1条	满足
	房屋平、立面质量和刚度沿高度分布情况	不均匀	第5.2.2.2条	不满足
	质心和计算刚心	不重合	第5.2.2.2条	不满足
	跨度大于6m梁下支承	无混凝土构造柱支承	第5.2.2.3条	不满足
	楼盖情况	预制楼板未进行整体式处理	第5.2.2.4条	不满足

由表4可见，房屋平、立面质量和刚度沿高度分布不均匀。这是由于此类建筑平面布置不均匀，楼盖结构的几何中心为楼层重心，墙体的几何中心为刚度中心，导致刚心与质心不重合所致。并且，由于外挑走廊的存在，刚度中心在垂直向下的方向上层层均与重心投影线不重合导致了立面布置不均匀，绝大多数竖向荷载传递到外挑走廊下墙体上，该部位也成为竖向构件得最薄弱环节。并且，该建筑属于纵横墙承重的横墙较少的结构，且抗震鉴定提高为乙类建筑，需要经过两次折减，层高不得超过4层，高度不得超过13米。

此外，楼屋面大梁下无构造柱，存在的缺陷容易一起使局部裂缝和破坏，支撑梁的墙肢率先破坏，以及墙体的出平面破坏。

（2）承重墙体材料强度

表5　承重墙体材料强度

承重墙体强度	墙体砌筑砂浆实际强度等级	大于M1.0	第5.2.3.2条	满足
	承重砖实际强度等级	大于MU7.5	第5.2.3.1条	满足

砖混结构墙体为砖砌体和砂浆共同组成的。表5为对墙体材料实测强度的最低要求，相当于墙体抗震承载力最基本的验算。最低强度等级的保证，是确定砖混结构材料是否因碳化等原因导致了降低，需确定其真实强度以及作为抗震验算的参数。

（3）房屋整体性连接构造

表6　房屋整体性连接构造判断

房屋整体性连接构造	墙体布置	平面内不闭合	第5.2.4.1条	不满足
	纵横墙连接处墙体削弱	无烟道、通风道等竖向孔道	第5.2.4.1条	满足
	构造柱设置和构造（7度乙类设防A类）	外墙四角设置	第5.2.4.1条	满足
		楼梯间四角		不满足
		内墙与外墙交接处		不满足
		内纵墙与横墙交接处		不满足
		纵向配筋不小于4Φ14 箍筋间距不大于200mm	第5.2.4.1条	满足
	圈梁布置和构造（现浇和装配整体式钢筋混凝土楼、屋盖可无圈梁）	外墙与内墙每层楼盖处均设有圈梁且闭合	第5.2.4.4条	满足
		外墙与内墙每层屋盖处均设有圈梁且闭合满足		满足
		圈梁配筋不小于4Φ10		满足
	纵横墙交接处连接	无开裂等不良现象，抽查未发现拉结筋	第5.2.5.1条	不满足

续表

房屋整体性连接构造	楼、屋盖构件支承长度	预制板外墙上120mm，内墙上100mm，梁上80mm。预制梁墙上180mm且有梁垫（实际情况未能查清）	第5.2.5.2条	—
	圈梁的截面高度	不小于120mm	第5.2.5.3条	满足
	圈梁标高	与楼盖、屋盖同标高或紧靠板底	第5.2.5.3条	满足
	楼、屋盖处圈梁形式	现浇钢筋混凝土	第5.2.5.3条	满足

由表6可见，较难判断的是墙体布置在平面内是否闭合。墙体闭合是保证地震力传递的重要条件，弱墙体不闭合则会导致地震力在墙体开洞处产生应力集中。该建筑在楼梯洞口处墙体因开洞造成了不闭合，且楼梯间四角无构造柱，洞口并无加强构造措施。因此，该建筑的墙体可判定为平面内不闭合。纵横墙交接处的拉结钢筋均未发现，这是地震中造成内外墙体脱落外闪的结构本身缺陷。

另外，砖混结构的圈梁构造柱是提高结构整体性和防倒塌的重要措施。构造柱必须对单片墙体成对设置，以发挥对墙体的约束功能，改善结构的变形性能，提高整体性。圈梁则是约束水平楼板的重要构件，需要保证在楼板平面内有圈梁约束。

（4）局部易倒塌部件及连接

表7　局部易倒塌部件及连接

局部易倒塌部件及连接	女儿墙和门脸等锚固措施	有锚固，需加强	第5.2.6.1条	不满足
	钢筋混凝土挑檐、雨罩等悬挑构件的稳定性	有锚固，需加强	第5.2.6.3条	不满足
	内墙阳角至门窗洞边的最小距离	370mm	第5.2.8.1条	不满足
	承重门窗间墙最小宽度	520mm	第5.2.8.1条	不满足
	承重外墙尽端至门窗洞边的最小距离	360mm	第5.2.6.1条	不满足

在地震作用下，房屋首先在薄弱部位破坏。该建筑平面上的薄弱部位为窗间墙、尽端墙体和女儿墙等非结构构件。由表7可见，该建筑由于纵墙采光通风的建筑功能要求，使得纵墙的开洞率较高。因此，即导致了这些部位的墙体局部尺寸不足，形成薄弱环节，且无必需的构造加强措施。其中，承重外墙尽端至门窗洞边的最小距离一般均难以满足，容易导致地震发生小墙肢破坏以及外横墙丧失平面外支撑。内墙阳角至门窗洞边的最小距离不足，则易导致地震时洞口过梁下的局部受压不足等破坏。非结构构件的女儿墙、门脸和挑檐等则是在地震作用下易倒塌部位，需予以加强与主体结构的锚固处理。

4.3　综合抗震能力评定

因该建筑存在多项明显不符合A类砌体房屋第一级鉴定要求的现象，根据《建筑抗震鉴定标准》第5.2.10条，可不进行第二级鉴定，评为综合抗震能力不符合《建筑抗震鉴定标准》中A类建筑（后续使用年限30年）的抗震鉴定要求，应对房屋采取加固或其他相应措施。

5　加固处理建议

根据该建筑综合鉴定结果，多项抗震构造措施不满足现行规范的相关要求，应予进行抗震加固处理。

(1) 对超高超限结构（五层，局部六层）进行拆除或加强处理；

(2) 对楼盖的整体性进行加强处理；

(3) 对教室大梁支承进行锚拉加固处理；

(4) 在纵横墙交接处增补构造柱；

(5) 对悬挑阳台进行加固处理；

(6) 对楼梯间进行增设构造柱加固处理；

(7) 对挑檐进行加强锚固处理等。

6 结语

6.1 鉴定结论

根据《民用建筑可靠性鉴定标准》(GB 50292—1999) 和《建筑抗震鉴定标准》(GB 50023—2009)，对该教学楼进行安全性鉴定和抗震鉴定，鉴定结论如下：

(1) 经安全性鉴定，该建筑安全性鉴定评级为 C_{su} 级；

(2) 经抗震鉴定，该建筑不满足 A 类建筑抗震鉴定要求；

(3) 该建筑目前不能满足后续使用年限 30 年的要求。

6.2 主要问题总结

(1) 本文的鉴定实例的该教学楼存在结构体系不尽合理的本质问题，存在抗震措施严重缺失等结构体系的本质问题，不应过多的将抗震性能缺失仅归于施工质量问题上。

(2) 地震影响十分复杂，至今仍未能完全掌握其对结构的破坏机理。因此，抗震鉴定更应注重结构概念设计。应按照措施检查先行，计算为辅的路线进行。

(3) 建筑抗震鉴定标准规定，当多项明显不符合 A 类砌体第一级鉴定要求即可评为抗震不符合。因此笔者认为，抗震鉴定应从结构体系是否合理，圈梁、构造柱的设置是否符合规范要求且有效，砂浆强度是否达到要求等作为多项指标不符合的判断参数。

(4) 现行的《建筑抗震鉴定标准》(GB 50023—2009) 对于 B 类建筑的划分，是按照原设计执行的是 89 抗震规范，20 世纪 90 年代初期建造的教学楼应着重注意其是否执行了 89 规范，才能判定其属于哪类建筑。

参考资料

[1] GB/T 50344—2004. 建筑结构检测技术标准 [S]. 北京：中国建筑工业出版社，2006.
[2] GB/T 50315—2000. 砌体工程现场检测技术标准 [S]. 北京：中国建筑工业出版社，2000.
[3] GB/T 50292—1999. 民用建筑可靠性鉴定标准 [S]. 北京：中国建筑工业出版社，1999.
[4] GB/T 50023—2009. 建筑抗震鉴定标准 [S]. 北京：中国建筑工业出版社，1999.
[5] 徐有邻. 汶川镇海的教训——教学楼倒塌的反思 [J]. 建筑结构，2009，39 (11)：50～53.

混凝土无损检测技术试验研究

高　波　李正美　王　迪　顾大圣

江苏科永和工程建设质量检测鉴定中心，南京，210000

【摘　要】　混凝土作为在基础建设中广泛应用的一种原材料，其无损检测技术也越来越受到重视。混凝土强度检测和钢筋保护层厚度检测是混凝土结构检测的两个重要方面。混凝土强度无损检测有回弹法、超声回弹综合法、钻芯法等检测方法。钢筋保护层厚度检测受钢筋直径，钢筋间距、钢筋保护层实际厚度等因素的影响。本文通过对比试验讨论了不同强度检测方法的准确度和钢筋保护层厚度的影响因素。

【关键词】　混凝土强度，回弹法，超声回弹综合法，钻芯法，钢筋保护层厚度

1　引言

混凝土在港口、水利、交通、建筑等工程中的应用十分广泛。准确地测定混凝土的真实强度问题是国内外长期研究却仍无明确结论的问题。由于根据试块判定混凝土质量方式的局限性，人们越来越重视现场结构混凝土的实际强度，因此混凝土强度的无损检测技术也越来越受到重视。在混凝土构件中，为了保护钢筋不受空气氧化而锈蚀，同时也为了保证钢筋和混凝土有良好的粘结，钢筋的混凝土保护层应有足够的厚度，钢筋的混凝土保护层对构件的承载能力和耐久性起着至关重要的作用[1]。因此钢筋的混凝土保护层质量检测和控制应引起高度重视。混凝土强度无损检测有回弹法、超声回弹综合法、钻芯法，不同检测方法的准确程度各不相同[2]，而钢筋保护层厚度检测也受钢筋直径、钢筋间距、钢筋保护层实际厚度的影响。本文通过对比试验讨论了不同强度检测方法的准确度和钢筋保护层厚度的影响因素。

2　检测引用标准及仪器型号

《超声回弹综合法检测混凝土强度技术规程》(CECS 02—2005)；

《钻芯法检测混凝土强度技术规程》(CECS 03—2007)；

《回弹法检测混凝土抗压强度技术规程》(JGJ/T 23—2001)；

《混凝土中钢筋检测技术规程》(JGJ/T 152—2008)；

《回弹—超声综合法检测混凝土抗压强度技术规程》(DB32/P (JG) 003—92)；

TICO 混凝土超声波测试仪；

PROFOMETER5 钢筋直径/保护层厚度测试仪。

3 试验方案

按配合比拌制 C40 混凝土，成型三个构件及同条件养护试块。构件尺寸为 1000mm × 1000mm × 1000mm，配筋情况如下：

（1）在构件 1 的三个侧面进行配筋，钢筋保护层厚度为 70mm，钢筋间距为 75mm，其中侧面 1 配 ϕ16 钢筋，侧面 2 配 ϕ25 钢筋，侧面 3 配 ϕ32 钢筋。

（2）在构件 2 的三个侧面布置 ϕ25 钢筋，钢筋保护层厚度为 70mm。其中侧面 1 钢筋间距 50mm，侧面 2 钢筋间距 75mm，侧面 3 钢筋间距 100mm。

（3）在构件 3 的三个侧面布置 ϕ25 钢筋，钢筋间距为 75mm，其中侧面 1 钢筋保护层厚度 50mm，侧面 2 钢筋保护层厚度 70mm，侧面 3 钢筋保护层厚度 90mm。

在 7d 龄期时对构件进行钢筋保护层厚度检测，在 7d、14d、28d 龄期时用超声回弹综合法、回弹法检测构件强度，28d 在构件上取芯样检测强度。

在 7d、14d、28d、60d 龄期时对同条件试块用超声回弹综合法、回弹法检测强度，无损检测完毕后在压力机上破型测试抗压强度。

在 7d 龄期时对混凝土构件进行钢筋保护层厚度检测。

4 试验结果

4.1 不同检测方法对混凝土强度检测结果的影响

龄期为 7d、14d、28d、60d 时，分别按不同标准、不同试验方法对混凝土强度进行检测。按《回弹法检测混凝土抗压强度技术规程》（JGJ/T 23—2001）有关规定得出回弹法混凝土强度推定值，按《超声回弹综合法检测混凝土强度技术规程》（CECS 02—2005）、《回弹—超声综合法检测混凝土抗压强度技术规程》（DB32/P（JG）003—92）分别计算出超声回弹综合法混凝土强度推定值，结果如图 1 所示。

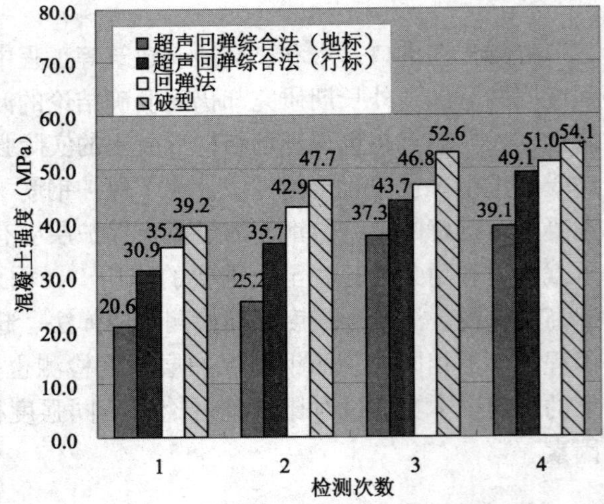

图 1 不同检测方法检测试块强度

由图 1 可知，对于 C40 混凝土，超声回弹法检测结果小于回弹法检测结果，回弹法检测结果小于破型测得的结果。以破型方法测得的混凝土抗压强度作为混凝土的实际强度，其他检测结果的相对误差见表 1。

表 1 混凝土强度相对误差

龄期（d）	相对误差（%）		
	超声回弹综合法（地标）	超声回弹综合法（行标）	回弹法
7	47.4	24.7	11.1
14	46.8	21.3	10.2
28	29.1	16.9	9.6
60	27.8	9.3	8.7

由表1可知，回弹法检测产生的相对误差要小于超声回弹综合法。对于超声回弹综合法而言，按地标进行检测产生的相对误差要大于行标。另外，在60d龄期内随着龄期的增加，不同检测方法产生的误差均降低。超声回弹综合法产生的误差随龄期的增大下降幅度比较大，分别由47.4%下降到27.8%、24.7%下降到9.3%。回弹法产生的误差随着龄期的增大也有下降的趋势，由11.1%下降到8.7%。这是两种方法不同的检测原理决定的：超声回弹综合法检测结果与混凝土中超声波传播速率有关，而随着混凝土的水化，混凝土内部固相体积增大，液相、气相体积减小，声速传播的介质逐渐相对均匀，所以误差也逐渐减小。而回弹法是通过回弹仪检测混凝土表面硬度从而推算出混凝土强度的方法[3]。混凝土硬化过程中，每个龄期时混凝土表面硬度相对比较一致，所以其误差就相对较小。

在混凝土龄期为7d、14d时，对构件、试块分别用超声回弹综合法（鉴于表1的结果，对构件的超声回弹综合法强度计算仅引用行标）、回弹法进行强度检测。龄期28d时，除上述方法检测外，另对构件进行钻芯取样检测强度。检测结果如图2所示。

由图2可知，构件的强度检测结果与试块相似。超声回弹综合法检测结果最低，回弹法其次，芯样的抗压强度与同条件混凝土试块的强度最接近。同样将同条件试块的抗压强度作为混凝土的实际强度，各检测方法产生的相对误差见表2。

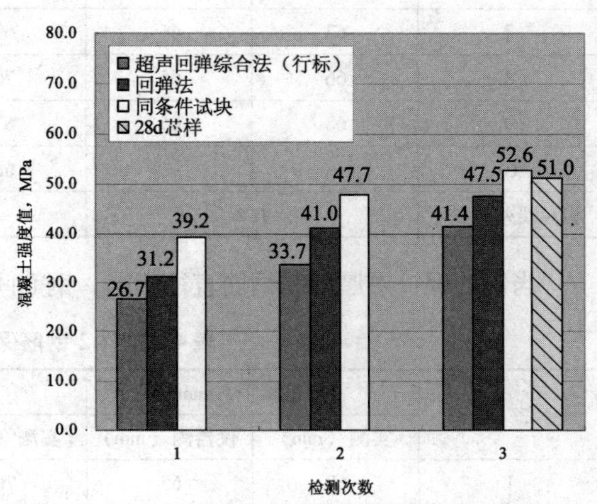

图2　不同检测方法检测构件强度

表2　不同检测方法产生的相对误差

龄期（d）	相对误差（%）		
	超声回弹综合法（行标）	回弹法	芯样法
7	31.8	20.4	—
14	29.3	14.1	—
28	21.2	9.7	3.0

由表2可知，构件龄期的增加，超声回弹综合法产生的误差由31.8%下降到21.2%，回弹法产生的误差由20.4%下降到9.7%。芯样法的误差最小，28d强度相对误差仅为3.0%。

4.2　钢筋保护层厚度检测结果

构件中的钢筋每根都有部分外露，可以直接测量钢筋保护层实际厚度。Profometer5的测试结果与此比较得出相对误差。

构件1的钢筋直径不同，保护层厚度和钢筋间距相同时测得的钢筋保护层厚度见表3。

由表3可知，钢筋直径为25mm时，测量的相对误差为0.7%。钢筋直径为16mm、32mm时相对误差分别为1.4%、1.5%。说明：钢筋直径对钢筋保护层厚度测量精度的影响不是简单的正比或反比关系而是存在一个最值，即在某一钢筋直径下Profometer5的检测精度最高。

表 3　构件 1 钢筋保护层厚度检测结果

钢筋编号	钢筋直径 16mm		钢筋直径 25mm		钢筋直径 32mm	
	实测（mm）	仪器测（mm）	实测（mm）	仪器测（mm）	实测（mm）	仪器测（mm）
1	65	65	66	67	68	68
2	64	65	67	66	65	64
3	67	64	68	69	68	65
4	64	64	69	68	66	64
5	66	64	67	65	66	65
6	65	66	67	66	65	63
7	67	66	69	68	66	64
8	66	65	70	69	65	66
9	68	65	67	68	66	67
10	—	—	68	67	—	—
相对误差（%）	1.4		0.7		1.5	

当钢筋保护层厚度和钢筋直径相同，钢筋间距不同时测得的钢筋保护层相对误差见表 4。

表 4　构件 2 钢筋保护层厚度检测结果

钢筋编号	钢筋间距 50mm		钢筋间距 75mm		钢筋间距 100mm	
	实测（mm）	仪器测（mm）	实测（mm）	仪器测（mm）	实测（mm）	仪器测（mm）
1	68	65	70	65	67	68
2	68	63	70	65	68	68
3	66	62	68	64	68	67
4	66	60	67	63	68	67
5	68	60	68	63	68	68
6	67	62	70	65	66	64
7	68	62	72	65	65	65
8	67	62	71	66	—	—
9	68	62	72	67	—	—
10	68	61	—	—	—	—
11	65	62	—	—	—	—
12	68	63	—	—	—	—
13	68	61	—	—	—	—
14	68	63	—	—	—	—
15	69	66	—	—	—	—
相对误差（%）	7.8		7.2		0.6	

由表 4 可知，钢筋间距为 50mm、75mm、100mm 时相对误差分别为 7.8%、7.2%、0.6%。说明：随着钢筋间距的增加，相邻钢筋对仪器的干扰作用越来越小，从而测试结果越精确。

当钢筋间距和钢筋直径相同，钢筋保护层厚度不同时测得钢筋保护层相对误差见表 5。

表 5　构件 3 钢筋保护层厚度检测结果

钢筋编号	保护层厚度 50mm		保护层厚度 70mm		保护层厚度 90mm	
	实测（mm）	仪器测（mm）	实测（mm）	仪器测（mm）	实测（mm）	仪器测（mm）
1	50	51	71	69	90	84
2	50	51	67	67	90	82
3	51	50	68	68	90	82
4	50	51	69	66	89	82
5	49	49	72	70	87	83
6	48	49	74	71	88	81
7	49	51	74	72	89	82
8	49	50	70	72	89	81
9	49	49	—	—	88	82
10	49	50	—	—	87	86
相对误差（%）	1.4		1.7		7.0	

由表 5 可知，钢筋保护层厚度为 50mm、70mm、90mm 时相对误差分别为 1.4%、1.7%、7.0%。说明：钢筋间距、钢筋直径相同时钢筋保护层厚度本身对测量结果有影响。钢筋保护层越厚，测量越不精确，相对误差越大。

5　结论

通过上述研究，可以得到以下几个方面的结论：

（1）以同条件试块的抗压强度作为构件或结构物的真实强度，检测准确度钻芯法 > 回弹法 > 超声回弹综合法。

（2）在对结构物或构件用无损检测方法进行强度检测时，强度曲线选用很重要。在没有合适的强度曲线时，应根据实际情况，做出符合工程条件的强度曲线。当对结果产生疑问时应进行取芯检测。

（3）在一定龄期内，随着混凝土龄期的增加，超声回弹综合法、回弹法产生的相对误差逐渐降低。

（4）钢筋保护层厚度检测精度受到钢筋直径、钢筋间距、保护层厚度的影响。具体表现为：钢筋直径对精度的影响存在最值，即某一直径的钢筋对精度的影响最小；钢筋间距越小，精度越差；钢筋保护层厚度越大，精度越差。

参考文献

[1] 家荣，胡昆．混凝土结构钢筋保护层质量检测和控制［J］．山西建筑，2008，34（31）：242～243.

[2] 吴佳晔，安雪晖，田北平．混凝土无损检测技术的现状和进展［J］．四川理工学院学报，2009，22（4）：4～7.

[3] 李玉军，赵明杰，张太国．回弹法在混凝土质量无损检测中的应用浅谈［J］．山东水利，2009，7：28～29.

雷达法检测混凝土结构质量的试验研究和应用

陈可君

昆山市建设工程质量检测中心，昆山，215337

【摘　要】为了探寻雷达法在混凝土结构质量检测中的应用，制作一组混凝土试件，在其中设置钢筋和其他缺陷，进行雷达法试验。对雷达波成像图形进行信号分析，得出钢筋和其他缺陷在雷达波成像图形中的特征并做出识别，为雷达法在钢筋混凝土结构无损检测中的实际应用打下基础。通过对现浇混凝土楼板的检测，表明雷达法具有良好的应用效果。

【关键词】　雷达法，结构检测，混凝土结构，混凝土楼板

1　前言

雷达波无损检测方法是一种新的检测技术，在地质勘探中已被广泛应用[1~3]。由于雷达法具有高分辨率、无损性、高效率、抗干扰能力强等优点，这一方法近年来在钢筋混凝土结构的检测中开始得到应用[4,5]。雷达法在混凝土结构中的应用要解决的关键问题之一是如何进行成像识别。本文通过试验，分析研究了钢筋和其他缺陷在雷达波成像中的特征，为这一方法在钢筋混凝土中的实际应用打下基础。

2　试验研究

2.1　试验方案

制作一组大型混凝土试件，设计混凝土强度为 C25。试件厚度为 0.4m，宽度方向为 0.45m，长度方向由设置的测试目标决定。在试件中分别埋设钢筋以及用于模拟缺陷的 EPS 聚苯板，采用 NJJ-95B 型手持钢筋混凝土雷达进行测试。手持钢筋混凝土雷达 NJJ-95B 工作原理是从混凝土的表面向内部发射电磁波，捕捉从被测试目标发出的反射信号，通过画面显示和记录被测试目标的位置和深度。

（1）钢筋

分别采用直径为 6.5mm、20mm 两种规格的钢筋，钢筋离混凝土表面的距离分别为 5mm、25mm、50mm、100mm、150mm、200mm、250mm。示意图见图 1。

（2）缺陷

采用 EPS 聚苯板模拟混凝土中的缺陷，聚苯板设置呈正方形，为 50mm × 50mm、200mm ×

作者简介：陈可君，工程师，硕士。从事工程检测和房屋安全鉴定工作。E-mail：chenkejun0602@sohu.com。

200mm两种，其表面离混凝土表面的距离分别为5mm、25mm、50mm、100mm、150mm、200mm、250mm。示意图见图2。

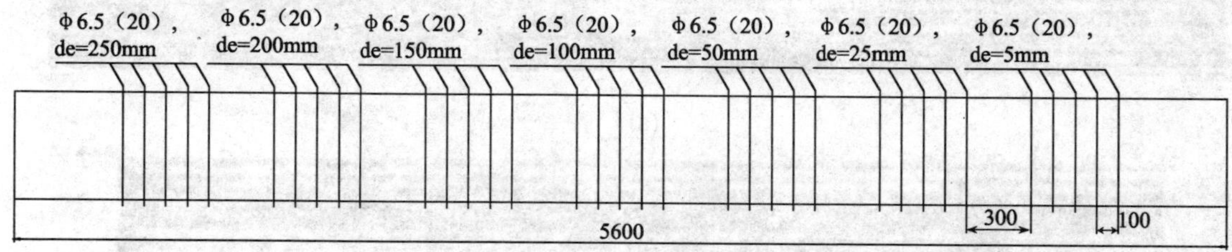

图1　钢筋布置示意图

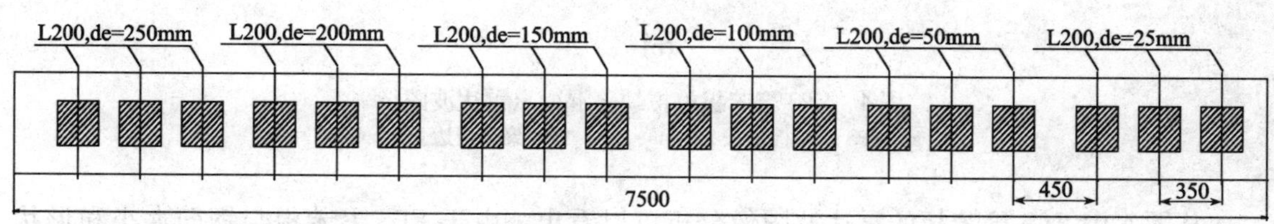

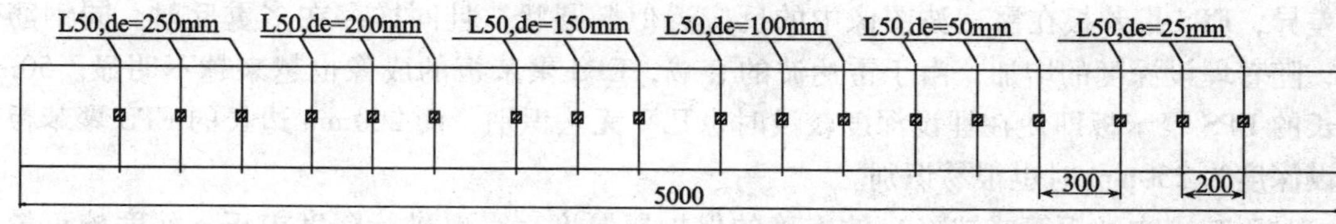

图2　缺陷（EPS聚苯板）布置示意图

2.2　结果分析

钢筋混凝土雷达波测试结果见图3，EPS聚苯板混凝土雷达波测试结果见图4。所给出的雷达波图像均为感度深的模式下获得，有助于获取测试目标埋设深度在100mm以上时的雷达波成像。感度可在测试过程中或后续处理时进行调整。

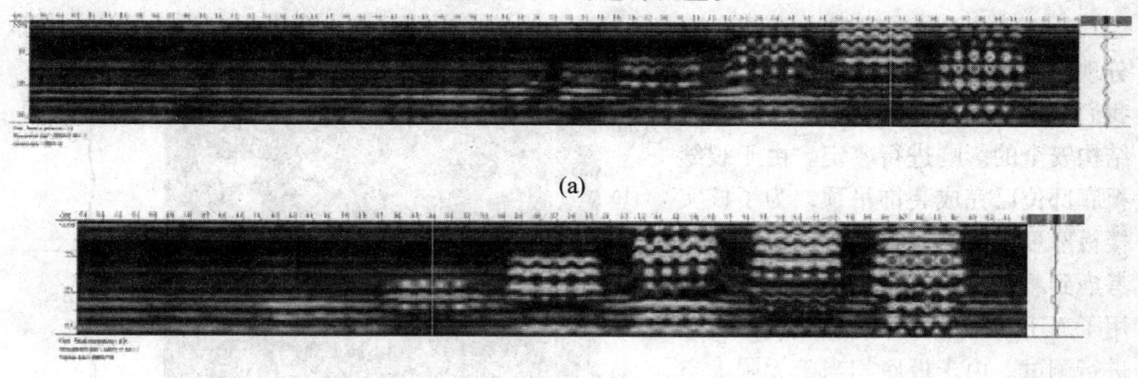

(a)

(b)

图3　钢筋混凝土雷达波图像

（a）钢筋直径6.5mm；（b）钢筋直径20mm

混凝土中钢筋的雷达波图像（图3）中，雷达波在钢筋表面的反射形成山形重影，多层重影是由于雷达波的多重反射形成的。钢筋的大致位置为山形重影的中心位置。钢筋埋设深度较浅时，成像较为明显，随着埋设深度的增加，雷达波在混凝土中的衰减越来越明显，从而影响其成像的清晰度。比较钢筋直径6.5mm图像和钢筋直径20mm图像发现，钢筋直径较大时，相同埋设深度的钢筋雷达波成像比直径较小时要明显。

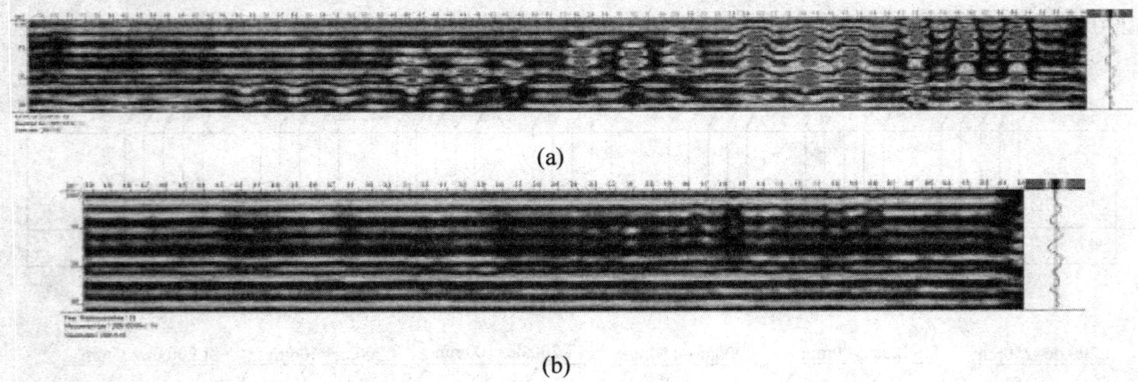

(a)

(b)

图 4　EPS 聚苯板模拟缺陷混凝土雷达波图像

（a）EPS 聚苯板边长 200mm；（b）EPS 聚苯板边长 50mm

从图 4 中 EPS 聚苯板的雷达波图像分析可以看出，由于 EPS 聚苯板与钢筋大小和形状的差异，EPS 聚苯板在雷达波图像中的反应近似椭圆状，且同样存在多重反射。同钢筋一样，随着埋设深度的增加，由于雷达波的衰减，EPS 聚苯板的成像也越来越不明显。50mm 边长的 EPS 聚苯板即使在埋设深度较浅时也几乎无法识别，而 200mm 边长的 EPS 聚苯板在埋设深度为 250mm 时也很易识别。

对于被测物（钢筋或缺陷）的准确的保护层厚度，需要进行深度校正，深度校正量与混凝土的介电常数有关。同时参考雷达波图像右侧的波形，从上往下看波峰最向左或最初向右突出的位置即为判断特征。可以将标尺移动与波峰位置重合，判定正确深度。波峰的朝向与被测物（钢筋或缺陷）的介电常数有关，被测物介电常数大于混凝土的介电常数则波峰向右，小于混凝土的介电常数则波峰向左。

3　检测应用实例

某新建办公楼位于昆山市经济技术开发区，为六层框架结构，在进行内部装修时发现部分现浇楼板出现裂缝。受业主委托，我们对该工程楼板裂缝的原因及其对结构安全的影响进行鉴定。由于裂缝板底部位已完成装饰吊顶，为了核实楼板厚度及楼板中的钢筋分布情况，考虑到不破坏板底吊顶的情况下，采用了 NJJ-95B 型手持钢筋混凝土雷达进行测试。由于板底相当于无限大空洞的界面，可通过在雷达图像上判断板底界面来获得楼板的厚度。图 5 为其中一块裂缝楼板的局部雷达图像。

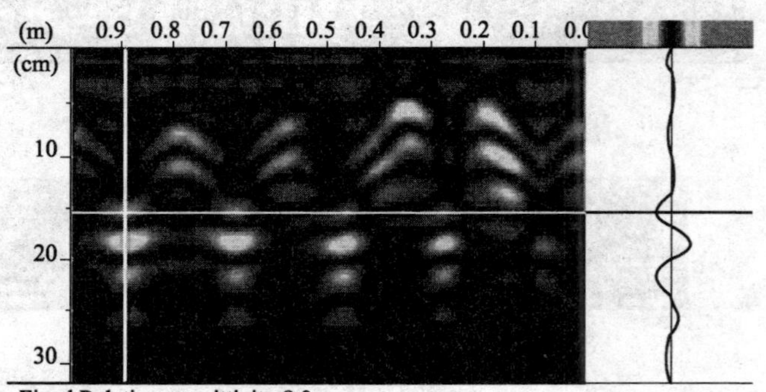

图 5　楼板雷达图像

从楼板的雷达图像中可看出，楼板上层分布钢筋间距为 200mm，符合设计图纸。根据图像右侧波形判断板底位置（图 5 中光标位置），得出楼板厚度约为 160mm，扣除板面砂浆找平层约 30～35mm，可判断楼板厚度基本满足设计图纸中120mm的要求。

4　结语

（1）通过试验发现，混凝土中钢筋或其他缺陷的雷达波成像效果与被测试目标的大小和埋设深度有关。被测试目标尺寸越大，雷达波成像越明显；被测试目标埋设深度越深，成像效果越差。

（2）在实际工程中的应用表明，雷达法在混凝土结构质量检测中具有良好的应用效果。

（3）雷达具有分辨率比较高、效率高、无损性和易操作性等特点，在大面积工程检测中有着很大的优势，因此，这一方法完全可以用于钢筋混凝土结构的检测，但要做到对混凝土中的缺陷进行准确的识别，还需要通过大量的试验和工程实践，只有在积累丰富的经验和知识的基础上，才能准确地解读雷达图像。

参考文献

[1] 马翔．探地雷达在水库坝基古河槽勘探中的应用［J］．工程勘探．2001（1）：63～66.
[2] 盛安连．路面路基检测技术［M］．北京：人民交通出版社，1996.
[3] 夏才初等．土木工程监测技术［M］．北京：中国建筑工业出版社，2001.
[4] 叶健．雷达波检测技术［M］．北京：中国计划出版社，2003.
[5] 赵永辉，等．钢筋混凝土层透视雷达无损检测技术［J］．工程勘探．2002（1）：64～66.

连续梁桥实时监测系统测点布置及设备安装探讨

杨　继

昆山市建设工程质量检测中心，昆山，215314

【摘　要】　文章根据连续梁桥的构造和受力特点，介绍了某连续梁桥健康监测系统，采用大型有限元通用程序 MIDAS 系列软件进行理论建模，根据桥梁自身结构特点，确定桥梁监测测点位置，结合边跨安装试验，编制桥梁设备安装详细流程，并在规定时间内采用桥梁检测车成功完成中跨设备安装工作。

【关键词】　连续梁桥，健康监测，测点选择，流程编制，设备安装

1　引言

近年来，随着桥梁建设的形式和功能日趋复杂化，加之跨度越来越大，桥梁健康监测和养护已成为国内外相关领域的研究热点。例如：丹麦的 Faroe 跨海斜拉大桥、日本的 Akashi Kaikyo 悬索桥、挪威的 Skarnsundet 斜拉桥、国内的江阴大桥、苏通大桥[1~3]均建立了监测系统。连续梁桥[4]作为预应力混凝土梁式桥型的一种，其突出优点是：结构刚度大，变形小，动力性能好，主梁变形挠曲线平缓，有利于高速行车。但是由于种种原因，连续梁桥容易出现各种不同的损害，影响了桥梁的使用寿命，为及时有效地对桥梁采取养护和维修措施，利用新型的健康监测系统[5]，对桥梁做出合理的评价，将极大地节省维修资金，延长桥梁的使用寿命。而监测系统的基础就是测点的选择和设备的安装，成功的设备安装是对桥梁实施有效监测的关键。

2　工程背景

某整座大桥（图1）为分离式上下行两座桥，其主桥采用三跨预应力混凝土连续梁桥，跨径组合为 39.5m + 60.0m + 39.5m = 139.0m，分为东西两幅，两幅间距 4.0m。单幅主梁断面形式为单箱双室，箱顶宽为 14.0m，箱底宽为 10.0m。中跨箱梁跨中梁高 1.7m，墩顶根部梁高 3.5m。边跨箱梁桥台处梁高 1.7m。该桥于 2001 年年底竣工通车，由于所在道路为该城市主干道，道路日交通量较大，加上两端均有红绿灯交通监管设施，汽车长时间、大密度在桥上滞留，容易造成桥梁的长期高负荷运行，为了保障结构的安全，需建立和发展一个长期健康监测系统，以利桥梁病害的早期防治和交通的提前疏导。

图 1　大桥外观图

3　监测系统构成

监测系统主要由传感器部分、应变测试模块、数据采集控制器、监控中心部分、远程观测部分等几个重要部分组成。

每个传感器对应应变测试模块的调理通道，保证各个传感器调理独立放大器，提高系统可靠性。

应变测试模块将多测点的信号进行模拟调理，放大滤波，通过 A/D 转换器将调理后的模拟信号转换成数字信号，通过转换接口将数字信号通过 Zigbee 无线网络发送至数据采集控制器。

数据采集控制器通过 GPRS 网络与采集控制计算机（计算机需接入 Internet，并分配一个固定 IP）通讯，通过软件的操作完成信号调理采集系统的参数设置及采集数据的传输，将原始数据存入计算机。通过观察传输到桥梁状态监测和评估系统的服务器中的数据来监测桥梁的状态，其运作如图 2 所示。

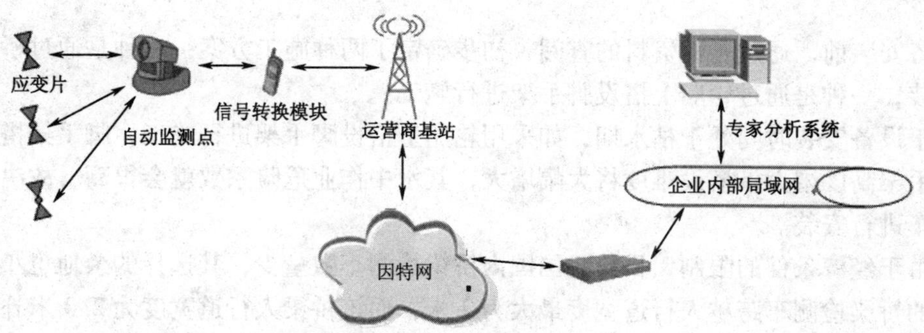

图 2　监测系统运作示意图

4　测点选择

本文使用大型有限元通用程序 MIDAS 系列软件，由于具有前后处理方便且过程透明的优势，选择使用 MIDAS/Civil 建立了该桥的理论模型（图 3），模型采用梁单元进行分析，单幅主桥分为 48 个单元，49 个节点。根据建模分析结果，结合该工程实际情况，单幅桥设 7 个测试断面，每个断面布置 4 个 GBY－125 型工具式表面应变传感器，全桥共布置 56 个测点，测点布置如图 4 所示。

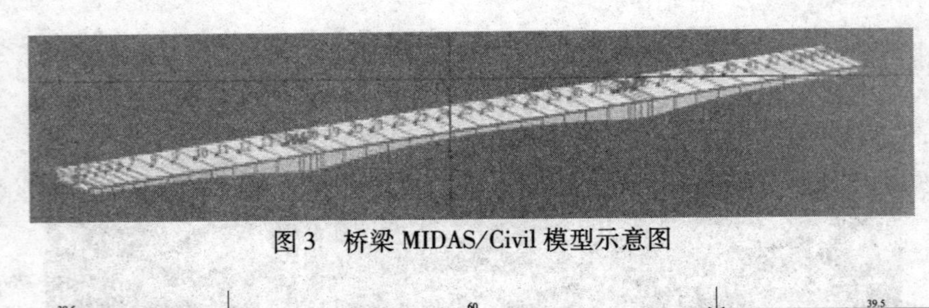

图3 桥梁 MIDAS/Civil 模型示意图

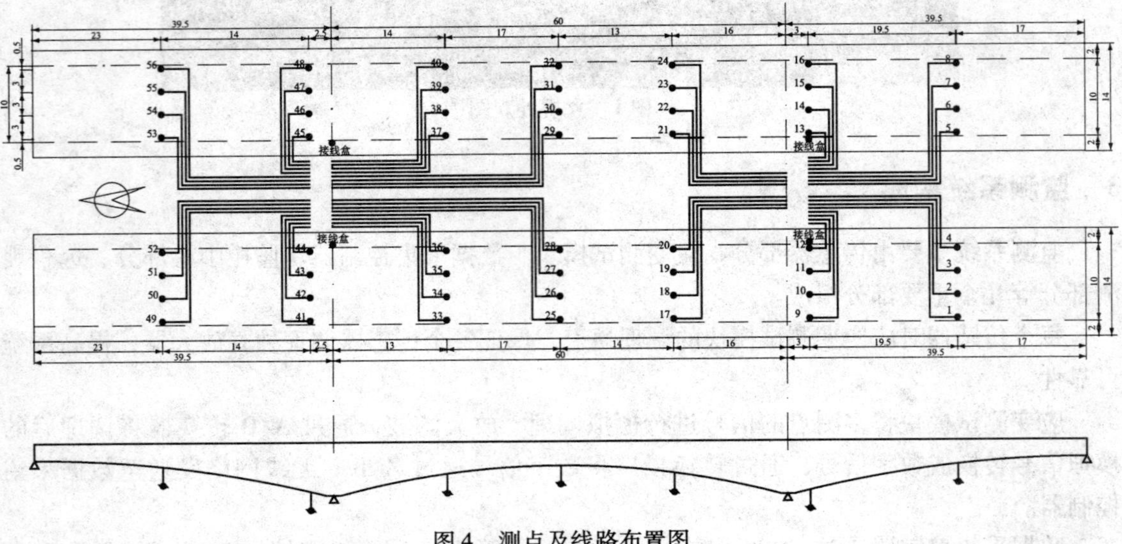

图4 测点及线路布置图

5 监测设备安装

5.1 设备安装准备

设备安装前，通过各种资料的查阅，初步确定了两种施工方案：一种是通过桥梁检测车进行安装，一种是通过轮船上搭设脚手架进行施工。

由于设备安装时间处于枯水期，如采用轮船上搭设脚手架进行施工，脚手架搭设高度较大。脚手架高度增大，搭设难度将大幅增大，其水中作业危险系数就会很高，故决定采用桥梁检测车进行安装。

但由于经济条件的限制，目前我国国内桥梁检测车数量少，其选择的余地也小。本次施工租用的桥梁检测车跨越人行道宽度最大为2米，而该桥梁人行道宽度为2.0米外加栏杆及装饰花篮，故无法外沿施工。考虑到两幅桥中间间距4.0米，桥中间广告牌顺桥向间距大约为10米，满足施工空间需要。但由于桥梁检测车本身条件限制，车辆需桥上逆行，且需要占用2车道，每侧施工大约需时4小时。该桥单侧为3车道，桥梁施工对道路通行影响较大。而该道路为本市主干道，由于桥梁施工持续时间长，占用车道多，对交通疏通工作影响太大，故决定夜间施工，施工过程中全程道路管制。

由于该桥跨越河道为6级航道，根据海事要求，于施工前根据天气预报情况向地方海事部门提交详细施工方案及管制申请。

5.2　施工流程确定

由于海事管制费用高，时间短，且为夜间施工，考虑到以前没有此类工作经验，施工前我们将现场施工过程进行反复模拟。根据现场条件及桥梁结构形式最终确定设备线路走向，为提高施工人员熟练度，确保施工进度，特将两边跨作为试验区：北跨施工作查漏补缺工作，由于施工经验不足，人员施工不熟练，施工流程不熟悉及施工材料不充分，北跨16个监控设备安装持续了近3周；南跨施工作施工熟练程度检查，安排在北侧全部施工完成后进行，施工过程中对施工人员及施工时间检查，不合要求者立即更换。

南侧每个断面设备安装施工大约需要2个半小时，明显不符合中跨施工时间要求，但其中设备安装只需要20分钟左右，其余时间用于布线及接线的焊接。

根据此前施工情况，综合各方面意见，制定出详细的施工方案如下：

➢ 中跨施工前，采购各种安装材料，根据长度要求制作设备线，焊接接线，为防止设备线搬运施工中混淆，在设备线制作前对其进行编号，并对每断面4根设备线进行绑扎装箱，此举大大节约了布线时间，并提高了焊接质量，有效保证了后期设备运行；

➢ 安装当晚20时，全体人员（总负责1人、技术负责2人、交通协管2人、桥梁检测车2人、施工工人4人及施工配合2人）到达指定地点，交代安装要求及方案；

➢ 21时，交通协管人员配合交警进行施工段交通管制；

➢ 21时30分要求管制疏散完成，交警指挥桥梁检测车到达指定位置（中跨北段距离主桥北墩约15米处）待命；

➢ 22时要求航道管制完成，桥梁检测车由桥梁检测车驾驶员操作平台至指定位置，搬运设备至操作平台，技术人员、施工人员到达平台，使用卷尺标定安装位置（起点距离箱梁边缘0.5米，后面各点距离起点3米，共4点），在划定位置打孔并安装设备（打孔1人，安装2人，均需为熟练人员），设备安装完成后进行布线，布线要求底板每1米一个固定点，腹板要求每2~3米一个固定点，设备线尽量拉直。在腹板安装设备线时如碰到两幅桥之间广告牌时桥梁检测车操作平台收起时，桥上配合人员在两桥中间放一线到达操作平台并由平台上施工人员将设备余线绑扎到线段，由桥上人员起吊一段距离后平台方可收起，待通过广告牌时操作平台到达先前位置后将余线放下继续安装；

➢ 第一断面安装完成后，桥梁检测车到达中跨跨中，操作过程如上，待布线到达中跨北侧1/4跨位置后暂停安装，待中跨北侧1/4跨处设备安装完成并布线至跨中布线点后两线合起后一起安装布线；

➢ 待东幅安装即将完成时，交通协管人员分流人员至西幅桥进行交通管制，务必在东幅桥施工完成前交通管制结束；

➢ 桥梁检测车行驶至西幅桥，也采用由南向北施工，施工方法同东幅桥。

各施工步骤时间安排：

➢ 桥梁检测车开至指定位置，15分钟；

➢ 桥梁检测车打开支架，施工人员到达平台，施工机械及设备搬运，10分钟；

➢ 施工平台到达指定截面，设备安装及布线，45分钟；

➢ 施工机械及施工人员撤离，桥梁检测车收起支架，5分钟，桥梁检测车到达下一指定截面处时施工人员休息调整；

➢ 桥梁检测车由东幅桥开至西幅桥，15分钟；

➢ 设备安装结束后施工车辆、设备、人员撤离，15 分钟。

以上各步骤总需时间为 8 小时，富余 1 小时作为保证。

5.3 现场施工

安装当日晚天气情况良好，各单位人员在规定时间到达指定地点集合，在明确了各人员的工作安排后开赴现场，并于 21 时 30 分开始实施设备安装，除东幅南 1/4 截面安装时间超出 15 分钟外，其余截面均提前完成，最终确保了整个施工过程在指定时间段内完成。各设备在随后一天的调试中均正常工作。

6 小结

在该工程的实施过程中，我们碰到了诸多困难，虽然最终得以解决，但浪费很多时间、人力，为保证今后的同类工作能够更快速有效地进行，对照本次工作过程，总结起来有如下几点：

➢ 今后此类项目的监测方案特别是测点选择应根据理论建模结果来进行以方便后续调试过程中对照使用，认真对待设备采购问题，提前做好数据收集及处理准备工作；

➢ 设备安装及线路选择应根据周边环境（特别是电源提供的问题）及桥梁本身结构特点确定；

➢ 监测设备的安装应有完整的规划，并在有条件的情况下尽量进行试安装，为后期的安装提供可靠的依据；

➢ 施工时间的安排应综合考虑天气及各相关职能部门（特别是交通、海事部门）的意见，并认真对待长时间操作引起工人疲劳等状况。

参考文献

[1] 袁万城，崔飞，张启伟．桥梁健康监测与状态评估的研究现状与发展［J］．同济大学学报，1999（2）：184～188.

[2] 邹晓光，徐祖恩．大型桥梁健康监测动态及发展趋势［J］．长安大学学报，2003（1）：39～42.

[3] Sunaryo Sumitro，Yoshimasa Matsui. Long span bridge health monitoring system in Japan［C］. Proceedings of SPIE，2001，4337：517～524.

[4] 姚玲森．桥梁工程［M］．北京：人民交通出版社，2010.

[5] 谢晓尧，严新平．基于大跨度桥梁健康监测方法研究［J］．贵州科学，2007（2）：9～12.

某斜交简支桥梁结构动力特性的模态分析与试验研究

姜丽萍　崔士起　成　勃

山东省建筑科学研究院建筑结构研究所，济南，250013

【摘　要】　结构的动力特性是结构振动系统的基本特性，是对桥梁进行地震反应分析的基础。评价桥梁动力性能的重要依据为结构的动力特性，主要包括结构的固有频率和振型。桥梁设计中，会因为桥位、线型的因素，而需要将桥梁做成斜交桥，斜交桥受力性能较复杂，与正交桥有很大差别，本文以实例基于MIDAS平台建立了斜交简支桥梁有限元计算模型，对其进行模态分析，并结合动载试验结果，对该桥梁的自振特性进行了分析。

【关键词】　城市桥梁，斜交桥，简支桥梁，动力特性，模态分析

1　引言

城市桥梁作为城市交通生命线工程的重要组成部分，若发生破坏，不仅在经济上会造成巨大的损失，还会导致严重的社会后果。对桥梁结构病害诊断也受到越来越多的重视。结构的动力特性是结构振动系统的基本特性，是进行结构动力分析所必须的参数，也是对桥梁进行地震反应分析的基础。动力荷载[1]试验主要是通过测试桥跨结构的动力特性指标（自振特性指标和动荷载作用下的振动特性指标），研究桥梁结构的自振特性和车辆动力荷载与桥梁结构的联合振动特性，以检验这些指标能否满足设计或规范规定，从而判断桥梁的整体刚度、行车性能。

桥梁设计中，会因为桥位、线型的因素，而需要将桥梁做成斜交桥。斜交桥受力性能较复杂，与正交桥有很大差别。本文以某城市桥梁为工程背景，采用大型有限元分析软件MIDAS建立该桥的有限元计算模型，并对其振动特性进行分析，结合实测数据进行对比，其结论对同类型的桥梁结构设计和分析具有参考意义。

2　工程背景

某城市桥梁建于2008年，设计荷载公路－I级，斜度为20度，该桥上部结构为16m简支钢筋混凝土预应力空心板，下部结构为柱式墩、台，钻孔灌注桩基础。该桥宽度24m，全长86.04m，共五跨，每跨16m，桥梁标准横断面图见图1。该桥原设计荷载为公路－I级。

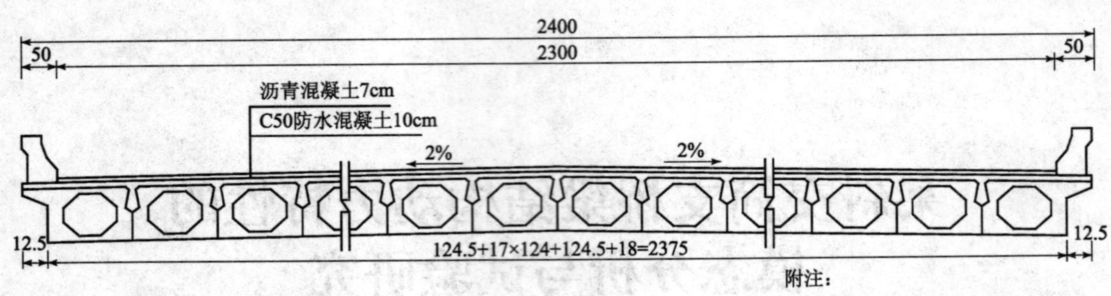

图 1　桥标准横断面

3　有限元模型建立

本文采用桥梁设计有限元计算软件 MIDAS[2] 建立了该桥动力特性的三维有限元计算模型。斜交桥梁的受力特点：（a）钝角角隅处出现较大的反力和剪力，锐角角隅处出现较小的反力，还可能出现翘起；（b）出现很大的扭矩；（c）板边缘或边梁最大弯矩向钝角方向靠拢。这些效应的大小与斜交角度大小也有很大的关系，斜交角度越大，上述效应就越大。一般来说斜交角度小于 20 度时，对于简支斜交桥的上述影响可以忽略。如果斜交角度超过 20 度就必须考虑上述效应的影响。设计人员还应根据实际情况，找出适当的处理方案。

对斜交桥梁多用梁格法建立模型。可用斜交梁格或正交梁格来建模。对于斜交角度小于 20 度时，使用斜交梁格是非常方便的。但是对于大角度的斜交桥，根据它的荷载传递特性，建议选用正交梁格，而且配筋时也尽量沿正交方向配筋。

该工程斜交角度为 20 度，采用斜交梁格进行建模，由于桥梁的动力特性与质量、刚度有关，所以在建立模型时，梁单元的刚度即为其本身的刚度，梁单元的质量考虑了桥面系的所有质量，包括梁本身的质量、桥面铺装、栏杆、人行道等，均以线密度的形式计入[3]。

4　模态分析

4.1　计算分析模型

将原结构进行空间离散形成梁格体系，采用 MIDAS/Civil 空间有限元软件，使用斜交梁格法进行空间分析，计算模型见图 2 所示。

图 2　计算模型

4.2　一阶竖向振型

从图3中可以看出，不考虑桥面铺装的该桥竖向一阶模态为对称弯曲模态，频率为4.14Hz。从图4中可以看出，考虑桥面铺装的该桥竖向一阶模态为对称弯曲模态，频率为5.12Hz。

图3　不考虑桥面铺装的该桥一阶竖向振型

图4　考虑桥面铺装的该桥一阶竖向振型

5　结构动力特性测试

5.1　测试断面及测点位置

通过对该桥进行模态分析，确定了其主振型的峰值位置，并在该位置安放加速度传感器，具体布置如图5所示。对于简支梁结构，相邻两跨的桥面（铺装层）连续段对简支梁结构影响很小，计算时可以忽略不计[4]，试验时仅布置一跨作为测试跨。

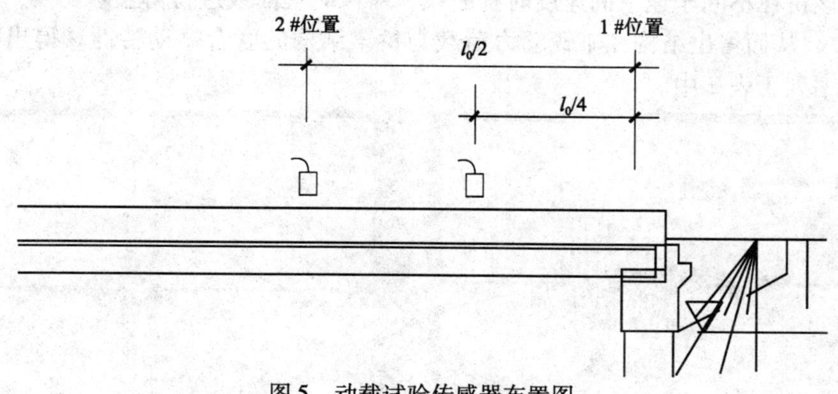

图5　动载试验传感器布置图

5.2　脉动试验

脉动试验在桥面无交通荷载以及桥址附近无规则振源的情况下，测定桥跨结构由于桥址处风荷载、地脉动和水流等随机荷载激振而引起的桥跨结构的微小振动响应，进而测定桥跨结构固有的振动特性。

通过布置在桥面上的加速度传感器，测得该桥的脉动加速度时程曲线如图6所示。对该时程曲线进行傅立叶变换，得到加速度频谱图（图7），从而得出结构的一阶竖向频率。得出的该桥一阶竖向固有频率列于表1中，同时表中也列出了理论计算自振频率。

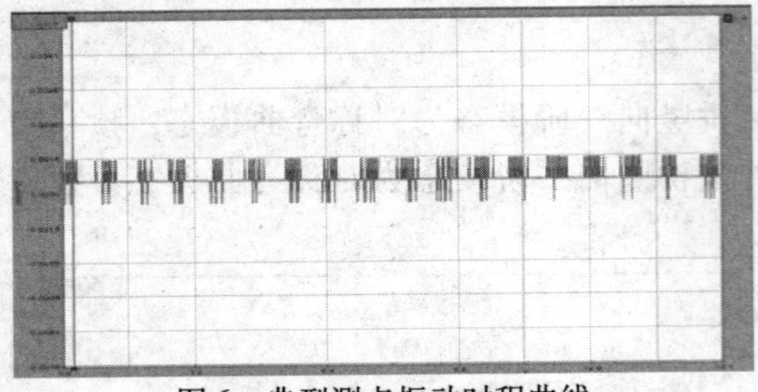

图 6　典型测点振动时程曲线

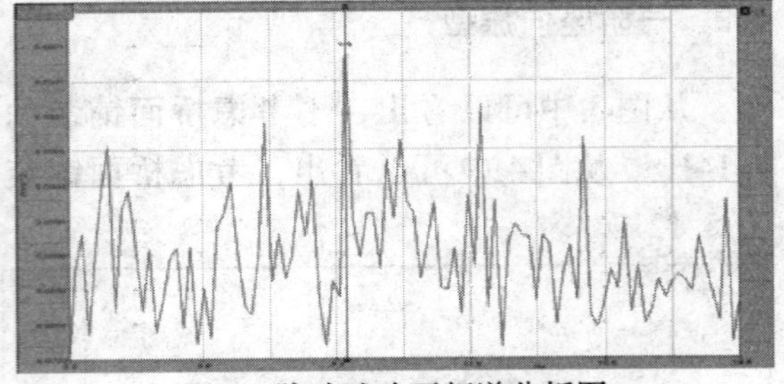

图 7　脉动试验下频谱分析图

表 1　实测桥梁自振频率

测点位置	实测频率 S（Hz）	计算频率 J（Hz）	S/J
1/2 跨中	8.41	5.12	1.64

5.3　跑车试验

桥梁结构在移动车辆荷载作用下的动力反应，是桥梁和车辆这两个振动系统相互作用的结果，除了与这两者本身的动力特性（质量、刚度、阻尼）有关外，还与桥面的不平整度、车辆行驶的速度有关。跑车试验是为了测定桥梁结构在运行车辆的状态下的动力反应。

由于该桥位置限制，重车没有足够的距离加速和减速，故跑车试验分别以 20km/h、30km/h、40km/h 的车速驶过桥面，记录动态测点的时程信号，采用行车激振余波计算其自振频率。

图 8 为该桥在不同车速下的速度时程曲线，对该时程曲线进行傅立叶变换，得到速度频率图（图 9），从而得出结构在车辆动力荷载与桥梁结构的联合振动特性。得出的该桥一阶竖向固有频率列于表 2 中。

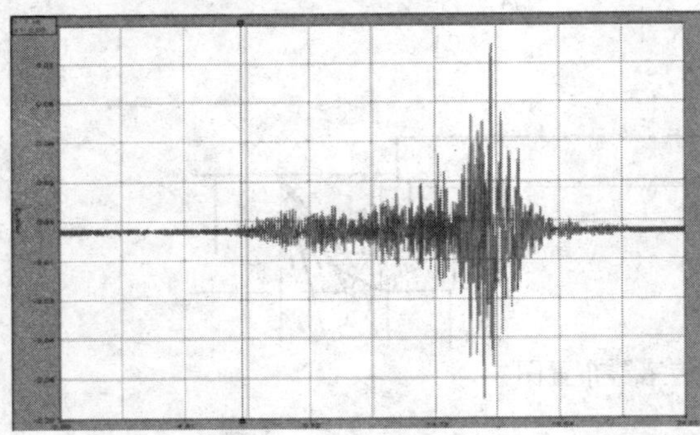

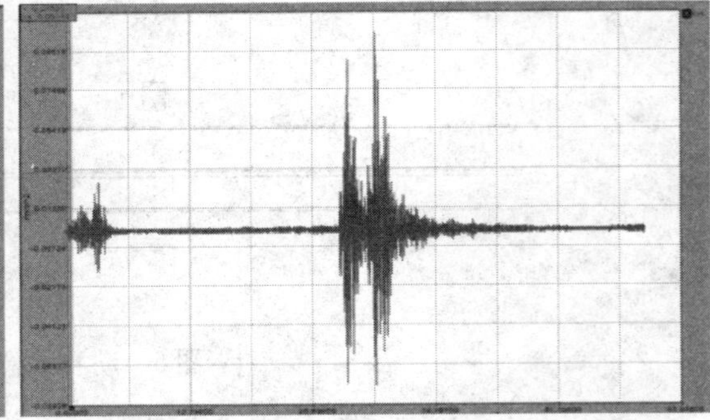

图 8　30km/h、40km/h 跑车试验速度时程曲线

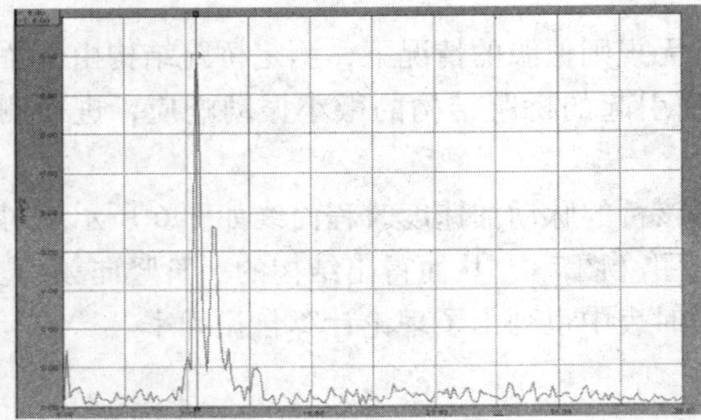

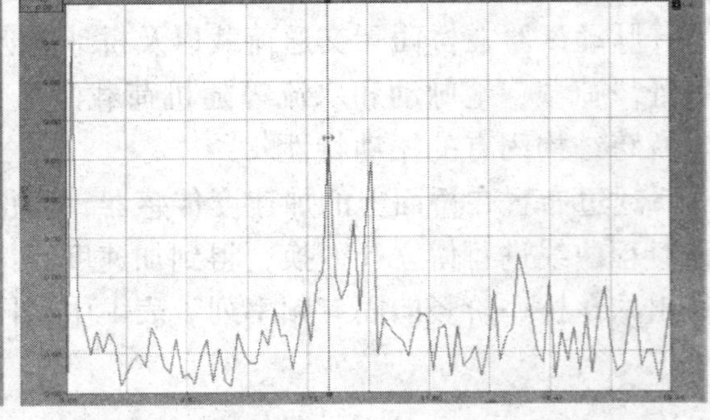

图 9　30km/h、40km/h 跑车试验频谱分析图

表 2　该桥在不同车速下的跑车实测频率

序　　号	车速（km/h）	$l_0/2$
1	20	8.50
2	30	8.21
3	40	8.41

6　结论

经过以上分析，可以得出以下结论：

（1）本次脉动试验和跑车试验实测的结构各测点自振频率均大于理论计算值，说明该桥梁的结构刚度较大，满足设计要求。

（2）本次跑车试验实测的结构各测点在不同车速下的振动频率基本一致，说明结构对不同行车速度的动力响应较好。

参考文献

[1] 刘自明，王邦楣．桥梁工程检测手册［M］．北京：人民交通出版社，2002.
[2] MIDAS 公司技术资料．MIDAS 入门手册．
[3] 王勖成，邵敏．有限单元法基本原理和数值方法（第二版）［M］．北京：清华大学出版社，1997.
[4] 赵大亮，王根会．城市高架桥动力特性研究［J］．特种结构，2005，12．（22）4.
[5] 东华测试 DHMA 模态分析软件．

关于检测鉴定工作的几点认识

刘兴远

重庆市建筑科学研究院，重庆，400020

【摘　要】　根据建设工程施工质量检测工作的特点，讨论了检验、检测、试验概念上的差异，为正确理解和从事相关技术工作提供了帮助，同时说明了检测鉴定工作中应注意的问题，其工作经验可供政府有关职能部门和相关工程技术人员参考使用。

【关键词】　检验，检测，鉴定

1　前言

我国改革开放30年，大规模的土木工程建设有了巨大的发展，其基础建设取得了举世瞩目的进步。随着我国城市化建设的进一步发展，土木工程建设的任务仍然繁重，为了实现可持续发展和保护有限的自然资源，避免重复建设，严把工程建设质量关是一个重要举措。目前，住房建设及其工程质量问题与广大人民群众的切身利益关系密切，也关系到社会和谐、稳定的大问题，国家相关行政主管部门出台了大量的行政法规和国家技术标准，切实改善了工程质量监管现状，但是，由于土木工程建设产品的复杂性和社会性，由此产生了许多矛盾和问题，作者就土木工程建设质量检测工作谈一些基本建议，希望能起到抛引玉之作用。

2　检验、检测、试验的概念问题

在工程实践中国家不同行政管理部门、不同行业对检验、检测和试验的理解和解释是不一致的，致使工程建设技术人员不易把握三个概念的差别，为此，作者将国家不同技术标准对上述三个概念的解释说明如下，以便引起相关技术主管部门的注意。

2.1　关于检验的概念问题

在《建筑工程施工质量验收统一标准》(GB 50300—2001）中对检验、见证取样和抽样检测的解释如下。

检验：对检验项目中的性能进行量测、检测、试验等，并将结果与标准规定要求进行比较，以确定每项性能是否合格进行的活动。

见证取样：在监理单位或建设单位监督下，由施工单位有关技术人员现场取样，并送至具备相应资质的检测单位所进行的检测。

作者简介：刘兴远，高级工程师，博士后，目前主要从事建设工程质量检测、鉴定、加固和科研及规范编制等工作。

抽样检验：按照规定的抽样方案，随机地从进场的材料、构配件、设备或建筑工程检测项目中，按检验批抽取一定数量的样本所进行的检验。

在《建筑工程施工质量验收统一标准》(GB 50300—2001) 中第5章（建筑工程质量验收）5.0.3条3款有如下规定：地基和基础、主体结构和设备安装等分部工程有关安全及功能的检验和抽样检测结果应符合有关规定。

注意上述用词与术语之间的相关关系的判断：凡无监理单位或建设单位监督的检测工作称为“检验”，有监理单位或建设单位监督的检测，称为“抽样检测”，这与工程实践有一定出入，同时反映了技术规范本身的不协调，且 GB 50300—2001 对“检测”本身无解释。

2.2　关于检测的概念问题

建筑结构检测在《建筑结构检测技术标准》(GB/T 50344—2004) 中术语的解释是：为评定建筑结构工程的质量或鉴定既有作者：建筑结构的性能等所实施的检测工作。

检测在《水利质量检测机构计量认证评审准则》(SL 309—2007) 中术语的解释是：“检测（测试、试验）test 按照程序确定合格评定对象的一个或多个特性的活动（注：“检测”主要适用于材料、产品或过程。)。注意 SL 309—2007 与 GB 50300—2001 对检验、检测的解释是不一致的，且概念存在交叉。

在《检测和校准实验室能力的通用要求》理解与实施中第15页表2-1基本术语（理解与实施）—相关解释中的论述如下：序号1“检测［GB/T 27000，4.2]，按照程序确定合格评定对象的一个或多个特性的活动（注：“检测”主要适用于材料、产品或过程。)；序号2“检查［GB/T 27000，4.3］审查产品设计、产品、过程或安装并确定其与特定要求的符合性，或根据专业判断确定其通用要求的符合性活动。

在日常工作中，检测、试验、检验和检查等几个术语经常出现，有时会发生误解。检测也曾被称为“试验”、“测试”和“检验”，这几个词是有差异的。

GB/T 119001 将“试验”和“检验”分别定义为：“3.8.3 试验[2]：按照程序确定一个或多个特性。3.8.2 检验[2]：通过观察和判断，适当时结合测量、试验所进行的符合性评价。”

显然，GB/T 119001 中的“试验”与 GB/T 27000 中的“检测”定义基本相同，但 GB/T 119001 中的“检验”是 GB/T 27000 标准定义的“检查”活动，与 GB/T 27000 中的“检测”是不同的活动，从事检测活动的机构，适用标准为 GB/T 18346—2001《各类检查机构的通用要求》(ISO/IEC 17020，IDT)[2]。

由文献1~4可知对检测、试验、检验和检查4个不同的标准对其概念的解释不完全相同，分析其原因可能有以下几点：①不同行业对几个概念的认识有差别，但又未按 GB/T 27000、VIM 进行统一；②我国建筑规范对上述术语的解释是：术语是从建筑施工质量验收的角度赋予其含义的，但含义不一定是术语的定义。即术语不是定义，仅仅是“含义”；③不同规范不同编制人员对“含义”的理解可能存在巨大差别；④规范编制的统一性差，不同档次、不同水平、不同工作经历的人员都在编制规范，是产生“含义”而非“定义”上的交叉、模糊、不确定的原因之一；⑤行政主管部门的管理工作能力可能存在缺失。

3　检测鉴定工作中的几点体会

在工程实践中不同行业的国家行政管理部门均需要管理工程建设项目，对建筑行业而言，特别需要对工程建设质量进行管理，第三方检测机构就有了生存空间，通过检测机构近

20年的发展历程来看，土木工程建设中的检测、鉴定工作还存在许多值得研究的问题，为此，作者将此工作中的一些体会说明如下，以便引起相关技术主管部门、社会各界人士和工程技术人员的注意。

（1）检测工作人员的工作态度要端正，工作作风要踏实，实际操作要认真、细致，切忌工作浮躁、怕苦、怕累；检测数据要完整、准确，记录全面，事先有准备、事后要复查，及时修补工作失误。否则，一旦检验对象灭失，产生的相应责任事故、后果和社会影响是无法挽回的，严重时会导致企业破产。

（2）检测工作的开展，通常是以委托形式出现的，委托单位是甲方，检测鉴定单位是乙方，实际操作存在一定的可变性。特别是在事故调查中委托单位可能是参与建设的任何一家单位，行政主管部门口头通知说行政主管部门要委托，但实施过程中一直不落实，且检测单位与委托单位签定了检测合同后，行政主管部门并未要求更改委托单位，造成检测工作由委托单位控制，具体操作容易出现偏差。实际上存在“潜规则”，委托单位说与行政主管部门沟通好了，“这样做或那样做，这是行政主管部门的意见”，检测鉴定单位很难控制或不易核实，造成行政主管部门幕后控制之“假象”或确有“实事”，检测鉴定工作人员操作难度有所增加，很难“适度”协调各方利益，因为“潜规则”下的利害关系不清晰。尽管检测机构在“公正性说明”中有若干提法，但有些提法是矛盾的，在上述条件下检测鉴定工作易形成“盲区”。

（3）检测鉴定报告的有效性问题。一般报告说明中均有说明：①报告无“检测专用章”或“检测单位公章”无效。②复制报告未重新加盖“检测专用章”或“检测单位公章”无效。③报告无检测人、审核人、批准人签字无效。④报告涂改、自行增删无效。使用中应特别注意“复印件”的有效性，有些委托单位会将报告内容更换后，再复印给有关单位或个人，达到“偷梁换柱”之目的。

（4）电子版本易出现失误。编写报告时经常是采用以前的鉴定报告修改的，由于修改时的疏忽，易引起别字、数字错误，因此电子版本只能作为参考，而不宜作为正式文件使用。

（5）报告的更改。当委托单位或其他相关单位发现鉴定报告有缺陷或失误时，可要求更改。更改应填写更改（变更）表，表中记录更改原因及相关技术人员的签字、检测机构代表人签字后，更改鉴定报告。如对检测数据有异议时，可进行复检，特别注意的是对特定的工程事故，由于工程拆除或损毁，难以复检，一定要将部分损毁构件留样在检测机构中，直至工程鉴定完成后，整个事故处理完毕、无异议时，再处理这些留样构件，否则易使某些单位有机可乘，最终造成未保留复检构件的局面；这样的经验教训是必须要吸取的。

（6）检测数据的记录方式。一般情况下，委托单位未提出其他限制条件时，检测机构工程技术人员应按计量法、试验方法、标准、规范或规程的要求进行实际检测数据的记录，不需无关单位人员的签字和认可。原因如下：①多数情况下检测可重复进行；②可留样进行比对检测；③由于检测对象本身的不确定性，检测数据有一定出入；④记录数据的规则，其他非专业人员不清楚或不知道，造成数据的认可存在问题，特别是特定项目专业检测时更是如此，其他无专业知识人员的签字认可可能造成检测数据无效；⑤检测数据复核时有可能存在数据修略等问题，而无相关知识的人员会因此产生误解，从而产生不必要的社会矛盾。当相关单位对检测过程、数据有怀疑时，可进行见证，即对检测过程进行现场确认或进行录像，在相关检测记录上签字确认检测过程和数据记录的真实性，预防其他利害关系单位的争议。

4　结语

实际土木建设工程中的检测、鉴定工作还存在许多其他问题，本文只是论述其中很少一部分，希望全社会的人民群众、工程技术人员和国家行政主管部门引起特别的关注，为建立和谐的中国而努力。

参考文献

[1] GB 50300—2001. 建筑工程施工质量验收统一标准［S］. 北京：中国建筑工业出版社，2001.
[2] GB/T 27025—2008. 检测和校准实验室能力的通用要求［S］. 北京：中国标准出版社，2009.
[3] SL 309—2007. 水利质量检测机构计量认证评审准则［S］. 北京：中国水利水电出版社，2008.
[4] GB/T 50344—2004. 建筑结构检测技术标准［S］. 北京：中国建筑工业出版社，2004.
[5] 刘兴远. 关于建筑物安全性鉴定工作的几点思考［J］，四川建筑科学研究，2001：27～28.
[6] 刘兴远等. 边坡工程——设计·监测·鉴定与加固［M］. 北京：中国建筑工业出版社，2007.
[7] 建设工程质量检测管理办法. 中华人民共和国建设部令. 第141号.

拉压杆模型的有限元应用研究

刘立渠[1]　吴学利[1]　张国强[1]　沈兴龙[2]

1. 中国建筑科学研究院，北京，100013
2. 北京金丰环球远大装饰工程有限公司，北京，10083

【摘　要】　混凝土深梁受剪区的应力-应变场较为复杂，不满足平截面假定，使用截面内力法计算精度较差。研究表明，拉压杆模型用于该区域计算具有相当好的工程精度，但深梁设计中压杆失效可能发生在纵筋屈服之前，压杆失效是一种突然的脆性失效，压杆强度对保证深梁承载力设计至关重要，有必要对压杆强度进行研究。本文结合已有文献的混凝土深梁的试验数据，建立相应的拉压杆模型进行分析研究，并借助有限元计算分析，主要分析比较压杆单元在不同混凝土强度、剪跨比及纵筋率下的压杆强度。计算结果表明，拉压杆模型可以较好地应用在混凝土深梁的计算分析，计算结果与试验数据符合较好，而且通过计算分析可知，ACI 中压杆强度在混凝土强度较高时计算偏于不安全。

【关键词】　拉压杆模型，深梁，有限元方法

0　引言

拉压杆模型是一种类似桁架的计算模型，包括压杆、拉杆和节点。最早起源 20 世纪 80 年代欧洲，国外学者 Schlaich J 等在 1987 年奠定了拉压杆模型的基础，拉压杆模型在国外得到迅速发展，随着有限元计算手段的应用，拉压杆模型应用到开口深梁、牛腿、错洞剪力墙、预应力梁、桥墩和桩基承台等。目前拉压杆模型已在美国规范 ACI 318—02（见第 8.3.4 条及附录 A）[1]、加拿大规范和欧洲规范 Eurocode 2 中推荐使用。

拉压杆模型中压杆失效一般是突然的脆性破坏，尤其是深梁设计中混凝土压杆失效可能先于钢筋屈服，因此，压杆强度对保证构件承载力设计至关重要。为了研究压杆强度的影响因素，包括混凝土强度、剪跨比和纵筋率情况，结合相关混凝土深梁试验数据，建立相应的拉压杆模型进行分析研究，并借助有限元计算分析，对混凝土深梁的压杆强度进行研究。

1　混凝土深梁的压杆单元

混凝土深梁是指在其一个边缘受荷载，在与该边缘相对的另一个边缘被支撑，因此可以

基金项目：中国建筑科学研究院基础研究课题资助（20080112330710002）。

作者简介：刘立渠，工学博士，副研究员。E-mail：liuliqu@126.com。

在加载点和支座之间形成斜压杆而且符合下列条件之一的构件[2]：

（1）净跨 l_n 等于或小于构件截面总高的 4 倍；

（2）有集中荷载作用在从支座边算起不大于构件截面高度 2 倍的区域内。

在混凝土深梁设计中，一般在加载位置纵向上梁高范围外的区域（B 区，又称为非紊乱区）符合平截面假定，可以采用截面内力法进行受力分析，然后进行配筋设计，而在梁高范围内不符合平截面假定的区域（D 区，又称为紊乱区），受力复杂。混凝土深梁中 B 区和 D 区的划分也表明一个 D 区的最大长高比将近似为 2，压杆与拉杆的最小角度为 arctan1/2 = 26.5°，取整后为 25°。

混凝土深梁 D 区如果再有开裂，产生内力重分布，应力-应变场更为复杂，使用截面内力法计算精度较差。相关研究和实践表明，拉压杆模型用于 D 区的计算具有相当好的工程精度。拉压杆模型由连接在各结点处的压杆和拉杆组成。拉杆由所有集中于这根拉杆的钢筋组成，其强度由钢筋的屈服强度和面积决定。压杆为压应力场的合力，典型的应力场有扇形、瓶颈形和棱柱形三种。节点就是两条或两条以上的拉杆或压杆相交的点，节点可分为 CCC、CTC、TCT、TTT 四种，其中 C 代表压杆，T 代表拉杆。

压杆体现了一个平行受压场或扇形受压场（无拉应力存在）的合力，通常理想化为一个等截面受压构件；若一个压杆两端结点区的混凝土有效抗压强度 f_{ce} 不同，不论是由两端结点区的不同有效抗压强度引起或由不同的局压长度所引起，压杆可理想化为均匀梯形受压构件。

瓶状压杆体现一个瓶颈形应力场（图 1），其中存有横向拉应力，要用拉杆代表当中的拉应力场，瓶状压杆长度中部的受压混凝土宽度可以向两侧扩展。图 1 中的轮廓线近似表示了一个瓶状压杆的边界，劈裂圆柱体试验是瓶状压杆的一个实例。为了简化设计，瓶状压杆可以理想化为等截面杆或者均匀的梯形杆。

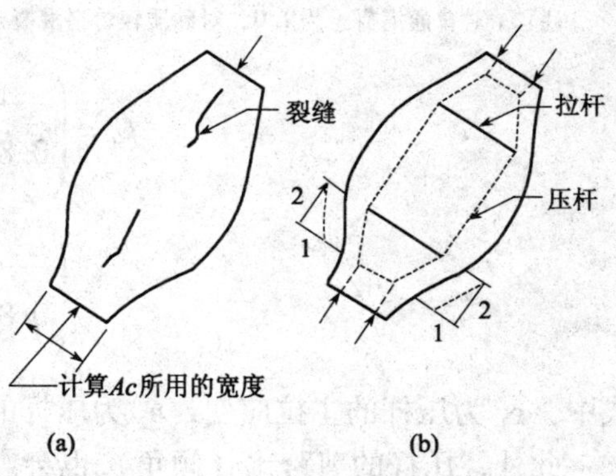

图 1　瓶状压杆
（a）瓶状压杆的开裂；
（b）一个瓶状压杆内的压杆-拉杆模型

2　压杆强度的影响因素

通常情况下，综合压杆的应力场条件、混凝土强度、配筋及其他情况综合为一个混凝土强度的折减系数，见式（1）。按照压杆所受不同条件，ν 在 0.3 ~ 0.85 之间[3]。

$$f_{ce} = \nu f'_c \tag{1}$$

式中，f_{ce} 为混凝土的有效抗压强度；f'_c 为混凝土的抗压强度（ACI 318 中为混凝土圆柱体抗压强度），单位为 MPa。

整理不同学者研究结果，包括 ACI 318 中压杆强度的定义，压杆的有效抗压强度 f_{ce} 见表 1[4]。

从表 1 可知，压杆的强度受配筋和混凝土开裂程度的影响，其中裂缝及其与压杆的角度是影响压杆强度的重要因素。考虑压杆中混凝土开裂条件，压杆强度见式（2）、式（3）[5,6]。

表 1　压杆的混凝土有效抗压强度

	压　杆　条　件	折减系数
Schlaich 等	单轴受压状态	0.85
	裂缝较小且与压杆平行	0.68
	压杆和裂缝或钢筋相交	0.51
	有扩展较宽的裂缝	0.34
Alshergerir 等	剪跨比<2.0 且适当配有箍筋的梁中斜压杆	0.85
	形成拉杆拱机制的压杆	0.75
	预应力构件中的拉杆拱机制的压杆和扇形应力场	0.50
	单轴受压状态或高预应力	0.95
Marti	所有压杆	0.6
ACI 318	具有相同截面的压杆	0.85
	具有充足配筋的瓶颈状应力场压杆	0.64
	没有充足配筋的瓶颈状应力场压杆	0.51λ

注：λ 对普通混凝土为 1.0，对砂质轻骨料混凝土为 0.85，对其他轻骨料混凝土为 0.75。

$$f_{ce}=\left(\frac{1}{0.85-0.27\dfrac{\varepsilon_1}{\varepsilon_2}}\right)f'_c\leqslant f'_c \tag{2}$$

$$f_{ce}=\left(\frac{1}{0.80+0.34\dfrac{\varepsilon_1}{\varepsilon_0}}\right)f'_c\leqslant f'_c \tag{3}$$

式中，ε_1 为压杆的主拉应变，ε_2 为压杆的主压应变，ε_0 为混凝土峰值强度的应变。

此外，压杆的剪跨比（倾角）也会影响压杆的强度取值，随着倾角的减小（剪跨比增大），压杆的折减系数也减小。在 ACI 318 中，一般拉-压杆模型中压杆的倾角考虑在 30°~60°。

3　压杆强度的计算分析

整理相关文献的混凝土深梁试验数据，主要考虑影响压杆强度的混凝土强度、剪跨比和配筋条件进行研究，相关试件数据及计算分析整理见表 2[7,8]。

按照表 2 试件的几何尺寸与材料参数，建立混凝土深梁的有限元模型，计算模型（根据对称建立一半模型）如图 2 所示。

从表 2 可知，有限元计算结果与试验结果符合较好，可以借助有限元方法来对混凝土深梁的压杆进行计算分析。

考虑影响压杆强度的混凝土强度、剪跨比和配筋（只考虑深梁的纵向钢筋）条件进行整理，利用有限元计算结果，选取压杆位置的计算最大应力，

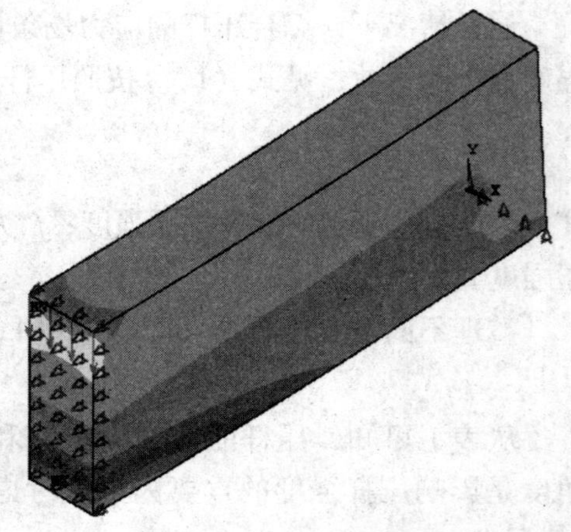

图 2　深梁的计算模型

并与 ACI 的压杆强度（按瓶状压杆考虑）进行比较，从表 2 分析可知：

（1）混凝土强度 f'_c 较大时，大于 50MPa（按我国规范的立方体强度 f_{ck}，换算为 42.5MPa），按 ACI 压杆强度计算偏大，即混凝土强度的折减系数 ν 按 0.64 计算偏于不安全，应适当减小。

（2）随着剪跨比的增大，压杆计算应力有所减小，同时随着混凝土深梁逐渐转为细梁，假设的拉压杆模型过于简单，已不能反映混凝土深梁的实际应力分布，应对拉压杆模型进行调整。

（3）混凝土深梁的纵筋率对压杆强度呈正比，但纵筋率大于 2.0% 时，对压杆强度影响不大。

4 结语

通过整理相关混凝土深梁试验数据，并用有限元方法进行计算比较，可知计算结果与试验数据符合较好。

因此，考虑影响压杆强度的混凝土强度、剪跨比和配筋（只考虑深梁的纵向钢筋）条件进行整理，利用有限元计算分析可知：混凝土强度较高时（f'_c 大于 50MPa）需要对压杆强度的折减系数有所降低；剪跨比的增大（压杆倾角减小）会减小压杆强度，即压杆的布置应符合主应力迹线范围，不小于 30°；纵筋对深梁压杆影响不大，但考虑结点锚固的因素，混凝土深梁应保证一定的纵筋配置，尤其是在节点区域。

表 2 相关试件数据及分析结果整理

资料来源（年份）	试件编号	混凝土强度 f'_c（N/mm^2）	构件的几何尺寸（mm）					配筋（%）			承载力（kN）			压杆强度（N/mm^2）		
			a	h_0	a/h_0	b	h	ρ_l	ρ_h	ρ_v	V_{test}	V_{cal}	$\frac{V_{test}}{V_{cal}}$	$f_{ce,ACI}$	$\sigma_{ce,cal}$	$\frac{f_{ce,ACI}}{\sigma_{ce,cal}}$
Aguilar, G., et al. (2002)[7]	ACI-I	32.0	915	791	1.16	305	915	1.27	0.35	0.31	1357	1130	1.20	27.2	23	1.18
	STM-I	32.0	915	718	1.27	305	915	1.40	0.13	0.31	1134	1176	0.96	27.2	25	1.09
	STM-H	28.0	915	801	1.14	305	915	1.25	0.06	0.31	1286	1123	1.15	23.8	22	1.08
	STM-M	28.0	915	801	1.14	305	915	1.25	—	0.10	1277	1105	1.16	23.8	22	1.08
Quintero-Febres, et al. (2006)[8]	A1	22.0	—	—	1.42	150	460	2.79	0.1	0.28	251	235	1.07	18.7	17	1.10
	A2	22.0	—	—	1.42	150	460	2.79	0.1	0.28	237	235	1.01	18.7	17	1.10
	A3	22.0	—	—	1.42	150	460	2.79	—	—	221	235	0.94	18.7	17	1.10
	A4	22.0	—	—	1.42	150	460	2.79	—	—	196	235	0.83	18.7	17	1.10
	B1	32.4	—	—	0.89	150	460	2.04	0.1	0.23	456	402	1.13	27.5	25	1.10
	B2	32.4	—	—	0.89	150	460	2.04	0.1	0.23	426	402	1.06	27.5	25	1.10
	B3	32.4	—	—	0.81	150	460	2.04	—	—	468	434	1.08	27.5	27	1.02
	B4	32.4	—	—	0.81	150	460	2.04	—	—	459	434	1.06	27.5	27	1.02
	HA1	50.3	—	—	1.57	100	460	4.08	0.15	0.38	265	433	0.61	42.8	27	1.59
	HA3	50.3	—	—	1.43	100	460	4.08	—	—	292	423	0.69	42.8	27	1.59
	HB1	50.3	—	—	1.90	100	460	4.08	0.15	0.67	484	417	1.16	42.8	24	1.78
	HB3	50.3	—	—	1.82	100	460	4.08	—	—	460	441	1.04	42.8	24	1.78

参考文献

[1] ACI 318—02 [S]: ACI Committee 318.

[2] Tan K H, Kong F K, Teng S, Guan L, High - strength concrete deep beams with effective span and shear span variations [J]. ACI Structural Journal, 1995, 92 (4): 572 ~ 582.

[3] Michael D. Brown, Cameron L. Sankovich, Oguzhan Bayrak, and James O. Jirsa, behavior and efficiency of Bottle-shaped struts [J], ACI Journal, 2006, 103 (3): 348 ~ 355.

[4] 吴晖，刘维亚. 拉-压杆模型在钢筋混凝土构件设计中的应用 [J]，建筑结构，2007，37 (7)：34 ~ 37.

[5] Vecchio, F., Collins, M. P., The modified compression field theory for reinforced concrete elements subjected to shear [J]. ACI Journal, Proceedings, 1986, 83 (2): 219 ~ 231.

[6] Vecchio, F., Collins, M. P., Compression response of cracked reinforced concrete [J]. Journal of structural engineering, ASCE, 1993, 119 (12): 3590 ~ 3610.

[7] Aguilar, G., Matamoros, A. B., Parra-Montesinos, G., Ramirez, J. A., Wight, J. K., Experimental evaluation of design procedures for shear strength of deep reinforced concrete beams [J]. ACI Structural Journal, 2002, 99 (4): 539 ~ 548.

[8] Quintero-Febres, C. G., Parra-Montesinos, G., Wight, J. K., Strength of struts in deep concrete members designed using strut-and-Tie [J]. ACI Structural Journal, 2006, 103 (4): 577 ~ 586.

压折法鉴定既有混凝土抗折强度的研究

程　彦[1]　吕　洁[1]　周子义[2]

1. 衢州方圆检测有限公司，衢州，324004
2. 衢州康平建筑工程司法鉴定事务所，衢州，324002

【摘　要】 针对目前国内检测既有混凝土抗折强度的标准只有《水泥混凝土路面施工及验收规范》(GBJ 97—87) 中由圆柱劈裂抗拉强度推导抗折强度的推导公式，但仅适用于碎石混凝土。针对南方地区广泛使用的卵石混凝土，而无检测方法的现状，本研究采用了与混凝土标准抗折强度试验受力状态相似的“压折”受力状态作为理论基础，提出了鉴定既有卵石混凝土抗折强度的计算方法。

【关键词】 压折荷载值，抗折强度换算值，压折修正系数

混凝土抗折强度是评定混凝土质量的一个重要指标，特别是道路混凝土，抗折强度是主要控制指标。目前，国内检测既有混凝土抗折强度的标准只有《水泥混凝土路面施工及验收规范》(GBJ 97—87)，由圆柱劈裂抗拉强度推导抗折强度的推导公式，但仅适用于碎石混凝土，对于南方地区广泛使用的卵石混凝土，则无推导公式。也就是说，对于既有卵石混凝土抗折强度的检测国内无相关标准。由此带来的后果是：建设工程行业的工程质量验收、司法鉴定行业的工程质量鉴定、仲裁行业的工程质量纠纷常常面临对既有卵石混凝土抗折强度质量有疑问，却无法判定的尴尬状况。特别是司法鉴定受理相关案件，由于没有科学依据，无法对既有卵石混凝土抗折强度做出鉴定，这样造成的后果是各方当事人谁也不能说服谁，法院也无法裁定是哪一方的责任。因此，研究出实用、准确的既有卵石混凝土抗折强度鉴定方法，就成为司法鉴定机构（和各相关行业）亟需解决的一个迫切问题。

1　“压折理论”的提出及标准压折试件的确定

混凝土标准抗折强度试验，其受力状态其实是一种“弯拉”状态，是材料单位面积承受弯矩时的极限折断应力。本试验以上述受力状态为基础，同时考虑试验过程中的实用性原则，第一次提出了以“压折荷载”为研究理论基础，确定了以与混凝土标准抗折试块受力状态相似的压折受力状态作为基础受力架构，并确定了标准压折试件的规格尺寸。试件示意图如图 1 和图 2 所示。

---

1. 程彦，浙江衢州方圆检测有限公司建材室主任，工程师，地址：浙江省衢州市巨化北道口。

2. 吕洁，浙江衢州方圆检测有限公司副经理，工程师。

3. 周子义，浙江衢州康平建筑工程司法鉴定事务所鉴定技术科科长，工程师，工程管理学士。地址：浙江省衢州市荷三路 281 号五楼。

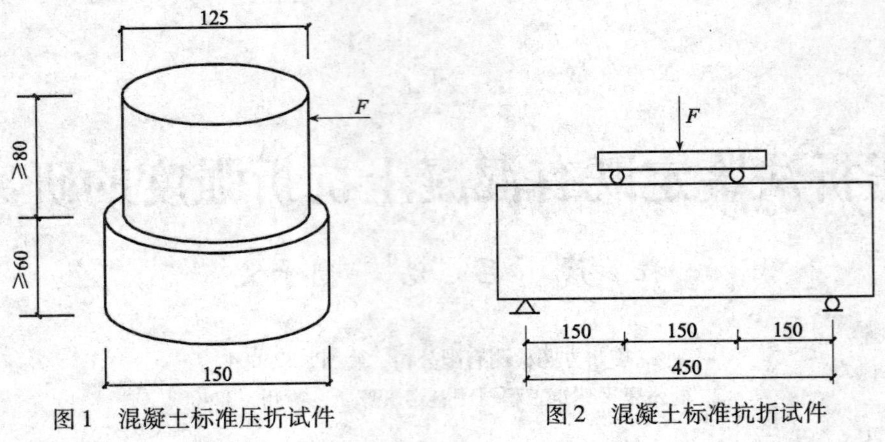

图 1　混凝土标准压折试件　　图 2　混凝土标准抗折试件

通过调研，施工中卵石最大粒径普遍≤40mm，按相关资料，试件直径为卵石粒径的 3 倍时，卵石形状对受力影响可忽略，因此，小圆直径采用 125mm（另一方面，也是考虑相关生产厂家有内径 125mm 的钻头规格）；大圆直径采用 150mm，是考虑与现有钻芯设备配套（150mm 钻头应用较为普遍）。

考虑到既有混凝土一般抗折强度设计在 2.5 ~6.0MPa，因此本次试验主要研究上述范围。

2　试验装置与步骤

2.1　试验装置

钻芯机：应有产品合格证并满足相应的要求。应具有足够的刚度、操作灵活、固定和移动方便，并应有水冷却系统。钻芯机宜准备 2 台，1 台安装内径 125mm 钻头，1 台安装内径 150mm 钻头。

钻头：采用人造金刚石薄壁钻头，钻头胎体不得有肉眼可见的裂缝、缺边、少角、倾斜及喇叭口变形。钻头内径应分别为 150mm ±0.5mm、125mm ±0.5mm；经对国内多家钻头生产企业的钻头进行评估，本次试验采用浙江永康金都公司生产的钻头，主要因为该公司钻头内径规格、精度符合试验要求。

万能试验机：量程为 100kN，精度 1%，加荷速度可控。

压折试验专用金属夹具：如图 3 所示。

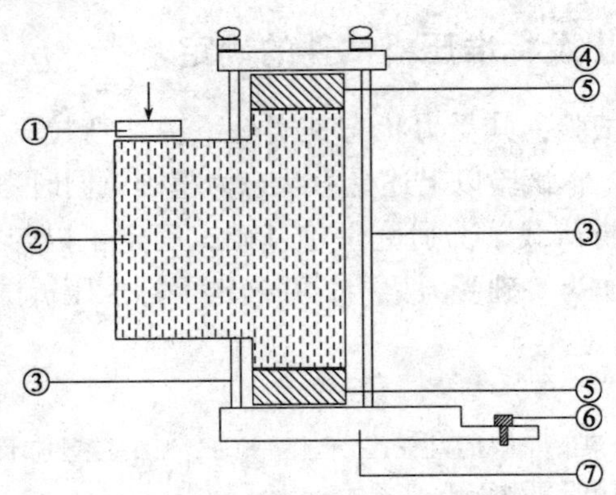

图 3　压折试验专用金属夹具（直尺：精度 1mm）

注：①金属垫片 40mm ×40mm ×10mm；②压折试件；③支撑杆；④上压板；⑤金属圆环卡座；⑥支座固定螺丝；⑦下压板

2.2　试验步骤

制作不同等级、不同材料的卵石混凝土抗折强度标准试块，按《普通混凝土力学性能试验方法标准》(GB/T 50081—2002) 方法求出混凝土标准试件抗折荷载。

把折断成两截的试件，用取芯机、直尺等工具加工成混凝土标准压折试件，应注意的是，从混凝土中钻取的试件大、小圆截面处边缘会存在一些高差，必须进行细致的打磨，使金属卡座能顺利卡住试件。

压折试件应在自然干燥状态下进行试验。相关资料表明，试件含水量对强度有一定影响，含水越多则强度越低，因此规定试件应处于自然干燥状态。

用压折试验专用金属夹具装好试件。

压折速度保持均匀、连续。按《普通混凝土力学性能试验方法标准》(GB/T 50081—2002) 中抗折强度标准试块加荷速度，当混凝土强度等级 < C30 时，加荷速度取每秒 0.25 ±0.05kN；当混凝土强度等级 ≥C30 且 < C60 时，加荷速度取每秒 0.50 ±0.05kN。试验表明，抗折强度设计等级在 2.5 ~6.0MPa 时，压折荷载值一般在 20 ~70kN 之间，使用量程为 100kN，精度为 1% 的万能试验机能满足要求。加荷速度快慢对压剪荷载有一定影响，因此要求加荷速度可控。

金属垫片尺寸为 40mm ×40mm ×10mm，是为了保证压剪试件不至于从金属垫片处压破。标距采用 40mm，主要是从试验中发现，标距太长，常常不能断在小圆根部，影响试验精度，标距太短，不容易折断。

压头直径 20mm。

为了保证受力均匀，受力位置正确，清晰表明影响区域。在直径 125mm 的芯样上作 8 条标记（受力支点线、影响区域线、标距线），芯样上下半圆各四条，标记位置如图 4 所示。

用内径为 150mm 的金属卡座卡住试件，然后把金属卡座固定。这里对金属卡座有两个要求：(1) 应有足够的刚度，保证试件受力后不变形；(2) 金属卡座应能紧密扣住试件。需要指出的是，金属卡座截面应与小圆在同一截面上。

为了受力均匀，压头方向应与试件方向垂直，移动支座，使受力点在垫片中间，固定支座。

由于试件破坏时容易滚动，从而破坏截面形状，给修正系数的判定造成误差。因此应垫柔软织物，使试件破坏截面尽量不受损坏。

开动仪器，使试件破坏。

试验破坏时，振动较大，应注意安全。

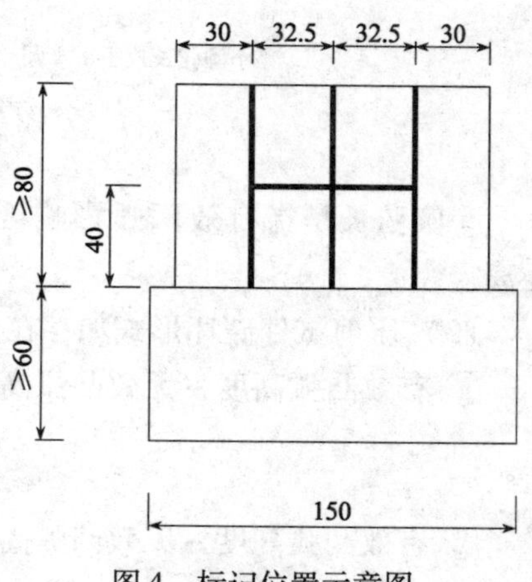

图 4　标记位置示意图

3　压折荷载值与混凝土抗折强度推定（或代表）值的关系及有效凹弧压折修正系数；有效凸弧高度；无效凸弧高度的确定

(1) 压折试件的压折荷载值，可换算成相应于测试龄期的 150mm ×150mm ×550mm 标准抗折试件最大荷载值，即：

$$R_{KZ}=R_{YZ}$$

式中　R_{KZ}——混凝土抗折荷载换算值，N；

R_{YZ}——混凝土压折荷载值，N。

（2）压折试件破坏形式如存在有效凹弧，应按下式修正：

$$R_{KZ}=R_{YZ}\times\alpha_{YXAH}$$

式中　α_{YXAH}——有效凹弧压折修正系数。

从推导性试验看，断裂截面处只有处于有效凹弧影响区域内的凹弧对试验结果有影响，其他部位凹弧对试验影响可忽略不计。如果有效凹弧影响区域内存在未破坏的小圆圆弧，则对试验结果影响极小，原因大概是此时的破坏是属于连带破裂性质，与受力无关联。有效凹弧影响区域如图5所示。

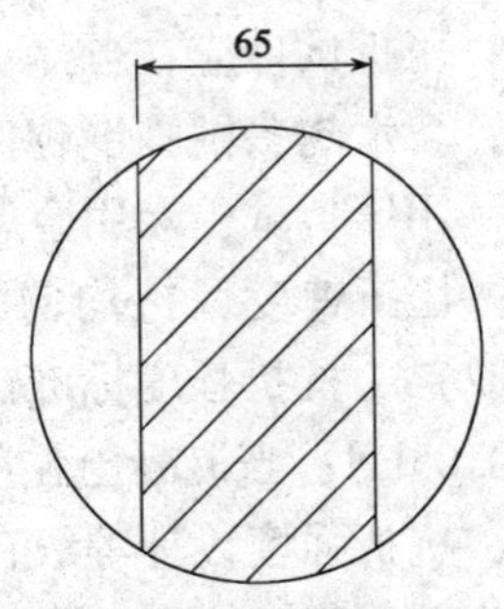

图5　有效凹弧影响区域

有效凹弧压折修正系数是以直径125mm小圆截面积为基准压折面积，根据试件实际压折面积进行修正，从推导性试验看，试件实际压折面积可简化为图6进行计算，划线部分为实际压折面积：

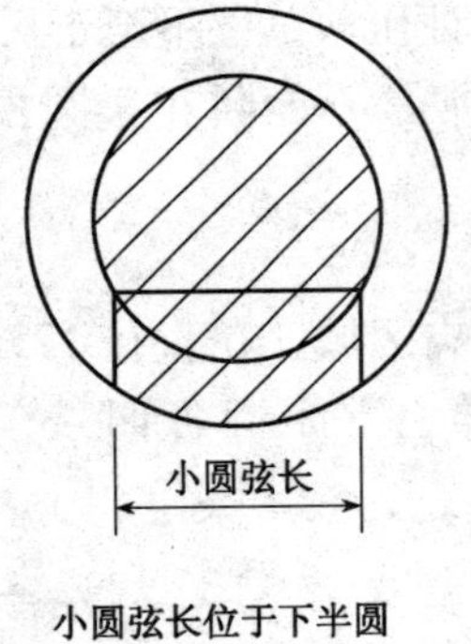

小圆弦长位于下半圆

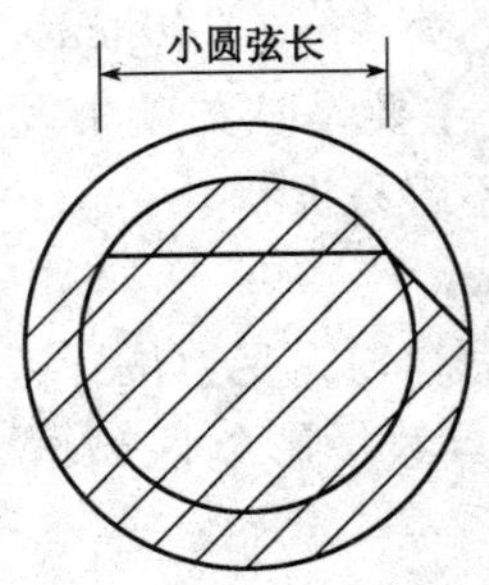

小圆弦长位于上半圆

图6　试件实际压折面积简化图

小圆弦长是指有效凹弧影响区域内不存在未破坏的小圆圆弧，小圆两个断点之间的距离。

（3）压剪试件破坏形式如存在凸弧，分下面两种情形修正：

① 有效凸弧高度－无效凸弧高度≤0mm，不修正，即：

$$R_{KZ}=R_{YJ};$$

② 有效凸弧高度－无效凸弧高度>0mm，应按下式修正：

$$R_{KZ}=R_{YJ}-(h_{YXTH}-h_{WXTH})\times1.9/3$$

式中　h_{YXTH}——有效凸弧高度，精确至1mm；

h_{WXTH}——无效凸弧高度，精确至1mm。

从推导性试验看，有效凸弧影响区域内的凸弧对强度有一定影响，需要注意的是，只有位于小圆边缘的凸弧才对强度有一定影响，位于中间的凸起，如与小圆边缘为一个整体，则按有效凸弧测量；如与小圆边缘不为一个整体，则不能按有效凸弧测量。

凸弧高度是指位于大圆截面上，小圆边缘上断裂的最高点。

有效凸弧影响区域如图7所示，无效凸弧影响区域如图8所示。

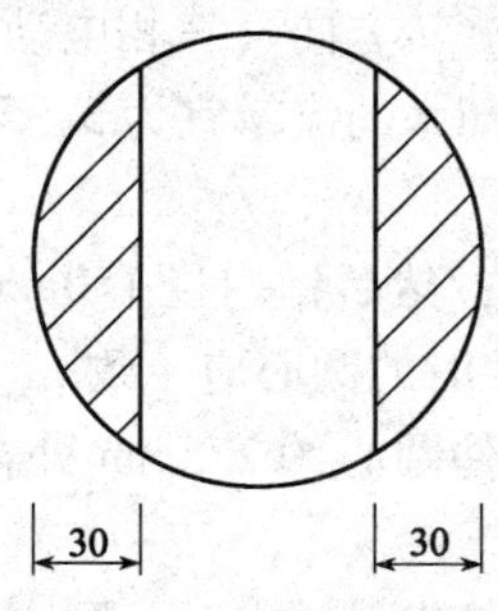

图7　有效凸弧影响区域

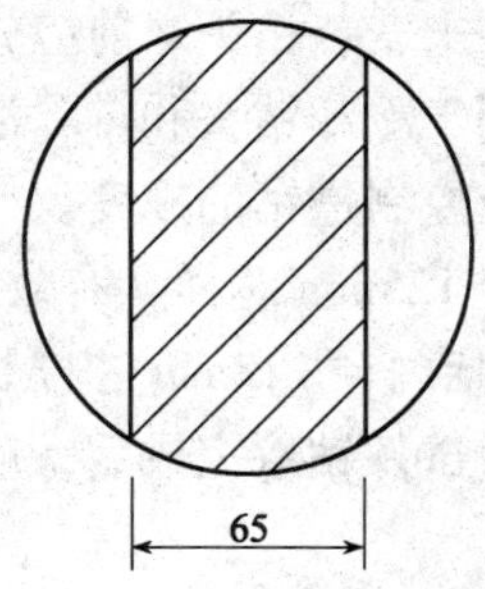

图8　无效凸弧影响区域

（4）参考了《普通混凝土力学性能试验方法标准》(GB/T 20081—2002）中关于标准抗折试块抗折强度值确定的规定，本试验取两个混凝土抗折荷载换算值的平均值，且任一个混凝土抗折荷载换算值与平均值的差值不得大于7.5%。如大于7.5%，说明该检测数据为异常数值，应分析原因后重新钻取压折试件进行试验。

（5）按《普通混凝土力学性能试验方法标准》(GB/T 20081—2002）中关于标准抗折试块抗折强度值计算公式，混凝土抗折强度换算值按下式计算：

$$f_{KZ} = R_{KZ} \times 0.0001333$$

式中　f_{KZ}——混凝土抗折强度换算值，精确至0.1MPa。

4　试验方法的精度与可靠性

本试验通过了250组推导性试验，46组验证性试验，试验装置的精度、可靠性验证试验结果与有关国家标准的平均相对误差、相对标准差要求比较见表1。

表1　试验结果对比

项　　目	回弹法检测混凝土抗压强度	压剪法检测混凝土抗折强度
所用标准	JGJ/T 232001《回弹法检测混凝土抗压强度》	本研究项目
平均相对误差（%）	≤15.0	8.9
相对标准差（%）	≤18.0	9.2

从表1可以看出，标准抗折试块抗折荷载值与对应的混凝土抗折荷载换算值平均相对误差8.9%，相对标准差9.2%，说明经修正后的抗折荷载换算值离散性较小，修正因素考虑合理，修正系数设置得当，该方法的精度、可靠性均较为满意。

5　现场钻取试样

（1）采用压折法检测混凝土抗折强度前，宜具备下列资料：

① 工程名称（或代号）及设计、施工、监理、建设单位名称；

② 设计混凝土抗折强度等级；

③ 检测龄期原材料（水泥品种、粗骨料粒径等）和抗折强度试验报告；

④ 施工质量状况和存在问题的记录；

⑤ 有关的设计施工图等。

（2）钻芯机就位并安放平稳后，应将钻芯机固定。固定的规定应根据钻芯机的构造和施工现场的具体情况确定。

（3）钻芯机在未安装钻头之前应先通电检查主轴旋转方向（三相电动机）。

（4）钻取时用于冷却钻头和排除混凝土碎屑的冷却水的流量宜为 3 ~ 5L/min。

（5）钻取时应控制进钻的速度。

（6）先钻内径 125mm 芯样，有效长度至少 80mm；然后钻内径 150mm 芯样，有效长度至少 70mm（不包括内径 125mm 芯样长度）。两次钻取时的圆心应一致。

（7）一个压剪试件钻取完成后，应在距该压剪试件圆心约 275mm 处再钻取另一个压剪试件。

（8）压剪试件应进行标记。当试件尺寸和质量不能满足要求时，则应重新钻取。

（9）压剪试件内不应含有钢筋。

6 总结

检测结果的不确定性（偏差）源于系统、随机和检测操作三个方面。本试验考虑到压折试件的受力状态和标准抗折试块的受力状态（弯拉）相似，可最大限度减小系统误差；对试验中一些注意事项均作了详细说明，减小了随机误差；对试验中一些关键点作了规定，减小了检测操作误差。通过上述一系列的措施，保证了该方法的精度、可靠性。

本试验充分考虑了实用性问题，所使用仪器设备均为检测机构常规或配套设备，如钻孔机、钻头、万能试验机等，所用压剪试验专用金属夹具附有加工制作详图。

同时，可以根据混凝土抗折强度换算值，按照《公路路基路面现场测试规程附录 B》(JTG E60—2008)、《水泥混凝土路面施工及验收规范》(GBJ 97—87)、《公路工程质量检验评定标准 第一册 土建工程》(JTG F80/1—2004) 鉴定混凝土抗折强度，对纠纷的调解、责任的认定、社会的稳定、检测技术的进步，都将起到积极的作用。

本研究经浙江省衢州市司法局批准，由浙江省衢州市科技局立项。2009 年 11 月 25 通过衢州市科技局组织的专家验收。

回弹法检测长龄期混凝土抗压强度可行性的试验研究

唐 坤 周 浪 邸小坛 孙 斌

国家建筑工程质量监督检验中心，北京，100013

【摘 要】 依据实际工程，研究回弹值、碳化深度、芯样抗压强度各参数的相互关系。长龄期混凝土回弹值和混凝土强度无明显相关性，碳化深度和混凝土强度也无明显相关性。考虑回弹值和碳化深度的影响，结合对应的芯样抗压强度不能建立长龄期混凝土的测强曲线。仅仅通过回弹法的检测技术不能准确检测长龄期混凝土的抗压强度。

【关键词】 回弹法，长龄期，混凝土芯样，抗压强度，碳化深度，回弹值

1 概述

回弹法测试混凝土强度技术因具有仪器简单、轻便，测试操作灵活、快速、经济等特点，被广泛应用于结构混凝土强度无损检测中。由于混凝土是一种多孔性材料，空气中的 CO_2 等与混凝土中液相的 $Ca(OH)_2$ 作用生成 $CaCO_3$，该过程称之为混凝土碳化，混凝土碳化会在表面形成一层硬壳[1]。清除碳化影响的方法，国内外并不相同。美国材料与试验协会编写的《硬化混凝土的回弹指数的标准试验方法》（ASTMC 805—2002）[2]中规定，应磨去碳化的硬壳层，使回弹测试面的质量与内部混凝土一致。而我国现行《回弹法检测混凝土抗压强度技术规程》（JGJ/T 23—2001）[3]中，以碳化深度作为测强公式的一个参数来考虑，混凝土强度推定值是通过建立"混凝土芯样抗压强度—回弹值—碳化深度"测强曲线来换算的。

我国现行规程检测长龄期混凝土强度的方法中，规程（JGJ/T 23—2001）采用回弹法结合钻芯修正的方法，规程（DB21/T 834—2000）[4]采用超声回弹综合法。而仅用回弹法检测长龄期混凝土强度研究甚少。本文依据实际工程，研究回弹值、碳化深度、芯样抗压强度各参数的相互关系，对回弹法检测长龄期混凝土抗压强度的可行性进行探讨。

2 实际工程各参数的取得

按照规程（JGJ/T 23—2001）的要求，在一个测区上测取 16 个回弹值，剔除 3 个最大值和 3 个最小值，余下的 10 个回弹值的平均值即为该测区的回弹值。

按照规程（CECS 03：2007）[5]的要求，在进行回弹的测区位置钻取混凝土芯样并加工成试件，锯切后的芯样用硫磺在专用补平装置上补平，混凝土芯样试件在室内自然干燥后进行抗压强度试验，所得为芯样抗压强度值。

用浓度为 1% 的酚酞酒精溶液在钻取混凝土芯样的侧面选取 3 个测点进行碳化深度的测

量，取其平均值为该测区的碳化深度。

对 14 个实际工程的 198 个混凝土试件进行试验研究，混凝土龄期从 1924 年至 2003 年，工程地点以北京为主，还包括重庆、山东、江西等地。

3　回弹值、碳化深度、芯样抗压强度各参数的相互关系

3.1　芯样抗压强度与回弹值的关系

对 198 个混凝土试件进行整体比较分析，其芯样抗压强度与回弹值的关系如图 1 所示。198 个试件的回弹值在 31.3 ~57.6 之间，其均值为 45.2，标准差为 4.85。随着芯样抗压强度的增高，其对应的回弹值变化不明显，回弹值主要分布在 40.0 ~50.0 之间。

对建于 1958 年的北京某工程而言，混凝土设计强度标号分为 300#、200#、150#，其对应的芯样抗压强度为 52.4MPa、43.1MPa、38.4MPa，其对应的回弹均值为 47.8、47.5、46.1。该工程试件芯样抗压强度与回弹值的关系如图 2 所示。对于 3 个混凝土强度等级，其混凝土芯样抗压强度有所差别，但对应的回弹值几乎没有变化。

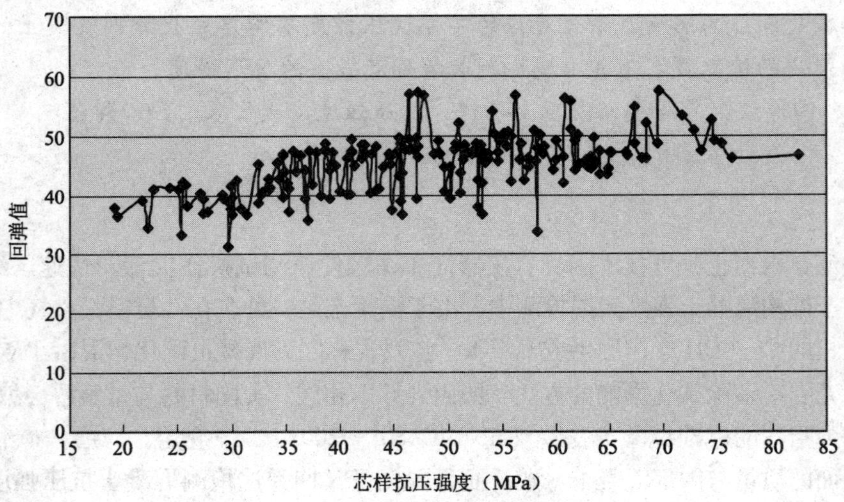

图 1　芯样抗压强度与回弹值的关系

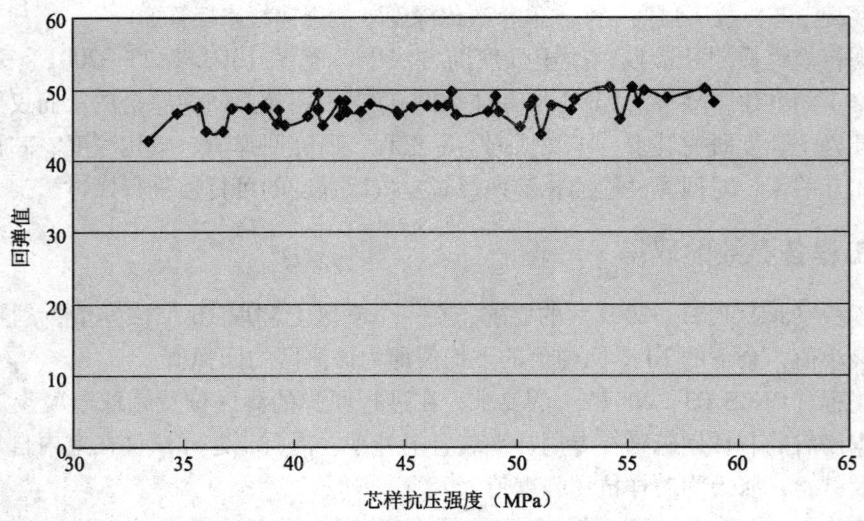

图 2　某工程芯样抗压强度与回弹值的关系

对于建于1959年的北京某博物馆而言，其柱的混凝土设计强度标号为300#，其梁的混凝土设计强度标号为200#。柱对应的回弹值在29.1～49.2之间，其均值为38.7，标准差为4.38；梁对应的回弹值在28.5～45.3之间，其均值为37.6，标准差为3.79。对于两个混凝土强度等级，其对应的回弹值几乎没有变化。

3.2　芯样抗压强度与碳化深度的关系

对198个混凝土试件进行整体比较分析，其芯样抗压强度与碳化深度的关系如图3所示。芯样抗压强度大于60MPa的混凝土试件，随着强度的增高，其对应的碳化深度有减小的趋势；但芯样抗压强度小于60MPa的混凝土试件，随着芯样抗压强度的增高，其对应的碳化深度变化无规律。

对建于1958年的北京某工程而言，混凝土设计强度标号分为300#、200#、150#，其对应的芯样抗压强度为52.4MPa、43.1MPa、38.4MPa，其对应的碳化深度均值为31.3mm、32.7mm、20.9mm。该工程试件芯样抗压强度与碳化深度的关系如图4所示。随着混凝土芯样抗压强度的增高，对应的碳化深度变化无规律。

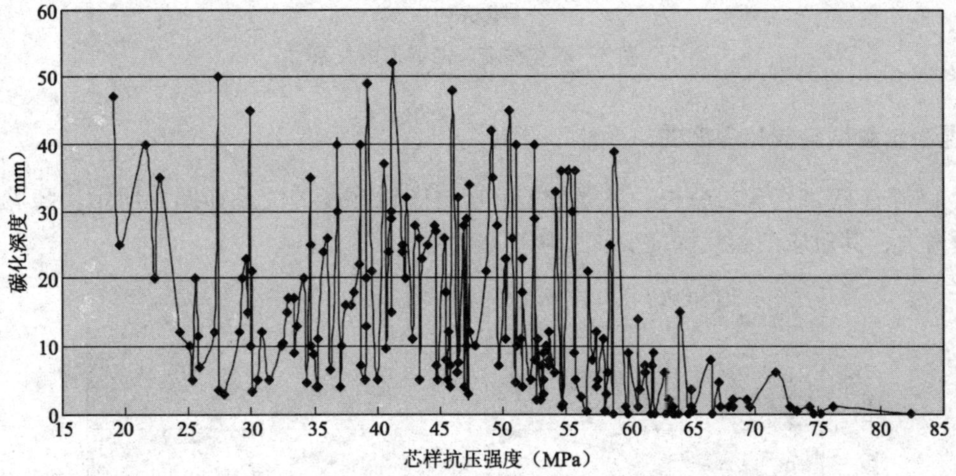

图3　芯样抗压强度与碳化深度的关系

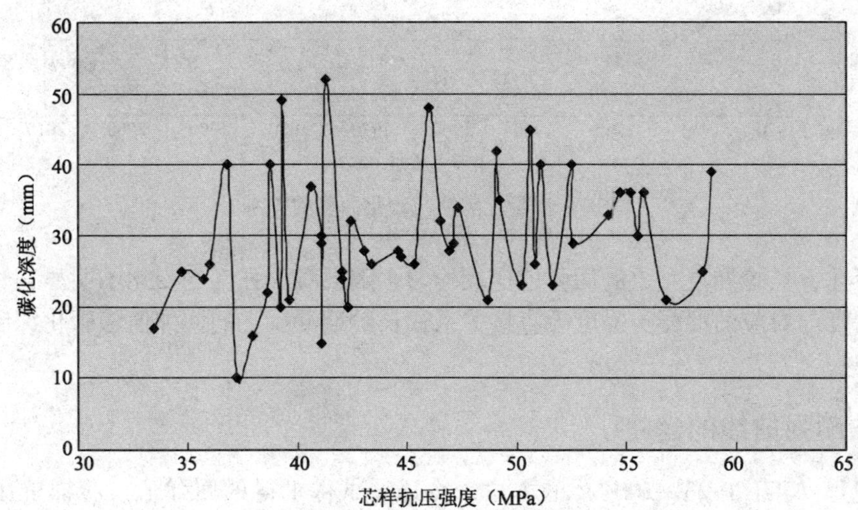

图4　某工程芯样抗压强度与碳化深度的关系

3.3　碳化深度与回弹值的关系

对 198 个混凝土试件进行整体比较分析，其碳化深度与回弹值的关系如图 5 所示。随着碳化深度的增大，其对应的回弹值变化不明显。

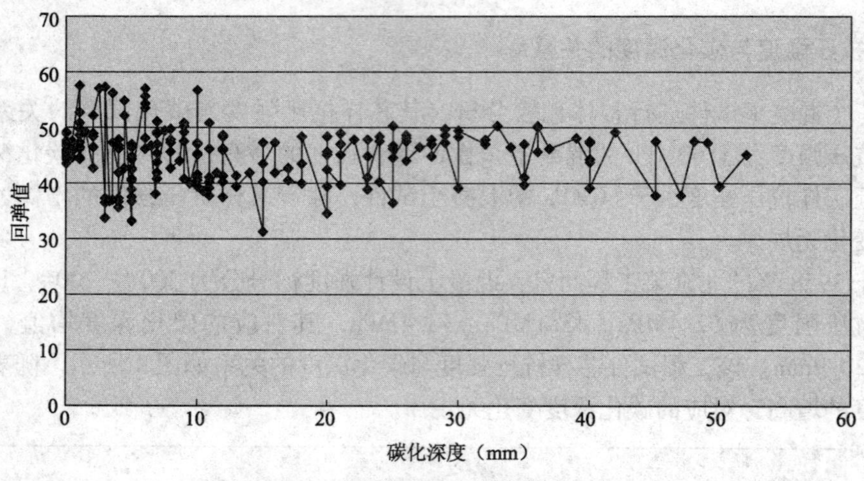

图 5　碳化深度与回弹值的关系

3.4　混凝土龄期与碳化深度的关系

对 14 个工程进行比较分析，其混凝土龄期与碳化深度的关系如图 6 所示。随着混凝土龄期的增大，其对应的碳化深度变化无规律。

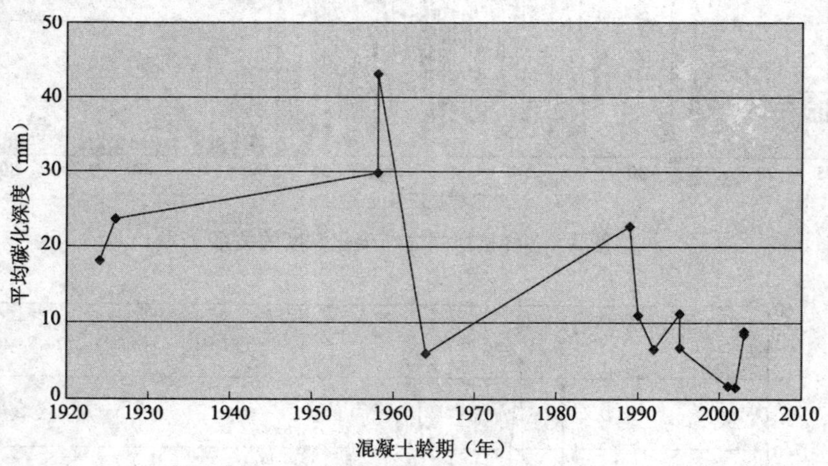

图 6　混凝土龄期与碳化深度的关系

综上所述，长龄期混凝土的回弹值比较均匀，随混凝土强度的变化不明显；长龄期混凝土的碳化深度与对应的混凝土强度无直接关系；长龄期混凝土的回弹值随碳化深度的变化不明显。

4　回弹法测强曲线的建立

参照规程（JGJ/T 23—2001）的方法，按每一试件求得的回弹值、芯样抗压强度和碳化深度等数据，采用最小二乘法原理来建立测强曲线的回归方程式。

在实际工程中获得的混凝土芯样抗压强度、回弹值和碳化深度的相互关系表明，长龄期混凝土回弹值和混凝土强度无明显相关性，碳化深度和混凝土强度也无明显相关性。考虑回弹值和碳化深度的影响，结合对应的芯样抗压强度不能建立长龄期混凝土的测强曲线。

5　结论

依据实际工程，本文研究了回弹值、碳化深度、芯样抗压强度各参数的相互关系。各参数之间无明显相关性，不能建立考虑了各参数作用的测强曲线。本文研究表明，仅仅通过回弹法的检测技术不能准确检测长龄期混凝土的抗压强度。

参考文献

[1] 陈丽霞等．新编混凝土无损检测技术［M］．北京：中国环境科学出版社，2002.

[2] ASTMC 805—2002. Standard Test Method for Rebound Number of Hardened Concrete［S］, American Society for Testing and Materials.

[3] JGJ/T 23—2001. 回弹法检测混凝土抗压强度技术规程［S］. 北京：中国建筑工业出版社，2001.

[4] DB21/T 834—2000. 回弹法、超声回弹法和综合法检测长龄期混凝土抗压强度技术规程［S］. 辽宁，2000.

[5] CECS 03：2007. 钻芯法检测混凝土强度技术规程［S］. 北京：中国建筑工业出版社，2008.

第二篇

工程质量与性能的检测和监测

排水管道的 CCTV 质量检测与评估

卞　坤　韩腾飞　李永录

中冶建筑研究总院有限公司，北京，100088

【摘　要】 排水管道是城市重要的基础设施之一，目前很多管道施工质量差，老化严重，带病作业，直接威胁到了附近的建（构）筑物的安全，污染土质和地下水，影响污水处理厂的正常运行。管道 CCTV 检测是目前国际上用于管道状况检测最为先进和有效的手段。本文就 CCTV 管道检测的基本方法和评估手段等方面进行阐述，结合自身的工程实践做出一些总结。

【关键词】 排水管道，CCTV 检测，评估

前言

排水管道是城市重要的基础设施之一，随着社会经济的迅速发展，城市中的排水管道系统日趋完善，已经取得了令人瞩目的成就并带来了巨大的社会效益，同时我们也注意到，很多管道由于施工质量差，老化严重，带病作业，由此带来的隐患对人民生活质量及人民生命安全的影响是巨大的，开展对排水管道的检测，及时掌握管道结构和功能安全程度，运用科学手段指导养护维修工作，已是当务之急。

管道电视检测法在国外称管道 CCTV（Closed Circuit Television）检测，是目前国际上用于管道状况检测最为先进和有效的手段。20 世纪 90 年代中，西方管道的电视检测技术被国内引进，引起了排水行业同仁的广泛注意，CCTV 管道检测技术与传统的管道检测技术相比，安全性高，图像清晰，直观并可反复播放供业内人士研究的特点，为管道修理方案的科学决策提供了有力的帮助。

本文就 CCTV 管道检测的基本方法和评估手段等方面进行阐述，结合自身的工程实践做出一些总结。

1　城市地下排水管道 CCTV 检测的方法及评估手段

1.1　城市地下排水管道检测方法的演变

排水管道检测已有很长的历史，传统的管道检测方法有很多，伴随着科技的不断进步，对排水管道的检测方法也由以前的潜水员探摸等原始的方法，逐渐向先进的闭路电视检测法过渡管道，即 CCTV 检测系统。

作者简介：李永录，教授级高工，硕士，副主任，研究方向主要为结构工程抗震及地下管线检测鉴定与修复。

传统的管道检测方法主要有四种，分别为以下四种：

(1) 检测人员进入管道内检测。这种方法适用于管径较大、管内无水、通风良好的管道，优点是直观，且能精确测量。但检测条件较苛刻，安全性差，目前已不再使用。

(2) 潜水员进入管道内检测。这种方法适用于管径较大，管内有水，且要求低流速，优点是安全。但无视像资料、准确性差。

(3) 量泥斗法。检测井和管道内淤积情况，优点是直观速度快。但无法测量管道内部情况，无法检测管道结构损坏情况。

(4) 反光镜法。适用于管内无水的管道，但仅能检查管道顺直和垃圾堆集情况，优点是直观、快速，安全。但无法检测管道结构损坏情况，有垃圾堆集时，后面情况看不清，目前已不再使用。

相比以上四种传统的管道检测方法，CCTV 管道检测法相比它们而言，具备的优势是：提高了生产力及效率；可以以更快的速度找出管道问题，如堵塞、裂缝及渗漏等，为修复、疏通方案的制定提供可靠的依据，减少或避免次生灾害发生；可以减少管道封堵时间，简化临时排水措施；可以为竣工验收、接管检查提供科学而有效的方法；杜绝了人员进入管道可能发生的人身伤亡事故。

由于具备以上诸多优点，CCTV 管道检测法的应用应得到大力的推广。

1.2 CCTV 检测法的基本原理及应用范围

排水管道电视检测是采用一个闭路电视系统，通过控制在管道内行走的机器人摄像头远程采集图像，并通过有线传输方式，把图像进行显示和记录的集成系统。

管道 CCTV 电视检测系统是由三部分组成：主控器、操纵线缆架、带摄像镜头的“机器人”爬行器。主控器可安装在汽车上，操作员通过主控器控制“爬行器”在管道内前进速度和方向，并控制摄像头将管道内部的视频图像通过线缆传输到主控器显示屏上，操作员可实时的监测管道内部状况，同时将原始图像记录存储下来，做进一步的分析。当完成 CCTV 的外业工作后，根据检测的录像资料进行管道缺陷的编码和抓取缺陷图片，以及检测报告的编写，并根据用户的要求对 CCTV 影像资料进行处理，提供录像带或者光盘存档，指导未来的管道修复工作。

经过在众多实际工程中的应用，除城市地下排水管道检测外，目前 CCTV 检测已经应用在给水、煤气管道和电力、电信套管的内部状况检测，以及抢险救灾、考古等不同的领域。

具体到城市地下管道检测中，CCTV 检测法主要可以进行管道的周期性检测；紧急应对检测；竣工验收确认检测；交接确认检测；来自其他工程影响检测和其他检测；管道养护情况检查。

1.3 对 CCTV 检测仪器的基本要求

CCTV 检测设备检测结果的精确性由很多因素控制，其中最重要的控制指标就是仪器本身的检测精度。CCTV 设备必须满足以下条件：

(1) 摄像头高度可自由调整；爬行器的车轮直径大小或者轴间距可根据被检测管道的大小进行更换或调整；灯光强度能调节。

(2) 检测设备结构坚固，密封良好，能在 -10℃ 至 50℃ 的温度条件下和潮湿的环境中正常工作，宜配有防爆系统和防水系统。

（3）检测设备须具备距离计数功能，满足一定的精确度。

（4）爬行器的爬坡能力应大于5度。

（5）检测设备符合现行的国家标准《爆炸性气体环境用电气设备》GB 3836 的有关规定。

1.4　CCTV 城市地下管道检测的基本步骤及注意事项

CCTV 检测的基本步骤如下：

收集资料现场勘察——编制检测方案——清洗疏堵排水——用 CCTV 检测系统进行检测并采集影像资料——总结数据，出检测报告——验收数据准确度——提交评估报告。

在管道竣工验收检测前技术应注意以下几点：

（1）应将管道进行严密性试验，并向检测人员出示该管道的闭气或闭水的试验记录。

（2）检测前应确保管道内积水不超过管径的5%。

（3）检测开始前必须进行疏通、清洗、通风及有毒有害气体检测。

在管道修复检测前应注意以下几点：

（1）首先应将需检测的该管道进行冲洗工序。

（2）检测前应确保该管道内积水不能超过管径的15%，如有支管流水应先将其堵住，确保机车所摄录的影像资料清晰，检测准确。

（3）检测开始前必须进行疏通、清洗、通风及有毒有害气体检测。

1.5　对 CCTV 检测结果的评估

1.5.1　管道缺陷的类别和缺陷等级的划分

管道的缺陷分为管道结构缺陷和管道功能缺陷，根据工程上的经验，笔者建议将管道的结构缺陷等级按缺陷程度分为四级，将管道的功能缺陷按缺陷等级分为三级。

1.5.1.1　结构性缺陷的分类

结合工程实际，我们将管道结构缺陷进行分类，分别为：破裂、变形、错位、脱节、渗漏、腐蚀、胶圈脱节、支管暗接、异物侵入。

对各种缺陷的等级划分有待进一步讨论，笔者认为一般将各种缺陷按缺陷程度分为四级或三级较为合理。

1.5.1.2　功能性缺陷的分类

结合工程实际，我们将管道功能缺陷进行分类，分别为：沉积、结垢、障碍物、树根、积水、封堵、浮渣。

对管道功能性缺陷的等级划分，笔者认为积水应按积水深度占界面百分比进行记录，其余以三级进行划分较为合理。

1.5.2　对结构性状况的评估方法

1.5.2.1　结构性缺陷参数 F 按公式（1）或（2）计算。

$$\text{当 } S<40 \text{ 时，} F=0.25\times S \tag{1}$$

$$\text{当 } S>40 \text{ 时，} F=10 \tag{2}$$

式中损坏状况系数 S 按公式（3）计算。

$$S = \frac{100}{L}\sum_{i=1}^{n_1} P_i L_i \tag{3}$$

式中 L——被评估管道的总长度，m；

L_i——各缺陷处长度（m）或缺陷个数；

P_i——第 i 处缺陷权重；

n_1——结构缺陷处总个数。

其中结构缺陷权重，应按不同的结构缺陷类型的不同缺陷等级进行确定。

1.5.2.2 管道修复指数按公式（4）计算。

$$\mathrm{RI} = 0.7 \times F + 0.1 \times K + 0.05 \times E + 0.15 \times T \tag{4}$$

其中管道重要性参数 K 应以管道所处位置的重要性为重点进行考虑，确定数值。管道重要性参数 E，应以管道直径为区分标准进行划分。T 为土质影响参数，根据管道所处环境土质的不同进行确定。

RI 的值在区间 0～10 上，数值越大，代表修复的强度越大，依据 RI 值的进行等级确定和结构状况评价，并提出管道修复的建议。

1.5.3 对功能性状况的评估方法

1.5.3.1 功能性缺陷参数 G 按公式（5）或（6）计算。

$$当\ Y < 40\ 时, G = 0.25 \times Y \tag{5}$$

$$当\ Y > 40\ 时, G = 10 \tag{6}$$

式中运行状况系数 Y 按公式（7）计算：

$$Y = \frac{100}{L}\sum_{i=1}^{n_2} P_i L_i \tag{7}$$

式中 L——被评估管道的总长度，m；

L_i——各缺陷处长度（m）或缺陷个数；

P_i——第 i 处缺陷权重；

n_2——功能缺陷处总个数。

其中功能缺陷权重，应按不同的缺陷分类的缺陷等级进行确定。

1.5.3.2 管道养护指数按公式（8）计算。

$$\mathrm{MI} = 0.8 \times G + 0.15 \times K + 0.05 \times E \tag{8}$$

式中 K 值和 E 值的取值方法与公式（4）相同。

MI 的值在区间 0～10 上，数值越大，代表修复的强度越大，依据 RI 值进行等级确定和结构状况评价，并提出管道修复的建议。

1.6 缺陷位置的表示方法

CCTV 影像在视觉上呈现圆状，在这个圆状的平面内可以清楚地看到管道的各种缺陷，因此采用时钟表示法可以准确地表示缺陷的位置和大小，时钟表示法按顺时针读取缺陷所对应的时间范围。

2　CCTV 检测在实际工作中遇到的一些问题和思考

在管道检测工作中，笔者发现，尽管施工质量和管道设计水平相比过去有了很大的提高，但是大部分地下管道施工完成后存在的问题依然严峻，存在重大的安全隐患和功能隐患，普遍存在渗漏、破裂等问题。

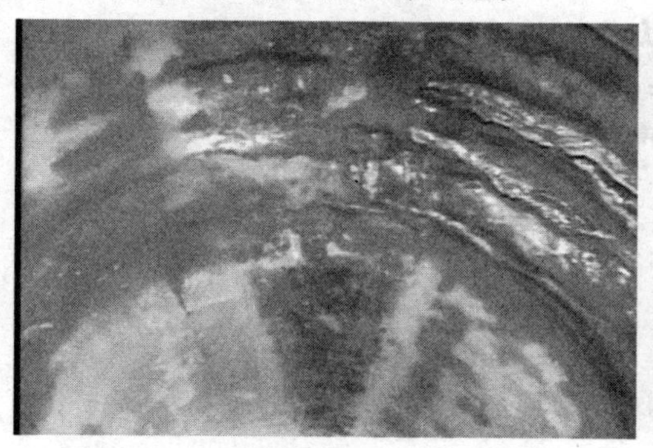

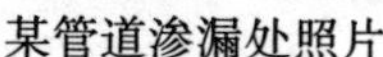
某管道渗漏处照片

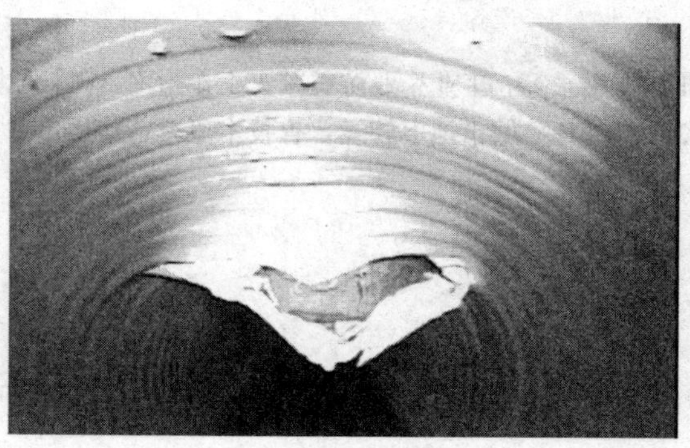
某管道破裂处照片

这些问题如果用传统的方法来进行检测，很难有效率的进行确定。它们有的会直接中断排水管网的正常运行，有的会影响管网的管道结构或排水功能形成潜在的危害，它们很可能造成排水设施建设或维护投资的巨大浪费，降低污水处理厂作用和工效。混接的污水管道将污染江河及地下水资源，造成城市投资环境及居住生活环境的恶劣。

CCTV 检测技术是近年来新引进的技术，虽然此项检测技术先进，但就笔者使用过的两台仪器（分别为韩国和德国制造）来看，虽然两台仪器在外观及性能参数上不同，但是在检测工作中遇到了一些共同的问题：

（1）爬行器的轮胎抓地力普遍不足，当进入淤泥较多或沥青的管道进行检测时，爬行器行动比较困难，严重影响检测进度。笔者认为应加强轮胎的抓地力或改进爬行器的制动方式。

（2）当进入野外，河道两旁等恶劣检测环境时，车辆无法驶入检测地点，仪器的运输成为主要问题，因管道检测环境因素所致，相关的运输配套设施不齐全。

（3）爬行器尾线普遍磨损严重，虽然德国仪器配带滑轮组，一定程度上减少了线与井壁的摩擦，但是有线自身重力所致，在管道中拖沓所造成的磨损不容忽视，极有可能引发障碍，中断检测过程。

3　结语

排水管道的检测工作在我国仍处于起步阶段，随着人们环保意识的不断增强，国家对污水处理项目的投资力度不断的加大，排水管网的管理维护也得到了应有的重视，住建部及不少城市和地方还相继出台了相应的政策与法规。这表明了我国各级政府已经充分地认识到排水管网管理和维护的重要性，排水管道检测和维护有着巨大的市场前景和无限商机。

CCTV 管道内窥检测技术的运用，让城市排水管网的管理和养护方法技术有了一个质的飞跃。该项技术与传统的管道检测技术相比，安全性高，图像清晰，直观并可反复播放供业内人士研究的特点，为管道修理方案的科学决策提供了有力的帮助，该项技术同时还可以应用到给水、煤气管道和电力、电信套管的内部状况检测，以及抢险救灾、考古等等不同的领域。

随着我国社会和经济的进一步发展，社会将会对安全排水要求越来越高，运用排水管道检测技术，及时了解管道内部状况，适时做出更切合实际的管道维护决策，提高社会和经济效益，有着重要的意义。

参考文献

[1] 李永录等．工业企业防震减灾工作指南［M］．北京：冶金工业出版社．2005.
[2] 区福邦．城市地下管线普查技术研究与应用［M］．南京：东南大学出版社，1998.

超声法检测混凝土缺陷技术在工程实践中的应用

石丹群

江苏省建筑工程质量检测中心有限公司，南京，210028

【摘　要】　介绍了超声法检测混凝土内部缺陷技术发展的历史、基本原理、基本方法和影响因素，并结合工程实例说明了超声法的局限性以及在实际应用中的注意要点。对于工程技术人员全面、系统地了解该方法具有一定的参考价值。

【关键词】　超声法，混凝土内部缺陷，钻芯法

近几年，超声法检测混凝土内部缺陷的检测方法越来越多地运用于工程实际，无损检测仪器也呈现多样化。目前许多检测机构的非金属检测仪器多采用数字式，有逐步取代模拟式仪器的趋势，大大简化了检测人员的测读难度。但由于现场条件、委托方要求、构件种类的多样性和复杂性，以及人们对混凝土内部质量了解的迫切性，对检测数据的精度提出了较高的要求。本文就两个工程采用超声法对混凝土内部缺陷的检测方法提出了笔者的一些建议。

1　混凝土缺陷超声检测技术的发展[1]

混凝土和钢筋混凝土结构物，有时因施工管理不善或受使用环境及自然灾害的影响，其内部可能存在不密实或空洞，其外部形成蜂窝麻面、裂缝或损伤层等缺陷。这些缺陷的存在会严重影响结构的承载能力和耐久性，采用有效方法查明混凝土缺陷的性质、范围及尺寸，以便进行技术处理，乃是工程建设中的一个重要课题。

混凝土缺陷无损检测技术，大体可分为两大类：一类是机械波法，其中包括超声波脉冲、冲击脉冲波和声发射法；另一类是穿透辐射法，其中包括 x 射线、γ 射线和中子流等。罗马尼亚、日本及前苏联等国家，用 x 射线和 γ 射线检测混凝土的密实度、空洞、裂缝及预应力构件预留孔洞的灌浆质量。由于射线的穿透能力有限，尤其对非匀质的混凝土，其穿透深度受到很大限制，而且产生射线的设备相当复杂，又需要严格的防护措施，现场应用很不方便。超声脉冲波的穿透能力较强，尤其是用于检测混凝土，这一特点更为突出，而且超声检测设备较简单，操作较方便，所以广泛应用于结构混凝土缺陷检测，成为混凝土非破损检测技术的一个重要方面。

用声学的方法检测结构混凝土可以追溯到 20 世纪 30 年代，那时以锤击作为震源，测量声波在混凝土中的传播速度，粗略地判断混凝土质量。目前所采用的超声脉冲法是始于 20

作者简介：石丹群，工程师，工程硕士，结构检测部主任助理，E-mail shidanqun@ sina. com。

世纪 40 年代后期。早在 20 世纪 40 年代末 50 年代初，加拿大、前西德、英国和美国的学者相继进行简单的模拟试验，当时由于受仪器灵敏度低、分辨率差的限制，加上混凝土缺陷检测的影响因素尚未弄清楚，因此难以普遍用于工程实测。自 20 世纪 70 年代末期以来，随着电子技术迅速发展，超声仪器的性能不断改善，测试技术不断提高，混凝土缺陷的超声检测技术发展很快。检测仪器由笨重的电子管单示波显示型发展到集成化、数字化和智能化的多功能型；测量参数由单一的声速发展到声速、波幅和频率等多参数；检测范围由单一的大空洞或浅裂缝检测发展到多种性质的缺陷检测；缺陷的判别由大致定性发展到半定量和定量的程度。不少国家已将超声脉冲法检测缺陷的内容列入结构混凝土质量检验标准。

我国自 20 世纪 50 年代开始开展混凝土超声检测技术的研究，60 年代初期，中国科学院水电研究所便进行了超声脉冲波检测混凝土表面裂缝的尝试，到 60 年代中期全国不少单位开展了超声检测技术的研究和应用，尤其是 1976 年以来组织了全国性协作组，对超声测缺技术进行了较系统的研究，并逐步应用于工程实测。1982 年至 1983 年期间，水利电力部、建设部先后组织了对超声脉冲法检测混凝土缺陷科研成果的鉴定，使这项技术进入了实用阶段。1990 年我国颁布了《超声法检测混凝土缺陷技术规程》，使该项技术规范化，更利于推广应用。2000 年，在《超声法检测混凝土缺陷技术规程》CECS21：90 的基础上，吸收国内外超声检测仪器最新成果和超声检测技术的新经验，结合我国建设工程中混凝土质量控制与检测的实际需要进行了修订。

2　超声波检测混凝土缺陷的基本原理[1]

采用超声脉冲波检测结构混凝土缺陷的基本依据是，利用脉冲波在技术条件相同（使混凝土的原材料、配合比、龄期和测试距离一致）的混凝土中传播的时间（或速度）、接收波的振幅和频率等声学参数的相对变化，来判定混凝土的缺陷。这些声学参数为什么可以作为判定混凝缺陷的依据，是大家比较关心的问题。

因为超声脉冲波传播速度的快慢，与混凝土的密实程度有直接关系，对于原材料、配合比、龄期及测试距离一定的混凝土来说，声速高则混凝土密实，相反则混凝土不密实。当有空洞或裂缝存在时，便破坏了混凝土的整体性，超声脉冲波只能绕过空洞或裂缝传播到接收换能器，因此传播的路程增大，测得的声时必然偏长或声速偏低。

另外，由于空气的声阻抗率远小于混凝土的声阻抗率，脉冲波在混凝土中传播时，遇着蜂窝、空洞或裂缝等缺陷，便在缺陷界面发生反射和散射，声能被衰减，其中频率较高的成分衰减更快，因此接收信号的波幅明显降低，频率明显减小或者频率谱中高频成分明显减少。再者经缺陷反射或绕过缺陷传播的脉冲波信号与直达波信号之间存在声程和相位差，叠加后互相干扰，致使接收信号的波形发生畸变。

根据上述原理，可以利用混凝土声学参数测量值和相对变化综合分析、判别其缺陷的位置和范围，或者估算缺陷的尺寸。

3　超声脉冲波检测混凝土缺陷的方法[2]

由于混凝土非匀质性，一般不能像金属探伤那样，利用脉冲波在缺陷界面反射的信号，作为判别缺陷状态的依据，而是利用超声脉冲波透过混凝土的信号来判别缺陷状况。一般根据被测结构或构件的形状、尺寸及所处环境，确定具体测试方法。常见的测试方法大致分为以下几种：

3.1 平面测试（用厚度振动式换能器）

3.1.1 对测法：一对发射（T）和接收（R）换能器，分别置于被测结构相互平行的两个表面，且两个换能器的轴线位于同一直线上；

3.1.2 斜测法：一对发射和接收换能器分别置于被测结构的两个表面，但两个换能器的轴线不在同一直线上；

3.1.3 单面平测法：一对发射和接收换能器置于被测结构同一表面上进行测试；

3.2 钻孔测试（采用径向振动式换能器）

3.2.1 孔中对测：一对换能器分别置于两个对应钻孔中，位于同一高度进行测试；

3.2.2 孔中斜测：一对换能器分别置于两个对应钻孔中，但不在同一高度而是在保持一定高程差的条件下进行测试；

3.2.3 孔中平测：一对换能器置于同一钻孔中，以一定的高程差同步移动进行测试。厚度振动式换能器置于结构表面，径向振动式换能器置于钻孔中进行对测和斜测。

4 超声法检测混凝土缺陷的主要影响因素

超声法检测混凝土缺陷，受许多因素的影响。在工程检测中如不采取适当措施，尽量避免或减小其影响，必然给测试结果带来很大误差。试验和实践表明，影响超声测缺的主要因素大致有以下几种：

4.1 耦合状态的影响

由于脉冲波接收信号的波幅值，对混凝土缺陷反映最敏感，所以测得的波幅值是否可靠，将直接影响到混凝土缺陷的检测结果。对于测距一定的混凝土，测试面的平整程度和耦合剂的厚薄，是影响波幅测值的主要原因，如果测试面凹凸不平或粘附泥砂，便保证不了换能器整个辐射面与混凝土测试面的接触，发射和接收换能器与测试面之间只能通过局部接触点传递脉冲波，使其大部分声能被损耗，造成波幅降低。另外，如果作用在换能器上的压力不均恒，使其耦合剂半边厚或者时厚时薄，造成波幅不稳定。这些原因都使测试结果不能反映混凝土的真实情况，使波幅测值失去可比性。因此，要求超声测试必须具备良好的耦合状态。

4.2 钢筋的影响

有研究表明，钢筋中超声传播速度比普通混凝土高 1.2 倍至 1.9 倍。由于脉冲波在钢筋中的传播速度比在混凝土中的传播速度快，在发射和接收换能器的连线上或其附近存在主钢筋时，必然影响混凝土声速测量值，其影响程度取决于钢筋相对于测试方向的位置及钢筋的数量和直径。不少研究者的试验结果表明，当钢筋轴线垂直于测试方向，其影响程度取决于通过各钢筋声程之和 l_s 与测试距离 l 之比，对于声速 $v \geqslant 4.00$km/s 的混凝土来说，$l_s \leqslant 1/12$ 时，钢筋对混凝土声速的影响较小，一般为 1% ~3%。当钢筋轴线平行于测试方向，对混凝土声速测值的影响较大。为避免其影响，必须将发射和接收换能器的连线离开钢筋一定距离。一般当超声测量显示离开钢筋轴线约 1/8 至 1/6 测距时，就可以避开钢筋的影响[1]。

4.3　粗骨料品种、粒径和含量的影响

每立方米混凝土中骨料用量的变化、颗粒组成的改变对混凝土强度的影响要比水灰比、水泥用量及标号的影响小得多。但是，粗骨料的数量、品种及颗粒组成对超声波传播速度的影响却十分显著，甚至稍微增加一些碎石的用量或采用较高弹性模量的骨料，敏感性较强的是超声脉冲的声速。比较水泥石、砂浆和混凝土三种试件的超声检测，在强度值相同的情况下，混凝土的超声脉冲声速最高，砂浆次之，水泥石最低。差异的原因主要是超声脉冲在骨料中传播的速度比混凝土中传播速度快。声通路上粗骨料多，声速则高；反之，通路上粗骨料少，声速则低[1]。

4.4　水分的影响

由于水的声速和声阻抗率比空气的声速和声阻抗率大许多倍，如果混凝土缺陷中的空气被水取代，则脉冲波的绝大部分在缺陷界面不再反射和绕射。而是通过水耦合层穿过缺陷直接传播至接收换能器，使得有或者无缺陷的混凝土声速、波幅和频率测量值的差异不明显，给缺陷测试和判断带来困难，为此，在进行缺陷检测时，要力求混凝土处于自然干燥状态[1]。

《建筑结构检测技术标准》中提到，混凝土内部缺陷的检测，可采用超声法、冲击反射法等非破损方法；必要时可采用局部破损方法对非破损的检测结果进行验证[3]。

对出现异常数据时，需仔细分析原因，如、检测人为因素（测点过低，用力不均衡）、是否靠近地坪（混凝土含水率可能较高），等等。

现场检测时，以下几点尚应考虑到：

（1）现场测试前须对温度、湿度（刚下过雨，选择相对干燥构件）及其他环境条件（周围有无磁场、电焊机等的影响）进行调查。

（2）构件的截面尺寸要精确测量；

（3）被测构件表面光洁度状况、内部钢筋分布、构件自身特点需要考虑。如柱构件，构件下部粗骨料含量较高，该区域波速会略有增加，在分析异常值时，要考虑到此项因素；

（4）由于耦合剂（气温）原因，不宜以振幅值作为分析异常数据的主要评判依据；

（5）兼顾并利用好超声波检测和钻芯检测的特点，有利于提高判断缺陷的准确性。

5　实例

实例一：某热电厂钢筋混凝土烟囱设计高度为100m，壁厚300mm，底口半径5430mm，上口半径1930mm，混凝土设计强度为C30，采用“竖井架移置模板倒模法”的施工方法施工。现场检测时实际施工高度至5m，现场采用自拌混凝土浇筑，未掺外加剂。因模板拆除后发现混凝土表面出现麻面、气孔等现象，需对混凝土内部质量了解，建设单位委托对图1中的四片区域采用超声法检测混凝土内部缺陷，点位布置示意图如图2所示。

此次采用了北京市康科瑞工程检测科技有限责任公司出产的NM-4A型非金属超声检测分析仪进行测试，检测前进行了调零、校准等操作。检测当天为阴天，温度约20℃，湿度适中，构件表面风干、光洁、平整。检测前将位于场地附近的电焊机劝停工作。

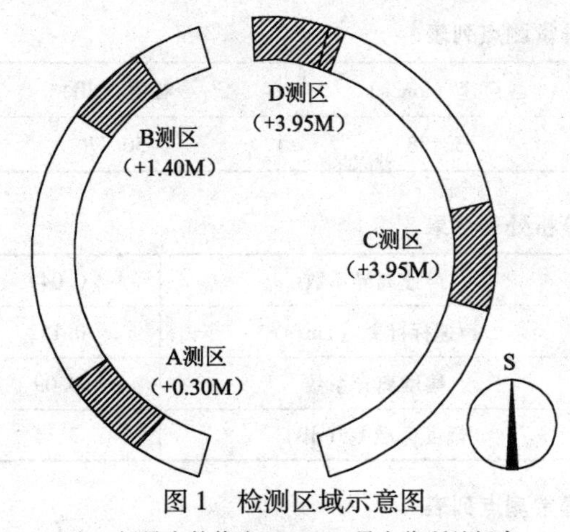

图1　检测区域示意图

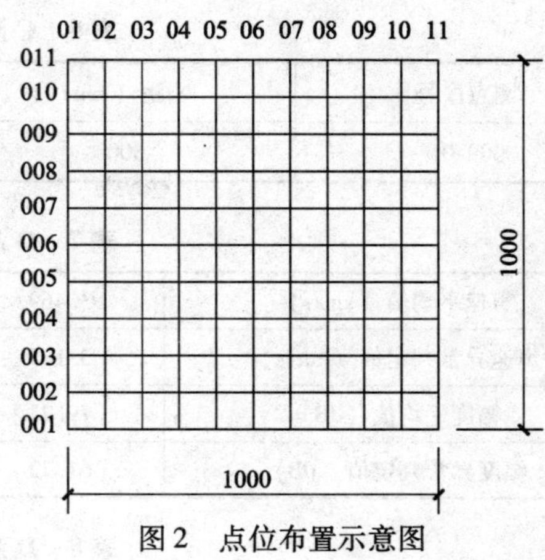

图2　点位布置示意图

注：括号内数值为001-01号点位所处标高

检测时对所测区域进行网格线布置，纵横向网格线间距约100mm，表面有缺陷处及初次声时异常处进行了加密检测，检测结果如表1~表8所示。

表1　A测区分析处理结果

声速平均值（km/s）	3.550	声速离异系数	0.073
声速异常判定值（km/s）	2.931	声速标准差（km/s）	0.258
幅度平均值（dB）	73.51	幅度离异系数	0.09
幅度异常判定值（dB）	57.13	幅度标准差（dB）	6.84

表2　A测区异常测点列表

测点序号	测距（mm）	声速（km/s）	幅度（dB）
001-11	300	3.472	47.74
011-11	300	3.886	56.55

表3　B测区分析处理结果

声速平均值（km/s）	2.957	声速离异系数	0.061
声速异常判定值（km/s）	2.524	声速标准差（km/s）	0.180
幅度平均值（dB）	75.01	幅度离异系数	0.11
幅度异常判定值（dB）	54.81	幅度标准差（dB）	8.43

表4　B测区异常测点列表

测点序号	测距（mm）	声速（km/s）	幅度（dB）
001-02	300	3.024	52.72
001-03	300	2.688	48.82

表5　C测区分析处理结果

声速平均值（km/s）	3.086	声速离异系数	0.064
声速异常判定值（km/s）	2.612	声速标准差（km/s）	0.198
幅度平均值（dB）	74.68	幅度离异系数	0.11
幅度异常判定值（dB）	54.69	幅度标准差（dB）	8.33

表 6　C 测区异常测点列表

测点序号	测距（mm）	声速（km/s）	幅度（dB）
009-05	300	3.138	50.77

表 7　D 测区分析处理结果

声速平均值（km/s）	3.469	声速离异系数	0.044
声速异常判定值（km/s）	3.105	声速标准差（km/s）	0.152
幅度平均值（dB）	79.28	幅度离异系数	0.09
幅度异常判定值（dB）	61.72	幅度标准差（dB）	7.34

表 8　D 测区异常测点列表

测点序号	测距（mm）	声速（km/s）	幅度（dB）
010-09	300	2.419	56.08
010-10	300	2.747	53.49
010-11	300	2.315	59.62
011-10	300	2.443	63.25

现场检测时，发现 D 测区 010－09、010－10、010－11、011－10 号点位附近存在混凝土外部缺陷，采用耦合剂仍无法保证点位的密实性。

经对各声学参数异常值进行分析，将声速值作为主要判定依据，并结合异常测点的分布及波形情况，得到如下结论：该烟囱所测区域未发现混凝土构件内部存在明显不密实、空洞等缺陷。

由于烟囱外形尺寸的自身特点，采用对测法时两个换能器的轴线不能完全保证位于同一直线上，可能会对检测数据产生一定的误差。

实例二：某二层钢筋混凝土框架结构厂房，层高 5.4m，混凝土设计强度为 C30，采用商品混凝土现场浇筑，一层柱设计截面尺寸为 500mm × 500mm。因怀疑一层柱存在大面积“烂根”现象，建设单位委托对其中 10 根典型柱采用超声法辅以钻芯法检测混凝土内部缺陷。

检测前的构件外观如（图 3、图 4）所示。

图 3　一层 15/C 轴柱外观

图 4　一层 16/A 轴柱外观

现场检测前，要求将所测构件表面存在缺陷处进行补平，并对标高位于 ± 0.00m 至 + 0.50m 内区域进行网格线布置。纵横向网格线间距为 100mm（测点布置示意图如图 5 所示），表面有缺陷处及初次声时异常处加密检测，同条件混凝土声速值为4.488km/s。分析结果见表9、表10。

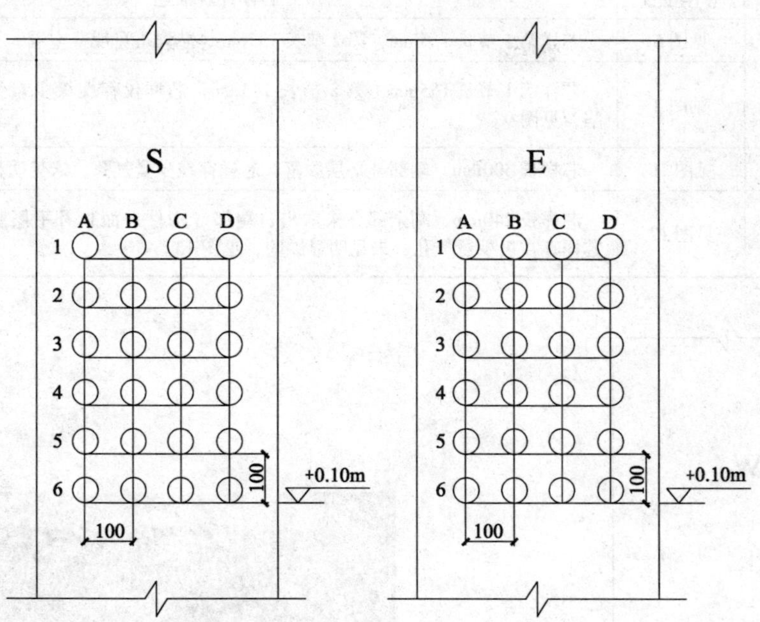

图5　测点布置示意图

注：○代表测点位置，S为南侧立面，E为东侧立面。

表9　超声法检测分析结果

构件位置	测点数 n	声速（km/s）			异常点位置
		平均值	标准差	异常判定值 X_0	
一层15/C轴柱	48	4.503	0.071	4.358	1/B（E）
一层15/E轴柱	42	4.592	0.087	4.420	1/C(E)、1/D(E)、2/D(E)
一层15/F轴柱	51	4.652	0.084	4.478	1/B(E)、1/C(E)
一层14/J轴柱	50	4.536	0.049	4.436	6/C(S)
一层14/J轴柱	50	4.536	0.049	4.436	6/C(S)
一层15/K轴柱	50	4.538	0.077	4.380	无
一层17/J轴柱	48	4.357	0.132	4.624	无
一层18/D轴柱	49	4.704	0.075	4.550	1/B(S)
一层18/J轴柱	56	4.634	0.169	4.303	6/C(S)、6/D(S)、6/D(E)
一层17/C轴柱	49	4.455	0.087	4.288	5/B(S)、5/C(S)、5/D(S)、6/B(S)、6/C(S)、6/D(S)、4/A(E)、5/A(E)、5/B(E)、6/A(E)、6/B(E)、6/C(E)、6/D(E)
一层16/A轴柱	53	4.553	0.062	4.427	6/A(E)、6/B(E)、6/C(E)

利用多功能混凝土钻孔取芯机选取4根柱构件每根构件分别钻取1只距混凝土表面约300mm深的芯样，检查芯样处的混凝土不密实区和空洞程度，检查结果见表10。

表 10　钻芯法检测结果

构件位置	芯样位置	芯样外观描述
一层 17/C 轴柱	见图 6	芯样第 1 节长 155mm，第 2 节长 135mm，芯样可见明显空洞，见图 7。
一层 18/J 轴柱	见图 8	芯样第 1 节长 155mm，第 2 节长 143mm，芯样仅存在极少量气孔，未见明显缺陷，见图 9。
一层 16/A 轴柱	见图 10	芯样长 300mm，端部补平层脱落，芯样存在少量气孔，未见明显缺陷，见图 11。
一层 15/C 轴柱	见图 12	芯样长 240mm，剩余部分未取出，端部（构件表面）补平层脱落长度约 10mm，芯样存在极少量气孔，未见明显缺陷，见图 13。

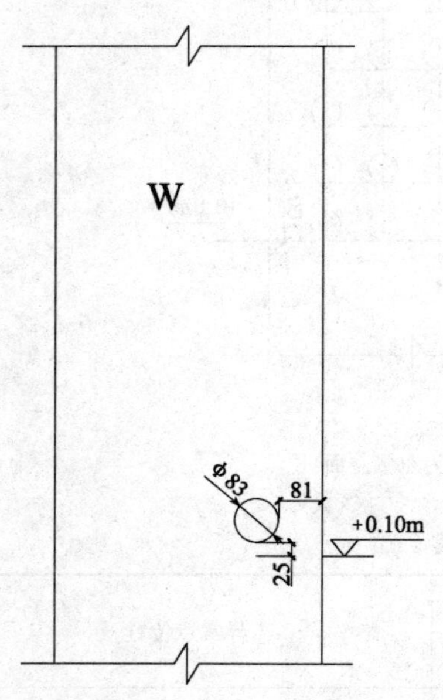

图 6　一层 17/C 轴柱钻芯位置示意图

图 7　一层 17/C 轴柱所取芯样外观

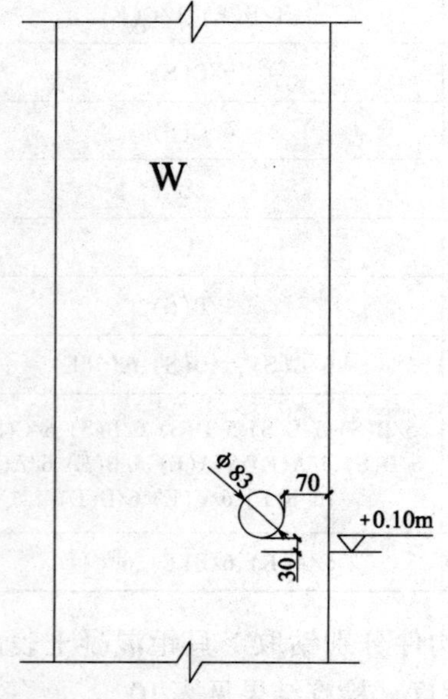

图 8　一层 18/J 轴柱钻芯位置示意图

图 9　一层 18/J 轴柱所取芯样外观

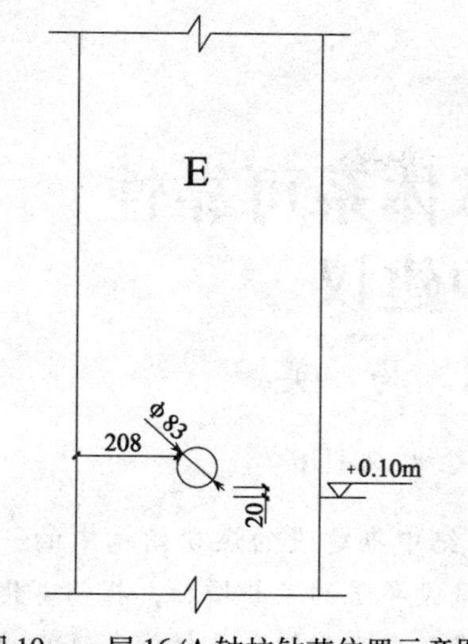

图 10　一层 16/A 轴柱钻芯位置示意图

图 11　一层 16/A 轴柱所取芯样外观

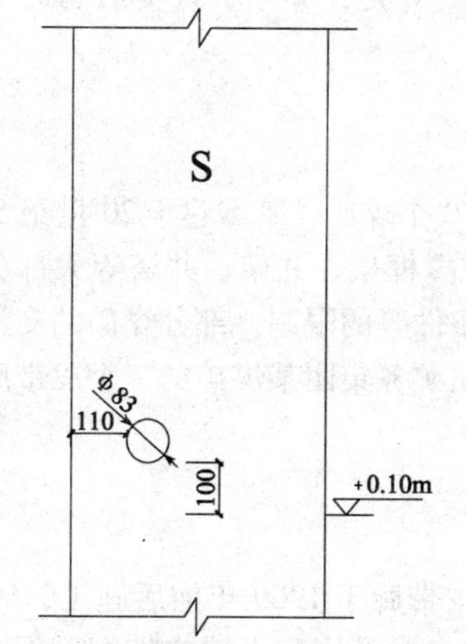

图 12　一层 15/C 轴柱钻芯位置示意图

图 13　一层 15/C 轴柱所取芯样外观

根据以上检测结果，我们可以得出结论：采用超声法检测的 10 根柱中，结合异常测点的分布及波形情况对各声学参数异常值分析，一层 17/C 轴柱所测区域存在较大范围的不密实、空洞等缺陷。对异常点部位进行钻芯验证，证实了超声法检测的结果。

6　结语

本文通过研究超声法检测混凝土缺陷的发展概况和两个工程实例，指出检测的基本原理，阐述当前超声法检测混凝土缺陷的主要应用情况。对于工程技术人员全面、系统地了解该方法具有一定的参考价值。

参考文献

[1] 混凝土无损检测技术［M］. 北京：中国建材工业出版社，1996.
[2] CECS 21：2000，超声法检测混凝土缺陷技术规程［S］. 北京：中国工程建设标准化协会，2001.
[3] GB/T 50344—2004，建筑结构检测技术标准［S］. 北京：中国建筑工业出版社，2004.

某煤矿皮带廊组合支撑体系可靠性检测与加固维护建议

吴元周　吕恒林　周淑春　马　英

中国矿业大学力学与建筑工程学院，徐州，221116

【摘　要】　钢筋混凝土与砖砌体组合结构是我国20世纪中期建设的煤矿结构中的一种常用形式，在恶劣的煤矿地面工业环境长期作用下，随着服役年限的不断增加，损伤劣化情况严重，越来越多的质量问题逐渐暴露。文章结合徐州某煤矿皮带廊组合支撑体系可靠性检测工作，在检测结果分析的基础上，对皮带廊的可靠性进行评定，并分析该类结构的常见弊病，提供加固维护建议以供同类型结构参考。

【关键词】　组合支撑体系，可靠性，检测，评定

20世纪中期是我国煤矿建设的高峰期（如徐州地区30个煤矿，基本建于20世纪50~70年代），同时期煤矿所建结构如筒仓、皮带运输走廊及支撑框架、井架、井塔等大部分特种结构是钢筋混凝土结构。但是由于受到经济条件和技术条件等的限制，部分煤矿的支撑结构采用钢筋混凝土与砖砌体组合结构，本文中要讨论的徐州矿务集团某煤矿的三个皮带廊支撑结构就是属于这种组合形式。

1　工程概况

徐州某煤矿精中煤皮带廊、入洗皮带廊、运输上仓皮带廊于1960年前后施工，60年代中期前后投入使用，至今运行已经40多年。其中，精中煤皮带廊和入洗皮带廊采用混凝土框架结构和砖砌体结构组合支撑，运输上仓皮带廊采用砖砌体结构和混凝土桁架结构组合支撑。因构筑物长期处于比较恶劣的自然环境和特殊的工艺力学环境中，目前结构材料和构件已发生较为严重的劣化。主要表现为：砌体支撑结构破裂，混凝土框架劣化严重、抗压强度降低、脆性增加，局部混凝土酥松剥落、钢筋裸露和严重锈蚀，钢筋与混凝土粘结力下降等，如图1~图4所示。

图1　精中煤皮带廊

图2　入洗皮带廊

图3　运输上仓皮带廊

作者简介：吴元周，男，1981年生，助教，硕士研究生。

图4 组合支撑体系发生大量破损、混凝土剥落、露筋等

2 主要检测结果及分析

2.1 外观质量检查

主要通过物理方法，并借助数码相机拍摄等工具，对钢筋混凝土结构构件的外观质量与缺陷（蜂窝、麻面、孔洞、露筋、裂缝、疏松区等）情况进行了检查。

皮带廊主体结构的表观质量检查表明：三个皮带廊表观质量都较差，混凝土框架支撑结构混凝土剥落、钢筋锈蚀和孔洞现象，皮带廊内部预制钢筋混凝土桁架下端存在严重腐蚀，混凝土大面积剥落，钢筋外露，尤其以运输上仓皮带廊最严重，个别构件的箍筋锈断，皮带廊的斜梁存在大面积的露筋现象。此外，精中煤皮带廊两端的砖砌体支撑结构存在明显的裂缝，皮带廊自身的砖围护结构也存在裂缝。运输上仓皮带廊砖砌体支撑结构上部与皮带廊连接处存在较大宽度的沿皮带廊方向的裂缝，皮带廊与筒仓连接处的钢筋混凝土桁架裂缝宽度最大达12mm，钢筋大面积裸露。

2.2 混凝土构件碳化深度检测

在混凝土表面凿孔、向孔内喷洒1%的酚酞溶液，已碳化的混凝土不变色，未碳化的混凝土变为红色，用游标卡尺测量已碳化与未碳化混凝土交界面到混凝土表面的垂直距离，即为混凝土的碳化深度值。

检测结果表明：所测构件的碳化深度值介于23.7~55.5mm，结合外观质量和钢筋保护层厚度测试可知部分构件保护层厚度过薄，表明钢筋混凝土构件碳化深度已超过混凝土构件的钢筋保护层厚度，甚至穿透整个构件，对构件安全性和耐久性有较大影响。影响其碳化的主要因素就是环境及混凝土本身质量，查看徐州周围的矿区的气候环境检测结果，该皮带廊于恶劣的气候环境下，在多重因素（气体、温湿度等）共同作用下混凝土碳化深度较大。

2.3 混凝土构件抗压强度检测

混凝土材料强度的现场检测方法包括半破损检测和无损检测两类，本次检测主要采用无损检测中的超声-回弹综合法。检测结果表明，皮带廊的混凝土抗压强度过低，且构件的混凝土抗压强度的离散性过大；由于混凝土抗压强度离散性太大，无法按照批构件进行处理，按照单构件进行处理，混凝土抗压强度介于13.4~58.1MPa。

2.4　钢筋混凝土构件部分梁柱表面裂缝检测

对钢筋混凝土构件开裂情况的调查和检测主要通过裂缝镜进行测量，结果详见文献[1]。

卧牛矿 3 个皮带廊支撑框架的钢筋混凝土构件的裂缝主要有两类：一类裂缝是因为施工等原因导致的施工裂缝，一类裂缝是因为混凝土构件劣化，钢筋锈蚀膨胀，导致混凝土出现顺筋（为主）开裂现象。

2.5　钢筋混凝土构件内部钢筋分布及保护层厚度检测

本工程检测中采用 PS200 型系统钢筋探测仪对主要承重梁的钢筋分布情况进行了检测。根据扫描结果可以分析出钢筋混凝土构件内部钢筋的分布情况、钢筋直径、混凝土的保护层厚度等信息。

根据现场检测结果[1]分析可得：结构建造时钢筋混凝土构件的钢筋工程符合设计要求；部分构件混凝土保护层厚度不符合现行国家标准《混凝土结构设计规范》(GB 50010—2002) 中相关规定。

2.6　钢筋混凝土构件内部钢筋锈蚀度检测

钢筋锈蚀会逐步削减其工作面及钢筋和混凝土之间的黏结力，大大降低结构的承载能力及耐久性。钢筋锈蚀度检测方法：①将待测钢筋表面进行除锈，用游标卡尺量出钢筋的直径，将其与钢筋的理论截面积进行比较；②现场取样，制成试样后测试其锈蚀率、钢筋的力学和变形性能（以屈服强度、极限强度）；对钢筋的锈蚀状况进行综合评定。结果详见文献[1]。

钢筋锈蚀度的检测结果[1]表明：构件的箍筋锈蚀最严重，在 21.9% ~57.1% 之间；构件的主筋锈蚀度比箍筋轻，在 1.9% ~30.6% 之间。如此高的钢筋锈蚀率与腐蚀性介质腐蚀、混凝土劣化等有密切关系。

2.7　结构整体倾斜度检测

由于煤矿特殊的地质环境及长期开采，导致地下水位降低，地下结构发生一定的变化；构筑物（建筑物）外部不均匀大量堆煤，引起地基不均匀沉降，造成地面构筑物（建筑物）明显倾斜，整体结构受力发生变化，严重影响结构的可靠性和使用寿命。

构筑物（建筑物）倾斜变形后其传力途径发生很大的改变，例如可使原轴心受力的构件变为偏心受力，整体结构受力发生变化，降低结构的安全系数。构筑物（建筑物）发生倾斜变形之后，混凝土强度等级等常规因素已不能作为判定结构可靠性的唯一因素，必须考虑倾斜造成的偏心影响。因此，有必要了解构筑物的整体倾斜度，以更准确地判定结构的可靠性。

本次检测过程中，通过对部分构筑物结构倾斜变形（水平偏差）的测试，对构筑物的整体倾斜变形情况进行了比较全面的检测分析。

检测结果表明：精中煤皮带廊高边支撑混凝土框架存在明显的倾斜，这一点可以从皮带廊两端砖砌体支撑结构的巨大裂缝得到证实，而且两根柱子倾斜程度不等，因此框架整体存在一定程度的扭曲。分析原因，由于长期的荷载作用下，混凝土结构发生疲劳损伤；同时，由于与皮带廊上端连接的砌体支撑发生不均匀沉降而产生向北方向的倾斜，从而带动皮带廊整体向北倾斜。由于受力不均匀，因此框架支撑结构倾斜程度不等，从而产生扭曲。入洗皮带廊和运输上仓皮带廊支撑结构倾斜不是很明显。

2.8　墙体砌筑砂浆抗压强度检测

采用筒压法对入洗皮带廊下端砌体支撑结构砌筑砂浆的强度进行检测。筒压法是制取一定数量并加工、烘干成符合一定级配要求的砂浆颗粒，装入承压筒中，施加一定的静压力后，测定其破损程度（以筒压比表示），并据此推定砌筑砂浆抗压强度的方法。在两个不同地点各取一个测点，按照规范要求，烘干后各取250g砂浆进行试验。

抽取试样的实验室检测结果[1]表明，测点一的砂浆强度平均值为12.4MPa，测点二为11.7MPa，根据《砌体工程现场检测技术标准》（GB/T 50315—2000）中筒压法的相关规定和要求，墙体砌筑砂浆的强度可推定为M13。砂浆的强度均满足原设计要求。

2.9　烧结普通砖抗压强度检测

采用砖强度直接取样法对入洗皮带廊下端砌体支撑结构的砖体的抗压强度进行检测。砖强度直接取样法是指在同一测区取有代表性的砖10块，将砖样切断或锯成两个半截砖，半截砖的长度不宜小于100mm，否则作废再取。将已切断的半截砖放入净水中浸10～20min，取出后以断口相反方向叠放，中间用32.5级普通硅酸盐水泥调制的净浆粘结，厚度不超过5mm，上下两承压面用厚度不超过3mm的同种水泥浆抹平。制成试样放入不通风室内养护3d，室温不低于10℃，养护期过后在实验机上压至破坏，从而测出砌体砖试样的抗压强度。

所取砖样抗压强度试验结果表明，试验所取烧结砖的强度比较分散。测点一的砌体承重烧结普通砖的抗压强度最高为10.42MPa，最低为4.38MPa，抗压强度平均值为8.30MPa，抗压强度标准值为4.88MPa。根据《烧结普通砖》，可得出测点一的烧结普通砖的抗压强度等级总体推定为近似MU5。

测点二的承重烧结普通砖的抗压强度最高为13.13MPa，最低为4.86MPa，抗压强度平均值为8.06MPa，抗压强度标准值为4.02MPa。根据《烧结普通砖》，可得出测点二烧结普通砖的抗压强度等级总体推定为近似MU5。

3　主要结论与加固维护建议

在对各分项测试结果进行综合分析的基础上，针对构筑物目前所处的安全性状态，针对精中煤皮带廊、入洗皮带廊和运输上仓皮带走廊所处的特殊气候环境及力学环境，同时考虑精中煤皮带廊、入洗皮带廊和运输上仓皮带走廊结构中构件损伤劣化、钢筋锈蚀，环境腐蚀等因素的耦合作用，在详细分析测试结果的基础上，结合以往工程经验，特别是结合近期的理论分析及专门的研究整理，对三个皮带走廊主体结构检测结论及加固维护建议如下。

3.1　检测结论

（1）精中煤皮带廊、入洗皮带廊和运输上仓皮带走廊结构构件受恶劣自然环境、复杂工艺环境及力学环境的共同作用，随着构筑物使用年限的增加，结构材料本身性能不断退化，构件内部微裂缝不断扩展，变形不断加大，疲劳损伤不断积累和加剧，并且构件随时间劣化的速率也会加快，从而导致构件可靠性随使用年限的增加而不断降低，严重影响结构安全。

（2）三个皮带廊继续使用具有可行性，但必须采取修复、加固补强和长期维护并重的原则，对结构构件进行分类修复、加固补强及维护处理。首先应对评定为 C、D 级的构件进行修复，对 D 级构件及经设计验算不满足承载能力要求的其他构件进行加固补强，并且对修复及加固补强后的构件进行长期维护处理。

（3）精中煤皮带廊、入洗皮带廊和运输上仓皮带走廊内部评定为 C、D 级的构件及其附近表层混凝土酥松、损伤劣化及碳化较为严重、强度较低的混凝土构件，需清除原酥松劣化的表层混凝土，对锈蚀严重的钢筋进行替换或补强处理，采用钢筋涂层或渗透性阻锈剂对构件内部钢筋进行防锈处理，对部分宽度较大的裂缝采用高压灌浆、环氧树脂浸渍等方法进行修补，采用聚合物或改性砂浆或混凝土等对原混凝土构件进行修复。

（4）考虑结构所处的恶劣自然环境及复杂工艺力学环境，结合本课题组近几年来的相关研究成果，建议对 D 级构件和经设计验算承载能力不满足要求的结构构件（修复后），当承载力差额较小时优先采用粘贴碳纤维材料的加固补强方法，当承载力差额较大和刚度不足时优先采用加大截面的加固方法，加固施工时必须进行卸荷，同时采取必要措施严格保证新旧部分的相容性和整体性。

（5）建议对修复和加固后的构件以及受环境腐蚀严重位置的构件，表面可采用相关措施进行防护，防止材料和构件的严重腐蚀及进一步损伤劣化，比如增做一定厚度的聚合物砂浆面层（具有优良的柔韧性和粘结性能，以及良好的抗下垂性、保水性、耐水性、抗腐蚀性以及简单方便的可操作性）或水泥砂浆等。在选择防护体系时，应仔细考虑相容性、粘结性及耐久性方面的问题。

（6）对混凝土构件以及结构的加固补强设计必须建立在检测结论及结构设计复核验算的基础上，重点考虑《混凝土结构设计规范》（GB 50010—2002）中结构耐久性设计方面的规定，建议煤矿地面工业特种混凝土结构环境设计类别定义为五类（受人为或自然的侵蚀性物质影响的环境），同时，必须按照《建筑抗震设计规范》（GB 50011—2001）、《混凝土结构加固设计规范》（GB 50367—2006）及《碳纤维片材加固修复混凝土结构》技术规程（CECS146：2003）等新规范中的相关规定对筒仓和上仓皮带走廊结构进行抗震复核验算和加固。

3.2　加固维护建议

（1）精中煤皮带廊主体结构的加固补强建议如下：

① 支撑框架优先采用扩大截面方法加固；

② 斜梁可以采用粘贴碳纤维方法或扩大截面法进行加固，或采用轻型钢桁架托换；

③ 底部预制板必须更换；

④ 皮带廊南端接地部分的承重砖砌体已经破裂，应在其北侧配以钢筋网，用细石混凝土同原砌体构成组合结构进行加固补强；

⑤ 皮带廊的顶棚和围护墙体建议托换成轻钢结构和彩钢板等轻质材料，减少皮带走廊的自重；

⑥ 由于与皮带廊高端连接的房屋已发生明显的向北方向的倾斜，维护墙体剪切开裂，为了保证精中煤皮带廊长久的安全使用，建议在皮带廊高端与房屋连接处增加钢筋混凝土或钢框架以增加竖向支撑或者对倾斜房屋进行纠偏、加固，再将皮带廊与房屋连接处的牛腿加大截面。

（2）入洗皮带廊主体结构的加固补强建议如下：

① 支撑框架优先采用扩大截面方法加固；

② 皮带廊下端与砖砌体连接处的混凝土牛腿已出现裂缝，应在其北侧配以钢筋网，用细石混凝土同原砌体构成组合结构进行加固补强；

③ 底部预制板必须更换；

④ 入洗皮带廊内部预制桁架混凝土开裂、剥落严重，宜先清除原酥松劣化的表层混凝土，对锈蚀严重的钢筋进行替换或补强处理，采用钢筋涂层或渗透性阻锈剂对构件内部钢筋进行防锈处理，对部分宽度较大的裂缝采用高压灌浆、环氧树脂浸渍等方法进行修补，采用聚合物或改性砂浆或混凝土等对原混凝土构件进行修复，然后在表面纵向粘贴二至三层碳纤维布，环向粘贴封闭抱箍，结点部位重点加强；也可以采用轻型钢桁架托换。

（3）运输上仓皮带廊主体结构的加固补强建议如下：

① 首先应对筒仓进行安全性检测和评定，根据评定结果采取相应的修复、加固补强、纠偏和长期维护方法。

② 皮带廊与筒仓连接处的桁架已经严重破损，应重新浇筑或采用钢桁架托换；

③ 皮带廊底部预制板必须更换；

④ 皮带廊下端砖砌体支撑柱与皮带廊连接处出现较宽的裂缝，应采用外包钢板增加环向约束，并对整体重新进行砂浆勾缝。

⑤ 皮带廊内部预制桁架混凝土开裂、剥落严重，宜先清除原酥松劣化的表层混凝土，对锈蚀严重的钢筋进行替换或补强处理，采用钢筋涂层或渗透性阻锈剂对构件内部钢筋进行防锈处理，对部分宽度较大的裂缝采用高压灌浆、环氧树脂浸渍等方法进行修补，采用聚合物或改性砂浆或混凝土等对原混凝土构件进行修复，然后在表面纵向粘贴二至三层碳纤维布，环向粘贴封闭抱箍，结点部位重点加强；也可以采用轻型钢桁架托换。

参考文献

［1］徐州矿务集团有限公司卧牛山煤矿精中煤皮带廊、入洗皮带廊、运输上仓皮带廊主体结构安全性检测和评定报告（内部资料）. 2008. 8.

［2］GB 50046—2008. 工业建筑防腐蚀设计规范［S］.

［3］GB 50367—2006. 混凝土结构加固设计规范［S］.

［4］吕恒林，周淑春，吴元周，等. 煤矿地面工业环境中钢筋混凝土结构劣化机理和防治技术研究［A］. 2007 年第一届海峡两岸三地混凝土技术研讨会论文集［C］. 2007. 11.

［5］赵彤，谢剑. 碳纤维布补强加固混凝土结构新技术［M］. 天津：天津大学出版社，2001.

大型网架施工质量的综合检测

王　凯　南建林　徐启明

中国建筑科学研究院上海分院，上海，200023

【摘　要】　江苏某钢结构展馆由A、B、C、D四个相同的展馆组成，原屋面网架拆除后重建网架，重建网架的设计总体平面布置不变，在每个展馆内部增设了四个箱形钢柱，网架结构形式为弧型正放四角锥螺栓球节点钢网架。为检查施工质量是否满足设计图纸和规范要求，明确重建结构的可靠性和安全性，对各馆网架施工质量进行了综合检测，并选取两馆网架部分区域进行现场荷载试验，测试网架结构在试验静力荷载作用下的应力及结构变形。

【关键词】　网架，施工质量，检测，荷载试验

1　引言

网架结构在现代大跨度的会展中心、体育馆、工业厂房、候机楼等建筑中已经得到了广泛应用，但在施工过程中会受到材料、人员、施工机具和方法等诸多因素的影响，稍有不慎就会造成质量隐患，甚至酿成严重的后果。因此对大型网架的施工质量进行综合检测是十分必要的，具有较大的现实意义。本文以江苏某钢结构展馆网架工程为背景，对网架施工质量检测情况进行了简介。

2　工程概况

江苏某钢结构展馆总建筑面积约50000m^2，由A、B、C、D四个相同的展馆组成，单个主馆平面尺寸为172m×73m（图1）。原屋面网架已经于2007年全部拆除，仅保留了A馆的部分钢柱和B、C、D馆的全部钢柱。重建网架的设计总体平面布置不变，在每个展馆内部增设了四个箱形钢柱，屋盖结构形式为弧形正放四角锥螺栓球节点钢网架，跨度34m，建筑高度15.85~22.657m。主体结构设计的合理使用年限为50年，抗震烈度7度，二级建筑耐火等级。基于本工程的重要性，为检查施工质量是否满足设计图纸和规范要求，明确重建结构的可靠性和安全性，应委托方要求，对各馆网架施工质量进行了检测，并选取两馆网架部分区域进行现场荷载试验，将检测结果与理论计算结果进行了对比分析。

作者简介：王凯，工程师。

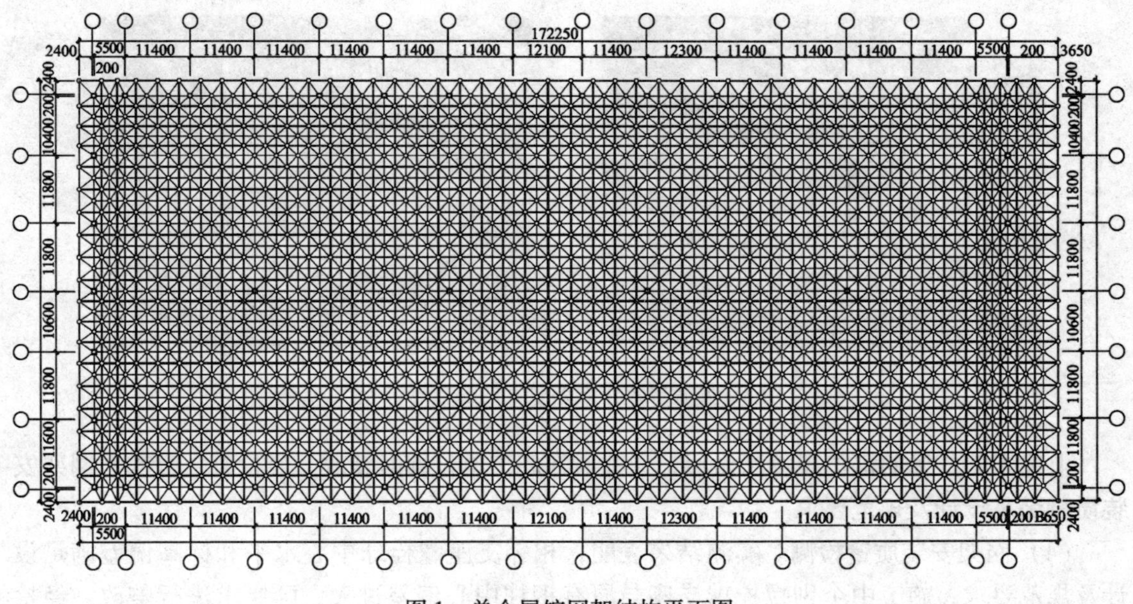

图 1　单个展馆网架结构平面图

3　网架施工质量的检测

本工程中网架制作、安装工程总量约达 1500 吨，制作与安装工程量大。钢网架构件尺寸及品种多、单根杆件重量大，安装精度要求高，安装难度大，且各种钢网架构件均需工厂加工制作，然后运输至施工现场进行安装。根据委托单位要求，结合结构的特点和现场检测条件，对网架构件加工质量、螺栓球节点安装质量及网架安装后的整体轴线尺寸、长度、初始挠度等进行了全面的检测。检测的主要结果包括以下几方面：

（1）各馆网架杆件、重建及新增钢柱防锈底漆、防火涂层厚度的检测。采用干漆膜测厚仪，从 A、B、C、D 馆各抽查 50 根网架杆件，并对 A 馆 16 根重建箱形钢柱及 A、B、C、D 馆各 4 根新增中间钢柱的防锈底漆、防火涂层厚度进行了检测。根据图纸设计要求，网架杆件及钢柱涂刷环氧磷酸锌底漆，漆膜厚度 75μm；网架杆件的防火涂料厚度 1295μm，新建钢柱的防火涂料厚度为 19mm。抽检结果显示，网架杆件及钢箱柱防锈底漆、防火涂料的厚度满足设计及规范的要求。

（2）A 馆重建箱形钢柱及各馆中间新增钢柱焊缝、网架杆件焊缝检测。采用目测及超声探伤的方法对 A 馆重建箱形钢柱和各馆中间新增柱的钢板水平对接焊缝、钢柱下部角部竖向焊缝及混凝土浇筑口封板对接焊缝进行了检测，抽检结果显示，有部分焊缝外观不满足要求；超声探伤抽检结果中，焊缝内部质量满足设计及规范要求。每馆随机抽取 200 根杆件对网架钢管杆件与锥头的对接焊缝进行了检测。抽检结果显示，有个别杆件焊缝存在弧坑裂纹缺陷；超声探伤抽检结果中，除 1 根杆件焊缝未达到二级焊缝质量标准外（现场对此杆件作更换处理），其余焊缝内部质量均满足设计及规范要求。

（3）各馆重建网架螺栓球节点螺栓“假拧紧”的检测。在各馆网架安装的同时，安排专人跟随安装的全过程进行检查。通过检查销钉是否落入螺栓坑及复拧套筒等方法进行螺栓“假拧紧”的检测。各馆均有多个螺栓未拧紧，多发生在下弦；局部杆件与螺栓孔角度偏差过大，螺栓无法拧紧（图 2）。

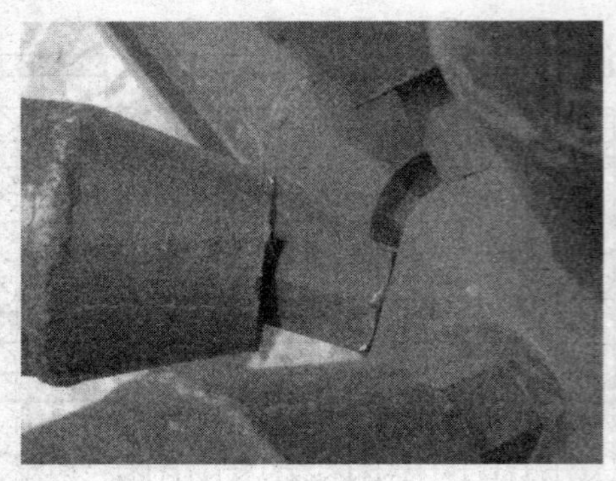

图 2　安装或制作误差较大的螺栓球节点

上述未能拧紧的部位现场已做标记，并通知施工单位即时整改。经检查，整改后网架安装质量满足设计及规范要求。

（4）网架安装质量检测。实测结果表明，相邻支座螺栓球中心水平和标高偏差满足设计及规范要求；施工中个别螺栓球支座与原有钢柱中心偏差过大，已要求进行整改。经检查，整改后符合要求。各馆网架纵、横向长度满足设计及规范要求。

（5）各馆网架安装结束后初始挠度检测。采用全站仪、手持式激光测距仪、水准仪测出所有挠度观测点螺栓球中心的实际标高，与理论标高相比得到网架自重状态下、檩条安装后及屋面工程完成后的挠度（变形值），检测结果表明其挠度满足规范要求。

4　网架现场荷载试验

4.1　加载区域与试验荷载

根据现场实际情况，选取 A、D 馆部分区域进行荷载试验，A 馆加载范围位于数字轴 20 ~ 27 轴与字母轴 Q ~ W 轴之间、D 馆加载范围位于数字轴 65 ~ 72 轴与字母轴 Q ~ W 轴之间。试验荷载为竖向集中力，加载于网架下弦螺栓球节点上，加载平面及下弦球节点的荷载值如图 3 所示。

根据重建网架设计要求：上弦恒荷载标准值（不含网架自重）为 0.3kN/m^2，活荷载标准值（投影）为 0.50kN/m^2；下弦荷载标准值为 0.3kN/m^2。考虑荷载试验时网架、屋面板材及檩条等已安装到位，上弦恒荷载已经施加，故试验荷载取值不应超过上弦活荷载及下弦荷载标准值之和，即 0.8kN/m^2，根据委托方要求及网架计算分析结果，试验的面荷载取值按照 0.7kN/m^2。考虑实际加载操作的方便，将网架投影面积范围内均布荷载等效为一系列均匀作用于下弦球节点的竖向集中力，为便于均匀加载和荷载的准确计量，加载重物采用悬挂水桶，水桶内注水的方法。下弦螺栓球节点集中力加载方法如图 4 所示。

现场荷载试验中采用 6 个加载级、3 个卸载级作为试验工况，每级加、卸载完成后持荷 30 分钟后观测挠度，量测杆件应变值。

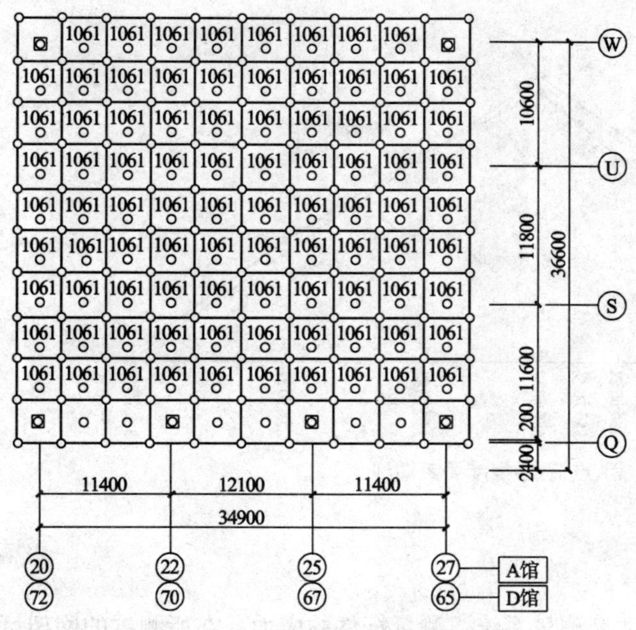

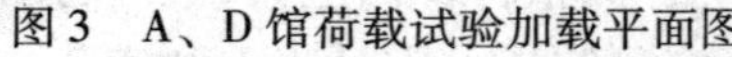

图 3　A、D 馆荷载试验加载平面图

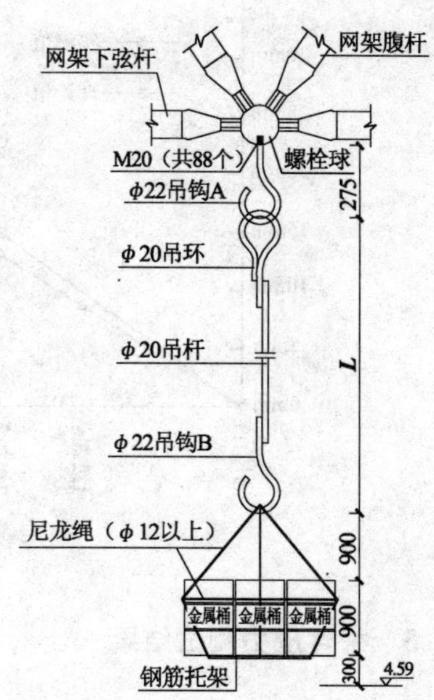

图 4　加载体系示意图

4.2　挠度测试结果

在所测试的网架区域内选 9 个挠度测点，用大行程位移计测量挠度。由于下弦节点安装有加载系统，挠度测点选取上弦螺栓球节点。根据 A 馆和 D 馆的网架挠度实测结果，对跨中测点 V1 绘制挠度-荷载关系曲线，分别如图 5 和图 6 所示。

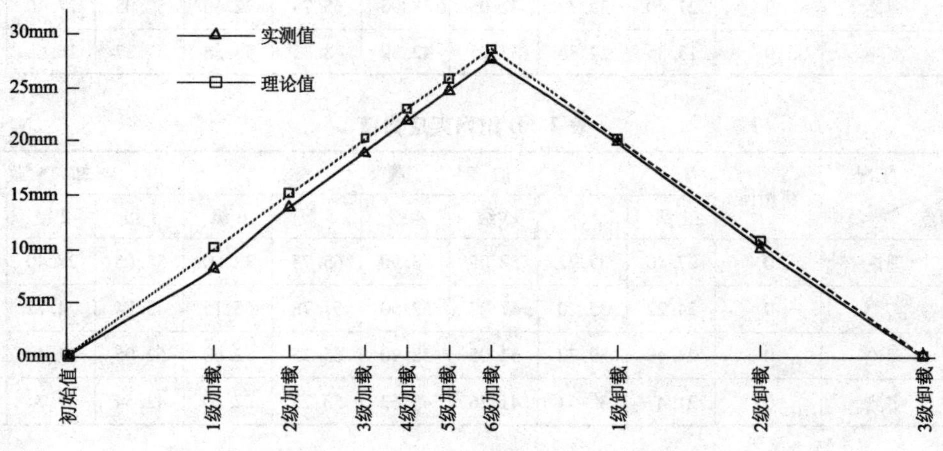

图 5　A 馆 V1 点荷载-挠度关系曲线

从上述挠度实测结果可以看出：在试验加载及卸载过程中，网架跨中挠度最大测点 V1 的挠度随荷载增长呈线性关系，说明网架受力处于线弹性阶段；实测挠度与理论值相比，二者基本相符；在试验荷载作用下，网架最大挠度值小于 28mm，远小于规范限值。

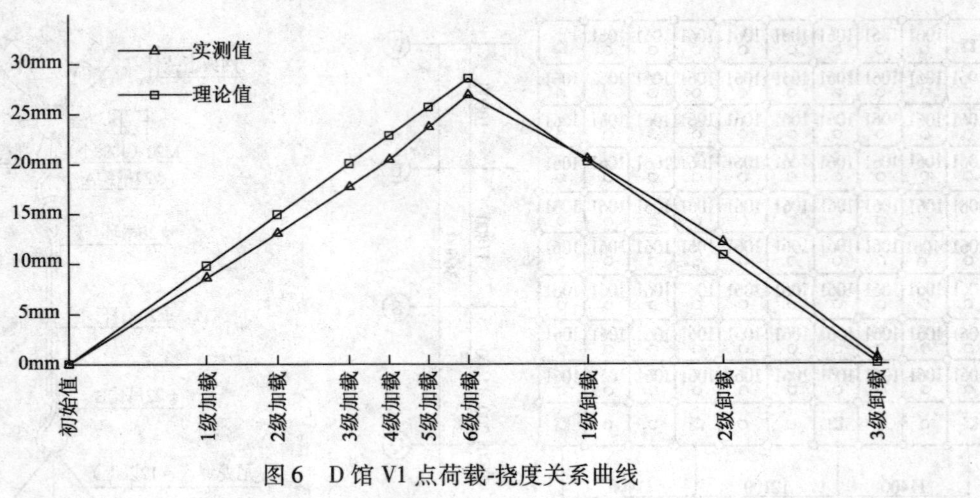

图6 D馆V1点荷载-挠度关系曲线

4.3 杆件应力测试结果

采用电阻式应变片和振弦式应变计两套测量系统，测量杆件的应力，在所测试的网架区域内选取16根杆件。其中应力较大的下弦杆件应力实测结果分别见表1和表2。

表1 A馆网架应力值 N/mm²

应力测点	工况	初始值	加载 1级	加载 2级	加载 3级	加载 4级	加载 5级	加载 6级	卸载 1级	卸载 2级	卸载 3级
X1	理论	0	27.40	39.72	52.05	58.90	65.75	72.60	52.05	27.40	0.00
	实测	0	20.46	31.89	43.93	51.88	58.68	64.78	44.32	20.32	-3.32
X2	理论	0	27.40	39.72	52.05	58.90	65.75	72.60	52.05	27.40	0.00
	实测	0	15.36	24.86	35.05	42.39	48.33	53.58	37.37	16.68	-2.47

表2 D馆网架应力值 N/mm²

应力测点	工况	初始值	加载 1级	加载 2级	加载 3级	加载 4级	加载 5级	加载 6级	卸载 1级	卸载 2级	卸载 3级
X1	理论	0	27.40	39.72	52.05	58.90	65.75	72.60	52.05	27.40	0
	实测	0	24.22	35.20	47.22	52.50	57.78	65.15	45.74	24.72	1.51
X2	理论	0	27.40	39.72	52.05	58.90	65.75	72.60	52.05	27.40	0
	实测	0	21.47	32.54	41.26	45.62	53.25	57.30	42.54	21.74	1.07

根据网架杆件应力实测结果，对A、D馆应力较大的下弦杆件X1，绘制应力-荷载关系曲线，分别如图7和图8所示。

从上述应力实测结果可以看出：在试验加载及卸载过程中，网架杆件最大应力测点X1、X2的应力随荷载增长呈线性关系，说明网架受力处于线弹性阶段；在试验荷载作用下，网架实测应力值与理论应力值比较接近。就应力最大的X1、X2测点而言，在最大试验荷载下，实测值较理论值小10%左右。

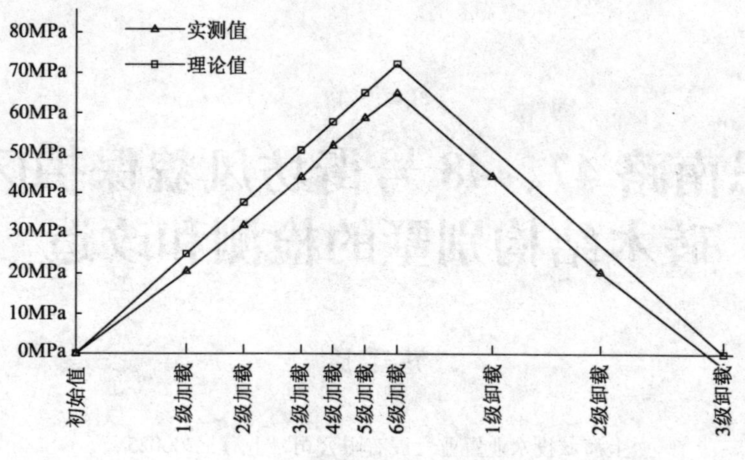

图7　A馆下弦杆件X1荷载-应力关系曲线

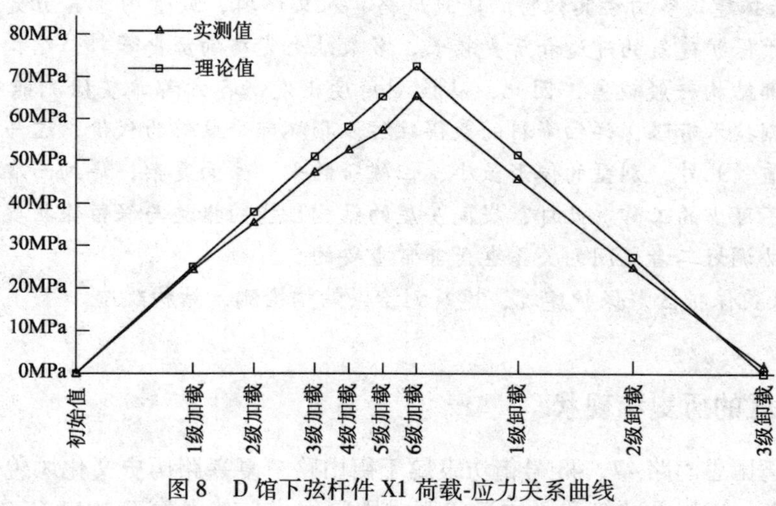

图8　D馆下弦杆件X1荷载-应力关系曲线

4.4　加载试验结果分析

根据上述挠度和杆件应力实测分析，A、D馆网架在试验荷载作用下挠度及杆件内力试验结果与理论计算结果基本相符；在各级荷载作用下，网架结构的挠度与应力增长符合线性增长规律，说明结构处于线弹性阶段；实际加载试验表明网架结构在试验荷载下是安全的。

5　结语

大型网架构件尺寸及品种多、单根杆件重量大，安装精度要求高，安装难度大。为保证工程质量，有必要对网架的制作、安装及防腐耐火性能进行全面的检测。为对大型网架结构屋盖的质量安全进行鉴定，在对设计图纸根据实际情况进行理论计算的基础上，可以实施现场实物荷载试验以直观地反映其承载能力和质量状况，最后综合试验和各项检查结果对工程质量安全做出评价。

思南路47、48号街坊风貌保护区砖木结构别墅的检测和改造

樊建良

上海城投永业置业发展有限公司，上海，200025

【摘　要】　保护建筑多由于其独特的建筑风格、人文环境，或者由于其历史地位和意义等受到保护。由于保护建筑的建造和历史较长，多数缺乏完整的历史资料，结构与现代建筑有明显差异，内部结构一般较差，因此，从检测角度出发，各方都希望检测能够尽可能的详细，但由于检测技术有限，详细资料的获得往往以损坏部分装饰为代价，这与保护建筑的特殊保护要求矛盾。此外，别墅的体形虽小，但建筑的平、立面复杂，详细而准确的建筑结构测绘是一项必不可少的工作。此外，提高房屋的结构性能的措施与保留保护要求也经常存在矛盾和冲突，协调好二者之间的关系也是非常重要的。

【关键词】　风貌保护区，保护建筑，建筑测绘，结构检测，结构改造

1　风貌保护区的历史和现状

上海市卢湾区思南路47、48号街坊隶属于衡山路－复兴路历史文化风貌保护区，主要由数十幢二、三、四层的独幢和联体近代西式别墅组成，其中建于1911年23栋风貌别墅（其中周公馆所属的2幢不属于本项目开发范围）是最具特色的部分，建筑形式统一而有变化，多呈三层式的独立式住宅，花园较大，绿化完整，该地区曾处于法租界1914年之后的扩展地带，当时的法国教会在该区拥有大面积土地，建设了一批医院、学校、公园等公共设施，并陆续建起了一批高档的花园别墅，与公园、医院、学校一起形成一个高雅宁静的生活区。许多在中国近现代史中地位显赫、影响深远的重要人物如周恩来、柳亚子、梅兰芳等，都曾在此居住。地块平面见图1。

别墅建成初期为独户使用（每单元），一段时期以后部分房间出租使用，部分房间在使用过程中作了局部调整，但无改扩建、维修等情况的文字记载，动迁前，别墅多为多户居民使用的住宅，原设计的使用功能改变较多，室内如“七十二家房客”，空间超载，通讯、配电线网架设杂乱，存在隐患，室外加建、开门洞、封闭阳台等情况也较多。

此外，别墅建筑室内地面标高较低，周边道路路面又不断加高，使多数住宅建筑的底层室内地面标高偏低，室内潮湿。

上海城投永业置业发展有限公司购买该别墅产权后拟进行全面修缮，以恢复别墅原有风

作者简介：攀建良（1964.4），男，上海，工程师，主要从事房地产开发工作，E-mail：fjl@ chengtou. com 。

貌，为此，委托上海市建筑科学研究院房屋质量检测站对地块内的规划保护和保留建筑进行逐幢检测，重点是准确的建筑平、立面测绘，包括室内外的标高、楼屋面的标高、外立面的门窗洞尺寸和高度等。

该检测项目有如下特点：

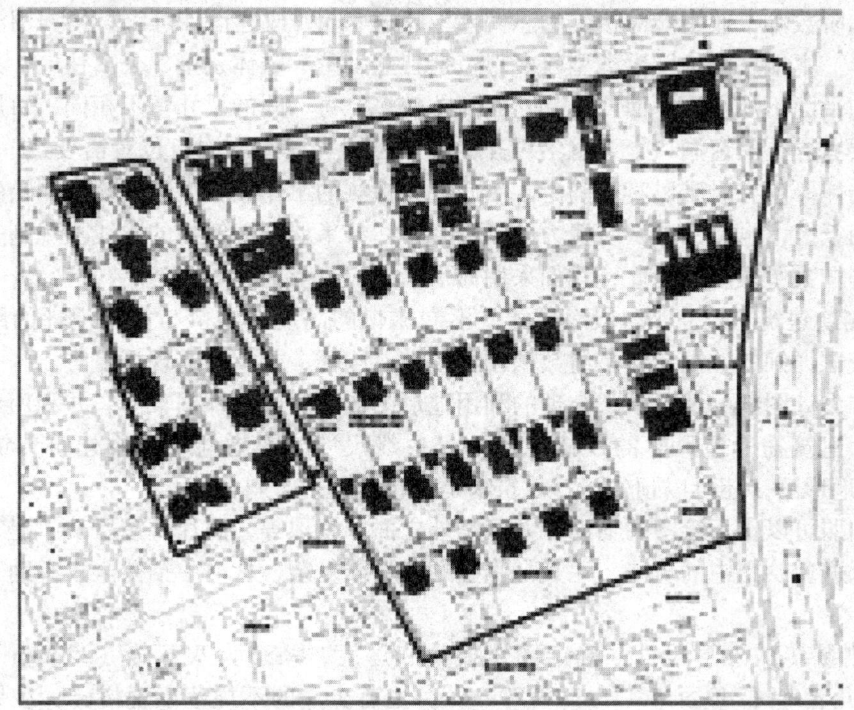

图1　地块平面图

（1）图纸和文字资料缺失严重，原设计不齐没有资料，原有的图纸资料也只是作为规划报批时的参考，因此，少量的原图纸也仅具有参考价值。

（2）房屋中包含独体别墅、联体别墅、老式公寓；从建筑风格来说，有法式、英式、混合式等不同风格，屋面以坡屋顶为主；建筑体形不大，但平面、立面复杂、屋脊线等繁杂；从结构体系来说，包括了钢筋混凝土、木、砌体等多种结构。

（3）外观同一类型的别墅，由于建造时购买者的要求不同、房屋所在位置不同以及施工者的对设计图纸的理解不同，实际建造的建筑结构布局、层高和檐口高度、屋面尺寸、门窗洞的差异也很大。再加上后期使用过程中，房屋的使用功能变化（拆迁前的房屋分别作为多户使用的住宅、办公室、幼儿园、商铺等），房屋的改动较多，室内外都有不同程度的改建、加建。

（4）委托方对建筑尺寸、外立面每个洞口尺寸及高度、檐口高度等有较高的要求，检测图纸作为本次改建的依据，并在规划部门备案，作为竣工验收时核查依据。

（5）现场检测时后加的隔墙、装饰等尚未拆除，部分居民和单位尚未搬迁。

为圆满完成任务，我们制定了详细的工作计划，将工作分为三个阶段，即初步检测、全面检测、补充检测，对人员做了科学的分工，现场分为建筑测绘组、结构测绘组、材料检测组、相对不均匀沉降和高程测量组，明确各组的工作内容。

2　建筑测绘

现场量测、绘制详细的建筑平、立、剖面图是保护建筑的重要工作之一。项目因改造需要，业主和设计单位要求准确测绘建筑平面尺寸、层高、外立面洞口、屋顶檐口高度、楼梯踏步位置和阶数等，业主能够接受的总偏差不超过5cm，改建设计可以直接利用测绘图纸进行改建设计。本地块内的别墅类型较多，包括独立别墅、联体别墅、公寓住宅、办公等，再加上别墅的平面不规则，平面凹凸、立面高差较多，每一间的尺寸都不相同，每层的布局也与其他楼层有异，门窗洞口上下也不对齐，墙体位置和厚度、洞口位置需要逐一仔细确定，尤其中部墙体厚度有时难以直接确定。因此现场检测的工作量很大，将现场测绘的数据准确地反映在图纸上，也是一项费时费力的辛苦工作，如果遇到建筑物的边线不规则等情况，测绘的难度又增大了很多。为此，我们采用如下措施。

（1）测绘建筑总尺寸、各段净尺寸，不同檐口的高度、檐口与室外地坪的距离、壁炉位置等，获取详细的数据，使多组数据相互校核、印证，并及时在现场复查。

在没有设计图纸的情况下，合理的利用地形图作为房屋的外框草图，并利用地形图的外框尺寸作为建筑物外包尺寸的校核（墙体外边线尺寸应考虑地下图中建筑装饰引起的偏差），通过地形图，还可以预先了解建筑物是否包含斜边、斜角等。

现场拍照可以作为绘图的辅助，尤其是外立面、屋顶等，照片直接反映了建筑物的实际情况，可以避免绘图中的疏漏，尤其是别墅的屋脊线复杂，从空中拍摄全景有助于准确、迅速地绘图。

（2）测量砖的外形尺寸，确定墙体模数和厚度，一般为八五砖（220mm×105mm×40mm）或九五砖（240mm×115mm×50mm），也有少量的不规范小规格砖，在另外的一个保护地块中，测量到的砖尺寸规格多且小，普遍的规格砖为160mm×70mm×30mm。在保护建筑的检测中，测量承重砖规格是一项必不可少的工作。

（3）测量不同楼层、位置的室内外地坪的高程，可通过地坪高程推算不同区域的层高、地坪高差、屋脊线高度。别墅的功能略复杂，常分为居住区域和辅助区域，这两部分的楼面高度普遍是不一样的，也算是别墅住宅的一个特征，楼面高差、连接台阶的位置和数量是一项重要的工作。检测中发现，部分联体别墅的剖面相当复杂，不仅同一单元的不同区域高度不同，不同单元的地坪高度也有差异，可见，老别墅建造时现场情况的变数是比较大的。

（4）尽可能测量不同位置粉刷层、装饰层厚度，以便确定准确的墙体位置、轴线尺寸、结构层厚度。使用时间长的房屋由于多次装修，装饰层可能较多，厚度较大，尤其公用建筑的地坪厚度很大，超过100mm的装修厚度也不足为奇。

（5）注意现场小的凹凸、装饰等，避免因此带来的尺寸偏差和误测。

（6）在不同的工作阶段，对图纸绘制中出现一些疑问，及时到现场复核和确认，对图纸数据进行必要的修正、补充、完善，直至达到要求。

（7）绘图前对各层轴线数据的反复比较、分析，确定准确的轴线，可以在一定程度上避免和减少后期的工作量，是建筑测绘必不可少的重要环节。

建筑测绘图纸完成后，设计单位、施工单位又分别对测绘图纸进行复核和细部的补充。我们现场测绘的建筑外框尺寸、标高、檐口等作为规划审批和验收的依据。

几种别墅的外立面和屋顶如图2～图15所示。

图2　图3　图4

图5　图6　图7

图8　图9　图10

图11　图12　图13

图14　图15

图2～图15　几种别墅的外立面和屋顶

3 结构检测

3.1 基础

在房屋内、外开挖测试基础形式、埋深和尺寸，绘制基础平面图。别墅均为大放脚加素混凝土基础，基础埋深很浅，室外地坪以下 0.5 ~ 1.0m。

3.2 主体结构

首先确认各层、各区域的结构体系，然后再测试构件尺寸和间距，如混凝土梁、柱、板的尺寸、配筋；砖墙、砖柱等构件的截面尺寸；木梁尺寸，木搁栅尺寸及间距、木屋架形式及尺寸、节点构造等。一般来说，室内结构和别墅类型、使用功能有关。

一种别墅底层为全部为厨房、卫生间、车库等辅助用房；二层以上为主要的生活区，这种别墅一般没有错层，屋面坡度也较小，23 栋最具特色的法式别墅都是此种类型。这种别墅的底层的层高较低，底层全部采用回填土地坪，楼面的室外阳台、露台采用混凝土梁、板结构，卫生间多数采用混凝土板。这种别墅的阁楼做法与楼面类似，屋面一般由屋脊梁、檩条组成，周边墙体顶部设木梁，一般不用屋架。

另一种别墅分为朝南的主要区域、朝北的辅助区域，南侧包括客厅、主卧，层高较高，北侧区域包括车库、卫生间、工人房等，层高较低，这种类型的别墅各层都有错层，层高也有差异，南北侧通过楼梯间错层连接，英式别墅、联体别墅一般均采用此种方式。这种别墅的底层辅助区域采用回填土地坪，起居室、会客室等主要生活区采用卧墙、架空板，架空板地坪区域的外墙有透气孔，楼面的室外阳台、露台采用混凝土梁、板结构，卫生间多数采用混凝土板。这种别墅一般采用陡斜的屋面，屋面多采用屋架、屋脊梁、檩条组成，周边墙体顶部设木梁，屋架下弦搁置阁楼檩条。

别墅原为独户使用，厨房均在底层，厨房设出屋面的烟囱，主要生活区都有取暖用的烟囱。

卧室、起居室等楼面采用木搁栅，木搁栅中部设交叉斜撑，木搁栅端部设垫条，部分别墅的木搁栅中部无交叉斜撑、端部无垫条。由于防火需要，壁炉两侧设置木梁、壁炉侧设木梁搁置该处的木搁栅和木楼面。

部分别墅采用半砖墙承重，各层都有。

部分卫生间采用木搁栅，上方浇一层 50 ~ 100mm 厚的砂浆作为隔水层，阁楼卫生间采用这种做法的较多，少量的楼面卫生间、室外露台、上人屋面也采用此种做法。

部分楼面结构不合理，如采用两端悬挑的混凝土板结构，端部没有足够的抗倾覆措施，楼板变形严重。

木楼梯的做法从结构理论的角度来说存在很多不合理的地方，如两根悬挑梁（端部没有足够的抗倾覆措施），部分楼梯因此存在明显的变形。

屋面做法随意性很大，较多处不合理，阁楼与屋顶间的短木柱没有可靠的连接，位置也不固定，屋面吊顶与屋面结构随意连接等。

图 16、图 17 为两幢别墅的测绘示意图（部分，提交的完整测绘图纸每幢别墅不少于 20 张）。

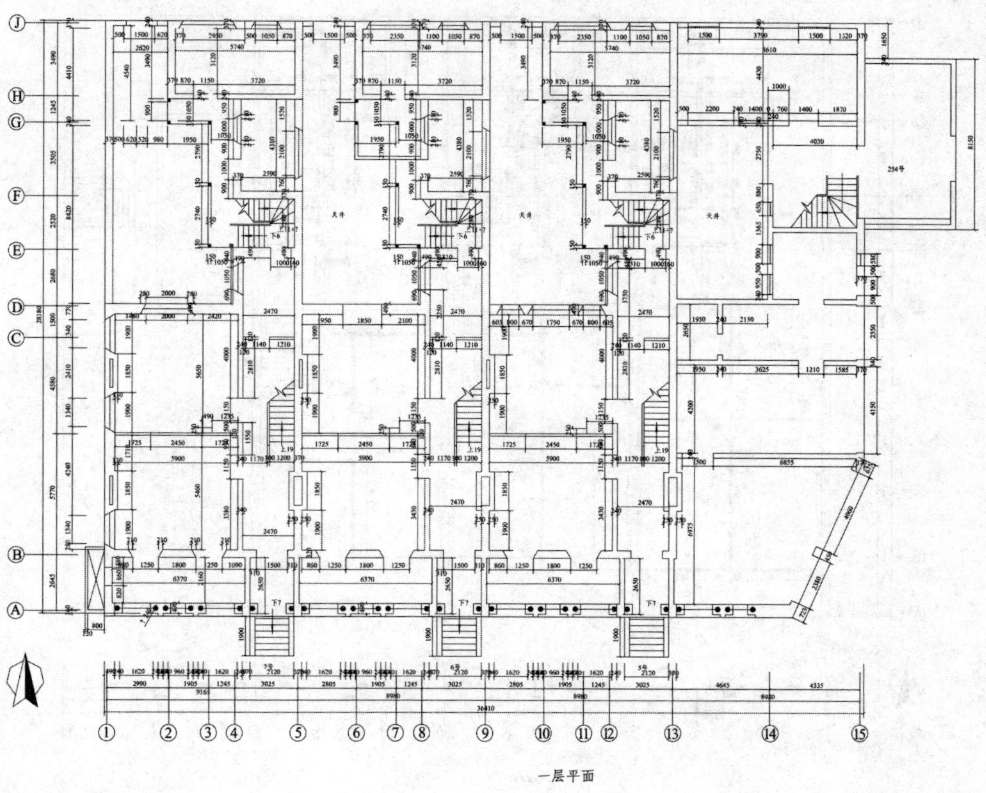

一层平面

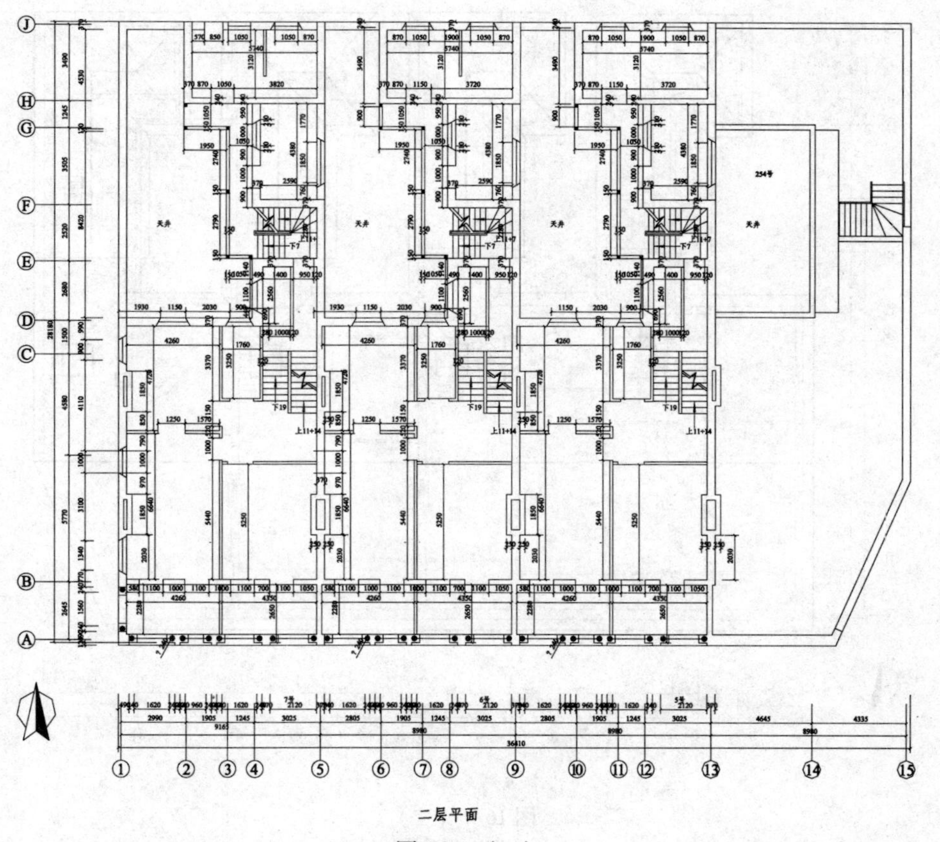

二层平面

图16　（一）

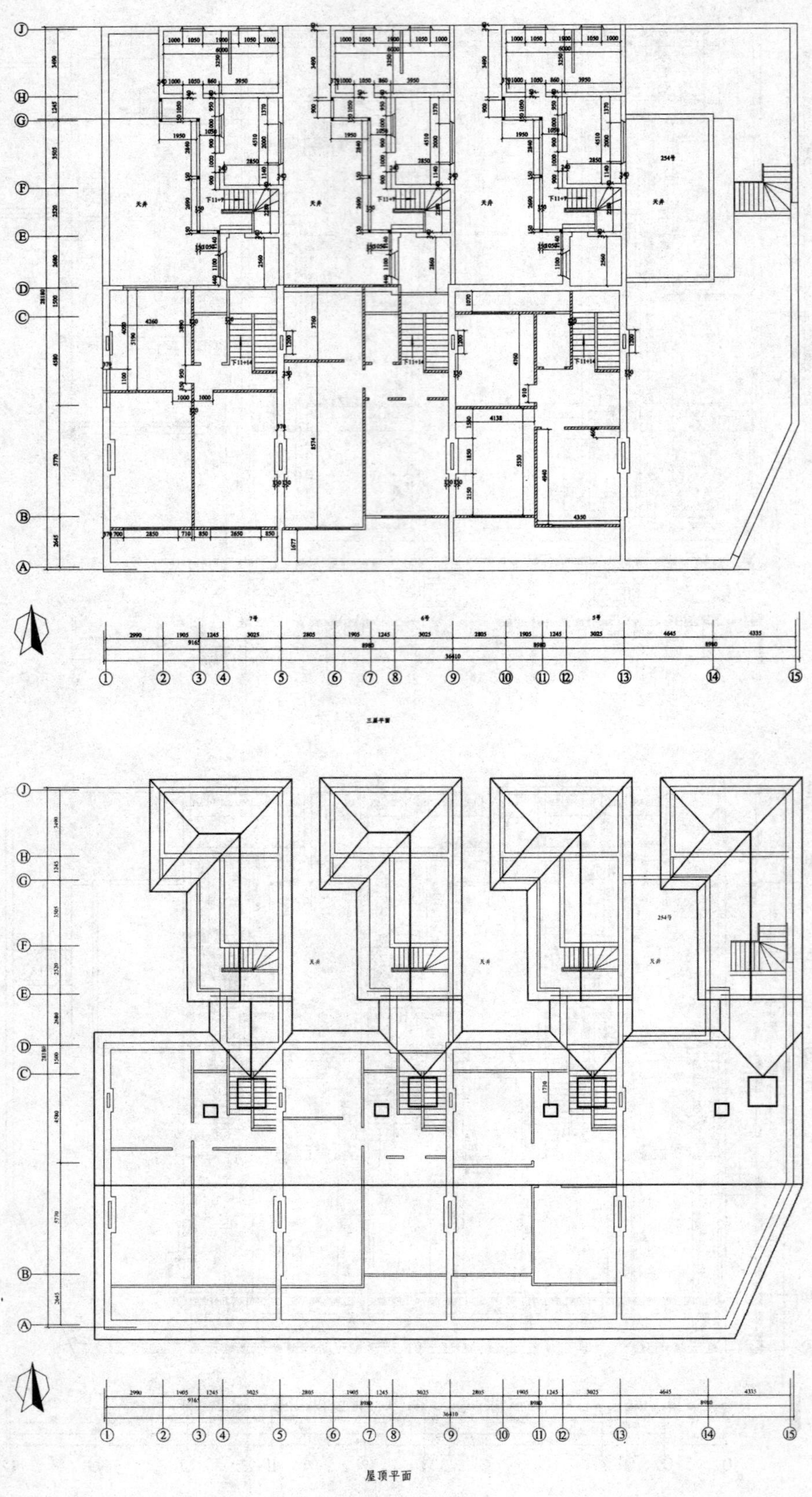

图16　（二）

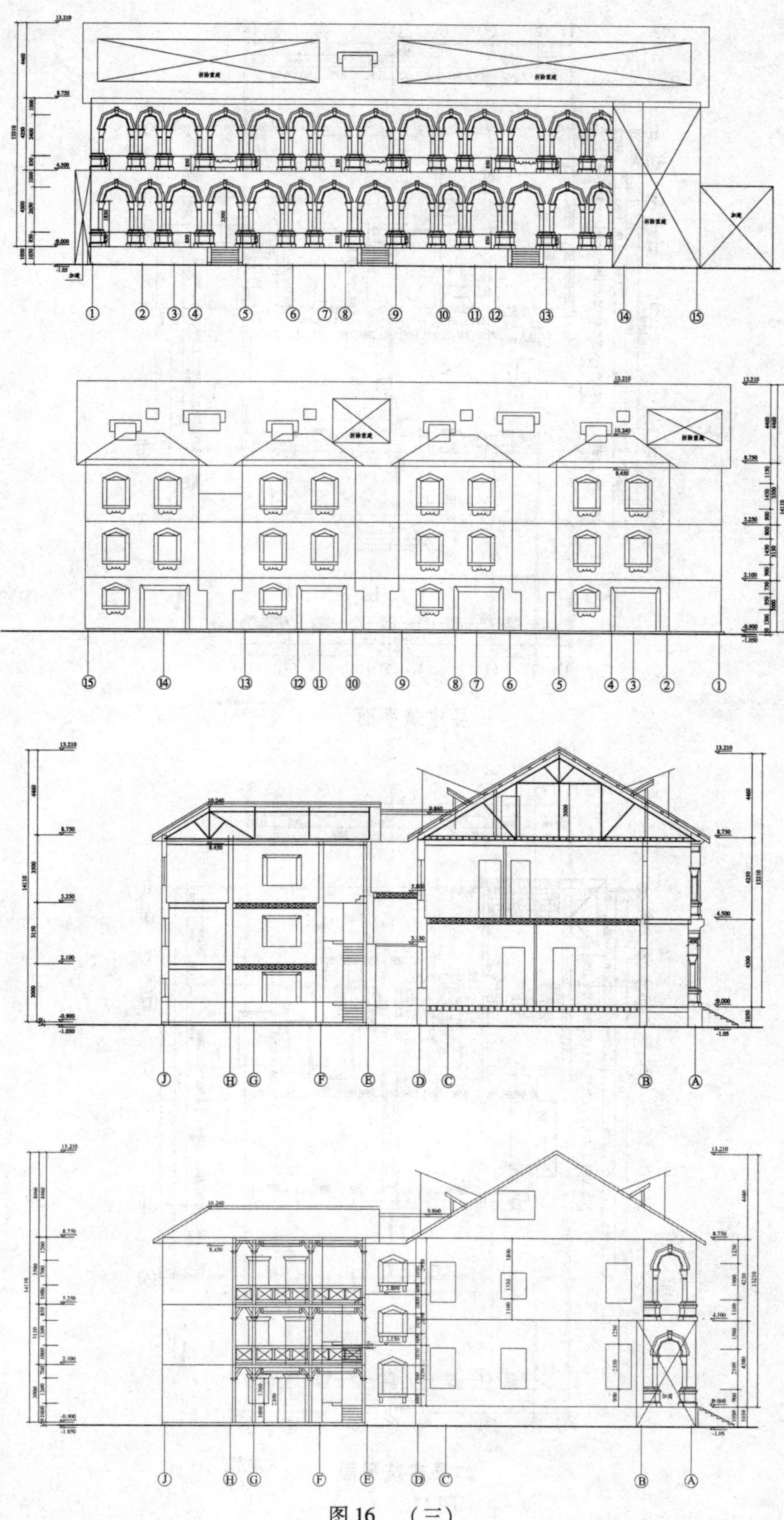

图 16　（三）

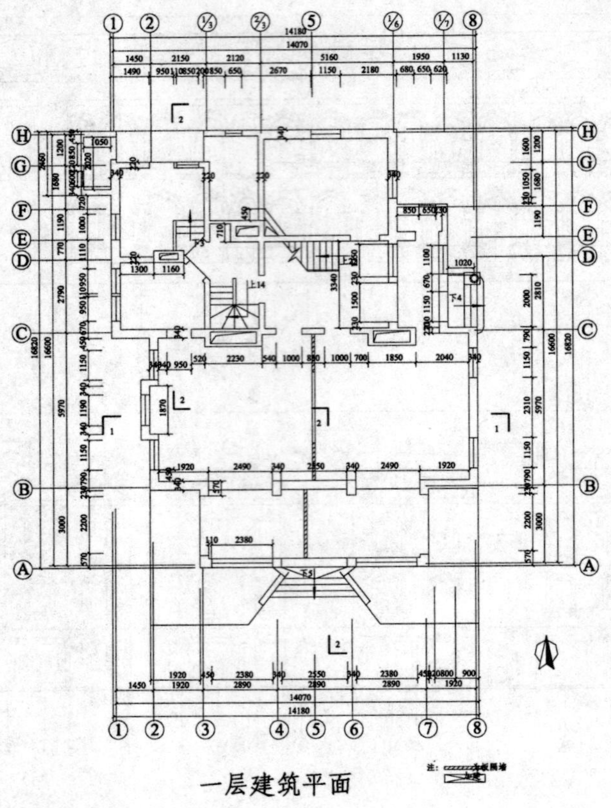

一层建筑平面

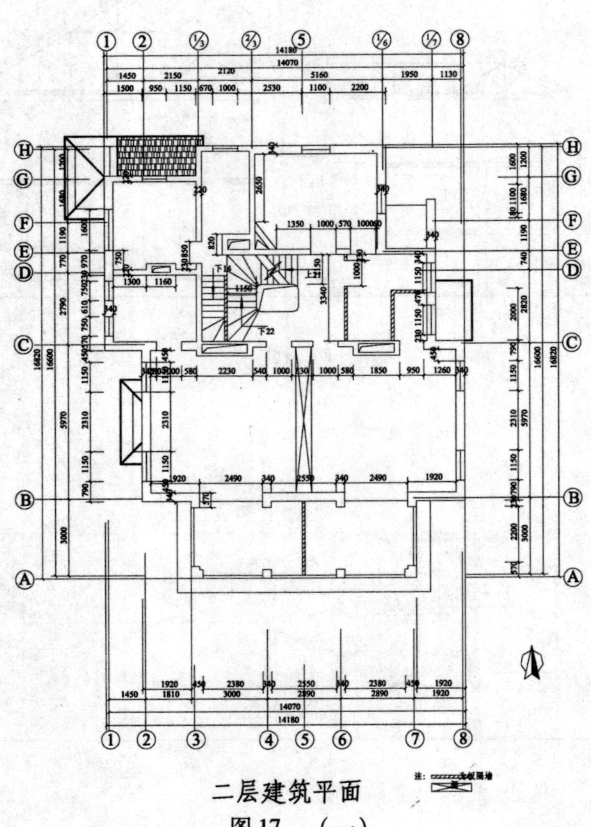

二层建筑平面

图 17 （一）

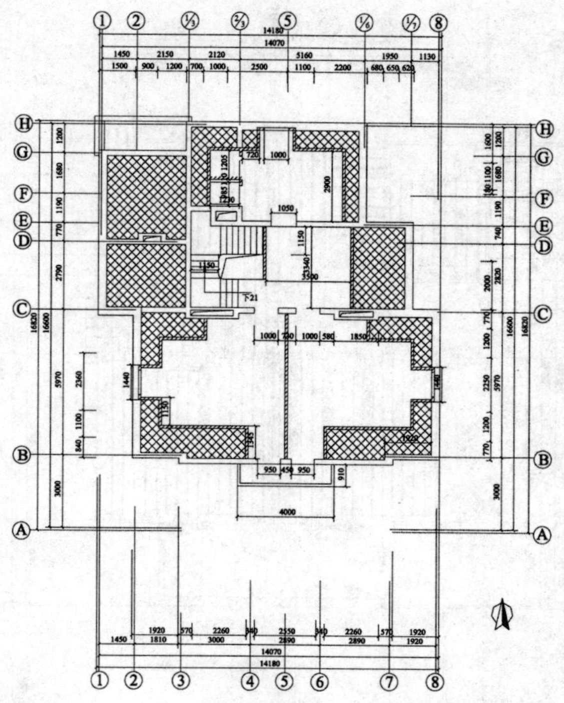

阁楼层建筑平面

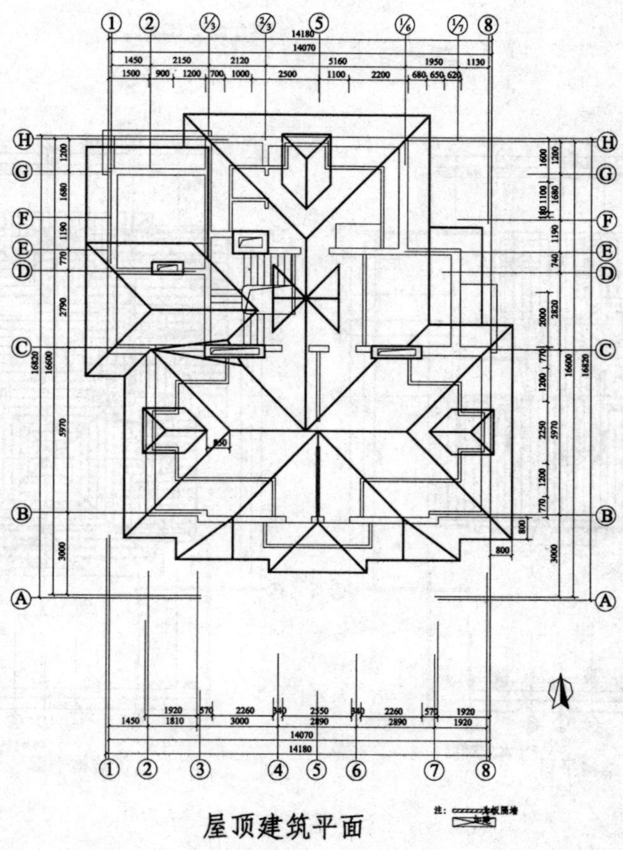

屋顶建筑平面

图17　（二）

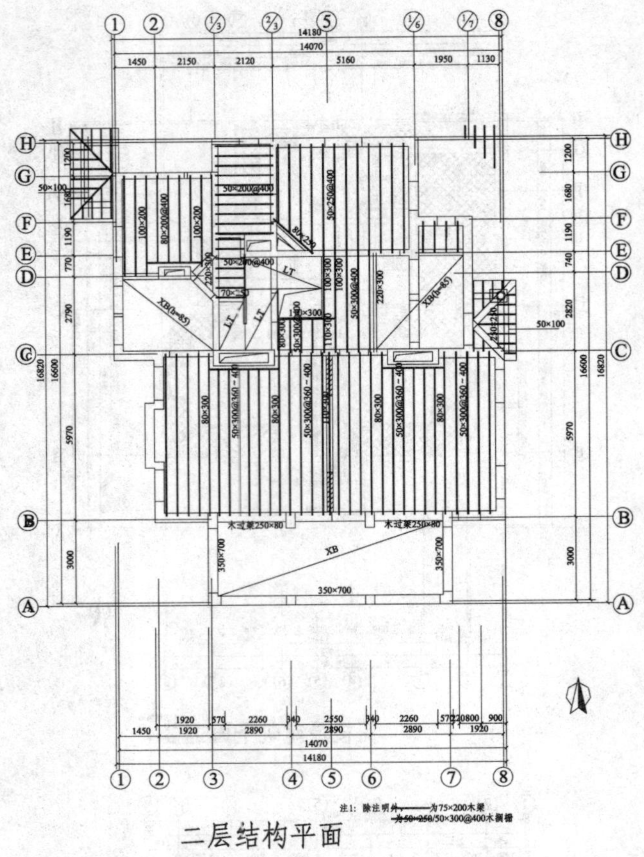

二层结构平面

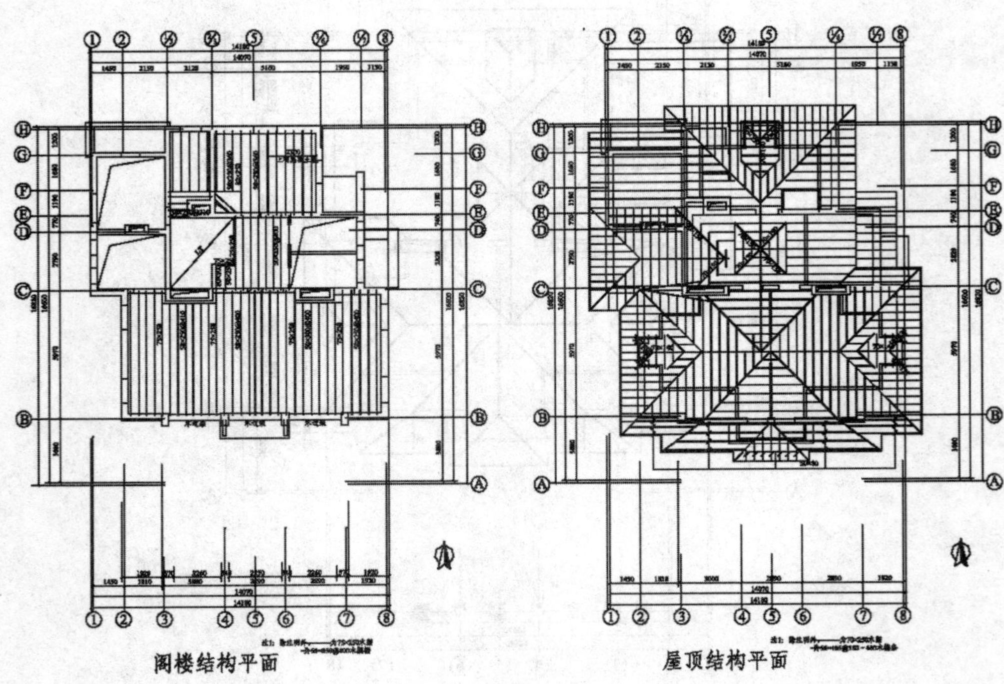

阁楼结构平面

屋顶结构平面

图17　（三）

11.200
2185
4200
1200
815
7.000
600
11200
3350
1700
1050
3.650
800
3.200
3650
1700
1150
±0.000
650
-0.650
6.400
9.250
1000
5.900
1400
800
1700
1100
750
4300
1750
2700
1200
1.900
⑧
①
A
9.260
7.900
650
1850
3.700
850
700
1950
2500
1.900
①
②
③
⑦
⑧
2000
10.200
2100
900
6.400
3.200
2.500
Ⓐ
Ⓗ

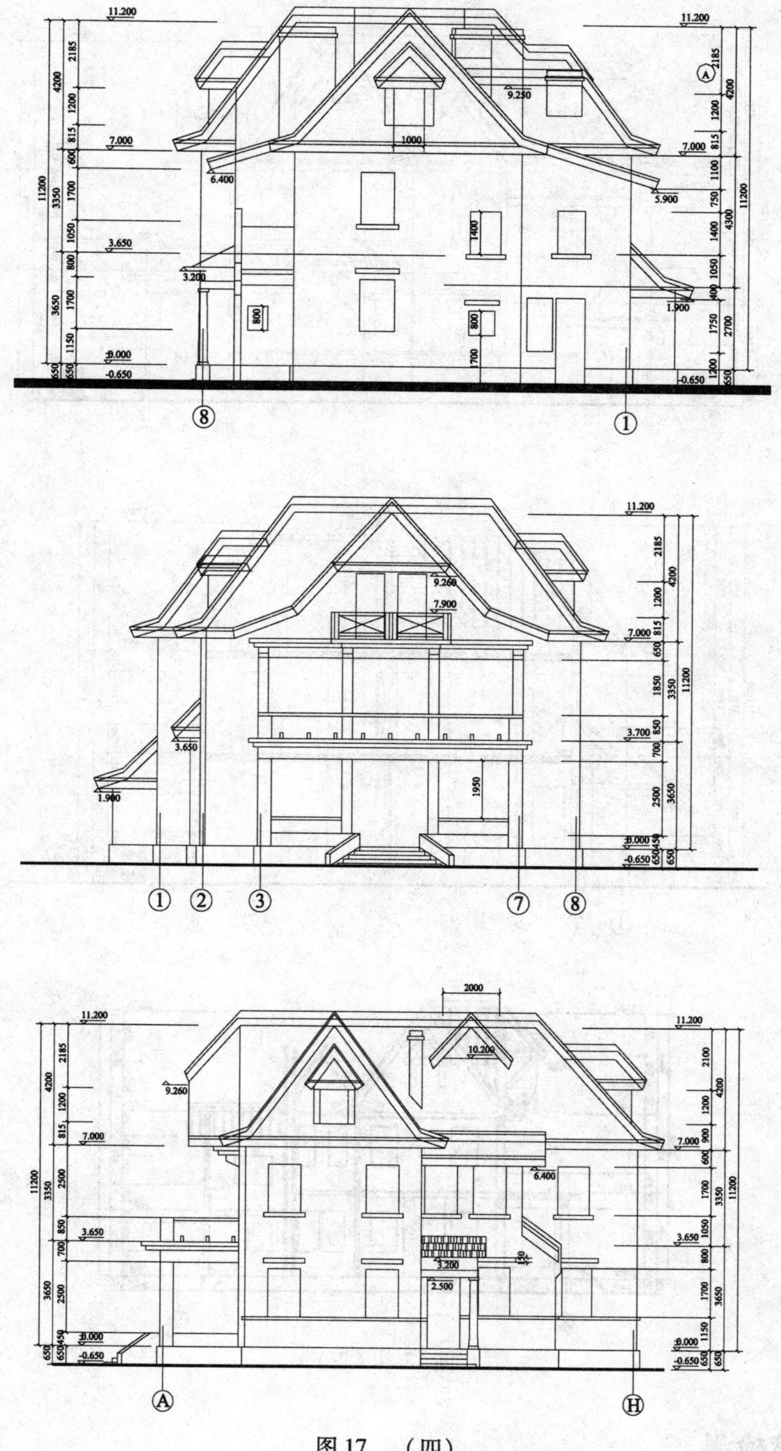

图17　（四）

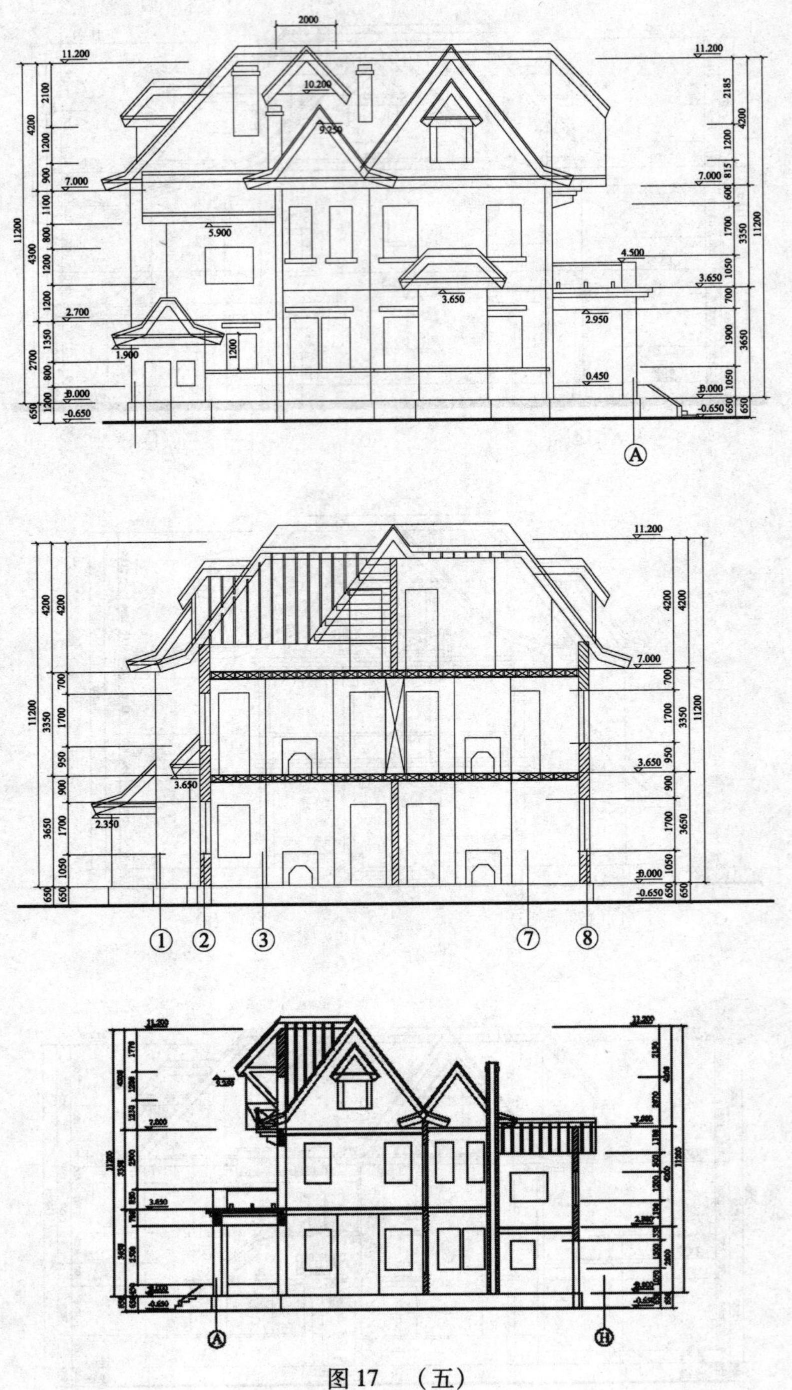

图 17　（五）

4　材料强度检测

4.1　混凝土强度

采用回弹法测试，并用钻芯法对混凝土强度进行校核。测试结果，各种方法测试的混凝土强度离散性很大，从 13～35MPa，碳化深度均大于 6mm，部分碳化深度已超过钢筋位置，且回弹法测试的强度与钻芯法测试的强度结果差异较大，说明，用目前的回弹法测试当时混凝土的准确度很差，应以钻芯法校核，并以钻芯法的结果为准，评定结果一般为 C15 ~ C20。检测中还应注意区分新老混凝土，特别是加建混凝土，应与老混凝土分批检测和评定。

4.2　砖强度

用回弹法对墙体实心黏土砖块强度进行了抽样检测，并现场取样送实验室进行强度测试，检测结果，多数别墅的墙体砖块强度可评定为 MU10，少量别墅略低于 MU10，可评定为 MU7.5。回弹法测试结果与实验室测试结果一致，说明，在现场用回弹法测试砖强度还是可行的。

4.3　砂浆强度

用贯入法墙体砌筑材料强度进行了抽样检测，测试结果，砂浆强度评定结果一般在 1.0 ~ 2.5MPa。需要说明的是，现场采用石灰三合土砂浆，目前的非破损检测方法仅适用于水泥砂浆和混合砂浆，并没有石灰三合土砂浆的非破损检测方法，砂浆检测数据仅作为维修改造时参考。

此外，现场检测发现，个别别墅的墙体砌筑质量很差，砂浆不饱满且强度很低，墙体很松散，这些位置的裂缝损伤也很多。

4.4　木材品种和强度

在别墅改造部分拆除时，取现场拆除的木材，在实验室做木材的力学性能检验。检验结果：木材为花旗松（Douglas Fir，Pseudotsug amenziesii），材性试验测得其弦向静曲强度为 75.3MPa，弹性模量为 6270 ~ 8560MPa，密度为 416 ~ 550kg/m^3，含水率为 13.1% ~ 14.5%，顺纹抗压强度为 33.2 ~ 36.8MPa，横纹弦向抗压强度为 6.1MPa，横纹径向抗压强度为 3.9MPa。根据检测结果，木材符合 TC17 的强度检验标准（弦向静曲强度不低于 72MPa）。

4.5　钢筋检测

老建筑的钢筋的规格品种与目前的差异较大，外形与现在的钢筋也有差异，既有圆钢、螺纹钢，也有方钢和椭圆形钢（螺纹钢，横截面为椭圆形），特别是大规格的钢筋多为方钢。根据我们的试验，这些老建筑的钢筋强度基本相当于目前的 HPB235。

5　施工缺陷和老化损伤

5.1　施工缺陷

在结构检测已经详细描述，如木结构随意搭接、连接不合理，搁栅间无斜撑、端部无垫条，墙体灰缝不饱满等。上述缺陷一方面表明当时的砂浆和建造水平有限、现场的随意性较大，另一方面也说明，无论任何时候、任何工程，都有可能存在施工质量问题，任何时候、任何工程都需要加强工程建设的监督和管理。

5.2　倾斜和不均匀沉降

通过角点垂直度和室外装饰线、结合地坪相对高差综合评定别墅的相对沉降情况，测量结果，部分别墅的倾斜超标，最大的倾斜为 10%（地质报告表明，别墅的倾斜与不均匀沉降与地块内的暗浜有关)，此外，别墅的施工偏差普遍较大。

5.3　建筑结构的老化损伤

无粉刷层的墙体有风化、砂浆粉化现象，倾斜较大的别墅、砌筑质量较差的墙体裂缝较多、门拱开裂，底层墙体普遍潮湿，外墙渗水、屋面渗水普遍。

底层架空板腐烂严重，部分已经改做回填土地坪。楼面卫生间下方的木结构腐烂严重。

由于使用功能改变，部分墙体有后开窗洞、空调洞、管道洞。

阳台混凝土、露台栏杆、室外楼梯损伤普遍且严重，混凝土内钢筋锈胀、保护层剥落、钢筋截面严重削弱。

顶棚装饰开裂、脱落普遍，部分曾修补，踢脚板损坏，屋面封檐板有松动、腐烂现象。

楼梯变形、部分板变形。

壁炉多处松动变形，部分封闭。

木门窗有局部松动、破损现象。

其他承重木屋架、屋脊梁、木檩条、木搁栅有松动和干裂现象，未见明显变形、拔榫或榫头折断。

总体上，由于使用年限长及超负荷使用，别墅的老化损伤严重。

6　结构构造和存在的问题

(1) 部分原建的结构体系不合理，如半砖墙承重，混凝土板端部支撑不可靠、楼梯间主要梁端部支撑不可靠等，卫生间、室外露台使用木结构。木结构的不规范结构较多，如屋面结构的随意搭接、木搁栅中部无起稳定作用的斜撑等。

(2) 建造时并无结构抗震的要求，在设计上也无抗震措施构造，故在抗震构造和结构体系上有较多缺陷。

(3) 由于结构布置不合理，部分楼面、楼梯明显变形；由于选用结构不合理，卫生间下方木搁栅，室外露台下方木搁栅，上人屋面下方木搁栅腐烂严重。

(4) 部分别墅施工缺陷较多，如砌筑砂浆不饱满、施工偏差大等。

(5) 由于使用时间较长，清水墙有风化、砂浆粉化现象，室外结构及围护的钢筋严重锈蚀、混凝土剥落。部分墙体有不均匀沉降引起的裂缝。由于使用功能改变，室内后加分隔墙体较多，部分墙体有后开窗洞、空调洞、管道洞。

对主体结构中的上述问题，建议结合改造装修，拆除后加的墙体、外窗等，对存在问题的结构构件进行加固处理，对房屋的抗震性能进行改善，以保证房屋正常使用。

7　建筑结构改造主要措施

(1) 基础：原大方脚条形基础改建为混凝土筏板基础，施工时原基础上须开洞凿槽，使浇灌后的基础混凝土筏板与原承重墙体呈马牙槎状，增强房屋整体抗震强度和楼房的承载力。开挖过程中，应做好脚手架的加固、加强事宜。原建筑场地内有暗浜存在，土质均匀性欠佳，原基础埋深浅，坐落在填土上，通过对基础采用静压小直径钢管桩加固，以提高地基承载力，控制附加沉降。

(2) 墙体：原建筑为砌体承重结构，无构造柱、圈梁等抗震构造措施，本次改造增加构造柱、圈梁等抗震构造措施，四周墙角构造柱加固采用内粘钢加固，外墙角用碳纤维加固，原砖墙的灰缝进行嵌缝和勾缝施工，勾缝深度不小于30mm，嵌缝砂浆强度等级为M10。原墙面酥碱腐蚀严重时，应清除松散部分，已松动的勾缝砂浆应剔出，砌体的裂缝可采用压力灌浆补强。严重破损部分应局部拆除重砌。

（3）楼面：原楼面为木搁栅立面，改造时采用现浇钢筋混凝土楼面代替，加固施工时采用钢筋混凝土楼板与原砌体马牙槎相咬合连接搁置的方式。面层材料仍然选用拆除下来的旧地板，对变形或在拆除过程中造成的缺失部分，选用相同材料进行复制。

（4）屋面：原屋面均为木屋架、木檩条、上铺瓦片，改建后的新屋面采用钢木屋架，建筑尺寸等按照原建筑复制。

（5）阳台：原阳台为现浇混凝土板，损伤严重，按照原样重做。

（6）地面：结合结构加固改造的措施，增加防潮措施，再根据建筑功能的要求铺设面层材料。

（7）楼梯：保留楼梯形式和装饰风格，对原有楼梯先整体拆除，进行加固、去污、修整，重新打磨喷漆，再进行整体安装。

（8）环境整治：拆除周边的搭建、屋面搭建等，对整个小区绿化进行统一的环境整治规划，统一建造停车库等。

8　结语

本检测项目自2005年开始至2008年结束，历时三年，改造项目仍在进行中。作为一个有规模的风貌保护区，本项目的改造是一项很有意义的工作。撰写此文，希望更多的人关心保护建筑的改造，使保护建筑更好地发挥功能并尽可能延长其寿命。

参考文献

[1] 国家标准．GB/T 50315—2000．砌体工程现场检测技术标准［S］．
[2] 国家行业标准．JGJ/T 136—2001．贯入法检测砌筑砂浆抗压强度技术规程［S］．
[3] 国家行业标准．JC/T 796—1999（参考）．回弹仪评定烧结普通砖强度等级方法［S］．
[4] 国家行业标准．JGJ/T 23—2001．回弹法检测混凝土抗压强度技术规程［S］．
[5] 国家推荐标准．CECS03：2007．钻芯法检测混凝土抗压强度技术规程［S］．
[6] 国家行业标准．JGJ 8—2007．建筑变形测量规范［S］．
[7] 国家标准．GB 50005—2003（2005年版）．木结构设计规范［S］．
[8] 上海市规范．DGJ—108—2004．优秀历史建筑修缮技术规程［S］．

结构损伤识别方法综述

李志伟　高海军　常银昌　撖利平

中国建筑科学研究院建筑工程检测中心，北京，100013

【摘　要】 本文从结构监测的概念出发，介绍了监测系统的组成，论述了处于研究前沿的几种结构损伤识别方法：基于人工神经网络的损伤识别方法、基于模型修正损伤识别方法和基于小波变换的损伤识别方法，对这三种方法的特点、适用性和局限性进行了分析，最后指出了建筑结构损伤识别研究的发展方向。

【关键词】 结构监测，损伤识别

1　引言

结构健康监测中的最关键问题就是损伤识别问题。结构损伤最早被应用于机械、航空领域。对于由连杆、轴承、齿轮等一系列零件组成的大型机械，人们很早就开始对它们进行结构故障诊断。20 世纪 40 ~ 50 年代，土木结构的损伤监测主要是对结构缺陷原因的分析和修补方法的研究，监测工作大多采用以目测为主的传统方法；后来在 20 世纪 60 年代初期，由于航空、军工的需要，开始注重对结构监测技术和评估方法的研究，结构的损伤监测由此发展起来，并发展了一系列的无损检测技术，多种现代监测技术被应用到土木结构中。

结构健康监测系统主要包括传感器、数据采集与处理设备、通讯系统、监控中心和报警设备，是一种在线监测系统。主要包括监测、诊断和评估三部分。其中监测部分包括各类信号采集、存储和传送的硬件系统，信号采集的主要硬件是传感器，信号的传输方式分直接电缆连接和无线传输两种。再由数据信号处理子系统对各种数字信号进行处理，以便为系统识别和损伤识别准备充分的数据信息。诊断部分主要是通过计算机模拟仿真计算，结合有限元模型分析，识别出结构系统的静、动力特性参数，即系统识别。再通过一定的分析技术，对已获得的数据进行处理，与结构系统特征联合，应用各种有效的手段识别结构损伤，完成损伤预警、损伤定位、损伤定量。评估部分主要把损伤识别的结果与专家经验相结合，对结构的健康状态做出评价，分析结构的强度、刚度，预测结构服役时间，评价结构的可靠度，计算分析结构的寿命。

一个完善的健康监测系统如图 1 所示。

在健康监测系统中结构损伤识别方法与损伤监测手段是密不可分的，在得到测量目标的监测结果后就要对结构的损伤进行识别。健康监测系统中损伤识别要解决三个问题：

（1）损伤指示：发出结构已经出现异常的报警，指示有损伤发生。

（2）损伤的时间和空间定位：通过分析测试到的数据，找出结构发生损伤的时刻和位置，发生损伤的构件部位。

(3) 确定损伤程度：进一步量化分析出现的损伤程度，给出确定的指标，以便于向决策部门提供技术支持，从而及时对损伤结构给予修复。

这三个问题对识别技术的要求逐步提高。针对这三个问题，已经发展了诸多的损伤识别方法。

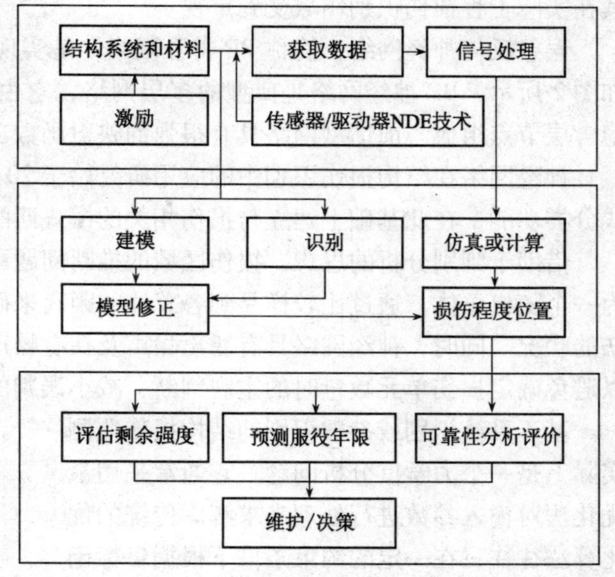

图1 健康监测系统示意图

2 损伤识别方法

2.1 基于人工神经网络的损伤识别

人工神经网络是一门崭新的信息处理学科，它研究非程序的、大脑风格的信息处理的本质和能力。神经网络是由大量互联的处理单元连接而成，它基于现代神经生物学和认知科学在信息处理领域应用的研究成果，具有大规模并行模拟处理、连续时间动力学和网络全局作用等特点，有很强的自适应学习能力，从而可以替代复杂耗时的传统算法，使信号处理过程更接近人类思维活动。虽然这是一门全新的学科，但是由于其技术的先进性和实用性，很快得到学术界的瞩目，并因此有了飞速的发展和更广泛的应用。

它的历史可以追溯到20世纪40年代，并在20世纪80年代由于软件及硬件的环境得到非常大的改进而逐步发展起来。土木工程中的很多问题是非线性问题，变量之间的关系十分复杂，很多工程实际问题很难用确切的数学、力学模型来描述。因而运用神经网络的方法实现土木工程问题的求解是非常合适的，近十几年神经网络开始被用于土木工程领域，如结构分析和初步设计、结构优化设计、结构损伤监测和评估。

神经网络模型多种多样，各式各样的模型从不同的角度对生物神经系统进行不同层次的描述和模拟。代表性的神经网络模型有感知器、多层映射BP网络、RBF网络、双向联想记忆（BAM）、HoPfield模型等。根据建模过程中训练方式的不同，上述的神经网络又演变出划分更为详细的神经网络模型，例如，BP网络根据训练方式的不同，又演生出动量-学习率自适应调整BP网络、采用“早终止”技术的BP网络、并联BP网络等；field模型根据训练方式的不同，又演生出应用遗传算法混合训练的神经网络和应用Levenberg-Marqut优化方法进行训练的神经网络等等。

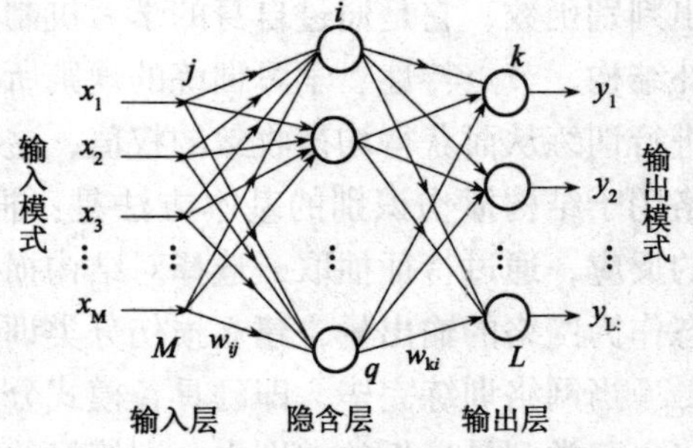

图2 误差反传神经网络模型示意图

利用神经网络的高速并行运算能力，可以实时实现最优信号处理算法。利用神经网络分布式信息存储和并行处理的特点，可以避开模式识别方法中建模和特征提取的过程，从而消除由于模型不符合特征选择不当带来的影响，并实现实时识别，以提高识别系统的性能。在土木工程智能识别领域，人们对BP神经网络的研究最多，认识最清楚，由于其清晰的网络结构和优秀的泛化能力，使其在实际工程损伤识别领域受到重视。

误差反传神经网络，简称BP神经网络，是实现映射变换的前馈型网络，它的网络结构如图2所示，BP神经网络是典型的多层网络，它由输入层节点、输出层节点和一层或多层隐含层节点组成。前馈型网络具有很强的映射函数功能。

神经网络在结构损伤识别中的应用研究始于20世纪90年代，它主要是用神经网络的模式分类功能，在此基础上建立与损伤相关的模式匹配和映射模型关系。

借助于判别分析的思想，损伤区域的推断问题可以描述为：将每一种可能的损伤状态作为一个随机总体，通过比较样品到各总体的距离来确定样品与哪个总体最靠近，进而确定损伤的状况。同时，神经网络具有滤出噪声及在有噪声环境中有效的工作的能力。这一方法可以避免确定损伤单元数量时的主观判断，减小误判的风险。

基于系统识别或参数识别的结构损伤监测实际上是一个力学反分析问题，它通常采用最优化法对输入参数进行处理来求解。传统的优化算法往往只在一定的约束条件下根据目标函数求得部分最优解，而难以得到全局最优解。遗传算法（GA）虽然也不能保证有100%的把握求得全局最优解，但其强大的搜索能力却使它有可能避开绝大部分的“局部最优解”找到全局最优解或次优解。引入遗传算法对输入参数进行处理，可以在测试信息获取不多的情况快速地找到损伤部位并确定损伤程度。

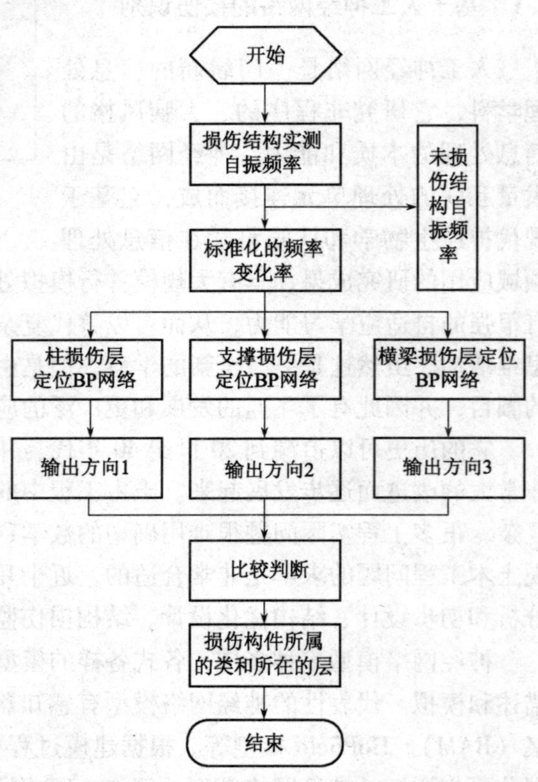

图3 损伤构件所属的类和所在的层判定系统

传统的模式分类技术应用判别函数来对每一个类别进行划分。如果模式的样本空间为N维欧氏空间，有M个类别，数学上的分类问题就归结为如何把N维欧氏空间最佳分割为M个决策区域的问题。非线性决策区域，判别函数则较为复杂。如何选择有效的判别函数形式，以在识别过程中如何修正判别函数的有关参数，并不是一件容易的事。人工神网络作为一种自适应的模式识别技术，并不需要预先给出判别函数，它是通过自身的学习机制自动形成所要求的决策区域，网络的特性由网络的拓扑结构、节点特性、学习训练的规则所确定。它能够充分利用样本信息，对不同的样本逐一进行训练从而获得均衡收敛的权值，这些权值即代表了网络中内含的线性映射关系。神经网络用于结构损伤识别的基本方法是：根据结构在不同状态（不同损位置、不同损伤程度）的反应，通过特征抽取，选择对结构损伤较为敏感的参数作为网络的输入量，结构的损伤状态作为网络的输出量，建立损伤分类训练样本集，然后对网络进行训练。

当网络训练完毕，即已具备模式分类功能对于每个新输入的状态信息，根据给定的原则将之归类到最接近的类别中。训练好的神经网络模型能否正确识别出结构的损伤、识别效率的高低等取决于网络模型本身的好坏。

2.2　基于模型修正的损伤识别

从某种意义上讲，模型修正原本是为了建立更准确的有限元模型而提出的方法。但是如果结构发生损伤，结构的未损伤模型已经不适合新的测量结果，模型修正过程中发现不准确的部分也就意味着损伤，因此可以用模型修正方法来进行损伤识别，通常方法是基于固有频率和模态振型，以残余力方程等为目标函数，采用最优化方法进行求解。

结构有限元模型修正是典型的结构动力反应问题，即通过结构测试信息识别结构的物理参数。结构修正过程就是使用实验描述的结果来更新和验证理论模型，找到与特定条件下结构实际响应相符合的具有一定准确性的分析模型，即测量所得的参数与相应的模型计算结果进行综合比较，以测试结果为基准，通过约束优化来不断修正结构刚度参数，从而达到修正模型的目的。

通常，有限元模型修正技术由前处理算法及修正算法组成，其中前处理技术包括：有限元模型的缩减、实测模态的扩展、误差定位技术；根据求解方法及所选修正参数的特点不同，修正算法可分为直接法和迭代法两类。模型修正技术发展到今天已有三十多年历史。模型修正较早涉及的是动力学问题，这方面的研究可以追溯到 1967 年 Rodden 的工作。有关结构动力学模型修正问题则是以 Berman、Baruch 等人为代表的研究工作。为了改善结构有限元模型，国内外许多学者致力于研究利用实验分析的结果来修正结构的有限元模型。有限元模型修正方法，按修正对象分类，大致可分为三类：矩阵型修正方法、元素型修正方法和设计参数型修正方法。各种方法适用比较见表 1。

表 1　各类方法适用比较

分类	修正范围	方　法	假 设 条 件	可修正数据
矩阵型法	全体元素进行修正	Baruch 法	M 以及测量模态参数 $[\tilde{\Phi}]$、$[\tilde{\lambda}]$ 精确	$[C]$
		Berman 法	测量模态参数 $[\tilde{\Phi}]$、$[\tilde{\lambda}]$ 精确	$[M]$
		其他方法	矩阵变换法，Fu-shang wei 法等	
	部分元素进行修正	最优元素法	将 Baruch 法及 Berman 法离散化表达	$[C]$、$[M]$
		有效方程法	测量模态参数 $[\tilde{\Phi}]$、$[\tilde{\lambda}]$ 精确	$[C]$、$[M]$
		子矩阵法	测量模态参数 $[\tilde{\Phi}]$、$[\tilde{\lambda}]$ 精确	$[C]$、$[M]$
		其他方法	Kabe 法、排列方程法、误差函数最小法	
参数型法	矩阵摄动法、物理矩阵展开法、特征对展开法、遗传算法			几何尺寸 材料本构等

最先发展起来的是矩阵型修正方法，矩阵型修正方法是以系统的总体矩阵或子结构的总体矩阵为修正对象。先对质量矩阵和刚度矩阵进行摄动，再代入正交性条件或特征方程求摄动量，使修正后的有限元模型的频率和振型可以在试验频段之内与实验测试的结果相一致。

矩阵法修正有限元模型方法虽然计算量较大，但作为典型的有限元模型修正方法借助于程序计算，仍然具有执行容易、效率较高的优点。但是经过修正后的质量矩阵失去了原有的带状性。

随着科学技术的进步，人们对工程结构的要求越来越高，不仅要求结构能完成预定的复杂使命，而且还要具有良好的静、动力特性，寿命长、工作安全可靠的特点。目前的结构又趋于大型化、复杂化，而且工作环境日益复杂化，导致结构的静、动强度问题普遍存在。这就要求反映结构特征的数学模型正确可靠，构建良好的模型问题也显得日益重要起来，因此有限元模型的修正方法研究已经引起人们的广泛关注，尤其在土木工程领域。该方法主要应用于航天、汽车及土木工程等，修正有限元方法具有十分重要的学术价值及广阔的工程应用前景。

2.3 基于小波变换的损伤识别

自从 1984 年，法国地球物理学家 J. Modet 提出真正意义上的小波以来，小波理论在各个工程学科中得到了广泛的应用。由于小波变换在时频两域都具有表征信号局部特征的能力，故近年来小波变换作为信号处理的一种手段，正逐渐在结构损伤领域得到应用，展现出了极具前景的生命力。当结构发生损伤时，结构的频率和刚度会发生变化，相应地在结构的动力响应中会出现不连续的奇异点。利用小波变换的多分辨率特性，分析结构响应在不同尺度下的细节信号，通过监测信号的突变点以及损伤前后信号在不同频带内的能量变化情况等对损伤的出现时间、损伤位置及损伤程度进行诊断。

可以利用小波对信号空间局部化的性质进行分析，提取信号中的奇异部分，从而确定损伤位置。然而，为了能充分了解结构的健康状况，以决定是否需要对结构进行维修和养护，还需要用有效的手段来识别损伤的程度。

LipschitZ 指数是对函数局部奇异性特征的一种度量，定义信号 $f(x)$ 在某点的指数为 α，且：

$$\log_2|Wf(s,x)|\leqslant\log_2|K|+(\alpha+1/2)\log_2 s$$

函数在某一点的 LipschitZ 指数 α 刻画了该点函数的突变程度，指数 α 越大，函数在该点的光滑度就越高；指数 α 越小，函数在该点的光滑度越低，也称奇异性越大。

α 的值通常随损伤程度的增大而减小，不随损伤位置、荷载位置变化而变化，随荷载大小的变化基本保持不变。

小波即小区域的波，图 4 所示为一般波和小波。小波函数的确切定义为：设 $\psi(t)$ 为一平方可积函数，即其傅立叶变换 $F(\omega)$ 满足条件：

$$\int_R \frac{|F(\omega)|^2}{\omega} d\omega < \infty$$

称 $\psi(t)$ 为一个基本小波或小波母函数，并称上式为小波函数的可允许性条件。

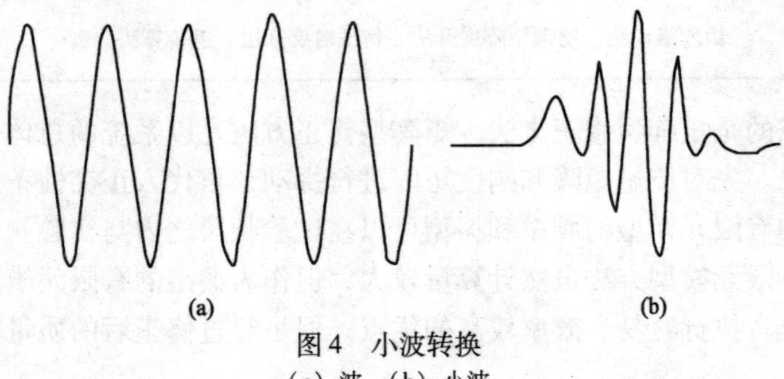

图 4 小波转换

(a) 波；(b) 小波

如果在细节信号中，信号有明显的突变，指示结构发生损伤，为了考察突变性的大小，在这里定义一种损伤指示系数 λ_k，即

$$\lambda_k = |a_k| / \sqrt{\sum_{i=k-N/2}^{k+N/2} (a_i^2/N)}$$

式中：a_k 是任意时间点 τ_k 上的信号值，N 是对应于时间点 τ_k 的一个观察窗中采集的加速度数目，观察窗的宽度取为 $N = f_0 \Delta t$（f_0 为采样频率）；λ_k 是用一个随时间移动的观察窗来度量窗中的每一时间点上信号的突变性。当设定一个损伤指示系数阈值 μ，当 $\lambda_k \geqslant \mu$ 时，认为结构在 τ_k 时刻发生了损伤。从分析的结果来看，一般当 μ 大于 2.0 时，才能够比较明显地察觉出信号的突变，并识别结构的损伤。因而 μ 值取大一些有利于提高损伤预警的精度。

小波变换由于同时具有时域和频域的局部性再加上其“变焦”的特性，因而对信号奇异点位置的确定很有效，实际工程中多采用离散小波变换。在结构发生损伤时，结构的刚度也会发生变化，结构的空间域信息也相应地出现十分细微的间断点。通过对结构的空间域信息进行小波分解，所得细节信号出现的奇异点（小波变换模极大值点）即为结构的损伤点，从而确定损伤发生的位置。

如前所述，可以利用小波对信号空间局部化的性质进行分析，提取信号中的奇异部分，从而确定损伤位置。然而，为了能充分了解结构的健康状况，以决定是否需要对结构进行维修和养护，还需要用有效的手段来识别损伤的程度。

3　结论

本文介绍了三种结构损伤识别的方法，这三种方法在结构工程损伤识别领域已经开始应用，但损伤识别应用于实际工程中还不成熟，如统计损伤方法如何确定，新的结构状态/损伤敏感特征如何提取等这些技术仍然没有很好地解决，只有解决这些问题，才能将结构健康诊断的统计识别方法应用于实际土木工程结构的健康监测和损伤识别。虽然结构健康监测问题远不是仅依赖统计识别方法能够解决的，但是在利用其他领域（如智能传感技术、数据采集技术、远程通讯技术、信号处理技术和人工智能技术等）最新研究成果的基础上，统计识别方法的研究进展必将推动土木工程结构健康监测技术的不断发展，为开发具有远程、在线、自动、实时和自主知识进化能力的智能健康监测系统的最终实现奠定基础。

参考文献

[1] 黄维平，刘娟，李华军．基于遗传算法的传感器优化配置［J］．工程力学，2005，22（1）：113～117.

[2] 魏来生．结构有限元动态模型修正方法综述［J］．振动与冲击，1998，17（3）：43～46.

[3] 张德文，Wei F S，李应明，修正动力分析模型的最优元素型摄动法［J］，振动工程学报，1988，1（4）：97～105.

[4] 曾庆华．结构动力修改技术若干问题研究［D］．博士论文，南京航空航天大学，1989.

[5] G. Chen and D. J. Ewins. A Perspective on Model Updating Performance. Proceedings of 18th International Modal Analysis Conference，2000.

[6] J. E. Mottershead，C. Mares and M. I. Friswell. Selection and Updating of Parameters for an Aluminum Space-frame Model. Mechanical System and Signal Processing. 2000，14（6）：923～944.

[7] J. E. Mottershead，E. L. Gohand and W. Shao. On the Treatment of Discretisation Errors in Finite Element Model Updating. Mechanical System and Signal Processing. 1995，9（1）：101～112.

[8] 李宏男，李东升．土木工程结构安全性评估、健康监测及诊断述评［J］．地震工程与工程振动，2002，22（3）：82～90.

某高层预应力混凝土框架结构地砖空鼓、开裂原因分析

高海军　撖利平　常银昌　赵有山

中国建筑科学研究院建筑工程检测中心，北京，100013

【摘　要】地砖空鼓是装饰工程质量的通病，空鼓的原因多数与施工、设计、环境等因素有关，本文通过对某高层预应力混凝土框架结构的地面空鼓原因进行现场检测、调研和对是否由于预应力失效而引起的空鼓进行分析，阐述地砖空鼓、开裂的成因。

【关键词】空鼓，开裂，温度，预应力

1　工程概况

某资料楼主体地上十二层，裙房三层（局部二层），地下一层（局部夹层）。设计地下一层主要用途为六级人防兼车库及设备用房，夹层为管道层。地上各层主要用途为档案、图书资料、会议室、培训中心及办公用房。该楼结构采用全现浇框架-剪力墙结构体系。高层部分板及局部梁采用无粘结预应力钢筋混凝土结构。该楼梁、柱、板混凝土强度等级 C40，楼板厚度为 200mm。预应力梁高为 400 ~ 500mm，梁宽 600 ~ 1200mm，属于预应力宽扁梁结构形式。

2　问题的提出

该楼自 1998 年建成投入使用后发现楼面上的地砖发生空鼓、断裂等现象，2010 年春节假期结束后，地面又出现“砰、砰”的爆裂声。且地砖经多次修复仍未见好转。地砖空鼓开裂典型照片见图 1。

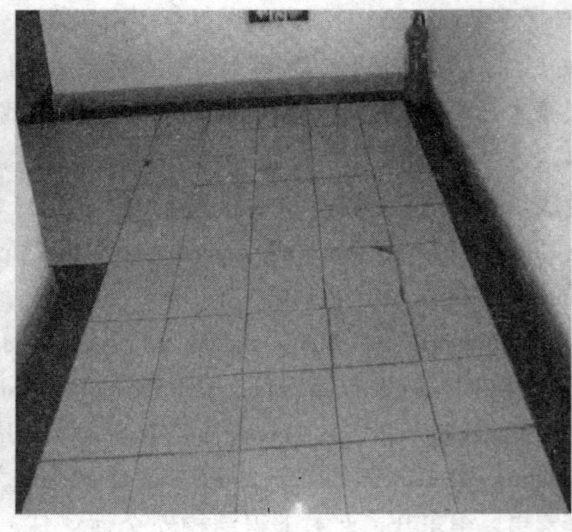

图 1　地砖空鼓开裂

地砖空鼓、开裂一般有以下几点原因：

（1）主体结构倾斜变形。

（2）使用荷载过大导致楼板变形，由于楼面结构发生较大变形，地面砖会被拉裂。

（3）温度影响，尤其在冬季温差变化较大时，地面砖拱起现象更为突出。

（4）地面装饰材料影响，当使用材料各项指标不合格的饰面地砖和基层材料时，也会发生地面砖拱起、空鼓的现象。

（5）铺装施工工艺的影响，基层清理不干净，砂浆水灰比过大；面砖浸泡时间不够或不浸泡；底灰铺得不均匀，用木抹子搓不平；面砖背面四周抹浆过多，中间抹浆过少，用橡皮锤敲不实，伸缩缝未预留或预留不足也是引起地砖开裂的原因。

（6）由于该楼高层部分板及局部梁采用无粘结预应力钢筋混凝土结构，是否由于预应力长期使用过程中失效引起的结构变形也是可能的一个原因。

3　检测情况

针对地砖空鼓、开裂情况，我们对主体结构进行了以下项目的检测。

3.1　整栋楼的垂直度、倾斜情况检测

建筑物的倾斜测量能准确反映上部结构在静荷载或动荷载及环境等因素影响下的变形倾斜程度及变形倾斜趋势。建筑物主体倾斜观测，测定建筑物顶部相对于底部或各层间上层相对于下层的水平位移与高差，计算出整体或分层的倾斜度、倾斜方向。

用全站仪对该建筑整体垂直度进行检测，检测工作遵守《工程测量规范》(GB 50026—2007）和《建筑变形测量规范》(JGJ 8—2007）的相关规定，根据现场条件，对资料楼的整体垂直度进行检测，具体检测结果见表1，测点位置示意图见图2。

表1　垂直度测量结果　　mm

测量位置	东西方向倾斜	南北方向倾斜
西北角	向西倾斜4mm	向北倾斜2mm
东北角	向东倾斜5mm	向南倾斜3mm
东南角	向西倾斜6mm	向南倾斜7mm
西南角	向东倾斜6mm	向南倾斜2mm

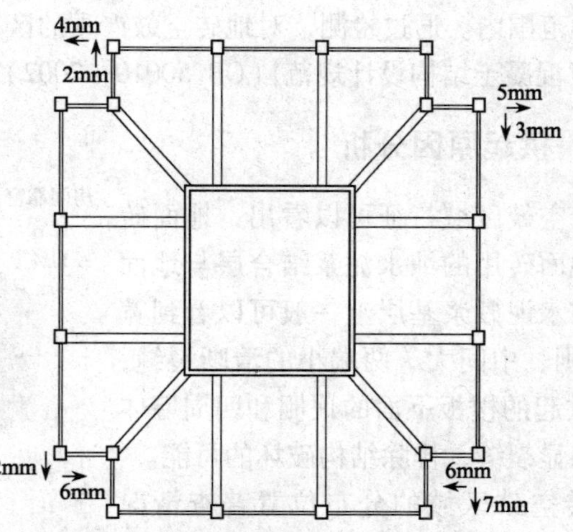

图2　资料楼房屋倾斜检测结果

按照《混凝土结构工程施工质量验收规范》(GB 50204—2002) 的要求，建筑物全高垂直度的允许偏差为 $H/1000$ 且≤30mm。根据检测结果，该楼的建筑整体垂直度测量值均符合《混凝土结构工程施工质量验收规范》(GB 50204—2002) 的要求。

3.2 整栋楼混凝土强度的检测

结构材料的指标直接影响结构的安全性、耐久性。采用回弹与钻芯修正法检测该楼楼板混凝土的强度。混凝土芯样强度检测结果见表 2

表 2 混凝土芯样强度检测结果

层数	芯样位置	破坏强度 (MPa)	计算强度 (MPa)
二层	7 ~ 8-C ~ F	247.9	68.3
	7 ~ 8-C ~ F	207.0	57.0
三层	7 ~ 8-C ~ F	154.1	42.4
	7 ~ 8-C ~ F	243.4	67.0
十一层	9 ~ 11-C ~ F	185.1	51.8
	9 ~ 11-C ~ F	233.3	64.2

采用回弹法检测资料楼地砖空鼓比较严重区域内的板混凝土强度，并对检测结果进行钻芯修正，从检测结果可以看出，资料楼抽检区域内的板按批推定混凝土强度值为 42.8MPa。满足设计图纸 C40 强度等级要求。

3.3 楼板、预应力梁、柱的钢筋配置及截面尺寸检测

用磁感仪检测楼板、框架梁、框架柱的钢筋配置，与设计竣工图纸比对，该楼的钢筋配置满足设计图纸及混凝土结构工程施工质量验收规范。对该楼的截面尺寸进行实测，该楼的结构构件的截面尺寸满足设计图纸要求。

3.4 楼板挠度检测

用精密水准仪对该建筑楼板挠度变形情况进行检测，楼板的挠度变形情况一方面可以测定预应力是否失效，另一方面可以精准地反映楼板、梁等承重构件在荷载的作用下的变形是否在允许的变形范围内。通过检测，对地砖空鼓严重的区域进行抽检，检测结果是楼板挠度检测值均符合《混凝土结构设计规范》(GB 50010—2002) 的要求。

4 地砖空鼓、拱起原因分析

通过对地砖空鼓区域特征可以看出，地面砖拱起后，粘贴地面砖用的纯水泥浆结合层与地面砖完全分离，在水泥砂浆基层上一般可以看到宽 1 ~ 2mm、不规则、中间大、两端小的清晰裂缝，在地面砖发生拱起的楼板下面的顶棚和四周墙体上，均未发现明显裂缝，排除结构破坏的可能。

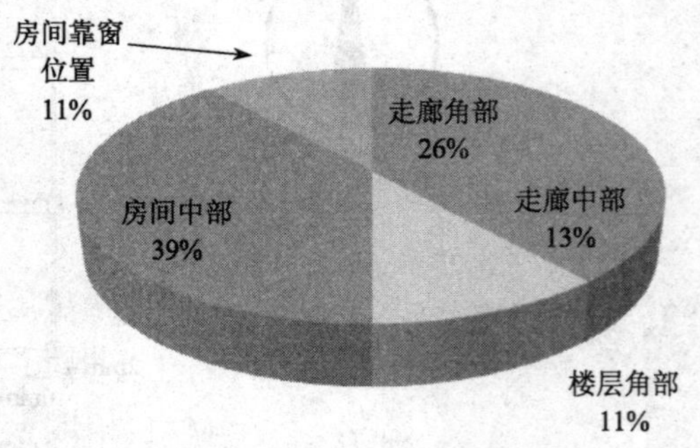

图 3 地砖空鼓位置统计

通过对地砖空鼓区域的分布位置普查情况看，多分布房间中部、走廊角部等位置（图 3）。

这些位置温差变化大时，会引起地面材料热胀冷缩，由于地砖与水泥砂浆结合层及钢筋混凝土结构层的线胀系数不同，遇到室内气温变化较大时，上、下两种材料会因伸缩不同而导致地砖翘起或爆裂等现象的发生。

通过对地砖空鼓区域的分布部位普查情况看，地砖空鼓多分布于8层以上（图4），由于该建筑结构采用内筒外框结构体系，且楼面采用预应力宽扁梁结构形式，楼面刚度小，受温度变化影响较大。

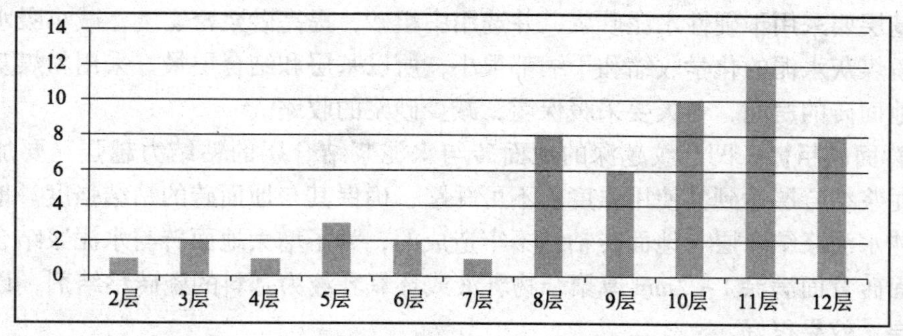

图4　地砖空鼓楼层分布统计

对地砖空鼓区域平面上的位置进行调查，发现一般西南角空鼓比较严重（图5），由于这些区域受外部温度变化较大，在寒冷的冬季，外墙温度一般在零度左右，而室内温度一般都在18摄氏度左右，外墙在温度变化下产生较大变形，由于每层楼板与墙相连接，对墙的变形起到约束作用，在两个外墙相交的角部，楼板中会产生相应的作用力（温度应力），因此，温度应力加上混凝土收缩的影响下，很容易引起地砖的空鼓拱起。

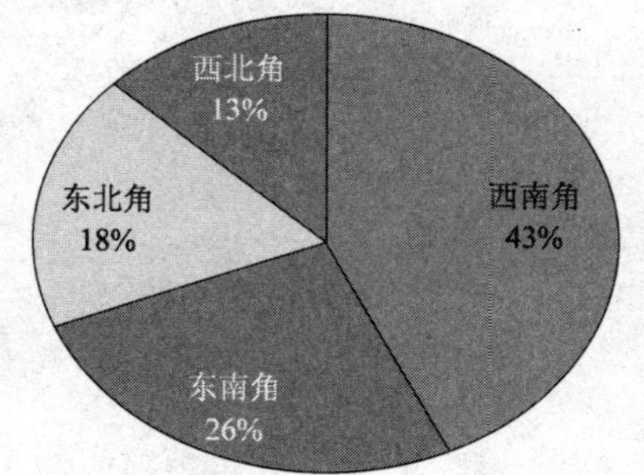

图5　地砖空鼓平面位置统计

地砖的铺装工艺也是地砖空鼓拱起的原因之一，从现场调查情况看，水泥砂浆结合层与地砖之间粘结强度达不到要求。由于铺贴砂浆与地砖粘结不密实，强度不够，造成地砖空鼓，再加上地砖间留的伸缩缝很小，当楼板使用过程中发生温度变形或受到外力作用时，会导致地砖的鼓起。

5　对策及处理建议

（1）大面积进行地面修复时，应进行分割，预留伸缩缝，采取有缝铺贴的方式，尽量使用小块的地面砖，使地面砖与水泥砂浆之间的收缩应力得到释放。一般情况下小块地面砖很少拱起，这是因为对于同一楼地面，铺小块的地面砖比铺大块的地面砖有更多的缝隙，地面砖之间的挤压应力得到及时消散。所以在铺设地面砖时，各地面砖间要留有一定的缝隙，缝隙的大小与地面砖的大小、环境的最大温差、含水量的最大变化量呈正比。另外，夏天铺贴时缝隙要大一点，要抵消砂浆的冷缩、干缩和化学收缩变形，而冬天铺贴时缝隙可以小一点，主要是抵消砂浆化学收缩和干缩变形。不可以用水泥浆等刚性材料勾缝，为了美观，可以选用与地面砖颜色相近的密封胶等柔性材料填缝，并与墙面留出缝隙，以适应温度变化时材料的热胀冷缩反应。保持贴有地面砖房间的温度和湿度，减小砂浆的化学收缩、干缩和热胀冷缩。

（2）净水泥砂浆的化学收缩很大，当水泥砂浆硬化后水泥砂浆与地面砖之间就已经产生很大的剪力。在砂浆中掺入丁苯乳胶等聚合物以及其他类型的减缩剂，可以补偿砂浆的化学收缩，增大砂浆密实性，减小砂浆吸水性，增加粘附力。地面砖拱起时纯水泥浆结合层与地面砖完全脱离，而纯水泥浆结合层和砂浆基层仍然牢固地粘结在一起，说明破坏的主要原因是砂浆基层收缩过大而不是砂浆基层与纯水泥浆结合层粘结不牢固，所以砂浆基层的标号可适当降低，减少水泥用量，减少收缩。一般水灰比越大，砂子越细，砂浆的化学收缩越大，所以基层要采用干硬性水泥砂浆，并选用中粗砂，提高砂浆密实度，减小吸水率从而减少干缩。粉煤灰水泥的化学收缩和干缩都很小，所以基层和结合层最好采用粉煤灰水泥。另外，铺有地面砖的房间，冬天要采暖保湿，减少砂浆的收缩。

（3）背面越粗糙、凹凸纹越深的地面砖与水泥浆结合层的粘结力越强。要加强初期养护，在水泥浆结合层达到其使用强度前不可踩踏，确保其与地面砖的粘结强度。地面砖拱起破坏都是纯水泥浆结合层与地面砖粘结不牢造成的，为了增大地面砖与水泥浆结合层的粘结力，在地面砖背面满涂1～2mm厚聚合物乳液或环氧乳液为基料的瓷砖粘结剂，以代替纯水泥浆结合层，效果很好。

（4）二次装修时，可选用受温度变化影响小的地面饰面材料，对楼面地砖拆除时，应减少对楼板等结构构件的损坏。

挂篮预压新方法的监测试验分析

撖利平　高海军　李志伟

中国建筑科学研究院建筑工程检测中心，北京，100013

【摘　要】　本文通过挂篮加载试验验证了一种新的挂篮预压新方法。对类似工程的挂篮施工具有参考意义

【关键词】　挂篮预压，千斤顶预压

在现代化桥梁的施工中，悬臂施工已经成为一种最为普及和成熟的施工方法。悬臂施工中，挂篮的承载能力和变形规律对于施工安全和成桥后的桥梁线形控制来说是极为重要的控制因素。因此，对于挂篮施工的桥梁来说，挂篮预压试验就成为一道必不可少的工序。

常用的挂篮预压有堆载沙袋和悬挂水桶等方法。但这些方法本身费时费力，并且对预压荷载的控制难度很大，往往造成试验结果不理想或试验精度达不到预期的要求。而采用液压千斤顶预压能够大大简化预压试验的难度，而且能够准确地模拟将要施工工段的自重荷载和其产生的挂篮变形，保证悬臂施工过程中挂篮安全。

下边就利用某桥挂篮梁采用液压千斤顶预压试验方案和其所取得的成果对千斤顶预压的方法进行介绍。

图1　常用的挂篮加载方式图

1　试验目的

挂篮加载试验，主要是通过测量挂篮在各级静力试验荷载作用下的变形，了解挂篮结构

在工作状态时与设计期望值是否相符。

（1）检验结构的安全性。

（2）消除挂篮主桁、吊带及底篮的非弹性变形。

（3）测出挂篮前端在各个块段荷载作用下的竖向位移。

2　试验方案

挂篮加载试验拟采取“液压千斤顶加载法”进行，在已浇块断上安装斜支腿，液压千斤顶安装于底篮前横梁上，以千斤顶施压作为试验荷载，采取逐级递增加载逐级测量的试验方法。加载总重量为最不利块段荷载的1.2倍。液压千斤顶加载布置示意如图2所示。

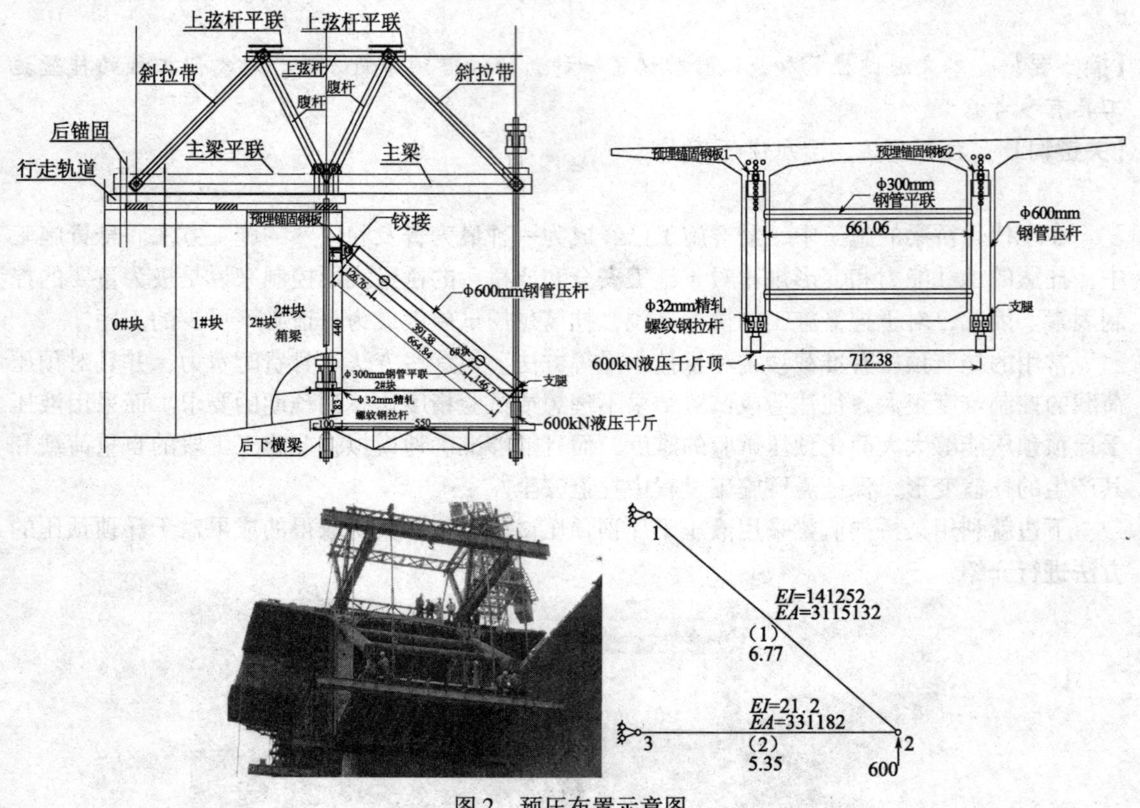

图2　预压布置示意图

2#块施工时将预压系统预埋件按设计要求预埋好，挂篮拼装完成后，利用起重设备将预压系统安装好，最后利用液压千斤顶逐级加载完成预压。

2.1　试验荷载

为了能绘制出挂篮总挠度曲线，了解箱梁最重块段施工时挂篮前端最大挠度。应按等代荷载的方法对试验荷载进行分级，加载试验应模拟最不利块段箱梁荷载，分级加载具体步骤如下：

（1）模拟箱梁底板荷载加载；

（2）在上述基础上模拟腹板荷载加载；

（3）在上述基础上模拟顶板及翼缘荷载加载；

（4）在上述基础上模拟1.2倍块段总重荷载加载。

各级加载数值详见表1。

表1　挂篮加载分级

加载顺序	1	2	3	4
荷载等级（t）	36.1	20.7	39	20.1
累计荷载（t）	36.1	56.8	95.8	115
备注	底板荷载	腹板荷载	顶板荷载	1.2倍块段重

2.2　观测项目

（1）后锚上挠值；

（2）前支点沉降值；

（3）主桁前端销结点处变形；

（4）主桁上前横梁吊带处和主桁上前横梁跨中变形；

（5）底篮前横梁吊带处挠度。

2.3　测点布置

（1）挂篮主梁顶面的观测点

① 每根主梁的后锚处设置一个观测点，即测点1-1和测点1-2。

② 每根主梁的前支腿处设置一个观测点，即测点2-1和测点2-2。

③ 每根主梁的前端销结点处设置一个观测点，即测点3-1和测点3-2。

（2）上前横梁顶面的观测点

① 上前横梁的四根吊带处各设置一个观测点，即测点4-1、测点4-2、测点4-3和测点4-4。

② 上前横梁的跨中设置一个观测点，即测点4-5。

（3）底篮前横梁顶面的观测点

底篮前横梁的四根吊带处各设置一个观测点，即测点5-1、测点5-2、测点5-3和测点5-4。

主梁、上前横梁及底篮前横梁观测点如图3所示。

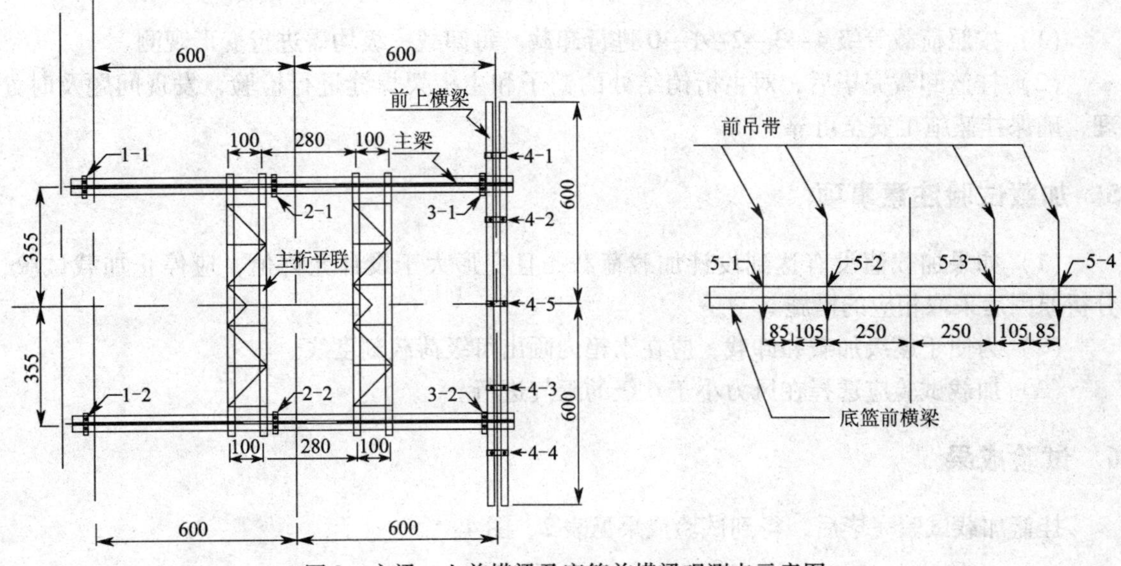

图3　主梁、上前横梁及底篮前横梁观测点示意图

（4）变形观测方法

① 变形观测采用国家二等水准测量或工程测量变形三等水准测量的精度等级要求和观测方法进行施测，精度可达到±1mm；

② 由于挂篮变形受日照温差的影响，根据公式 $L_1 = L_0 (1 + \alpha \Delta t_0)$ 计算，挂篮构件中吊带变形受温差影响最大。在温差达10℃时，变形之差为1.1mm。为了准确测得挂篮变形值，加载试验时间应选择在温差较小的时间段进行。

3　试验加载程序

（1）在箱梁0#～2#块段上安装挂篮，安装预压系统斜支腿，做好试验前其他各项准备工作。

（2）在进行正式加载试验前，用第1级荷载进行预加载，预加载试验持荷时间为20min。预加载的目的在于，一方面是使结构进入正常工作状态，另一方面是检查测试系统和试验组织是否工作正常。在确认测试系统和试验组织工作正常后，预加载试验反复进行两次，预加载1h后进行正式加载。

（3）按照第1级荷载，利用2个液压千斤顶对称均匀进行加载。

（4）在第1级荷载的基础上，按照第2级与第1级荷载差值进行加载。

（5）按照上述方法，依次进行第3级至第4级荷载的加载试验。

（6）每次加载完毕后，均进行变形观测并记录。

（7）试验荷载采用分级单循环加载的方法施加，按等代荷载的分级逐级递增加载，试验荷载持续时间一般为20min，且取决于结构变位达到相对稳定所需要的时间，只有结构变位达到相对稳定后，才能进入下一荷载阶段。同一级荷载内，若结构变位最大的测点在最后5min内的变位增量小于第一个5min变位增量的15%，或小于所用量测仪器的最小分辨值，即认为结构变位达到相对稳定。

（8）加载达到设计试验荷载，且变形在设计允许范围内可立即终止加载试验。

4　卸载程序

（1）按照荷载等级4→3→2→1→0进行卸载。每卸载一级均需进行变形观测。

（2）挂篮卸载完毕后，对主桁销结处的销子和主桁架焊缝进行检验，发现问题及时处理，确保挂篮施工安全可靠。

5　加载试验注意事项

（1）如果加载值没有达到设计加载荷载，且变形大于设计允许值，应停止加载试验，分析原因后采取相应的措施。

（2）为便于逐级加载和卸载，应在水箱内画出每级荷载刻度线。

（3）加载试验应选择在风力小于6级的天气进行。

6　试验成果

挂篮加载试验完毕后，得到试验成果见表2、图4：

表 2　挂蓝加载试验成果

点号	空载	施加荷载					卸载			
		8t	18t	28t	48t	57.5t	57.5t	48t	28t	18t
1—1	0	0	1	2	4	5	5	3	2	0
2—1	0	0	−3	−4	−6	−6	−6	−6	−6	−6
3—1	0	−5	−13	−20	−33	−40	−40	−31	−26	−18
4—1	0	−6	−17	−26	−42	−49	−49	−39	−32	−21
4—5	0	−5	−12	−22	−37	−44	−44	−34	−28	−17
5—1	0	−18	−25	−34	−55	−66	−66	−53	−43	−27

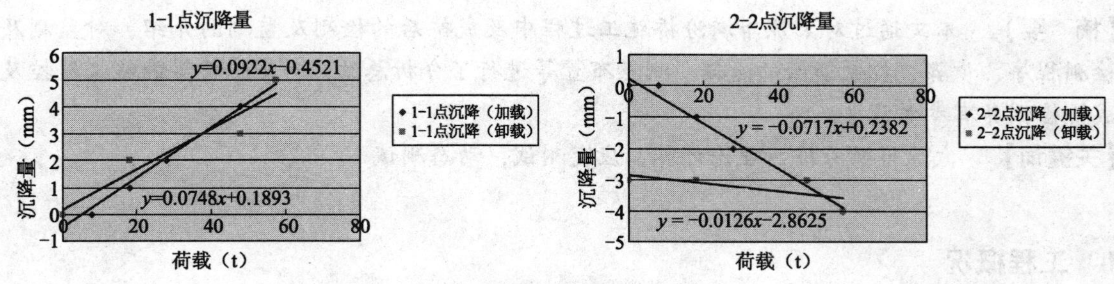

图 4　监测点变形曲线图

每增加一吨的荷载，1-1 点有 0.0922mm 的变形。

检测及监测技术在太原市漪汾桥的应用

撖利平　高海军

中国建筑科学研究院建筑工程检测中心，北京，100013

【摘　要】　本文通过对太原市漪汾桥施工过程中及成桥后的检测及监测的介绍，对监测及检测程序、步骤、控制断面的选择、测点布置等进行了分析总结，对类似桥梁的施工监控及成桥检测具有参考意义。

【关键词】　太原市漪汾桥，理论计算，应变测试，动态测试

1　工程概况

太原市漪汾桥原桥于1992年建成，为7孔66m中承式拱桥，本次新建主桥工程范围为：两侧新建非机动车与人行主桥。新建主桥工程为原桥两侧新建加宽桥，桥型方案为钢结构箱形钢架拱桥。桥跨布置与旧桥一致，均为7孔66m，总长490.29m，单幅桥宽8.02m。新、旧桥桥面间均留2cm沉降缝，独立受力、互不影响。新桥桥面系及拱圈均采用箱形断面，跨中桥面系断面高1.2m，与旧桥桥面系高度基本一致，拱箱矢跨比1/9.7。桥墩形式与旧桥一致，均为薄壁墩身、圆端形拱座、基础为3×3钻孔灌注桩。

2　理论计算

2.1　空间有限元模型

MIDAS模型中：钢箱拱和桥面系都采用梁单元，边界条件为：钢箱拱拱脚和拱座弹性连接，桥台和桥面两端竖向支撑。计算模型如图1所示。

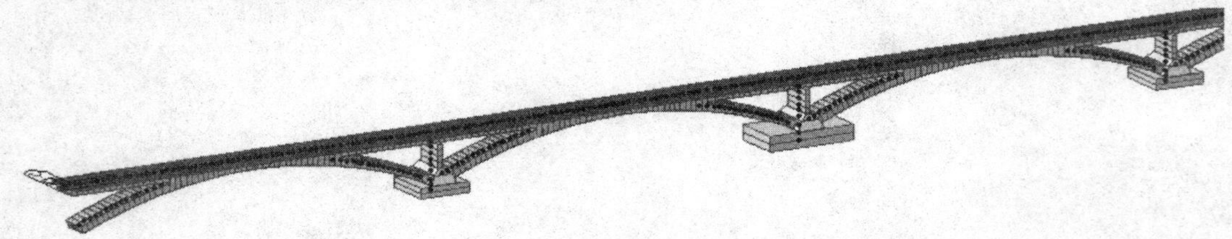

图1　漪汾桥人行道桥计算模型（MIDAS）

2.2　静力计算

试验本着最不利受力原则，通过理论计算求得各控制截面的静力影响线后，以便确定试验车辆荷载的加载位置。

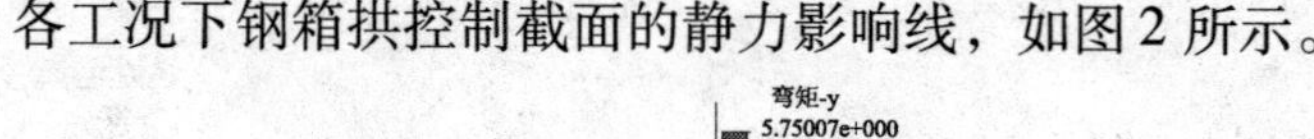

各工况下钢箱拱控制截面的静力影响线，如图2所示。

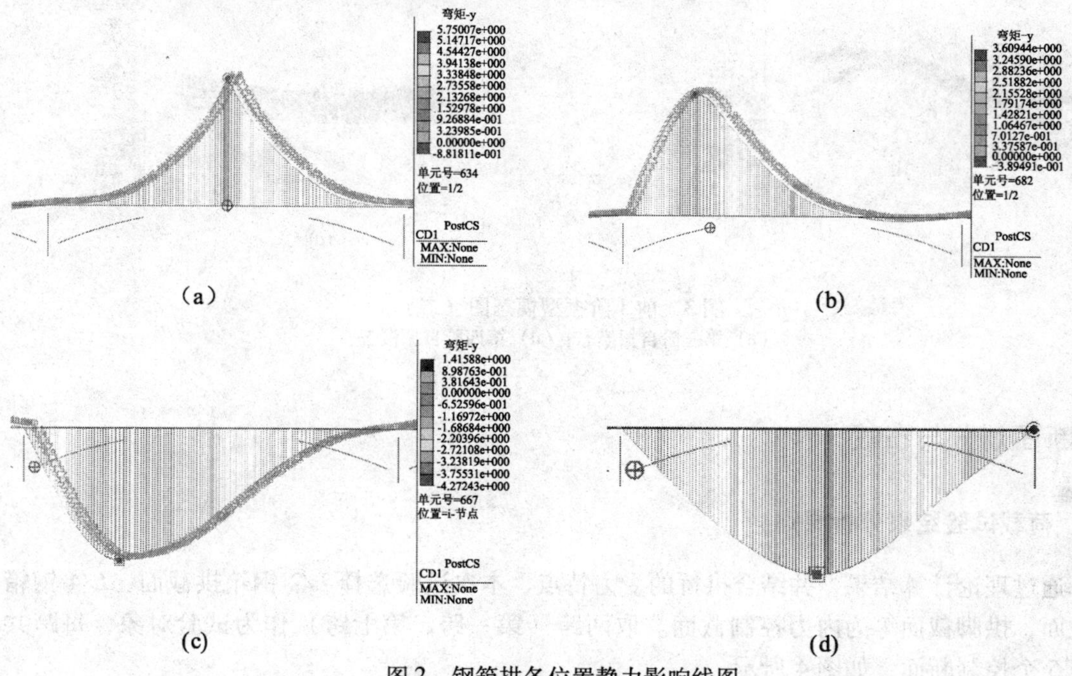

(a)　(b)　(c)　(d)

图2　钢箱拱各位置静力影响线图

(a) 主拱 $L/2$ 钢箱拱截面最大正弯矩影响线；(b) $L/4$ 钢箱拱截面最大正弯矩影响线；
(c) 钢箱拱拱脚截面最大负弯矩影响线；(d) 钢箱拱拱脚截面最大轴力推力影响线

2.3　自振周期与模态

采用特征值法求解可以获得桥梁结构的频率和固有振型，新建主桥前5阶的自振频率和振型特点计算结果见表1，前4阶振型模态如图3所示。

表1　各模态对应自振周期

序　　列	频　　率	振　型　特　点
1	4.631	钢箱拱对称侧弯
2	7.475	钢箱拱反对称竖弯
3	7.512	钢箱拱反对称竖弯
4	8.538	钢箱拱对称侧弯

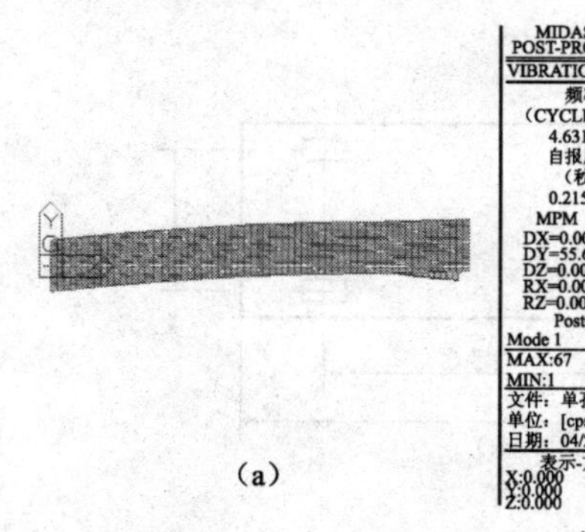

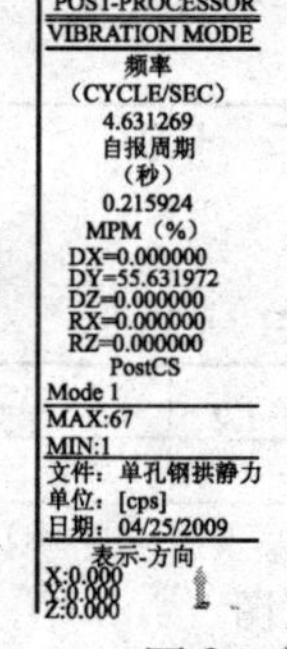

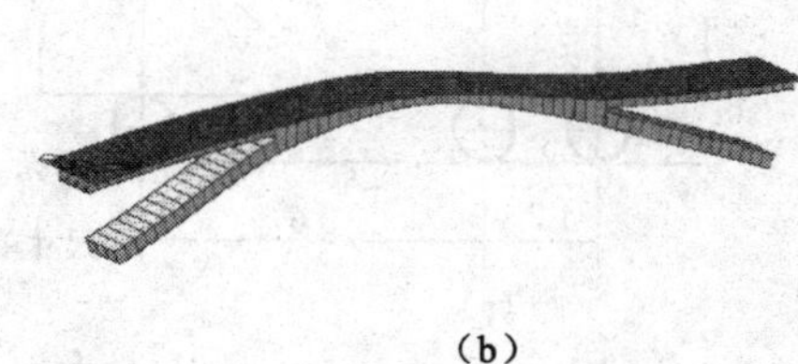

(a)　(b)

图3　前4阶振型模态图（一）

(a) 第一阶自振模态；(b) 第二阶自振模态；

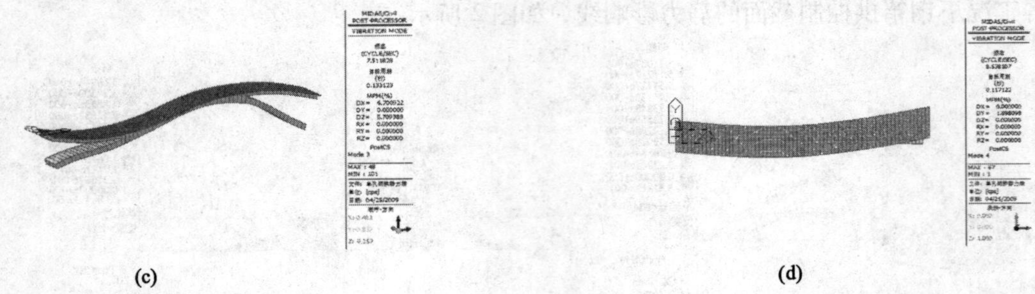

图3 前4阶振型模态图（二）
（c）第三阶自振模态；（d）第四阶自振模态

3 断面划分与布载

3.1 荷载试验结果分析原则

通过理论计算结果，并结合拱桥的受力特点，本次试验选择 $L/2$ 钢箱拱截面、$L/4$ 钢箱拱截面、拱脚截面等为内力控制截面。取两跨（第一跨、第七跨）作为试验对象，每跨共确定5个控制断面，如图4所示。

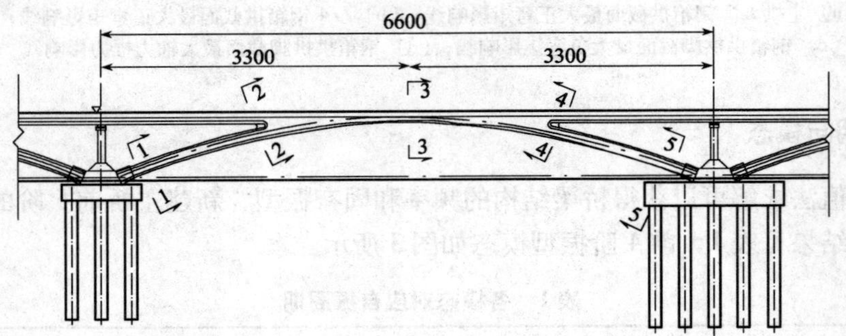

图4 控制断面位置示意图

3.2 加载车辆

试验要求采用25吨载重汽车8部（要求25吨重车采用平头、车身较短的三轴载重汽车）。加载车辆技术参数要求如图5所示，试验时将车称重。

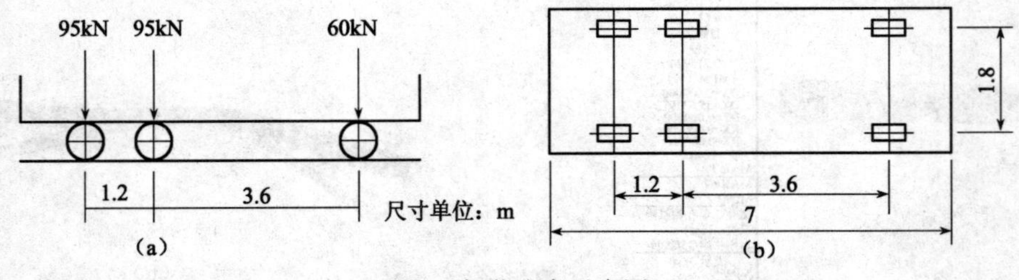

图5 加载汽车示意图
（a）轴重及轴距图；（b）平面图

理论测试满载时的车辆加载位置如图6所示，静载试验理论加载工况见表2。

实际试验时，在上述工况满载时车辆加载位置的基础上还需要进行分级加载，一方面考察实测数据与计算值之间是否符合线性关系，另一方面荷载逐步增加也可以保证结构的安全。

表2　静载试验理论加载工况

加　载　工　况	控　制　项　目
1	拱顶最大正弯矩
2	1/4L最大正弯矩
3	拱脚最大负弯矩
4	拱脚最大水平推力（最大轴力）

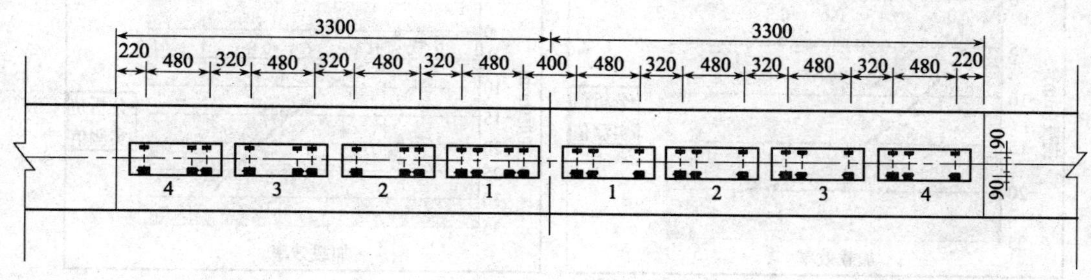

图6　各理论工况满载时车辆加载位置

4　测点布置

4.1　挠度测点

桥面挠度测点的位置选择每间隔一个横梁布置一个测点，桥面上共布设7个测点；钢箱拱挠度测点分别布置在1/8L、7/8L截面处，布置位置如图7所示。

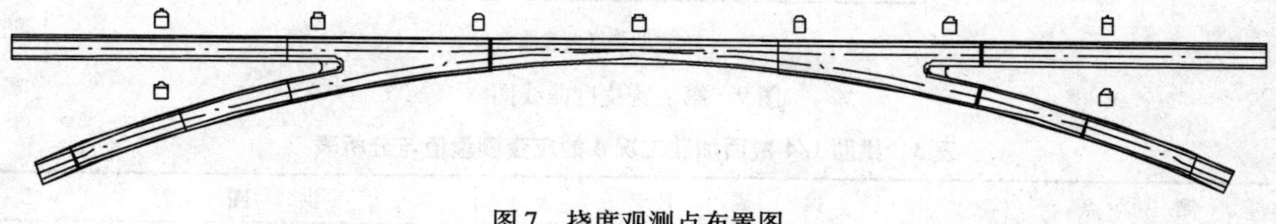

图7　挠度观测点布置图

4.2　应变测点

应变测试选取YJ—31型静态电阻应变仪，选取拱脚、L/4处以及拱顶截面等5个截面作为应变测试断面。

取两跨（第一跨、第七跨）作为试验对象，每跨共确定5个控制断面，每个截面布置4个应变计，如图8所示。第一跨挠度曲线图如图9所示，第七跨挠度曲线图如图10所示。

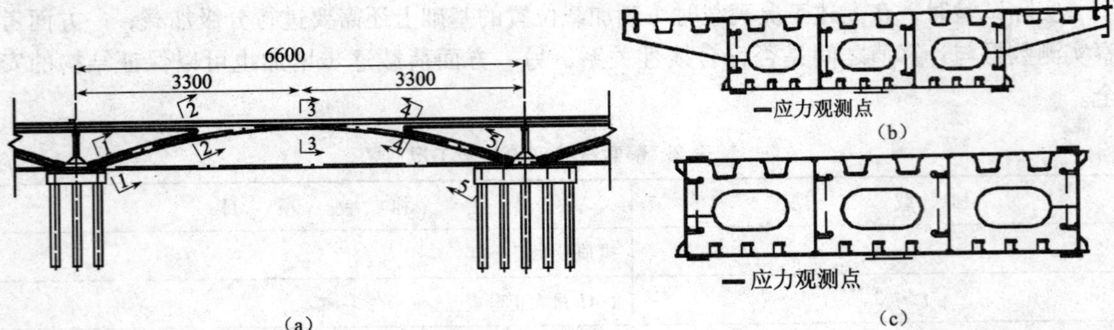

图 8　第一跨和第七跨钢箱拱应变观测截面布置［(b) 上为跨中，(c) 下为拱脚和 1/4 截面］

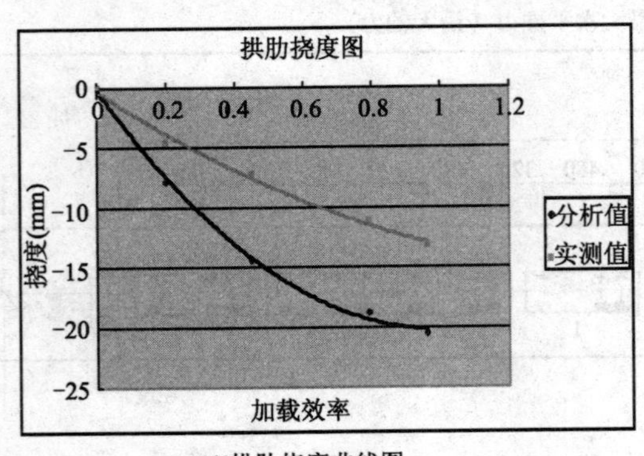

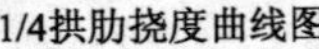

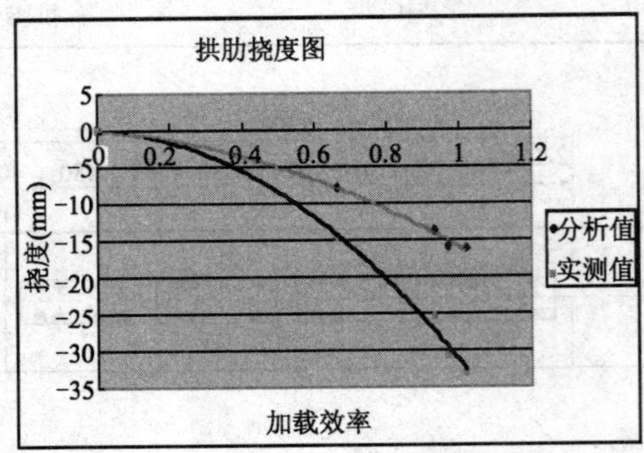

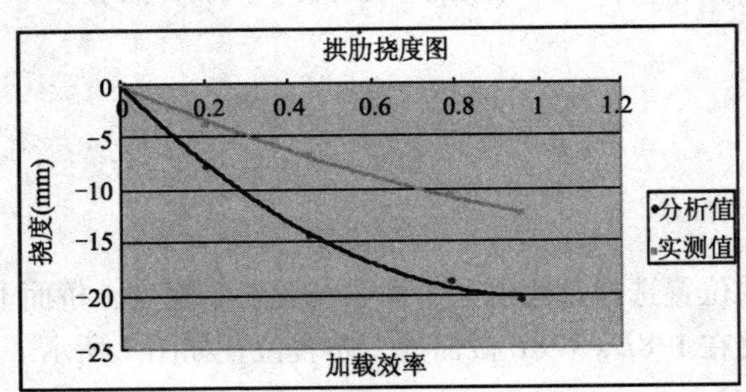

3/4拱肋挠度曲线图

图 9　第一跨挠度曲线图

表 3　拱肋 1/4 截面加载工况 4 的应变测量值与分析表　με

测　点	拱　圈　上		拱　圈　下	
实测应变值	－69	－75	55	48
应变平均值	－72		51.5	
应变理论值	－122		87	

表 4　拱肋 1/2 截面加载工况 4 的应变测量值与分析表　με

测　点	拱　圈　上		拱　圈　下	
实测应变值	－67	－55	67	60
应变平均值	－61		63.5	
应变理论值	－102		103	

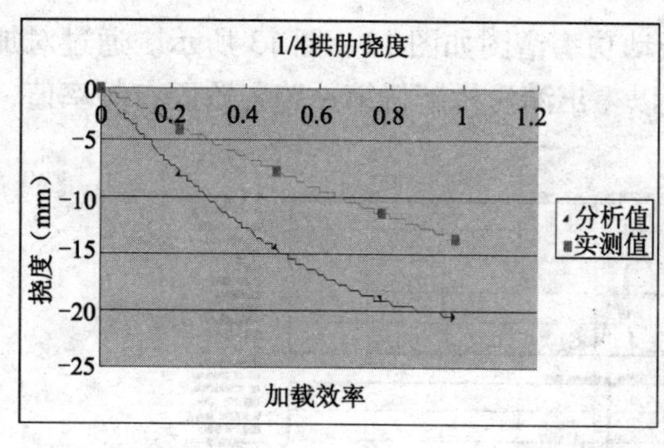

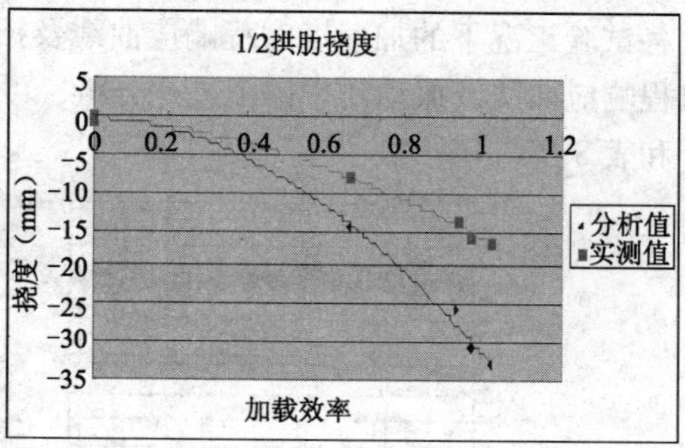

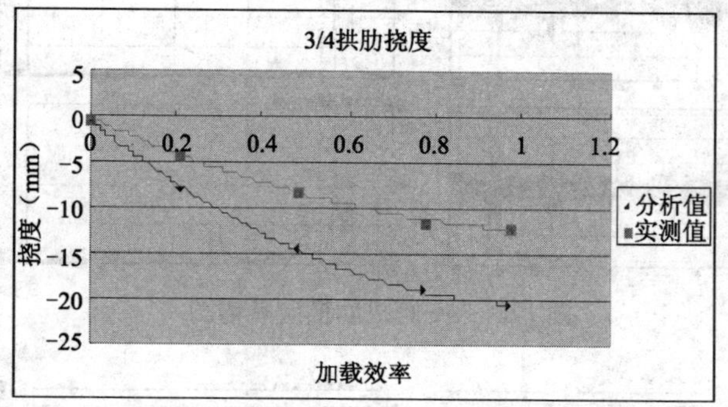

图10　第七跨挠度曲线图

表5　拱肋东拱脚截面加载级别4的应变测量值与分析表　με

测　点	拱　圈　上		拱　圈　下	
实测应变值	73	73	-95	-93
应变平均值	73		-94	
应变理论值	128		-173	

表6　拱肋1/2截面加载级别4的应变测量值与分析表　με

测　点	拱　圈　上		拱　圈　下	
实测应变值	-65	-65	70	57
应变平均值	-65		63.5	
应变理论值	-102		103	

5　动态测试

桥梁动载试验是利用某种激振方法激起桥梁结构的振动，在控制断面布置传感器，通过测量桥梁结构振动下的结构响应，并对测得的数据进行数据处理，从而得到桥梁的冲击系数等参数，以判断桥梁结构的整体刚度、行车性能等。

测试时分别在桥面六分点截面处的竖向布设加速度拾振器，共7个（右边支座处不布置）；同时也在相同位置布设面外加速度拾振器，共8个，如图11所示。

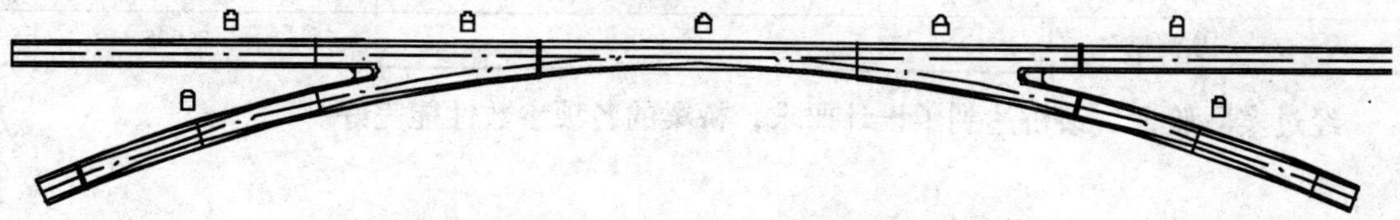

图11　环境振动试验面内、外模态测试的测点布置图

各试验工况下的加速度时程响应曲线及振动功率谱图如图 12、图 13 所示。通过对加速度时程响应曲线及振动功率谱图进行分析，可以得出漪汾桥新桥第一跨各阶固有频率值，见表 7 和表 8。

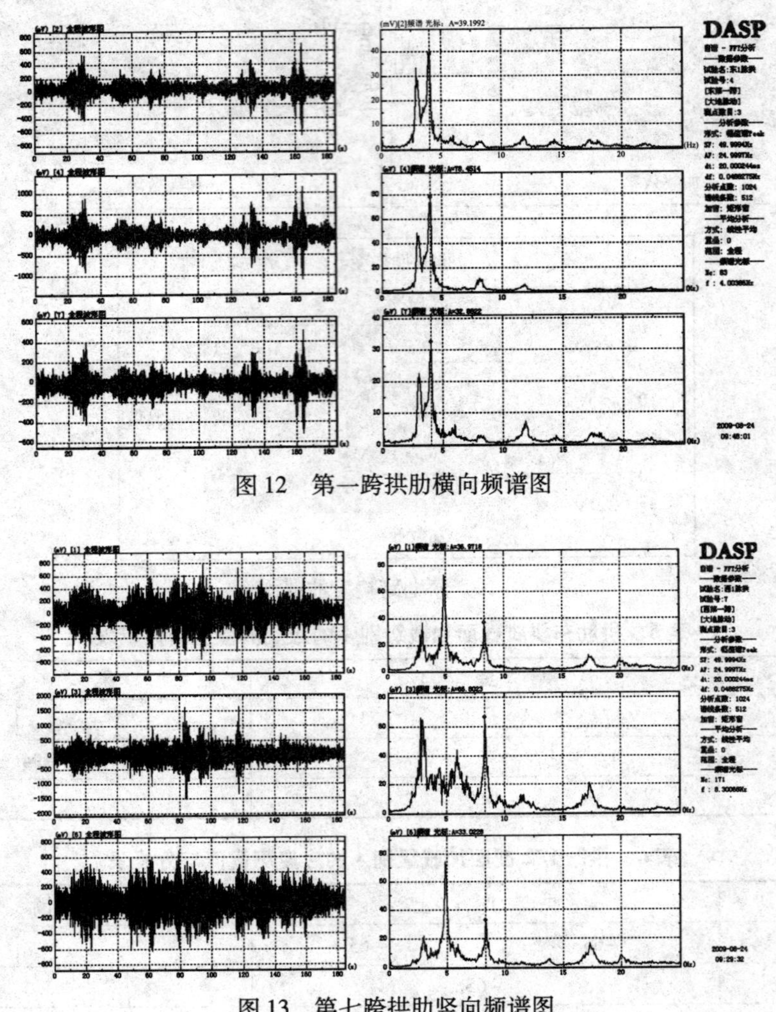

图 12　第一跨拱肋横向频谱图

图 13　第七跨拱肋竖向频谱图

表 7　第一跨新建拱桥各阶固有频率测试结果　　Hz

模　　态	1	2
计算频率	4.631	7.475
实测频率	4.065	8.346

表 8　第七跨新建拱桥各阶固有频率测试结果　　Hz

模　　态	1	2
计算频率	4.631	7.475
实测频率	4.058	8.005

经过实际验证，该桥达到了设计要求，桥梁的各项参数性能完好。

大型曲线钢箱梁天桥动力性能测试与分析

曹淑上　林文修　颜丙山　陈　伟

重庆市建筑科学研究院，重庆，400015

【摘　要】　针对某大型曲线钢箱梁天桥出现的振动明显的问题，对该人行天桥进行了全桥动力特性及测试及动载试验，根据试验结果对天桥振动舒适度进行评价；利用有限元分析软件建立该结构的有限元模型，利用基于实测数据的频谱分析以及模态分析的方法对其出现的振动问题进行分析，分析大型曲线钢箱梁天桥振动明显的原因，为同类结构的动力性能研究提供参考。

【关键词】　大型曲线钢箱梁天桥，动力性能，振动舒适度

近年来，我国城市交通进入了前所未有的发展时期，大型十字路口、五叉路口陆续出现。为及时疏散各路口区域内的大量人流、避免人车争道现象，大型曲线钢箱梁天桥陆续建设，备受青睐。但是，大型曲线钢箱梁天桥在运营过程中经常出现梁体振动明显病害；过大的梁体振动，会引起行人的恐慌、不安全感，对天桥的使用舒适性及正常使用造成不利影响。因此，需基于实桥动力试验对该类人行天桥的动力性能及振动原因进行仔细分析，以便采取相应的减振措施，这对该类天桥的改造加固及新建天桥的动力设计具有借鉴意义。

1　工程概况

某天桥位于重庆市主城繁华区域，跨越一五叉路口，天桥主梁平面呈 C 字形布置，全长 248.5m，上部结构为 11 跨曲线等高钢箱连续梁，梁高 0.8m，宽 5m，跨径组合为：(22.5 + 24.1 + 11.7 + 27.2 + 22.4 + 32.9 + 25.2 + 27.5 + 30.0 + 13.3 + 11.7) m。下部结构为挖孔基础，主桥桥墩为 0.8m × 0.4m 矩形钢箱墩，高度为 6.0 ~ 7.0m。天桥主梁平面布置示意图如图 1 所示。该人行天桥建成于 2001 年，附近居民及行人普遍反映该桥行人经过时常能感到明显的振动，引起行人心理上的恐慌、不安全感。

基金项目：重庆市建设科技计划项目（城科字 2009 第 91 号）

作者简介：曹淑上（1982—），男（汉），山东临沂人，重庆市建筑科学研究院工程师，主要研究方向为桥梁及结构工程检测、鉴定及加固技术，电话：13647677228，E-mail：caoshushang@163.com。

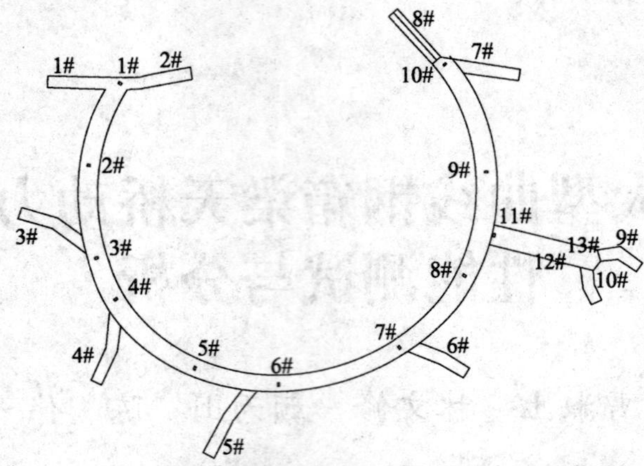

图1 某大型曲线钢箱梁天桥梁体平面布置示意图

2 天桥动力特性测试及动载试验

2.1 天桥动力特性测试

采用脉动法测试人行天桥在竖向平面内振动时的自振频率。选择在桥梁L5、L6跨（跨径最大跨）的跨中及1/4、3/4截面分别设置高灵敏度竖向及横向速度传感器，测点设置如图2（a）所示，测点为一点两向传感器。天桥桥跨竖向频域分析图如图2（b）所示，实测天桥L6跨上部结构竖向自振频率2.93Hz，不满足《城市桥梁养护技术规程》(DB 50/231—2006）7.10.10条“为避免桥梁共振，减少行人不安全感，人行天桥的上部结构竖向自振频率不应小于3Hz”的要求。实测阻尼比为0.0224。

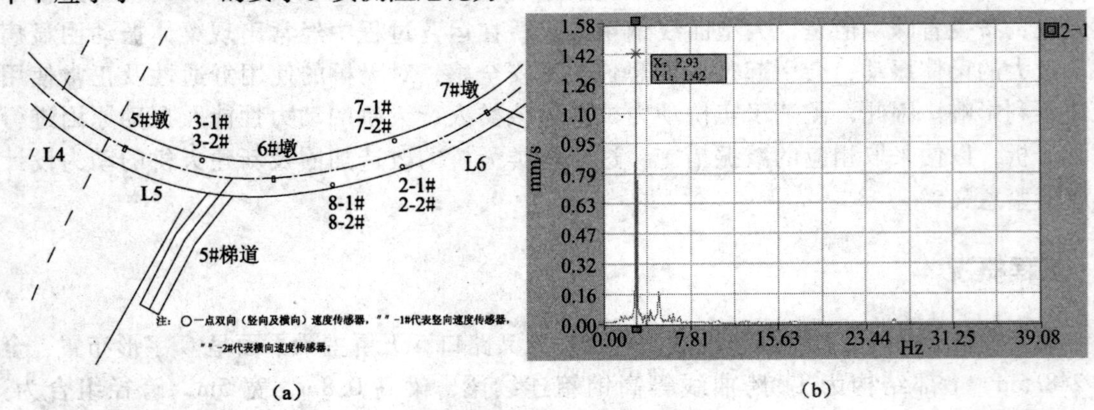

图2 人行天桥动力特性测试

（a）速度传感器布置平面示意图（b）桥跨竖向频域分析图

2.2 天桥动力响应测试与分析

为比较全面、真实地掌握天桥的结构动力响应情况，进行了以下三个测试工况：工况一为2人（总重约145kg）有规律齐步跑过天桥（跑步频率约为2.13Hz）；工况二为4人（总重约255kg）有规律齐步跑过天桥（跑步频率约为2.8Hz）；工况三为6人（总重约393kg）有规律齐步跑过天桥（跑步频率约为3.4Hz），对天桥进行激振。

对三个工况作用下L6跨中振幅变化规律进行分析，以6人跑外侧测点竖向振幅最大为

1.85mm，竖向振幅时程曲线及频谱分析图如图3所示；振幅随激振重量（人数）的增加而增大，由2人跑变化至4人跑曲线斜率大于由4人跑变化至6人跑的斜率（图4a），主要是与4人跑时跑步频率为2.8Hz、与天桥自振频率相近有关；同时，曲线斜率均小于1。对另外一座平面呈C型天桥、跨径组合为：(12.836+18.81+24.435+19.91+19.91+25.886+20) m进行2人（总重约140kg）有规律齐步跑过天桥（跑步频率约为2.35Hz）、4人（总重约285kg）有规律齐步跑过天桥（跑步频率约为2.22Hz）激振，对25.886跨径中振幅变化规律进行分析，振幅随激振重量（人数）的增加而增大；曲线斜率大于1（图4b），说明激振人重量与振幅无对应的倍数增长关系。

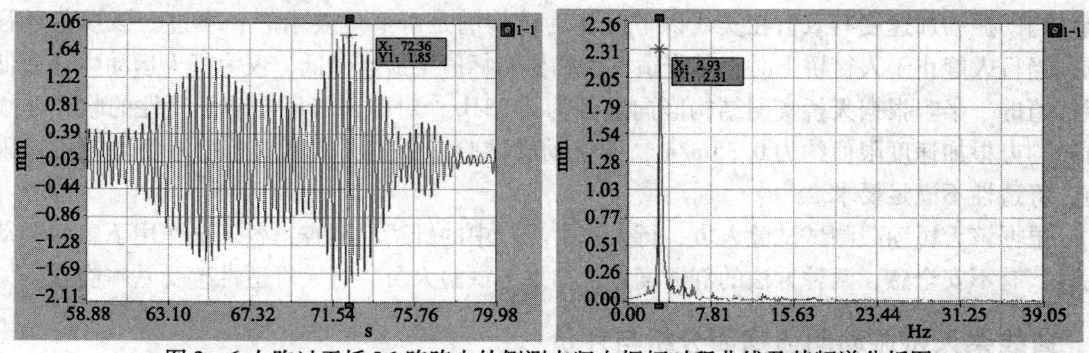

图3　6人跑过天桥L6跨跨中外侧测点竖向振幅时程曲线及其频谱分析图

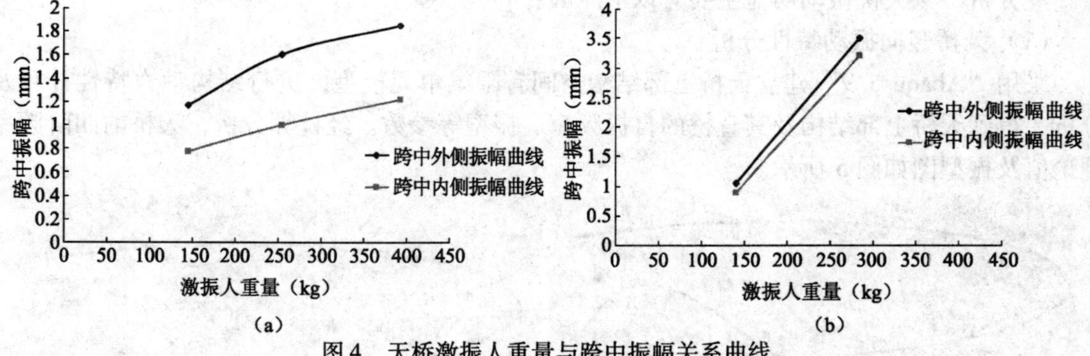

图4　天桥激振人重量与跨中振幅关系曲线

2.3　天桥振动舒适度评价

对于天桥结构，结构本身及使之产生振动的激振力满足一定的条件就会发生振动，这一振动对使用者的影响程度，采用舒适度指标将其振动程度转化为对行人舒适的评价。影响行人振动舒适度的因素众多，首先，人对振动的感受是人的生理和心理机能对振动的客观感知和主观判断的综合效应，其本身就具有不确定性；结构的振动方向（竖向、侧向及纵向振动）、振动频率、振动响应幅度以及行人的活动状态、持续时间等因素均会对人体舒适性产生影响。

2.3.1　《城市区域环境振动标准》(GB 10070—88) 方法

参照我国《城市区域环境振动标准》(GB 10070—88) 规定，对全身振动按照不同频率的计权因子修正后得到的振动加速度级称为振动级VAL，单位dB。

$$\mathrm{VAL} = 20\log_{10}\frac{a_r}{a_0}$$

其中，a_0 为基准加速度，取值为 $1\times10^{-6}\text{m/s}^2$；$a_r$ 为振动加速度有效值。

对三个工况实测加速度进行分析，各工况作用下均以跨中外侧测点竖向加速度最大，分别为0.5m/s²、0.6m/s²、0.69m/s²，振动加速度振动级VAL分别为111dB、113dB、114dB，均超过我国《城市区域环境振动标准》(GB 10070—88) 中规定的商业中心区、交通干线道路两侧的铅垂向振动级标准值（昼间为75dB)，舒适性不满足要求。

2.3.2 ISO 规范方法

ISO 10137 规范专门针对人行过道给出了行人运动过程中满足振动舒适性的临界曲线，当结构的振动加速度有效值在实线以下时认为结构满足舒适度要求[3]；不过，该规范还强调，当行人静止于人行桥上时，其舒适性的临界指标值要适当降低，仅为行人运动中舒适性指标值的一半。根据天桥实测结构竖向基频为2.93Hz，对照人行桥振动舒适性的临界曲线可得均方根加速度限值约为0.35m/s²，天桥动载试验三个工况实测加速度峰值均超过该限值，舒适性不满足要求。

根据该天桥动载测试试验人员、行人正常步行中的舒适性调查，各工况作用下感觉振动明显、有不安全感，两种方法的舒适度评价结果与试验人员、行人舒适性感受基本吻合。

4 曲线梁天桥振动明显病因分析与评价

经分析，该天桥振动明显主要有以下原因：

(1) 天桥竖向振动特性分析

采用“Abaqus6.9”建立天桥上部结构空间有限梁单元模型，进行结构动力特性计算及分析，得到天桥上部结构及其直桥的自振频率、振型等参数。经计算分析，天桥前四阶频率理论值及振型图如图5所示。

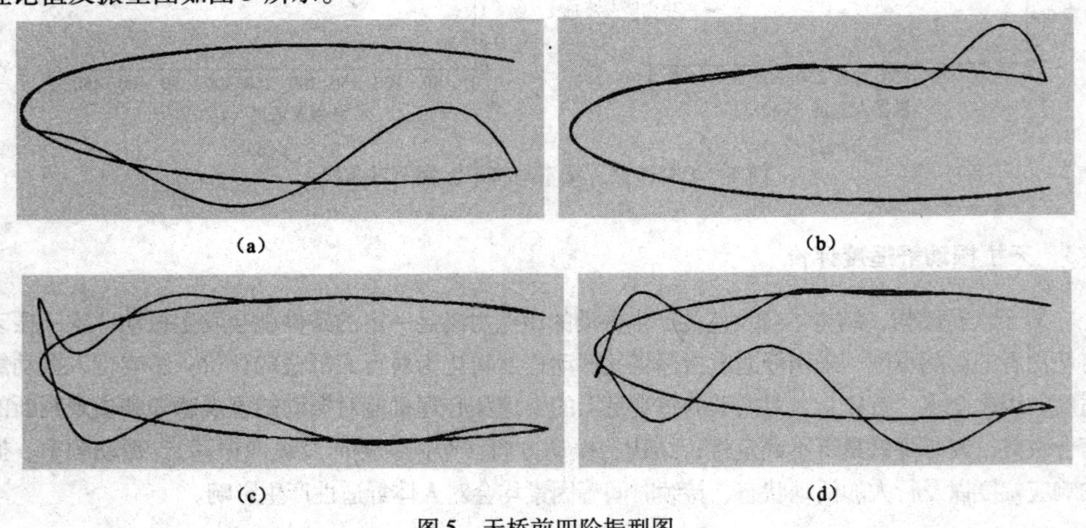

(a)　(b)　(c)　(d)

图5　天桥前四阶振型图

(a) 第一阶振型图 (f=3.33Hz) (b) 第二阶振型图 (f=4.70Hz)

(c) 第三阶振型图 (f=5.55Hz) (d) 第四阶振型图 (f=7.16Hz)

该天桥竖向自振频率实测值为2.93Hz，小于3Hz，人行频率容易落入其共振区；实测阻尼比为0.0224，为小阻尼振动。实测值小于计算值，主要与该天桥经过九年的运营，上部结构钢箱梁存在锈蚀等现象、结构整体刚度有一定程度的损伤和降低有关。

根据该天桥动载试验工况一～工况三人行频率分别为2.13Hz、2.8Hz、3.4Hz，均落入天桥共振区，因此，各工况作用下的实测竖向振幅远大于静力荷载作用下挠度值。

根据图5所示，天桥振动前四阶均以竖向振动为主、伴随横向振动。对于设置板式橡胶支座的天桥，在横桥向梁体约束较弱，再加上曲线天桥支座脱空、偏压、剪切等病害因素影响，增大了天桥的振动，天桥行人振感较为强烈。

（2）人桥动力相互作用分析

对于人桥动力相互作用，一方面行人会改变桥梁结构的自振频率、阻尼等振动特性，而桥梁的振动特性也会影响行人的激励力；另一方面由于作用在桥上的行人是一个具有运动自我调节能力的复杂动力系统，当桥上人群较多时，受到前面人的影响，行走在后面的人会本能地调整其步伐，可能出现人群同步现象；另外，当人群步频与桥梁的自振频率基本接近时，不仅发生人群同步，而且易引发桥梁的共振。

该天桥位于繁华商业区，行人较为密集，步频较高、落入天桥自振频率共振区，受桥面空间及行人之间警觉距离的限制，行人之间往往无意识地保持同步，而且同步的可能性随着人群密度的增加而增大，这会激起桥梁发生能觉察到的振动，行人为维持身体平衡，出于本能让自己调整步频，并锁定其步频与桥梁的某一阶自振频率一致即人桥同步，也称“锁定”现象，而且对桥梁的作用力也进一步加大，当参与锁定的行人数量达到一定程度时，大量的输入能量甚至会激发桥梁出现大幅的共振现象。这种人桥动力相互作用进一步加大了天桥的振动。

（3）振动能量放大效应

该天桥动载试验中，各工况人行跑步过桥时，均是自天桥尽端开始激励桥梁，自10#墩处开始激振时，L9跨一侧受到梯道约束、L8层受L10、L11跨梁体约束，自1#墩处开始激励时，L3跨跨度较小，从能量传递角度分析，振动能量在L6跨及L4跨传递，导致该两跨振幅增大，振感较为强烈。

因此，在上述诸多因素的影响下，诸多大型人行天桥出现上部结构振动明显现象。特别是对于大型曲线钢箱梁天桥，由于其结构刚度、阻尼比相对较小，跨度大，自振频率较低，以及振动耦合现象、支座病害、跨径及梯道布置不合理等因素，导致了其振动明显、振幅过大。

5　结语

在我国，人行天桥结构的动力分析及其振动舒适度问题长期以来是一个被忽视的问题，这方面的研究成果也非常有限；仅仅通过《城市人行天桥与人行地道技术规范》(CJJ69—95）中限制结构的静力挠度限值和结构竖向一阶固有频率大于3Hz的频率调整法很难保证大型曲线钢箱梁天桥振动舒适度要求。因此，必须对该类天桥进行结构动力设计，已建振动较大的天桥须采取合理可行的振动控制措施、对结构进行修改或安装阻尼减震设备，直到结构振动最大加速度响应能够满足舒适性要求。

参考文献

[1] DB 50/231—006. 城市桥梁养护技术规程［S］.

[2] GB 10070—88. 城市区域环境振动标准［S］.

[3] ISO 10137. 机械振动和冲击. 人体处于全身振动的评价［S］.

[4] 陈政清，华旭刚. 人行桥的振动与动力设计［M］. 北京：人民交通出版社，2009.

木屋架结构检测技术

孙 斌[1] 韩继云[1] 常萍萍[1] 马 伟[2]

1. 国家建筑工程质量监督检验中心，北京，100013
2. 中铁隧道集团二处有限公司，北京：100010

【摘 要】 本文结合典型工程实例，介绍了既有民用建筑和公共建筑物中木屋架结构的可靠性检测技术，包括检测项目、检测方法、检测结果评定。

【关键词】 木屋架，弦向抗弯强度，挠度变形，裂缝

1 既有建筑中的木屋架结构常出现的问题

二十世纪五、六十年的民用建筑和公共建筑砖混结构体系中常采用木屋架作为屋顶构件，古建筑中大都采用木屋架，历经多年使用以后，会出现很多问题，因此建筑物在加固改造中，需要对木结构的安全性进行检测鉴定，对出现的损伤和裂缝等影响安全性的问题进行处理，但目前国内对木结构的检测方法、检测设备和评定方法的研究与标准规范相对滞后，国家建筑工程质量监督检验中心近年做过许多砖混结构木屋架和古建筑物的检测鉴定，对其进行总结分析，供木结构建筑物加固改造工程参考。

2 木结构检测

木屋架结构的检测可分为构件布置与外观质量、材料性能、连接与构造、构件尺寸、变形以及防护措施等。

2.1 构件布置与外观质量

有原设计图纸时，可对照图纸进行木屋架构件布置进行现场核查，没有图纸或图纸不全时，采用激光测距仪、直尺等在现场进行木屋架结构形式及构件布置的测绘，主要测量屋架的跨度、高度、间距，测量屋架杆件位置、截面尺寸及连接方式。

木材的材质分为三级，每一级对木材疵病均有严格要求，对既有结构承重用的木材的外观缺陷应逐根进行全面检查。外观质量的检测可分为木节、斜纹、扭纹、髓心等，木结构构件损伤的检测可分为木材腐朽、裂缝、虫蛀、灾害影响和金属件的锈蚀等项目。

由于腐朽或火灾造成截面损伤，可用直尺和卡尺量测腐朽的范围和腐朽的深度，确定截面损伤大小；木结构的裂缝分成杆件上的裂缝，支座剪切面上的裂缝、螺栓连接处和钉连接处的裂缝等，出现裂缝时主要检测裂缝位置、走向和裂缝宽度、深度、长度，裂缝宽度用裂缝对比卡、刻度放大镜、裂缝塞尺等测量，裂缝宽度较小时，采用裂缝刻度放大镜、裂缝对比卡；裂缝宽度较大时，可采用塞尺等，采用探针检测裂缝的深度，用

钢尺或卷尺量测裂缝的长度；木结构构件虫蛀、白蚁的检测，可根据构件附近是否有木屑等现象进行初步判定，再通过锤击的方法确定虫蛀白蚁的范围，用电钻打孔及用内窥镜或探针测定虫蛀的深度。

当发现木材有腐朽和铁件锈蚀现象时，宜对木材的含水率、结构的通风设施、排水构造和防腐措施进行核查或检测；老建筑物中木屋架顺杆件长度方向的裂缝比较普遍，这种裂缝对结构安全影响不大，但是支座与连接处的裂缝对结构的安全影响相对较大，当发现此类裂缝时要进行安全性验算，并采取处理措施。当发现木结构构件出现虫蛀和白蚁现象时，宜对构件的防虫措施进行检测。

2.2　材料的力学性能

有经验的检测人员根据外观就能判断木材树种名称和产地，然后按《木结构设计规范》GB 50005 确定材料强度等级和弹性模量，当木材的材质或外观与同类木材有显著差异时或树种和产地判别不清时，或检测鉴定人员经验不足以判别树种名称和产地时，可取样检测木材的力学性能，确定木材的强度等级。

因木材抗弯强度比较稳定，并能全面反映木材力学性能，木材的强度等级可用弦向抗弯强度试验确定。现场随机选择 3 根木构件，用锯在受力较小或不受力的位置截取木材，每根木材加工制作 3 个试验试件，试件截面尺寸为 20mm × 20mm，长度大于 300mm，如图 1 所示，按《木材抗弯强度试验方法》GB 1936.1 的规定进行抗弯强度的测试，如图 2 所示。

图 1　加工后的木材试件

图 2　木材弦向抗弯强度试验

将弦向抗弯强度试验结果换算到含水率 12% 的数值，以同一构件 3 个试样换算抗弯强度的平均值作为代表值，取 3 个代表值中的最小值按表 1 评定承重结构用木材的强度等级，当评定的强度等级高于现行国家标准《木结构设计规范》GB 50005 附录 C 中所规定的同种木材的强度等级时，取《木结构设计规范》所规定的同种木材的强度等级为最终评定等级。木材强度的设计指标，可依据评定的强度等级按《木结构设计规范》GB 50005 的规定确定。

表 1　木材强度等级检验评定

木材种类	针叶材				阔叶材				
强度等级	TC11	TC13	TC15	TC17	TB11	TB13	TB15	TB17	TB20
最小强度值不得低于（N/mm^2）	44	51	58	72	58	68	78	88	98

2.3　连接与构造

木结构的连接可分为齿连接（又称卯榫连接见图3）、螺栓连接（见图4）和钉连接等，现场采用目测观察、小锤敲击、直尺卡尺量测等方法检查连接质量。

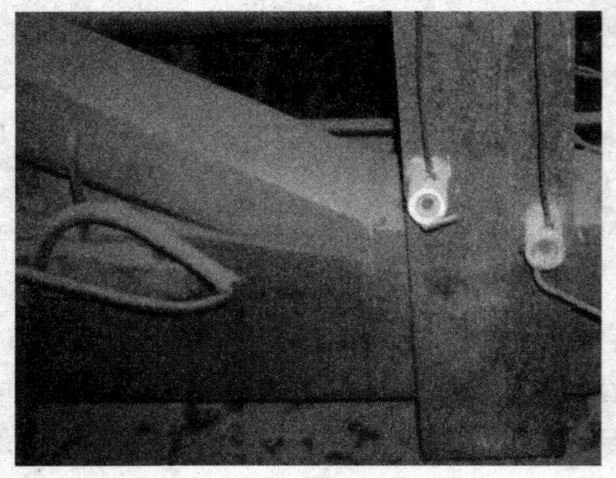

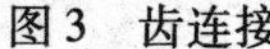

图3　齿连接

图4　螺栓连接

齿连接：当支座节点齿连接的受剪面存在裂缝时，抗剪承载力降低，应对其承载力进行核算，采取措施处理；当齿连接抵承面缝隙的宽度大于1mm且有穿透构件截面宽度的缝隙时，局部缝隙使得压杆端部和齿槽承压面局部受力过大，应核查齿槽承压面和压杆端部是否存在局部破损现象；当齿槽承压面与压杆端部完全脱开，全截面存在缝隙时，表明该压杆根本没有承受压力，应进行结构杆件受力状态的检测与分析，采取措施处理。

螺栓连接和钉连接：检查螺栓和钉的数量是否有缺失或损伤；螺栓和钉的直径可用游标卡尺量测，螺栓或钉的间距用尺量测；观察螺栓和钉孔处木材的裂缝、虫蛀和腐朽情况；螺栓的变形、松动或断裂现象用小锤敲击检查，观察螺栓和钉的锈蚀情况。

构造检查：按照《木结构设计规范》(GB 50005) 相关条文，核查结构形式选用、截面削弱限制、屋架高跨比、支撑布置、锚固等情况。

2.4　截面尺寸

对截面尺寸没有怀疑时，可采用设计值；需要核查时，一般方木构件截面尺寸检测采用直尺、卷尺或卡尺等量测构件的高或宽，圆木构件采用外卡钳和直尺测量直径，一个构件取三个点的值计算平均值，或每个构件取一个点作为代表值。

2.5　变形

木结构的变形可分为节点位移、连接松弛变形、杆件挠度、侧向弯曲矢高、屋架挠度和出平面变形等。

节点位移、连接松弛变形先通过观察，找到固定的参照点，用直尺测量节点的位移和连接处松弛变形；杆件的挠度和侧向弯曲矢高可通过拉线或激光测距仪等测量，两端支座处与跨中的竖向距离差即为构件挠度，拉线测量杆件挠度照片见图5；两端支座处与杆件中点的水平距离为侧向弯曲矢高，如图6中 b 为竖向杆件的侧向弯曲矢高；屋架倾斜可在屋架顶部位置采用吊锤或经纬仪等测量，图7中 a 为屋架倾斜量。屋架的挠度采用水准仪、全站仪、激光扫平仪等测量，如图8中 f 为屋架挠度变形。

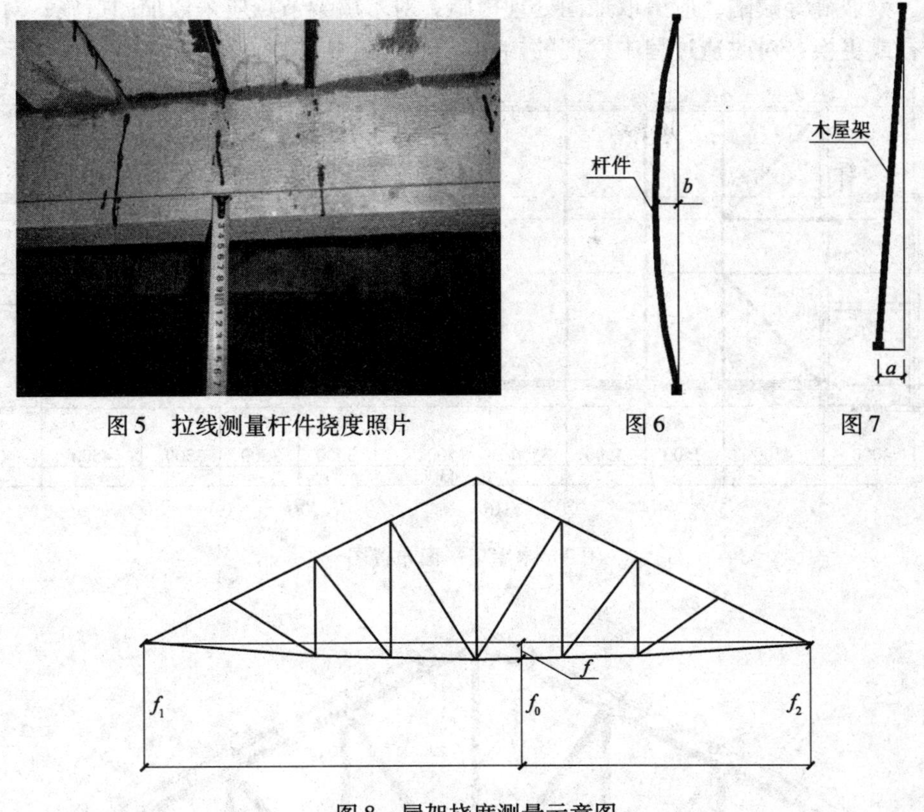

图 5　拉线测量杆件挠度照片　　图 6　　图 7

图 8　屋架挠度测量示意图

2.6　防护措施

木结构防护措施是为了防虫、防腐和防火，在构造上的防腐措施主要包括通风与防潮，让木结构保持干燥，再配合防护药剂处理。

检查在桁架和大梁的支座下设置的防潮层；处于隐蔽处的木结构应设通风口，屋面避免积水漏水。

防腐防虫药剂处理方法有浸渍法、喷洒法和涂刷法；防火采用阻燃剂处理。防护药剂及阻燃剂的检测项目是保持量和透入度，检测方法采用化学试剂显色反应或 X 光衍射，检测结果按《木结构工程施工质量验收规范》第 7 章有关条款进行评定。

3　检测工程实例

3.1　工程概况

某中学办公楼始建于 20 世纪 50 年代初，为 3 层砖混结构，木结构屋面，平面呈矩形，东西向为 43.00m，南北向为 13.46m，建筑面积约 1800m^2。结构平面及木屋架布置见图 9，木屋架立面图见图 10。

该办公楼在 2007 年 6 月由我中心做的检测鉴定，对于木屋架鉴定报告中提出的问题有："个别木屋架节点板出现横向裂缝；木屋架的上弦、下弦和竖杆均发现有顺纹裂缝，最大裂缝宽度为 15.0mm；木屋面发现大面积渗水痕迹。"且报告中提出的处理建议为："对木屋架构件开裂、梁裂缝等缺陷，应采取加固处理措施；对木屋架节点应采取加固措施；对原屋面应进行修补或更换；对改造过程中发现的构件质量缺陷，应进行修补。

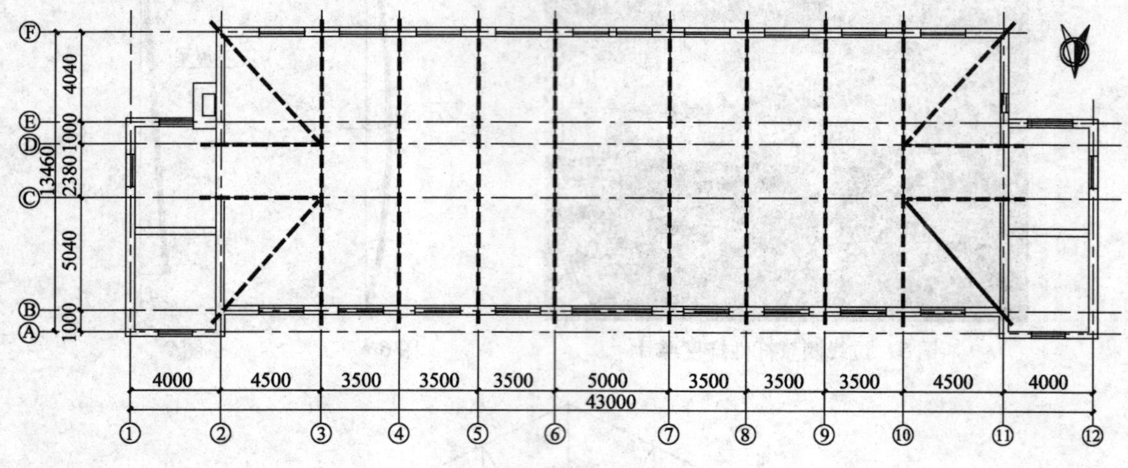

图 9　木屋架平面布置图

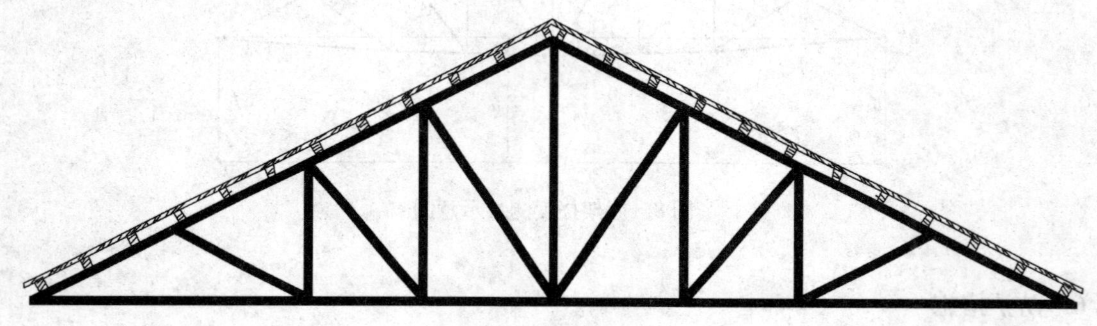

图 10　木屋架立面图

3.2　木屋架检查结果

（1）结构体系检查结果

三角形木屋架，上铺木檩条、木望板，上面有保温防水层和挂瓦。

（2）外观检测结果

现场通过对屋架、檩条及望板等屋面构件进行全面检查，检查中发现的主要问题如下：

① 6 ~ F 处木屋架节点板出现横向裂缝，照片见图 11。

② 木屋架的上弦、下弦和竖杆均发现有顺纹裂缝，出现裂缝的构件总数约 24 根，最大裂缝宽度为 15.0mm。轴线 2 ~ 3-D 木屋架上弦杆开裂，照片见图 12。轴线 3 ~ 4 – B ~ C 区域、轴线 4 ~ 5-D ~ F 区域和轴线 6 ~ 7-C ~ D 区域内木檩条开裂现象较普遍，典型照片见图 13。

③ 木屋面存在大面积渗水的痕迹，轴线 4 ~ 5-A ~ C 区域、轴线 5 ~ 6-A ~ C 区域和轴线 6 ~ 7-C ~ D 区域内檩条和望板有渗漏水痕迹，且个别望板腐蚀，典型照片见图 14。

（3）材料强度检测结果

为确定木材强度，在最南侧一榀屋架节点板处现场截取木材样品并制作成 7 个试件，按照《木材抗弯强度试验方法》（GB 1936.1—91）有关规定测试木材弦向抗弯强度，试验结果见表 2。

图 11　6～F 处木屋架节点板裂缝图

图 12　轴线 2～3-D 木屋架上弦杆开裂

图 13　轴线 3～4-B～C 区域内木檩条开裂

图 14　轴线 6～7-C～D 区域外观照片

表 2　木材抗弯强度试验结果

试件编号	试件尺寸（mm）	破坏荷载（N）	抗弯强度（MPa）
1	300×20×20	1396.25	62.83
2		1416.72	63.75
3		1139.84	51.29
4		1363.28	61.35
5		1364.84	61.42
6		1203.75	54.17
7		1858.91	83.65
木材抗弯强度平均值		1391.94	62.64

依据《木结构设计规范》(GB 50005—2003）附录 C 中木材强度检验标准（对于承重结构用材，强度等级为 TC13 的木材检验结果的抗弯强度最低值不得低于 51N/mm^2），可以评定屋架木材强度等级为 TC13。

（4）尺寸检测

屋面共有 8 榀大跨度的木屋架，木屋架最大跨度为 13.46m，木屋架杆件均为方木，实测杆件截面尺寸见图 15。

（5）变形检测

对办公楼屋面檩条进行挠度检测，采用檩条两端拉线的方式测量檩条跨中相对于支座处的挠度数值，现场选取了 9 根跨度为 5m 的檩条进行检测，挠度检测结果见表 3。

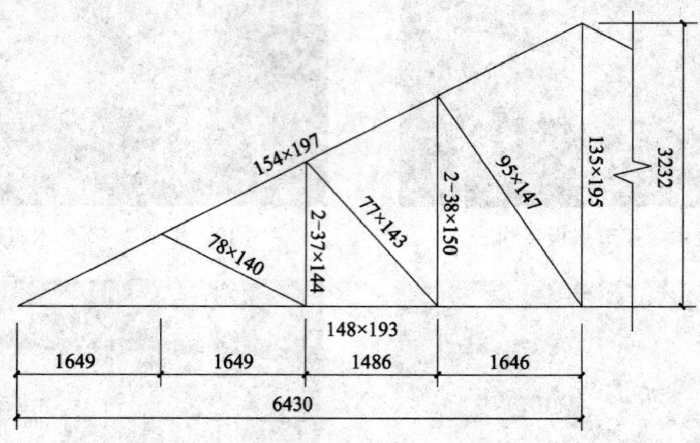

图 15　实测屋架杆件截面尺寸

表 3　木檩条挠度检测结果

序　号	构　件　位　置	跨中最大挠度值（mm）	挠度与跨度比
1	自南向北第三根檩条	25	1/200
2	自南向北第四根檩条	15	1/333
3	自南向北第五根檩条	10	1/500
4	自南向北第七根檩条	18	1/278
5	自南向北第八根檩条	12	1/416
6	自南向北第九根檩条	0	/
7	自北向南第四根檩条	15	1/333
8	自北向南第六根檩条	15	1/333
9	自北向南第八根檩条	10	1/500

第三篇

结构可靠性鉴定及灾害鉴定

混凝土立方体抗压强度异常的原因分析

武奇猛

安徽省宿州市建设工程质量检测中心，宿州，234000

【摘　要】　在我国现行混凝土标准、规范中，检测评定混凝土强度的方法一直是采用立方体抗压强度。同时，立方体抗压强度也是检测混凝土主要质量指标、划分强度等级、配合比设计的主要依据。本文针对混凝土立方体抗压强度出现异常进行了分析，提出一些预防措施。

【关键词】　混凝土立方体，抗压强度，原因分析，预防措施

1　引言

混凝土质量是影响钢筋混凝土结构可靠性的一个重要因素，直接关系到结构物的安全性和耐久性，因此检测混凝土的强度对控制工程质量相当重要。但是，目前工程施工中留置的混凝土立方体抗压强度出现异常的现象时有发生（即抗压强度离散性大，结果无效或偏低或超高），不能真实地反映混凝土的实际强度，使检测手段失去对工程实体质量控制的作用。

2　原因分析

混凝土的抗压强度是指在外力作用下，单位面积上能承受的压力，亦即是抵抗压力破坏的能力。抗压强度在建筑工程中一般指立方体抗压强度。所谓混凝土立方体抗压强度，是指在搅拌现场取样，按标准方法制作的边长为150mm的立方体试件，在标准条件温度为（20±2）℃、湿度为95%以上环境下养护龄期为28d（从搅拌加水开始计时），用标准试验方法测得的抗压强度总体分布中的一个值，强度低于该值的百分率不超过5%。

虽然《混凝土结构工程施工质量验收规范》(GB 50204—2002)、《混凝土质量控制标准》(GB 50164—92)、《混凝土强度检验评定标准》(GBJ 107—87)、《普通混凝土力学性能试验方法标准》(GB/T 50081—2002）中对混凝土试件作出一些规定，但在实际施工操作中仍然存在很多问题，例如：一些施工单位的相关人员没有系统学习标准，或者对标准理解有误，实际操作中存在对混凝土的取样不具有代表性、试件的制作和养护不符合标准要求，检测人员试验操作时不规范等。

作者简介：武奇猛，工程师，科长，安徽省宿州市浍纺路40号。E-mail：wqm131877@163.com。

为了分析、查找原因，笔者对近年来 10000 组混凝土立方体试件进行了统计（详见表 1），认为出现异常的原因主要是以下方面所致：

表 1　抽查试件抗压强度结果汇总表

异常结果情况	试件组数（组）	所占比例（%）
高于设计强度等级 200% 以上	2015	20.15
低于设计强度等级 85% 以下	572	5.72
抗压强度离散性大	196	1.96

2.1　原材料

案例：我市某小区住宅楼，结构形式为六层砖混，混凝土梁板设计强度为 C25，工程进度至五层时，该工程三层梁板所送试件抗压强度仅为 11.2MPa。受施工单位委托，我中心对该工程三层梁板采取回弹法进行了批量检测，检测结果中大部分挑梁强度低于 15.0MPa，其中强度最低值仅为 9.6MPa，检测数据经设计部门复算后无加固价值，最终从五层拆至三层，经济损失近百万元。

2.1.1　原因分析

从试验留置的破裂试件中不难看出：

（1）试件水灰比大，表面气泡多，不密实。

（2）现场调查得知：所用骨料为夜间临时购买，试件所用细骨料砂率大、偏细，含泥量大；粗骨料中针、片状含量多，级配不合理，试件中含有 $D_{max}=25$mm 泥块，搅拌混凝土未及时调整水泥用量、石子的颗粒级配，未冲洗泥块，未经检验直接使用。

（3）对现场所用水泥进行随机抽查，标准袋装量应为（50±1）kg，而抽查的重量最少仅为 44kg。

（4）计量器具基本不使用，砂石用量利用小车体积估算。

2.1.2　预防措施

（1）施工现场必须严把原材料质量验收关，遵循“先检验，后使用”的原则，绝不允许不合格品进入施工现场；

（2）施工人员在混凝土生产过程中应将设计配合比换算成施工配合比，及时测定骨料的含水率。当含水率、骨料质量有显著变化时，应增加测定次数，及时采取措施，调整水泥、骨料用量。

（3）材料用量应以质量计，保证计量器具的准确性。称量的精度：水泥、掺合料、水和外加剂为±0.5%，骨料为±1%，严禁按体积估算。计量器具应定期检定。

只有保证原材料检验合格，各种材料严格计量（特别是用水量要根据设计坍落度和稠度要求严格控制水灰比），才能做出合理的混凝土配合比，才能使施工得以正常进行，从而确保混凝土质量。

2.2　试件取样、制作

案例：某商住楼，基础为桩基础，桩径为 600mm，桩身长 9.5~11.5m，设计强度为 C25，总合计 120 根。成桩过程中，由于现场监理、施工人员更换频繁，致使送检试件强度离散性大，强度值为 20.1~56.5MPa，验收批量评定不合格。

2.2.1　原因分析

（1）取样时不是按标准规定的数量随机抽样，样品没有代表性。

（2）弄虚作假，另开“小灶”。监理在场时做一组试件，监理不在时另做一组。

（3）人工振捣，捣动次数不足或远远超过规定次数，有时用锤子砸实。

（4）一次性成型足够的高强度等级的试件备用。

（5）制作不认真，让工人代替成型试件。由于工人无制作经验，致使试件强度偏低。

（6）试件制作时多加水泥、粗骨料。

2.2.2　预防措施

（1）取样应具有随机性。在浇筑地点在见证人员的见证下随机抽取试件样数量后，保证颜色一致并在尽短的时间内成型，一般不宜超过15min。取样与试件留置应符合下列规定：

① 每拌制100盘且不超过100m³的同配合比的混凝土，取样不得少于一次；

② 每工作班拌制的同一配合比的混凝土不足100盘时，取样不得少于一次；

③ 当一次连续浇筑超过1000m³时，同一配合比的混凝土每200m³取样不得少于一次；

④ 每一楼层、同一配合比的混凝土，取样不得少于一次。

（2）严格执行“见证取样和送检制度”。凡不符合“见证取样”的试件，检测单位拒绝检验，使试件处于受控状态。

（3）制作试件时必须根据混凝土粗骨料的最大粒径确定试件尺寸，应符合表2要求。

表2　混凝土力学性能试验试件尺寸

试件横截面尺寸（mm）	粗骨料最大粒径（mm）
100×100	31.5
150×150	40
200×200	63

（4）施工企业要选择有一定技术素质、有较强责任心的人员进行试件制作。如无特殊情况，不宜换动频繁，以保证混凝土试件捣实程度相同。

（5）加强对施工现场取样人员、见证人员的学习、培训及管理，使其熟悉取样、制作的规定，保证取样具有代表性，送检时采取有效的封样措施，使其样品具有真实性。

2.3　试件质量

案例：笔者随机抽查了养护室内1000组混凝土立方体试件（详见表3），结果有35%的试件质量不合格。

表3　抽查试件质量不合格汇总表

名　　称	试件组数（组）	所占比例（%）
大于或小于公称尺寸	251	25.1
承压面与相邻面不垂直	49	4.9
平整度	50	5.0

2.3.1 原因分析

（1）试件尺寸偏差：试件实测尺寸与公称尺寸相差较大，有25%左右的试件尺寸偏差大于1mm，有的竟相差10mm。其原因之一是试模质量差、变形大，且没有按规定进行校验；其二是操作时试模固定不紧，收光太早或表面未刮平，出现凹面或凸面。

（2）试件承压面与相邻面不垂直：抽查结果有4.9%试件承压面与相邻面不垂直度大于10°，这是在试模装配时不加控制造成的。

（3）试件受压面的平整度：抽查结果有5.0%试件受压面的平整度不符合要求，其一是试件成型时振捣不密实，试模长期不刷油，拆模时间太早造成试件缺角少棱；其二是混凝土坍落度较大或掺加过量引气型外加剂，使贴近模的试件表面出现大量的气泡。

2.3.2 预防措施

为了有效控制试件成型质量应做到：

（1）要选用优质的混凝土试模，试模必须保证足够的尺寸、平面、直角精度和装配质量，以确保试件质量，并做到严格的定期检验和修正。自检周期宜为三个月。不符合要求的试模不能使用。

（2）试件成型前，试模内表面应涂一薄层矿物油或其他不与混凝土发生反应的脱模剂。

（3）根据混凝土拌合物的稠度确定混凝土成型方法，坍落度不大于70mm的混凝土宜振动振实；大于70mm的宜用捣棒人工捣实；在插捣的同时用平铲反复穿插，排除试件内部的空气。

（4）试件成型时，用抹刀沿模壁插捣数次，将表面抹光。静置30min后，对试件进行第二次抹面，使试件尺寸与标准尺寸的误差不超过1mm。

（5）试件表面收光时，注意料浆饱满，防止混凝土由于塑性变形而造成出现凹陷状况。应尽量减少试件制作过程中的人为因素影响。

（6）试验前先检查试件表面质量（蜂窝、麻面和缺棱掉角现象）、尺寸、平整度和垂直度是否在允许偏差范围（详见表4），对于不符合要求的试件要剔除。

表4 试件尺寸允许偏差

试件部位及要求	允许公差
承压面平整度	≤0.0005d（d为边长）
相邻面夹角应为90°	≤0.5°
边长、直径、高的尺寸	≤1mm

（7）试件成型后，及时做相应标识（部位、强度等级、成型日期等），以避免相互混淆，造成抗压强度结果异常。

2.4 养护

2.4.1 原因分析

（1）目前施工现场的试件养护条件大多达不到标准养护条件，常采用在湿砂中养护的方法，缺点是冬季气温低，温度达不到（20±2）℃；夏季容易失水，湿度也难保证达到相对湿度95%以上的标准要求。

（2）试件存放在施工现场，不及时送至检测单位进行标养，待接近28d时才送检，难以保证试件的温度、湿度达到标准养护条件，致使抗压强度偏低。

2.4.2　预防措施

养护的目的是为了保证水泥水化过程能正常进行，包括控制环境的温度和湿度。混凝土强度只有在适宜的温度、湿度条件下才能保证正常发展。

（1）试件成型后，应及时用不透水的薄膜覆盖表面。冬季要保温防冻害，夏季要防暴晒脱水，并应在温度（20±5）℃情况下静置一昼夜，冬季可适当延长，但不超过两昼夜。

（2）当无标准养护室时，试件可在温度为（20±2）℃的不流动水中养护，pH值不应小于7。

（3）根据目前建筑工地实际情况，建议大的企业和重大工程项目建立标准养护室，小企业、小项目和无条件的，应建造专门的样品室，室内砌水池，利用温控仪控制水温或尽量提早送至检测机构进行标准养护。

2.5　试验

2.5.1　原因分析

笔者通过调查发现，大部分检测单位从事混凝土立方体试件试验的检测人员基本上都存在以下问题：

（1）试验前不测量试件的实际外观尺寸，直接按试模的公称尺寸来计算。

（2）试验时试件放置位置不正确，不能保证试件轴心受压。

（3）加荷时过快或过慢，试件未压至完全破坏就停止加荷等。

2.5.2　预防措施

为了使检测数据具有科学性、公正性、权威性，检测机构和检测人员必须做到以下几点：

（1）压力试验机应符合技术要求，其测量精度为±1%，试件破坏荷载应大于压力机全量程的20%且小于压力机全量程的80%。应具有加荷速度指示装置或加荷速度控制装置，并应能均匀、连续地加荷。同时确保在有效期的计量检定周期内使用。

（2）试验前应对试件的外观尺寸进行测量，若偏差较大，必须按实际受压面积计算。

（3）试验时试件放置要正确，以保证轴心受压，同时确保受压方向应与振捣方向垂直，避免受压面不平整使试件提前破坏。

（4）试件从养护地点取出后应及时进行试验，试验中要严格按要求的加荷速度连续均匀地加荷，直至试件破坏。同一批试件应由同一人操作试验机，尽量避免中途调换检测人员。

3　结束语

综上所述，施工企业除了提高混凝土生产水平的同时，还应做好新标准的学习和培训工作，建立健全质量监督保证体系，采取有效的措施使各个环节都处于受控状态，保证混凝土的抗压强度具有一致性和可比性，这样才能使混凝土立方体试件真实而有效地体现结构构件混凝土强度，从而确保工程实体混凝土质量。

参考文献

[1] GB 50164—92. 混凝土质量控制标准 [S]. 北京：中国建筑工业出版社，1992.
[2] GBJ 107—87. 混凝土强度检验评定标准 [S]. 北京：中国建筑工业出版社，1987.
[3] GB/T 50081—2002. 普通混凝土力学性能试验方法标准 [S]. 北京：中国建筑工业出版社，2002.
[4] GB 50204—2002. 混凝土结构工程施工质量验收规范 [S]. 北京：中国建筑工业出版社，2002.
[5] 武奇猛. 严把建筑材料检验关确保工程质量 [J]. 工程质量，2004，12：21～24.

某住宅楼现浇混凝土楼板裂缝的鉴定与处理

楼　昕　宋双阳　刘松石

山东省建筑科学研究院，济南，250031

【摘　要】　本文通过对某住宅楼现浇混凝土楼板裂缝情况进行现场检测鉴定，得出裂缝产生的原因并提出压力灌浆并粘贴碳纤维方法、置换混凝土方法和钢丝绳网片－聚合物砂浆单面外加层加固方法三种有效可行的处理方案，供类似工程参考。

【关键词】　现浇混凝土楼板，裂缝，鉴定，处理

1　工程概况

某住宅楼为底层框架－上部砖混结构，底部一层为钢筋混凝土框架，上部六层为砖混结构，总建筑面积 10875.83m^2。三层 30～68 轴混凝土顶板在施工拆模之后发现楼板有裂缝现象。

2　现场检测

现场采用回弹钻芯修正法按批抽样检测三层 30～68 轴顶板混凝土强度，采用 DBJ14—026—2004[1] 中山东省回弹曲线经芯样强度修正得出混凝土强度推定值为 13.3MPa，不满足设计强度等级 C20 的要求。

现场检查三层 30～68 轴顶板普遍有裂缝，裂缝总体分布无规律性，裂缝宽度较小。裂缝处有渗水痕迹，说明该裂缝为贯穿性裂缝，见图 1、图 2。

图 1　顶板裂缝渗水痕迹之一

图 2　顶板裂缝渗水痕迹之二

作者简介：楼昕，助理工程师，研究生，研究方向：既有建筑的检测鉴定加固。E-mail：lx0310_2005@163.com。
宋双阳，高级工程师，研究生，研究方向：既有建筑的检测鉴定加固。E-mail：sunray1972@126.com。
刘松石，助理工程师，本科，E-mail：liusongshi@hotmail.com。

3　复核验算与裂缝原因分析

根据现场检测的楼板实际混凝土强度结果，其余按照原设计对该层砖混结构使用 PKPM 进行建模和结构复核验算[2]，三层 30 ~ 68 轴顶板承载力不满足 GB 50010—2002[3]要求。

根据裂缝形态分析，该楼板裂缝为混凝土收缩裂缝。收缩是混凝土不受力的情况下因体积变化引起的变形。当混凝土不能自由收缩时，收缩的结果会在混凝土内引起拉应力而产生裂缝。该工程是由于施工时水灰比偏大且混凝土浇筑后至终凝没有及时养护，混凝土内部温度升高，水分蒸发过快引起的。

4　处理方案

4.1　压力灌浆并粘贴碳纤维方法

对三层 30 ~ 68 轴顶板裂缝先采用压力灌浆法进行封闭处理，然后采用粘贴碳纤维的方法进行处理。

具体处理方法为：先进行压力灌浆封闭处理，然后在板底沿裂缝通长粘贴一层碳纤维布进行补强，碳纤维布的纤维方向应垂直裂缝，并保证裂缝两侧各锚固 500mm。裂缝处理完毕后，在板底通长双向粘贴 100mm 宽碳纤维条进行加固补强，碳纤维条间距为 500mm，并在四边通长粘贴 100mm 宽碳纤维片材压条。

加固应采用质量可靠的碳纤维片材及配套胶，碳纤维片材的规格为 $300g/m^2$，抗拉强度不低于 3000MPa。施工要求严格遵照 CECS146：2003[4]执行。先制作样板间，对样板间进行结构性能试验，试验合格后方可对其他房间进行加固处理。施工完毕后，应按相应要求进行检测检验。为保证施工质量，加固处理应由有专项资质的专业队伍施工。

4.2　置换混凝土方法

对三层 30 ~ 68 轴顶板采用置换混凝土的方法进行处理。具体处理方法为：剔除原混凝土楼板，剔除时凿进圈梁内 80mm，剔除松动的石子，并用清水冲洗干净。加固用混凝土采用 C25 微膨胀混凝土。浇筑混凝土前刷混凝土界面剂一道，新浇混凝土浇筑完毕后，充分养护不少于 14d。

应严格按照国家有关规范规程要求施工，并特别注意以下要求：

（1）施工前应设计科学的施工方案，充分考虑结构、构件之间的相互影响，设置可靠支撑，保证荷载安全可靠的传递路线，保证相邻构件的受力状态，保证结构和施工安全。

（2）剔除墙内部分混凝土时，应分段间隔施工。剔除混凝土的同时在墙内设置可靠支撑，以保证上部荷载安全有效地传递。应在墙的一侧新浇混凝土强度达到 80% 以后再剔除并浇筑另一侧混凝土。

（3）剔除混凝土应采用机械和手工剔凿相结合，严禁大力夯砸。

（4）剔除过程中应避免损伤原有钢筋，如有损伤则应进行相应替换。施工混凝土前必须检查原有钢筋的竖向位置和水平间距是否满足设计要求，若有问题应做相应处理。

4.3　钢丝绳网片-聚合物砂浆单面外加层加固法

加固采用高强度镀锌钢丝绳网片且应采取阻锈措施，选用 3.05mm 直径 6 ×7 + IWS 钢丝绳，且间距为30mm，双向布置。聚合物砂浆外加层的厚度为25mm。加固构造示意图如图3所示。

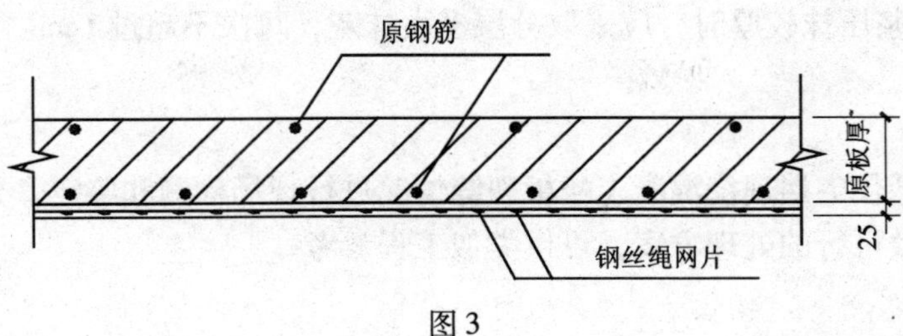

图3

实施过程中应严格按照设计施工图和GB 50367—2006[5]等有关规范规程要求施工。具体施工工艺如下：

（1）工艺流程

定位放线→混凝土基层处理→裁切钢丝绳网片→钢丝绳网片的固定与张紧→钢丝绳网片节点的固定→涂刷界面剂→聚合物砂浆压抹→湿润养护。

（2）施工方法

① 定位放线

根据施工图纸进行放线，核对实际部位的尺寸无误后进行定位放线。

② 混凝土基层处理

对原有混凝土表面进行清理，剔除松散混凝土并用聚合物砂浆或灌浆料修补。

③ 裁剪钢丝绳网片

按设计要求的尺寸裁剪钢丝绳网片，再把下料好的钢丝绳网片端头用专业夹具进行连接固定。

用固定销逐根从头到尾钻孔锚固钢丝绳网片的各节点，间距20cm，采用张紧器将钢丝绳网片的钢丝张紧，不得松弛。

④ 清除加固部位的粉尘，涂刷界面剂。

⑤ 聚合物砂浆的压抹。

聚合物砂浆拌合用水量12%～15%，每次压抹的厚度应满足施工规范要求（不超过1cm），灰浆不得自然垂落，当压抹厚度达到尺寸要求时应及时做好压抹收光，构件阳角应顺直。

⑥ 湿润养护

聚合物砂浆硬化后开始对施工面进行湿养护，实行湿润养护至少7d以上，在此期间应防止加固部位受到硬性冲击。

（3）注意事项

① 聚合物砂浆的使用一定要严格按照说明书的配合比搅拌，拌合量每次不宜太多，必须在有效的操作时间内使用。

② 禁止在日平均气温60℃或日平均气温5℃以下的地方施工，如需施工，须有必要的保证措施。

③ 聚合物砂浆材料的保管应注意防水、防冻、阳光照射及雨淋。

④ 根据聚合物砂浆的使用量和施工要求的厚度，须保证压抹后的聚合物砂浆在20分钟至4小时内维持湿润状态，已施工的砂浆在固化前须防止冻结、雨淋、水浸等。

⑤ 钢丝绳网片的固定与张紧工序中，须严格按照工序质量要求和施工注意事项进行作业，不得出现漏销、悬垂现象。

⑥ 聚合物砂浆压抹较厚时，应采取分层多次抹灰，每次不超过1cm。

5 结语

本文通过对某住宅楼现浇混凝土楼板裂缝情况进行现场检测和鉴定，分析裂缝产生的原因，提出三种有效可行的处理方案，可供类似工程参考。

参考文献

[1] DBJ 14—026—2004. 回弹法检测混凝土抗压强度技术规程［S］. 山东：山东省建筑科学研究院建筑结构研究所，2004.

[2] PKPM系列用户手册. 北京：中国建筑科学研究院 PKPMCAD 工程部.

[3] GB 50010—2002. 混凝土结构设计规范［S］. 北京：中国建筑工业出版社，2002.

[4] CECS146：2003. 碳纤维片材加固修复混凝土结构技术规程［S］. 北京：中国计划出版社，2003.

[5] GB 50367—2006. 混凝土结构加固设计规范［S］. 北京：中国建筑工业出版社，2006.

某水池工程裂缝的鉴定与处理方案

石　磊　楼　昕

山东省建筑科学研究院，济南，250031

【摘　要】　在给水排水工程中，钢筋混凝土水池得到了广泛的应用。钢筋混凝土水池产生结构裂缝是在工程实践中经常遇到的问题，本文通过对某水池工程池底、柱子和顶板出现裂缝情况进行现场检测鉴定，综合分析裂缝产生的原因，并提出合理有效可行的处理方案，可供类似工程参考。

【关键词】　水池，裂缝，鉴定，处理

1　工程概况

某水池工程为全埋式水池，原设计池顶覆土厚800mm，水池长、宽均为24m，池内净高为4m。水池底板和池壁均厚30mm，顶板厚200mm。水池混凝土采用抗渗标号为S6，混凝土设计强度等级为C30。该工程基本竣工并回填且予以验收后，发现该水池池底凸起并出现裂缝，同时在柱子及顶板上发现裂缝现象。

2　现场检测

2.1　初步调查情况

该水池工程施工采用大开挖，四周采用明沟降水，设计时没有地质资料，设计地基承载力按150kPa考虑。水池工程北侧距离该水池2.6m有一毛石水池，池顶高于该水池1.0m。据反映，该工程基本竣工并回填且予以验收后，因厂内未使用毛石水池，毛石水池内的水位较高，经测量相应位置，可知当时水位至少要高于新建水池池顶覆土，同时，毛石水池渗漏现象非常严重。现场勘察时，新建混凝土水池上部覆土厚为300mm，未达到设计要求的800mm。

2.2　裂缝情况

据反映当时水池底板凸起高度约200mm，裂缝宽度较大。现场勘察时，水池四周已进行降水处理，不能明显看出水池底部凸起的情况，裂缝现象不非常明显，但能发现部分裂缝处有冒水的现象，如图1所示。板底裂缝整体上是中间向上凸起而四周边缘呈环形的状态。

水池顶板裂缝以4×E轴为中心，可以判断出水池底浮力产生的作用以中部靠北侧最为明显。顶板底部水头压力以北侧往南逐渐减轻，如图2所示。

作者简介：石磊，高级工程师，研究方向为既有建筑的检测鉴定加固。E-mail：lqdgg@ sina. com

图 1　水池底部裂缝

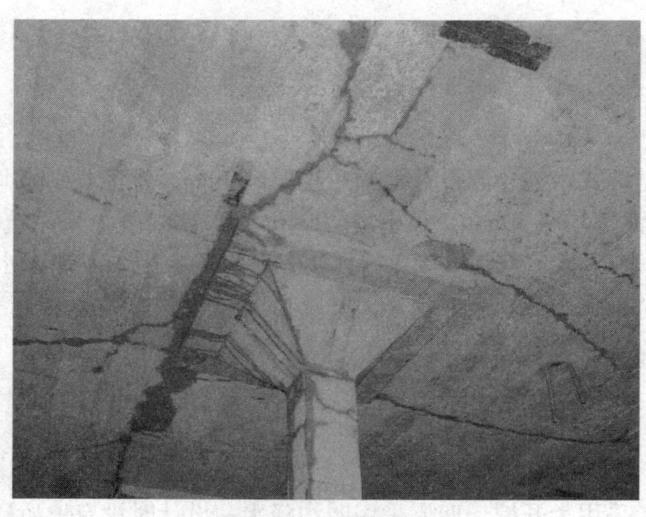

图 2　水池顶板裂缝

柱子裂缝最严重的为 5 × F 和 5 × E 轴柱，柱顶部混凝土被挤酥，钢筋鼓起，裂缝呈“X”形，见图 3。

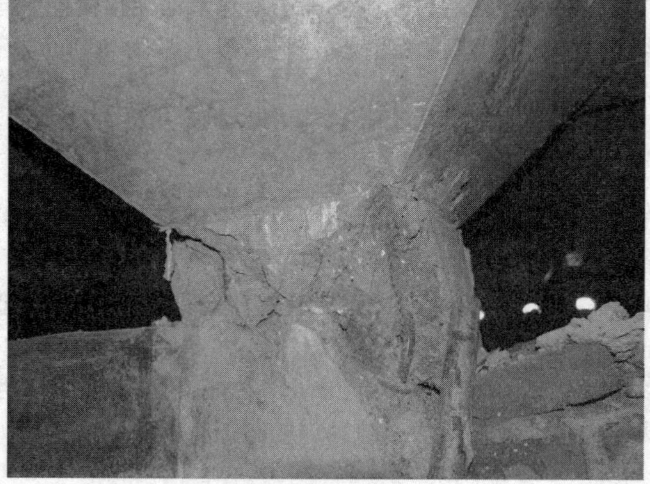

图 3　柱子裂缝

2.3　混凝土强度

现场采用回弹法抽样检测构件混凝土抗压强度，按批抽样检测 14 个构件，采用 DBJ14—026—2004[1]中山东省回弹曲线得到混凝土强度平均值为 37.6MPa，标准差为 4.47MPa，强度推定值为 29.6MPa，基本上达到设计强度等级 C30 要求。

3　复核验算与裂缝原因分析

根据现场勘测，水池池底凸起、柱子和顶板产生裂缝时，北侧毛石水池水位较高，新建混凝土水池池顶上部覆土厚为 300mm，未达到设计要求的 800mm，同时上部覆土有积水，见图 4。根据实际覆土和水位情况验算[2]，新建水池当池外水位高于池顶而池内无水时，其抗浮承载力不满足相关规范要求[3][4]。

图 4　池顶上部覆土和积水

经综合分析认为，水池池底凸起、柱子和顶板产生裂缝的原因主要是由于该水池北侧毛石水池水位较高且渗漏较为严重，而新建水池抗浮承载力不足引起的。

4　处理方案

对该水池工程采用以下方法进行处理：

（1）对有裂缝的池顶采用压力灌浆法进行封闭。

（2）先将原水池底板顶部凿毛，然后在底板上做 400mm 厚混凝土现浇板，采用防渗等级 S6、强度等级 C30 的混凝土，现浇板采用 2 层双向ɸ16@150 钢筋，钢筋端部用植筋胶锚入池壁内，锚固深度 200mm。现浇板上铺 600mm 厚的 C20 素混凝土。

（3）对柱子进行加大截面处理，截面加大为边长 500mm 的方柱，主筋采用 12ɸ20，钢筋顶部植入板顶，植入深度 200mm，底部钢筋生根于后加的混凝土板上。箍筋采用 ɸ8@100mm。施工时应注意将柱子和顶板表面凿毛，以利新旧混凝土的结合，如图 5 所示。

（4）应严格限制北侧毛石水池的水位，严禁超过新建混凝土水池顶部高程。

加固处理应按照 GB 50367—2006[5]执行。为保证施工质量，加固处理应由有专项资质的专业队伍施工。

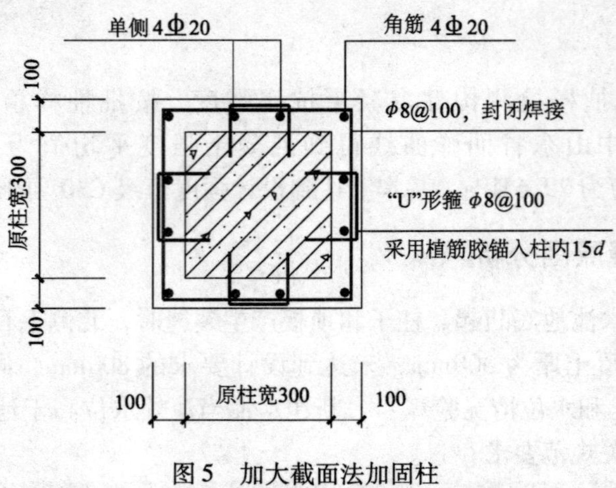

图 5　加大截面法加固柱

5　结语

钢筋混凝土水池产生结构裂缝是在工程实践中经常遇到的问题，本文通过对某水池工程池底、柱子和顶板出现裂缝情况进行现场检测和鉴定，综合分析裂缝产生的原因，提出了合理有效可行的处理方案，可供类似工程参考。

参考文献

[1] DBJ 14—026—2004. 回弹法检测混凝土抗压强度技术规程［S］. 山东：山东省建筑科学研究院建筑结构研究所，2004.

[2] GB 50009—2001（2006 版）. 建筑结构荷载规范［S］. 北京：中国建筑工业出版社，2002.

[3] CECS138：2002. 给水排水工程钢筋混凝土水池结构设计规程［S］. 北京：中国工程建设标准化协会，2003.

[4] GB 50010—2002. 混凝土结构设计规范［S］. 北京：中国建筑工业出版社，2002.

[5] GB 50367—2006. 混凝土结构加固设计规范［S］. 北京：中国建筑工业出版社，2006.

现有混凝土桥的结构检测及承载力鉴定

崔永旭

辽宁省建设科学研究院，沈阳，110005

【摘 要】 以工程实例为基础，简述现有混凝土桥的结构检测方法及承载力鉴定，该桥建成年代已久，且扩大生产需要加大该桥的行驶荷载，为保证该桥的安全使用，对该桥的主要受力结构进行检测及承载力鉴定。检测内容包括：宏观质量检查、主要结构构件几何尺寸和主要受力钢筋数量、直径和保护层检测、混凝土现龄期抗压强度检测、基础检测、桥结构动载试验、结构现承载力验算、承载力鉴定。通过上述的检测鉴定总结了现有混凝土桥的结构检测方法及承载力鉴定的思路，为今后此类工程检测鉴定提供些帮助。

【关键词】 桥梁，强度，混凝土，承载力，动载试验

0 前言

某桥建成年代已久，据调查可能建于1956年左右。该桥平面布置呈斜形，双跨简支，桥面受力体系为现浇混凝土平面框架和桥板。前后桥台为重力式混凝土桥台，粗骨料为河卵石和毛石；中间桥墩为料石砌筑。支座处桥面板和桥台、中间桥墩之间加垫钢板。该桥没有设计图纸等原始资料，建设单位、勘察设计单位等均不详。该桥建成年代已久，且扩大生产需要加大该桥的行驶荷载。为保证该桥的安全使用，对该桥的主要受力结构进行检测及承载力鉴定。

1 宏观质量检查

主梁、次梁、板混凝土外观质量良好，没有发现裂缝、露筋、蜂窝等缺陷。

1号桥台状况良好，仅有几条细小裂缝，2号桥台表面剥落严重，一侧的边角混凝土连同相邻的浆砌石护坡脱落。

桥头和桥尾端部沥青路面各有一条沿桥墩的通长裂缝；中间桥墩上部沥青路面有一条沿中间桥墩的平行的通长裂缝，通过开凿路面可见此裂缝为非结构裂缝，人行道向外侧倾斜，栏杆老化严重。

2 主要结构构件几何尺寸和主要受力钢筋数量、直径和保护层检测

按照检测方案测量主要结构构件几何尺寸：通过凿开路面和钻孔测量，桥板底面至沥青混凝土路面的总厚度为300mm，其中混凝土板厚150mm，防水层厚50mm，沥青混凝土路面厚度100mm。

作者简介：崔永旭，高级工程师。

测量主要受力钢筋数量、直径和保护层厚度：主梁受力纵筋为三排共9根直径32mm的一级钢筋，底面保护层80mm，侧面保护层50mm；主梁箍筋为直径12mm的一级钢筋，梁端间距为120mm，中间间距为150mm；次梁跨中的受力纵筋为3根直径20mm的一级钢筋，保护层厚度50mm；桥板的分布钢筋为直径16mm的一级钢筋，上下两层，横向间距100mm，纵向间距120mm，保护层厚度30mm；桥台表面没有钢筋配置。

3　主要结构构件的混凝土现龄期抗压强度检测

根据《回弹法检测混凝土抗压强度技术规程》(JGJ/T 23—2001) 检测混凝土现有强度；根据《钻芯法检测混凝土强度技术规程》(CECS 03：88)，用钻芯法对回弹法检测结果进行修正，主要构件混凝土现有强度检测结果见表1，主要构件混凝土现有强度钻芯修正结果见表2。

表1　桥主要构件混凝土现有强度统计表

构件名称	测区数量（个）	修正前混凝土强度平均值（MPa）	修正系数 η	修正后混凝土强度平均值（MPa）	修正后标准差	混凝土强度推定值（MPa）
桥板	110	15.9	1.50	23.8	4.09	17.1
主梁	100	19.6	1.11	21.8	2.79	17.2
次梁	100	19.4	1.20	23.3	2.17	19.7
1号桥墩	40	37.9	1.05	39.8	7.17	28.0
2号桥墩	40	18.3	1.34	24.2	4.18	17.7

表2　桥主要构件混凝土现有强度钻芯修正结果统计表

构件名称	构件编号	芯样抗压强度（MPa）	测区强度换算值（MPa）	修正系数	平均修正系数
桥板	1	25.8	20.0	1.29	1.50
	2	23.2	15.2	1.53	
	3	24.9	16.9	1.47	
	4	23.8	15.6	1.53	
	5	24.8	15.2	1.63	
	6	23.4	15.2	1.54	
主梁	1	23.2	18.1	1.28	1.11
	2	16.1	17.8	0.9	
	3	24.7	18.3	1.35	
	5	18	15.4	1.17	
	6	17.2	17.8	0.97	
	8	17.5	17.7	0.99	
次梁	1	24.2	21.4	1.13	1.20
	3	32.5	18.0	1.81	
	4	20.6	18.0	1.14	
	5	20.0	18.1	1.1	
	7	25.0	20.8	1.2	
	8	19.7	24.0	0.82	

4　中间料石砌筑桥墩砌筑砂浆现有抗压强度检测

按照检测方案检测料石砌筑桥墩砂浆现有抗压强度，砂浆抗压强度平均值为13.0MPa，标准差为为1.72，变异系数为0.13，砂浆抗压强度换算值的最小值11.2MPa，砂浆现有抗压强度推定值为14.9MPa。

5　基础检测

前后桥台和中桥墩没有发现有不均匀沉降现象。

6　桥结构动载试验

按照检测方案，现场采用INV306智能信号采集和处理分析系统对该桥进行结构动测，测量桥在自然状态下的自振频率和振型（见表3），实测值与计算值相符较好（见表4）。

表3　实测桥梁结构振型和自振频率

振型	频率（Hz）	振型	频率（Hz）
1	4.823	5	41.586
2	17.654	6	61.682
3	31.238	7	82.402
4	38.679	8	90.315

表4　结构固有频率和振型计算结果统计表

振型	频率（Hz）		振型	频率（Hz）	
	计算	实测		计算	实测
1	4.425	4.823	5	43.634	41.586
2	16.880	17.654	6	62.274	61.682
3	31.310	31.238	7	80.712	82.402
4	36.369	38.679	8	94.800	90.315

现场测量该桥在汽-10级汽车荷载作用下以30km/h速度在桥正中行驶、桥上刹车的桥结构振动情况以及冲击系数（见表5）。

表5　各种工况下的冲击系数

序号	项目		冲击系数（$1+\mu$）
1	行车（30km/h）	桥中	1.258
2	刹车	桥中	1.283

7　桥梁结构现承载能力验算

根据上述检测结果，对该桥承载能力进行了验算：

7.1　验算依据

《公路桥涵设计通用规范》(JTG D60—2004)；

《公路钢筋混凝土及预应力混凝土桥涵设计规范》(JTG D62—2004);
《城市桥梁设计荷载标准》(CJJ 77—98);
《混凝土结构设计规范》(GB 50010—2002)。

7.2 采用软件

桥梁博士。

7.3 计算跨径

两跨简支，垂直跨径为2m×11.96m，斜跨径为2m×15.61m。

7.4 混凝土标号

T梁及横隔板混凝土标号为200号（C18）。

7.5 截面尺寸

桥宽11000mm，每侧人行道宽1500mm，车行道宽8000mm；边T梁腹板宽400mm、翼板宽2500mm、翼板高150mm、梁高1320mm；中T梁腹板宽400mm、翼板宽2000mm、翼板高150mm、梁高1320mm；横隔板宽300mm、高980mm；桥面铺装厚150mm。共5道T梁，每跨5道横隔板。

7.6 配筋情况

T梁腹板下缘布置9根直径32的一级钢筋，其中底排5根，第二、第三排各2根；腹板箍筋布置直径12的一级钢筋，其间距为梁端处为120mm、梁中部为150mm；翼板上缘钢筋布置直径为16的一级钢筋，横向间距为100mm，纵向间距120mm。

7.7 桥梁验算

采用空间方法，计算模型见图1。

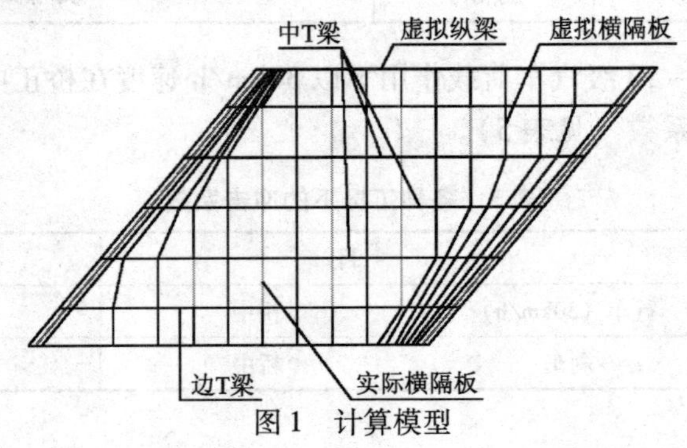

图1 计算模型

7.8 采用荷载

用汽-10级汽车荷载（标准车15吨）进行验算。

7.9 验算内容

承载能力极限状态验算。根据空间分析结果（图2、图3），最大、最小弯矩均位于边T

梁上。边T梁下缘最大弯矩为1095kN·m，最小弯矩为595kN·m。由此得边T梁腹板下缘需7根φ32钢筋（一级钢）。计算得腹板下缘钢筋少于实际配筋，承载能力极限状态满足。

根据空间分析结果（图4、图5），最大、最小剪力均位于边T梁上。边T梁 $h0/2$ 处最大剪力为485kN，边T梁 $h0/2$ 处最小剪力为 -449kN。由此得边T梁箍筋采用φ10钢筋（一级钢），其间距为梁端130mm。小于实际配筋，承载能力极限状态满足。

正常使用极限状态验算：

变形：计算得T梁最大变形为7mm，小于 $1/600L=26$mm，满足要求。

裂缝宽度：T梁腹板下缘最大裂缝宽度为0.16mm小于0.2mm，满足要求。

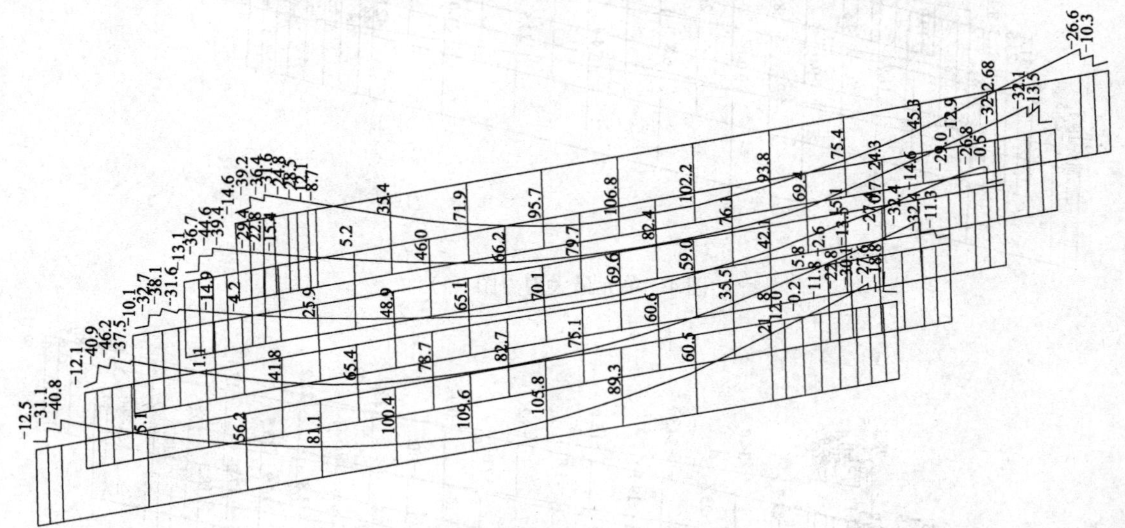

图2　单元最大弯矩图（t·m）

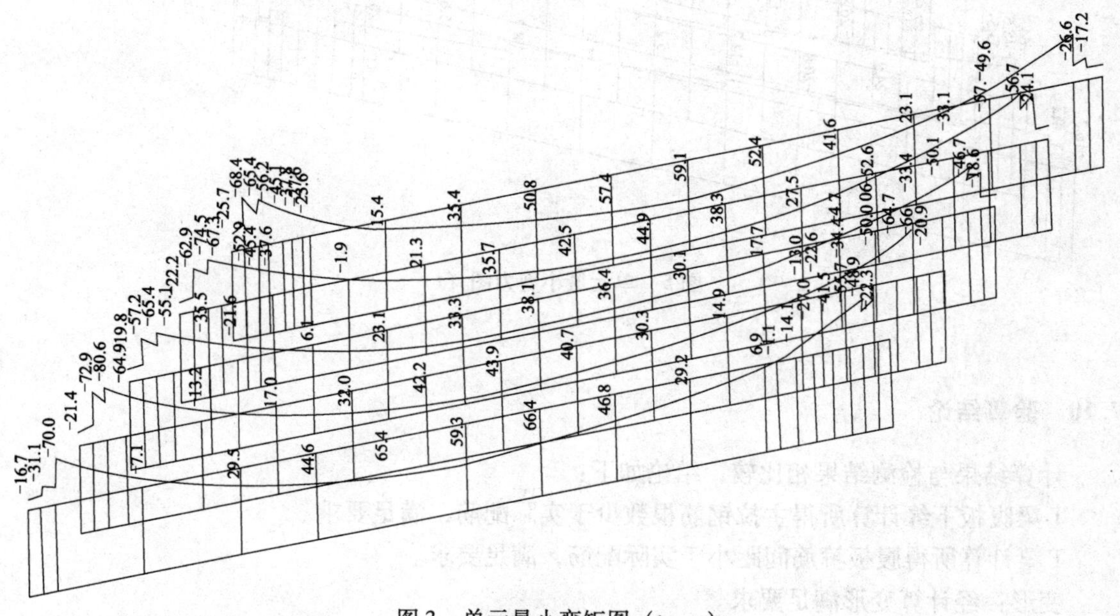

图3　单元最小弯矩图（t·m）

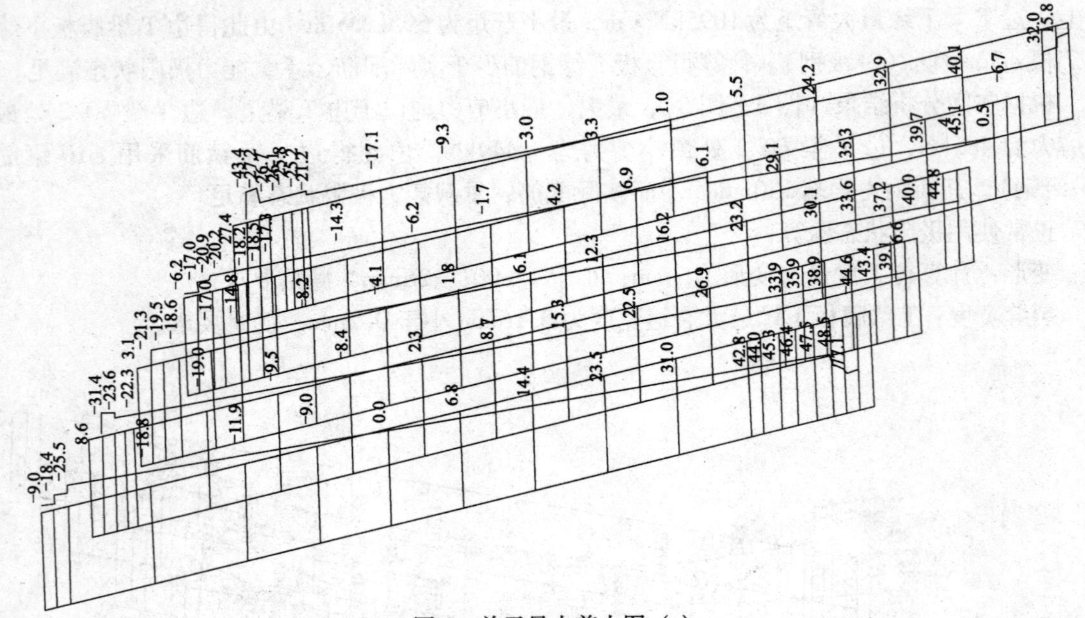

图 4　单元最大剪力图（t）

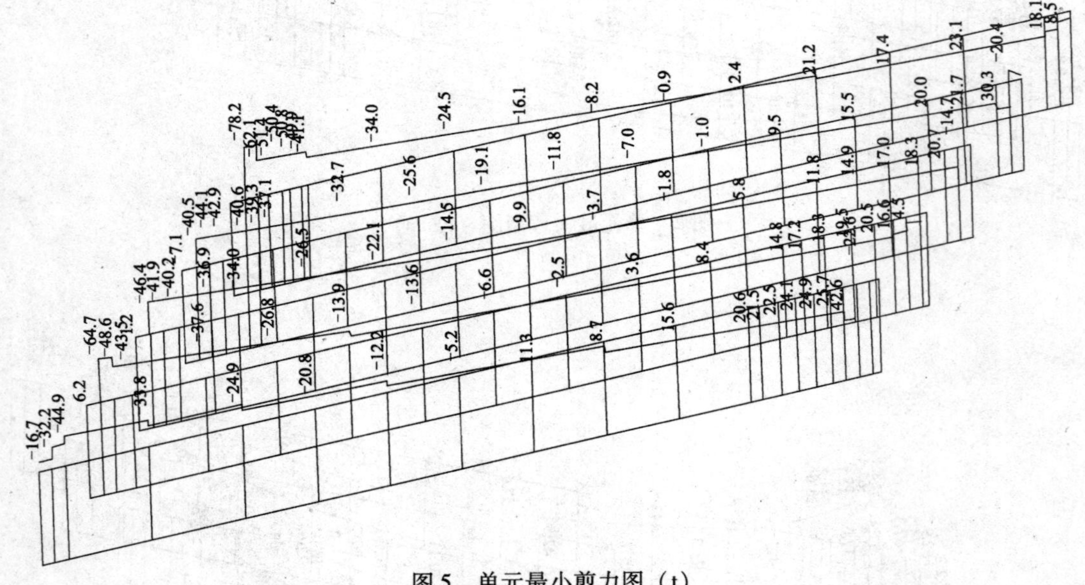

图 5　单元最小剪力图（t）

7.10　验算结论

计算结果与检测结果相比较，结论如下：

T 梁腹板下缘计算所得主拉钢筋根数少于实际配筋，满足要求。

T 梁计算所得腹板箍筋间距小于实际配筋，满足要求。

变形：经计算变形满足要求。

裂缝宽度：T 梁腹板下缘裂缝宽度满足要求。

桥梁自振频率：计算 8 阶振型，其自振频率见表 4。

8　鉴定结论

8.1　现场宏观质量检查

主梁、次梁、板混凝土外观质量良好，没有发现裂缝、露筋蜂窝等缺陷。

1 号桥台状况良好，仅有几条细非结构裂缝，2 号桥台表面剥落严重，一侧的边角混凝土连同浆砌石护坡脱落。

人行道向外侧倾斜，栏杆老化严重。

8.2　主要结构构件的混凝土现龄期抗压强度

桥板混凝土现有抗压强度推定值为 17. 1MPa。

主梁混凝土现有抗压强度推定值为 17. 1MPa。

次梁混凝土现有抗压强度推定值为 19. 7MPa。

1 号桥墩混凝土现有抗压强度推定值为 28. 0MPa。

2 号桥墩混凝土现有抗压强度推定值为 17. 7MPa。

8.3　中间料石砌筑桥墩砂浆

现有抗压强度推定值为 14. 9MPa。

8.4　基础检测

宏观质量检查可见：前后桥台和中间桥墩基础均没有发现不均匀沉降现象。

8.5　桥结构动力测试

经过计算得到该桥的固有频率 $f=4.425$Hz，冲击系数为 1. 247。现场对该桥结构进行动力测试试验测得该桥的固有频率 $f=4.823$Hz，跑车试验的冲击系数为 1. 258，桥上刹车的冲击系数为 1. 283，计算结果和实测吻合较好。

8.6　桥梁结构现承载能力验算结论

计算结果与检测结果相比较，该桥上部梁板结构现承载能力可满足汽 - 10 等级荷载要求。

某加油站网架结构火灾后结构损伤鉴定

江道镨

福建省建筑科学研究院，福州，350025

【摘 要】 经过对火灾后的某加油站网架结构支承柱、网架构件、连接节点等损伤现状进行勘察，对网架结构的受火温度及区域进行划分，结合对网架结构构件剩余承载力及网架结构整体性的损伤情况进行分析，得出了不同温度区域网架结构的损伤等级，并提出相应的处理措施。

【关键词】 网架结构，损伤鉴定，剩余承载力，加固

网架结构具有重量轻，刚度大，施工安装简便；网架杆件和节点易于定型化、商品化，可在工厂中成批生产，有利于提高生产效率；网架的平面布置灵活、屋盖平整，有利于吊顶、安装管道和设备；网架能够大空间、大跨度布置，广泛应用于航站楼、火车站、体育场、影剧院、展览馆等。但建筑物有时会发生火灾，如何对网架结构进行火灾后的损伤鉴定，为后期的加固处理提供设计方案，是本文探讨的内容。

1 概况

该加油站建于 2003 年，为单层正放四角锥空间网架结构，平面网格尺寸为 2.4m × 2.8m，2.4m × 2.4m，结构水平投影面积为 $570m^2$，网架下弦高度为 7.0m，上弦高度为 8.3m，上下弦节点采用螺栓球节点，网架结构采用 4 个空间节点支承在由 8 根混凝土柱两两相连而成的横梁上，屋面为彩色钢板轻质屋面。

网架结构上弦杆、空间斜腹杆主要采用 ϕ49 厚度为 3.0mm 钢管，下弦杆采用 ϕ49 厚度为 3.0mm 钢管、ϕ80 厚度为 3.2mm 钢管及 ϕ61 厚度为 3.7mm 钢管。网架结构与混凝土柱墩支座相连的 4 根斜杆采用 ϕ95 厚度为 3.8mm 钢管。

2 火灾后的现场勘察

该加油站于 2008 年 9 月 13 日因油灌车卸油时突然起火燃烧，导致局部网架结构变形、下挠，轻质屋面彩色钢板卷曲、脱落，火灾直至完全扑灭历时 45min。

2.1 结构外观损伤现状

2.1.1 支承柱损伤情况

支承柱是网架结构的重要受力构件，对其进行检查并对材料性能进行分析显得非常重要。

作者简介：江道镨，工程师，工学硕士，研究方向：建筑物可靠性鉴定及加固设计，E-mail：jiangdaopu@yahoo.com.cn。

现场检查表明，最近着火点（N－Q）－（5－7）轴间两根混凝土柱外装饰层已经大部分脱落，两柱间的加油计量设备已经烧毁。混凝土柱上部端头微显暗红，存在细微裂纹，柱下部粉刷层出现空鼓，角部粉刷层裂开。剥开柱下部粉刷层，敲击混凝土无哑声及空鼓现象，混凝土表面未见明显裂纹，颜色基本未变。

2.1.2　网架结构损伤情况

(1－11)－(L－U)轴间网架结构（Ⅰ区）：现场网架杆件防锈漆大部分被烧光，表面起壳呈黑色；上下弦杆件、斜腹杆杆件大部分出现扭曲变形；该区网架外挑部分，已存在较严重的下挠情况，挠度值超出鉴定标准 $l_0/250$ 限值要求。火灾过程中，随着温度升高，网架各杆件受热膨胀，内应力得到释放，产生内力重分布现象，但由于网架的杆件之间相互约束、相互受力，这必然使杆件膨胀变形受到约束，产生弯曲变形。

大部分轻质彩色钢板防锈漆被烧光、卷曲变形严重，很多已脱落；檩条变形，照明灯罩熔化，参见图1～图3。该区经历的最高温度超过700℃。

图1　加油站Ⅰ区网架扭曲变形

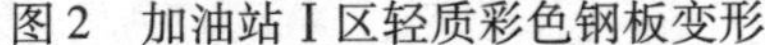

图2　加油站Ⅰ区轻质彩色钢板变形

图3　加油站Ⅱ区网架上弦节点情况

(1－17)－(E－U)轴除(1－11)－(L－U)轴外的网架结构（Ⅱ区）：网架构件防锈漆存在碳化、部分开裂及局部范围内脱落等现象；接近高温区网架杆件存在轻微变形，部分灯具元件及线路烧毁。

除上述两种区域外的网架结构（Ⅲ区）：部分网架结构构件被熏黑，构件表面防锈漆保存较为完好。

由于受到屋面板的遮挡阻碍，火焰及温度聚积上网架上弦部分，造成大部分区域上弦杆件受火灾影响较下弦杆严重，上弦杆基本被熏黑，防锈漆碳化、开裂及局部脱落现象。

2.1.3　连接节点损伤情况

现场主要对下弦杆件螺栓球节点情况进行检查，结果见表1，(1－11)－(L－U)轴间网架结构的上下弦节点有较大的变形和位移，部分螺栓存在松动和弯曲现象。

由表1可见，所检24颗下弦杆件节点中有7颗存在松动、螺杆变形现象，1颗未旋正，其中大部分存在松动现象的节点位于(1－11)－(L－U)轴间网架结构。

表1　螺栓球节点情况检查结果

构件名称	节点情况
(17)－(E)、(15)－(E)、(15)－(G)、(13)－(G)、(15)－(J)、(11)－(J)、(13)－(J)、(7)－(G)、(17)－(G)、(5)－(J)、(7)－(J)、(7)－(N)、(13)－(L)、(15)－(L)、(17)－(N)、(17)－(Q)	节点正常，无明显松动
(13)－(E)	个别螺栓未旋正，但无明显松动
(5)－(G)、(13)－(N)、(7)－(N)、(11)－(L)、(17)－(L)、(13)－(Q)、(15)－(N)	连接螺栓存在松动现象、螺栓杆变形等现象

网架支座处节点检查表明，节点焊缝存在夹渣、焊瘤，局部焊缝存在不饱满等缺陷；网架在混凝土支承柱上的预埋钢板局部存在翘曲并与混凝土存在局部分开现象。

2.2　火灾温度区域划分

火灾现场从火的产生到扑灭，火灾过程可以分为三个时期：火灾发展期、火灾旺盛期和火灾衰减期。火灾发展期时间较短，火灾旺盛期时间取决于现场燃烧物的数量、热值及现场通风情况，并决定着现场火灾温度高低，即火灾燃烧温度与时间之间具有一定的规律。

根据火灾燃烧规律可推算现场火灾温度，目前广泛采用国际标准化组织制定的标准温度曲线，表达式如下：

$$T = T_0 + 345\log(8t + 1) \tag{1}$$

式中　T——表示火灾室内温度，℃；

T_0——常温，20℃；

t——火灾时间，min。

火灾现场温度还可以根据火灾现场遗留的可燃物燃烧情况及钢结构的变形来判定。

根据以上两种方法结合现场构件损伤勘察情况将加油站划分为：Ⅰ区为高温区（>600℃）、Ⅱ区为中温区（200～600℃）、Ⅲ区为低温区（<200℃）等三类区域，见图4。网架结构4个支承节点有一个处于高温区，2个处于中温区。

3　结构损伤鉴定

3.1　支承柱构件

支承柱构件上部分混凝土产生轻微裂缝，下部分混凝土表面未见明显裂纹，且颜色基本未变，采用回弹法检测该柱混凝土抗压强度，为31.5MPa，碳化深度为4.5mm（包括自然碳化），表明受火灾影响较轻，该近火点的柱构件属于轻微损伤。

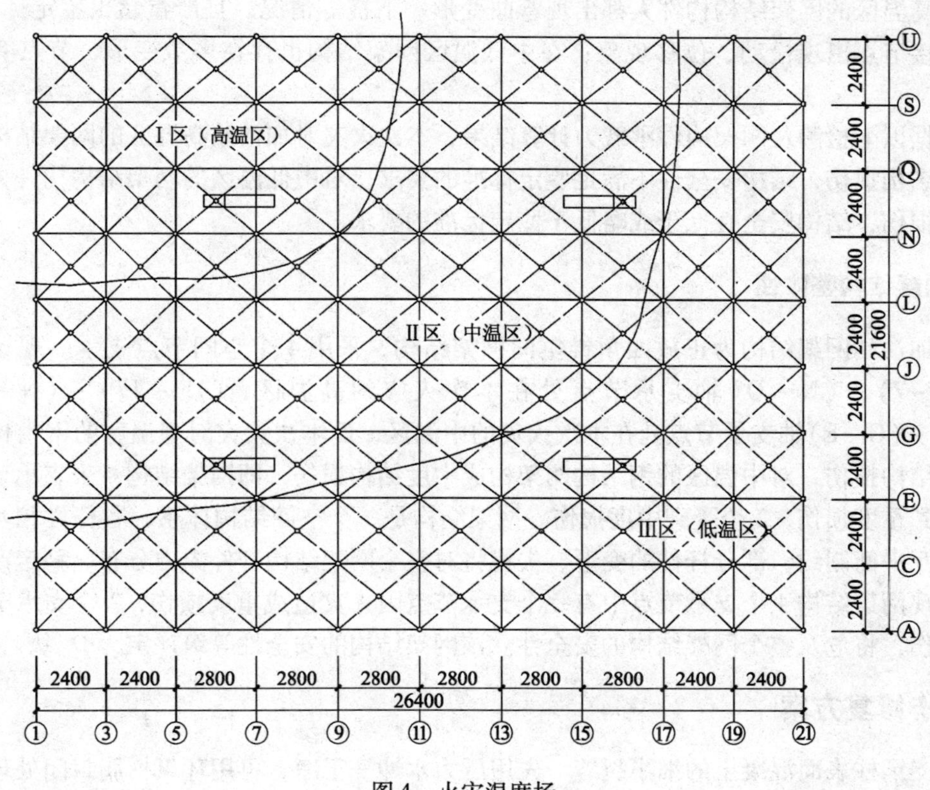

图4　火灾温度场

柱内钢筋根据火焰作用方式、燃烧时间、受火温度及柱混凝土保护层厚度等因素，可计算分析出钢筋受力性能是否受损。该柱保护层厚度为60mm，由于是加油站，柱周围无太多的燃烧物，燃烧时间也不长，受火温度不大，柱内钢筋受力性能变化不大。决定柱强度的另一因素是钢筋与混凝土之间的粘结力。在火灾加热条件下，混凝土表面会失水，钢筋表面与水泥胶体的胶结力会受损，但由于柱中采用螺纹钢筋，混凝土与钢筋间产生的摩擦力及机械咬合力远大于胶结力，不会对柱强度产生过大影响。

3.2　网架结构构件

网架结构构件剩余承载力计算按理论公式[1]：

$$\begin{cases} f_y(T)=f_y & (0℃<T\leqslant 200℃) \\ f_y(T)=f_y(1.32-1.64\times 10^{-3}T) & (200℃<T\leqslant 700℃) \end{cases} \quad (2)$$

计算火灾对网架结构钢材强度的影响，结果见表2。

表2　过火钢构件强度丧失计算结果

区域及结构构件	平均计算温度（℃）	剩余强度百分率（%）
高温区	700	17
中温区	400	66
低温区	100	100

由表2可见，火灾造成网架结构屈服强度高温区、中温区、低温区的损失分别为83%、34%及0%。

在高温区的网架结构构件大都出现弯曲变形、下挠等情况，且严重超出鉴定标准要求，多数连接节点出现松动、位移现象；在中低温区网架结构也存在多数变形、节点变形等现象。

根据以上检测及网架构件承载力计算结果，本次火灾对加油站高温区的网架结构构件构成重度结构损伤，结构安全性不满足鉴定标准的要求；对中低温区的网架结构构件构成中轻度结构损伤，结构安全性低于或略低于鉴定标准的要求。

3.3　网架结构整体性

该加油站网架结构为正放四角锥空间网架结构，采用4个空间节点支承。现场检测表明，(5－7)－(N－Q)轴支承节点处在本次火灾的高温区，(15－17)－(N－Q)轴、(5－7)－(G－E)轴支承节点处在本次火灾的中温区，而本次火灾对高温区的钢结构网架构成重度结构损伤，对中温区的钢结构网架构成中度结构损伤，即网架结构4个支承节点有一个已受到重度损伤，2个受到中度损伤。网架结构是一个空间结构体系，各杆件相互整体受力，相互平衡制约，部分杆件的变形、失稳将对整个网架结构杆件内力分布、稳定产生重要影响。现网架结构4个支承节点中有一个支承节点因火灾造成重度损伤，2个支承节点造成中度损伤，将危及整个网架结构的安全性。该网架结构的安全性等级评定为D_u级。

4　损伤修复方案

对支承柱表面混凝土的细小裂缝，先用压力水冲洗干净，再用环氧树脂封闭处理。对个别较宽裂缝，在裂缝两侧先凿成V形，再冲洗干净后用环氧树脂修复。

对重度结构损伤的网架结构采取拆除重做处理措施，对中轻度损伤的网架结构采取修复加固处理措施，对节点焊缝缺陷、螺栓松动、螺栓变形采取加强焊接、重新拧紧及校直螺杆措施。

对网架结构重新涂以防火涂料，未加保护的钢结构在火灾温度作用下，只需15min便失效，而钢材涂以防火涂料后，涂层起了屏蔽作用，阻止热量向钢基材传递，延缓了钢材升温速度，从而提高了钢结构的耐火极限。

5　结论

火灾后的建筑损伤鉴定，首先调查现场可燃物的品种、数量及燃烧时间，进而推断出建筑物的受火温度及温度场区域；同时对一些构件材料性能进行定量检测，然后根据现状勘察情况评估构件的损伤情况；结合建筑物的结构验算，构件的剩余承载能力分析，结构整体性分析，最后确定结构安全等级，并提出结构加固处理方案。本文通过对网架结构的支承柱、网架结构构件及连接节点等方面对火灾后的网架结构进行损伤鉴定，为同类工程检测鉴定提供参考。

参考文献

[1] 袁海军，姜红．建筑结构检测鉴定与加固手册［M］．北京：中国建筑工业出版社，2003.

某小学教学楼抗震鉴定及加固设计

秘 星 李天勋 尚中锋

山东省建筑科学研究院，济南，250031

【摘 要】 本文对建成于20世纪80年代的砖混结构小学教学楼的工程质量和抗震性能进行检测鉴定，按照现行抗震设计规范的要求验算分析其抗震性能，并提出了加固设计方法。

【关键词】 教学楼，抗震鉴定，加固设计

1 工程概况

山东省济宁市某小学校教学楼建成于1984年，三层砖混结构，层高3.5m，东西方向长68.21m（中间设有一道伸缩缝），南北方向宽8.54m。该教学楼墙下条形基础采用毛石砌筑，楼、屋面板采用预制空心板，现浇混凝土构件设计采用200号（C18）混凝土，砌体采用普通黏土烧结砖和混合砂浆砌筑。

该教学楼已建成使用20多年，没有抗震构造措施，需要按照《建筑抗震鉴定标准》(GB 50023—2009)[1]进行抗震性能的安全性鉴定。首先，依据《建筑结构检测技术标准》(GB/T 50344—2004)[2]对原有建筑的工程质量进行现场检测，根据检测结果验算分析其抗震性能，再提出安全、经济、适用的加固设计方法。

2 现场检测

2.1 结构布置情况

该教学楼现保存的只有部分设计图纸，图纸中缺少圈梁和构造柱布置、梁截面尺寸等内容，经现场检查，该教学楼各楼层均未设置圈梁和构造柱。教学楼平面如图1所示。

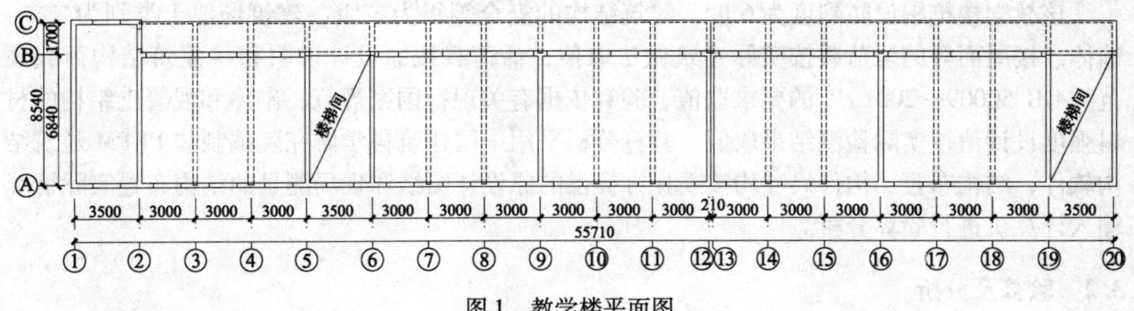

图1 教学楼平面图

2.2　混凝土强度

依据《回弹法检测混凝土抗压强度技术规程》(DBJ 14—026—2004)[3]和《钻芯法检测混凝土抗压强度技术规程》(DBJ 14—029—2004)[4]，采用钻芯修正回弹法对教学楼的混凝土强度进行现场随机抽查检测。取芯混凝土抗压强度对应回弹的平均修正值为3.6MPa，批量评定的混凝土抗压强度推定值为20.6MPa，满足原设计C18的要求。

2.3　砌筑砂浆强度

依据《回弹法检测砌筑砂浆强度技术规程》(DBJ 14—030—2004)[5]，采用回弹法对该工程的砌筑混合砂浆强度进行了现场随机抽查检测。每层作为一个检测批，按批评定砌筑砂浆强度。经检测，该工程一、二、三层的砌筑砂浆强度推定值分别为1.44MPa、1.07MPa、0.97MPa，不满足《建筑抗震设计规范》(GB 50011—2001)[6]第3.9.2条砌筑砂浆强度等级不应低于M5的要求。

2.4　砖强度

依据《建筑结构检测技术标准》(GB/T 50344—2004)[2]，采用回弹法对该工程的砖强度进行了现场随机抽查检测，将该教学楼作为一个检测批，按批评定的砖强度等级为MU10，满足现行《建筑抗震设计规范》(GB 50011—2001)[6]第3.9.2条砖强度最低不应低于MU10的要求。

2.5　其他

经检查：未发现地基不均匀沉降造成的上部结构开裂、倾斜等异常现象，地基基础正常；未发现梁、板、楼梯等混凝土结构构件有裂缝等异常情况。

3　鉴定分析

3.1　依据条件

依据《建筑抗震鉴定标准》(GB 50023—2009)[1]第1.0.4条关于现有建筑后续使用年限的要求："在80年代建造的现有建筑，宜采用40年或更长"，本次鉴定按照后续使用年限50年考虑，依据《建筑抗震鉴定标准》(GB 50023—2009)[1]第1.0.5条："后续使用年限50年的建筑（简称C类建筑），应按现行国家标准《建筑抗震设计规范》(GB 50011—2001)[6]的要求进行抗震鉴定"。

该教学楼抗震设防烈度为6度，建筑结构的安全等级为二级，建筑场地土类别为二类；墙体、楼屋面等的恒荷载按实际建筑做法取值；活荷载按原设计说明和《建筑结构荷载规范》(GB 50009—2001)[7]的要求取值。验算依据有关现行国家规范，砌体和混凝土结构的材料强度设计值按实际检测结果取值，验算分析采用中国建筑科学研究院编制的PKPM建筑结构软件，结构布置、构件尺寸均按委托方提供的原设计图纸和现场测量的结构布置实际情况输入计算机进行验算分析。

3.2　验算及分析

3.2.1　墙体受压验算

根据检测结果的实际砂浆及砖的抗压强度，对该教学楼承重墙体进行设计荷载情况下的受压承载力验算，经验算，该教学楼一、二层大梁下墙体受压的抗力与荷载效应之比均小于1.0，不满足设计荷载下的受压承载力要求，应进行加固处理。

3.2.2　墙体抗震验算及抗震构造分析

经验算分析，该教学楼墙体抗震的抗力与荷载效应之比均大于1.0，但是缺少圈梁、构造柱等抗震构造措施，不符合《建筑抗震设计规范》(GB 50011—2001)[6]的有关要求，应进行抗震构造方面的加固处理。

依据《建筑抗震设计规范》(GB 50011—2001)[6]第7.3章节关于多层黏土砖房抗震构造措施的有关要求，该教学楼属于横墙较少的外廊式房屋，构造柱应该按表7.3.1中6度五层的情况设置，即在楼梯四角、楼梯段上下端对应的墙体处、外墙四角和对应转角、大房间内外墙交接处、较大洞口两侧、横墙与外纵墙交接处应增设构造柱；圈梁应该按表7.3.3中6度的情况每层均设置并适当加密，即所有墙体均应设置圈梁。

依据《建筑抗震设计规范》(GB 50011—2001)[6]第7.1.7.4条，楼梯间不宜设置在房屋的尽端和转角处，该教学楼东侧楼梯在房屋尽端，应对该楼梯间进行加强处理。

3.2.3　混凝土承重构件分析

检测的承重梁混凝土推定强度20.6MPa，达到原设计C18的要求，经检查，未发现梁、楼梯等现浇结构构件有结构裂缝等异常情况，依据《民用建筑可靠性鉴定标准》(GB 50292—1999)[8]，不怀疑其可靠性不足，不必进行承载力加固处理；从抗震方面考虑，依据《建筑抗震设计规范》(GB 50011—2001)[6]第7.3.5条的要求，应结合增设圈梁、构造柱的加固措施，加强预制板之间的相互拉结，并与梁、墙或圈梁拉结。

4　加固设计方法

抗震加固应尽量减少对空间使用功能的影响，考虑到教学楼加固完毕后需要继续使用，加固时间选择在暑假期间，加固施工应时间短、方便可行。综合考虑，该教学楼采用下面所述加固方法。

对梁下受压承载力不足的墙体采用双面夹板墙的方法进行加固，同时在梁支撑部位增设暗柱作为抗震构造柱，节点构造大样如图2所示；房屋四角、无走廊的内外墙交接处设置外附抗震构造柱，构造柱与墙体拉结，节点构造大样如图3所示；每层墙体楼面板下设置圈梁，圈梁与构造柱整体浇筑拉结，预制板下贴碳纤维布与圈梁和承重大梁拉结，并能提高预制板的承载力，节点构造大样如图4所示。楼梯间周围墙体采用双面夹板墙加固，楼梯间的四角、楼梯段上下端对应的墙体处增设暗柱作为抗震构造柱，节点构造同大样如图2所示。

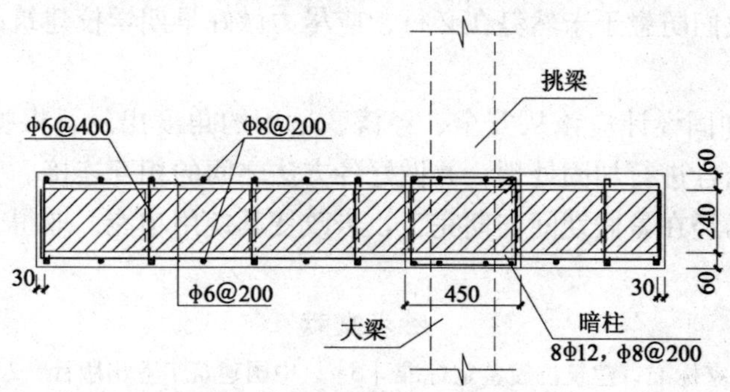

图2　双面夹板墙及暗柱大样图

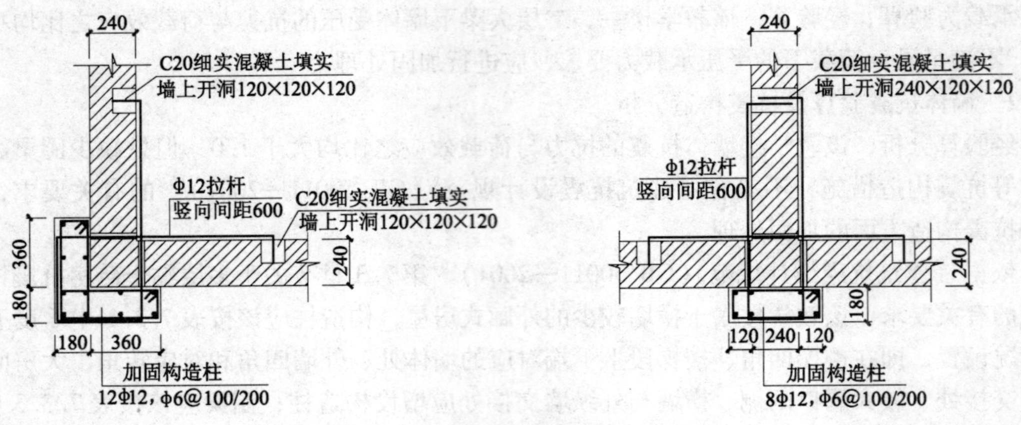

图3　加固构造柱与墙体拉结大样图

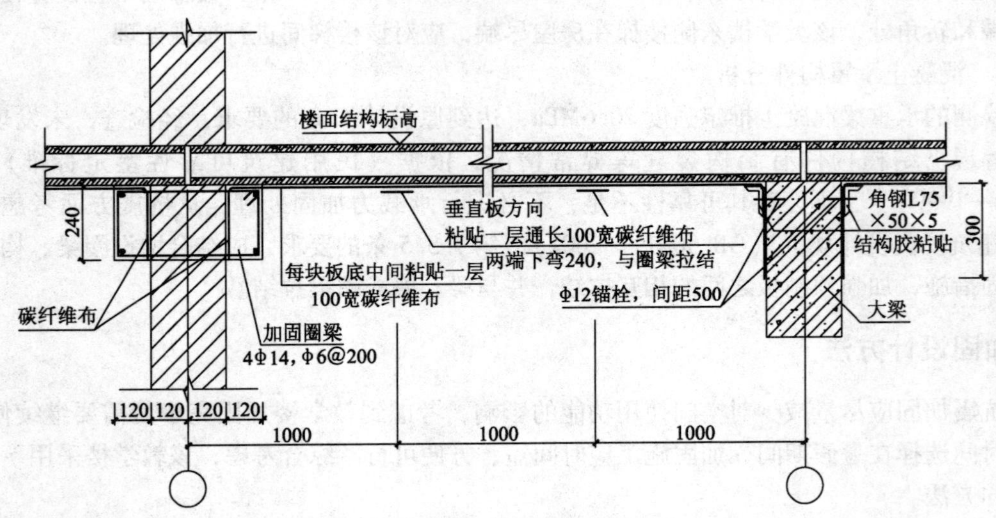

图4　加固圈梁与预制板拉结大样图

5　结语

（1）对该教学楼工程质量检测和鉴定分析的结果表明，建于20世纪80年代的该砖混结构教学楼设计标准低、采用的材料强度低、没有任何抗震构造措施，存在安全隐患。汶川地震的沉痛教训告诉我们防患于未然势在必行，应尽力做好早期学校建筑的抗震鉴定和加固工作。

（2）教学楼的加固设计应该从安全、经济、适用的角度出发，根据不同的结构形式可以采用多种方法相结合进行加固处理，并做好各方法之间的相互连接、受力明确。目前，该教学楼的加固工程已经在暑假期间如期完工，未改变其使用功能，取得了较好的加固效果。

参考文献

[1] 中华人民共和国国家标准．建筑抗震鉴定标准［S］．中国建筑工业出版社，2009.

[2] 中华人民共和国国家标准．建筑结构检测技术标准［S］．中国建筑工业出版社，2004.

[3] 山东省工程建设标准．回弹法检测混凝土抗压强度技术规程［S］．山东省建筑科学研究院，2004.

[4] 山东省工程建设标准．钻芯法检测混凝土抗压强度技术规程［S］．山东省建筑科学研究院，2004.
[5] 山东省工程建设标准．回弹法检测砌筑砂浆强度技术规程［S］．山东省建筑科学研究院，2004.
[6] 中华人民共和国国家标准．建筑抗震设计规范（2008 版）[S]．中国建筑工业出版社，2008.
[7] 中华人民共和国国家标准．建筑结构荷载规范（2006 版）[S]．中国建筑工业出版社，2006.
[8] 中华人民共和国国家标准．民用建筑可靠性鉴定标准［S］．中国建筑工业出版社，1999.

乡镇学校建筑抗震鉴定与思考

廖新雪　王耀伟　曹淑上　杨纪峰　郭双清

重庆市建筑科学研究院，重庆，400015

【摘　要】 对某县15个乡镇302栋中、小学校建筑进行抗震鉴定，总结乡镇中、小学校结构形式组成特点，分析抗震性能差的各种表现。针对砌体结构，提出了砌体置换法、设置体外圈梁、构造柱法、开竖向缝及增设体内构造柱法等加固方法。

【关键词】 学校建筑，抗震鉴定，抗震性能，抗震加固

1　概述

汶川地震后，乡镇中、小学校建筑是否具备足够的抗震能力受到社会普遍关注。国务院办公厅下达了《关于印发全国中小学校舍安全工程实施方案的通知》(国办发〔2009〕34号)，在全国范围内开展中、小学校舍抗震性能普查。2009年7月受某县教育委员会委托，对该县15个乡镇302栋校舍进行抗震性能排查，在总结抗震鉴定基础上，提出适合乡镇学校经济、实用的抗震加固方法。

2　抗震鉴定

所委托检测的302栋建筑，结构形式构成见表1。可见乡镇学校建筑以砖混结构为主，其次是砖木结构和框架结构。砖混结构中又以混凝土空心砌块为主，其次是灰砂砖，再次是页岩砖。建筑结构形式构成体现了山区经济不发达的状况。

表1　结构形式构成统计表

结　构　形　式	房屋数量（栋）	所占比例（%）
土木结构	22	7.3
砖木结构	36	11.9
砖混结构	206	68.2
框架结构	30	9.9
其他结构（主要为砌体和钢混合结构）	8	2.7

作者简介：廖新雪，就职于重庆市建筑科学研究院，工程师，主要从事混凝土结构耐久性研究和建筑结构检测、鉴定，E-mail：77514805@qq.com。

根据文献［1］、［2］对建筑抗震性能评级，分四个等级，好、一般、较差和很差，评定结果表明：框架结构抗震等级较好，一般等级占83.3%，其次是砖混结构，一般等级占42.7%，而土木结构、砖木结构和其他结构一般等级仅占12.1%，很差等级却占75.8%。在所有检测建筑中，较差和很差等级的建筑占60.0%，可见乡镇学校建筑抗震性能低。

对框架而言，主要抗震性缺陷为非结构构件与主体结构连接差，如填充墙与框架柱无拉结筋，女儿墙无构造柱、压顶梁等，另外耐久性不足如钢筋锈蚀导致混凝土开裂，也降低结构抗震承载力。

砌体结构分3种类型，厕所、教学楼和宿舍楼，厕所一般为一层，抗震性能缺陷表现为墙体开裂严重。教学楼一般2~4层，抗震缺陷主要为：①构造措施差，无构造柱、圈梁，纵、横墙无拉结筋等；②平面布置不合理，大开窗导致窗间墙肢过短或导致砖柱形成短柱，门洞离房屋尽端的距离不满足规范要求等；③材料性能差，承载力偏低。宿舍楼一般较高，5~7层，主要抗震缺陷为承载力不足。

至于砖木、土木结构和其他结构，1~2层，抗震缺陷主要为年久失修，木结构受腐，土墙风化，承载力和耐久性低。

3 抗震思考

根据抗震鉴定结果分析可知，乡镇学校建筑抗震性能普遍低下，采取何种措施提高或改善学校抗震性能，是值得思考的问题。在现场调查基础上，综合经济性、实效性和可操作性，本文提出如下建议：

（1）对土木和砖木结构，年代久远，承载力和耐久性低，体量小，抗震加固价值不大，可考虑拆除重建。

（2）对框架结构，重点是结构耐久性问题，防止因耐久性失效而降低抗震性能。

（3）砌体结构量大面广，应区别对待：

①1~2层房屋，主要是厕所等生活用房，影响抗震性能主要是墙体开裂，可采用置换法进行处理，如图1所示。该方法费用少、对设备要求低，操作性强。

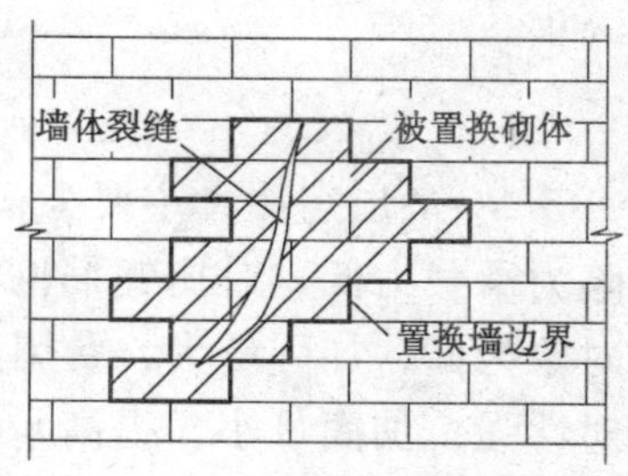

图1 墙体裂缝加固

②3~4层房屋，主要是教学及办公用房，典型平面布置如图2所示，主要缺陷为无圈梁构造柱、窗洞过大导致砖柱为短柱等，分别采用设置体外构造柱和圈梁（见图3）及开竖向缝（见图4）。该方法对原结构损伤小，操作性强，改造后体外构造柱和圈梁围箍效应显著，同时造价较低。

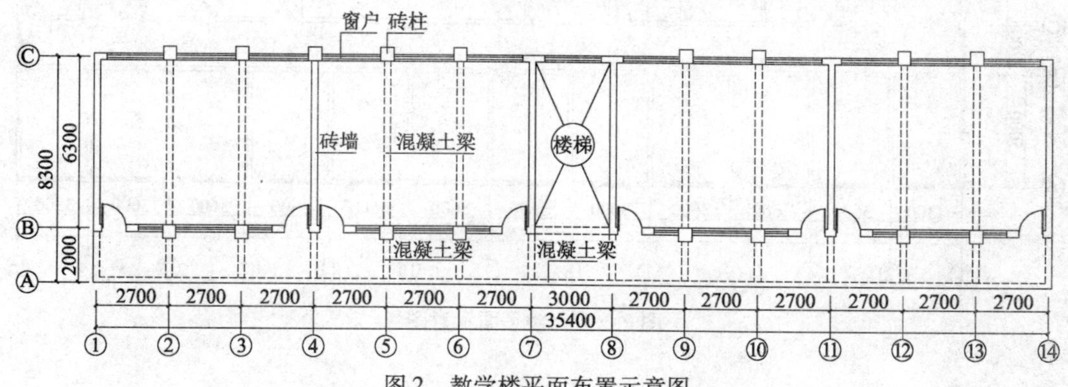

图2 教学楼平面布置示意图

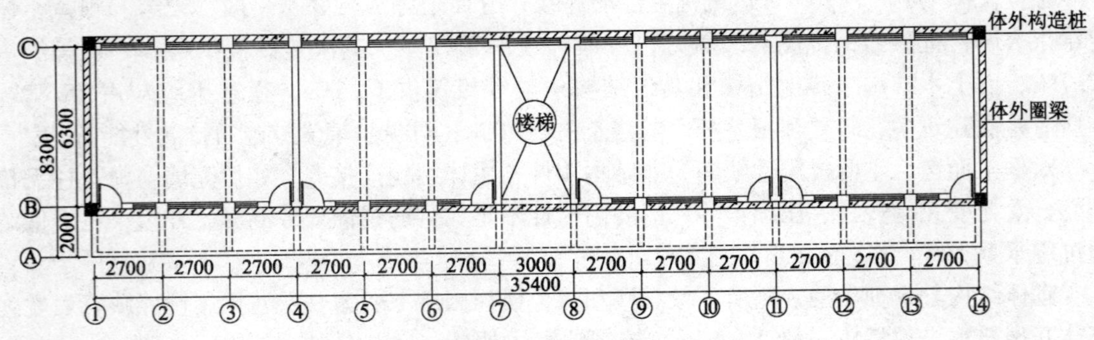

图 3　体外构造柱和圈梁加固示意图

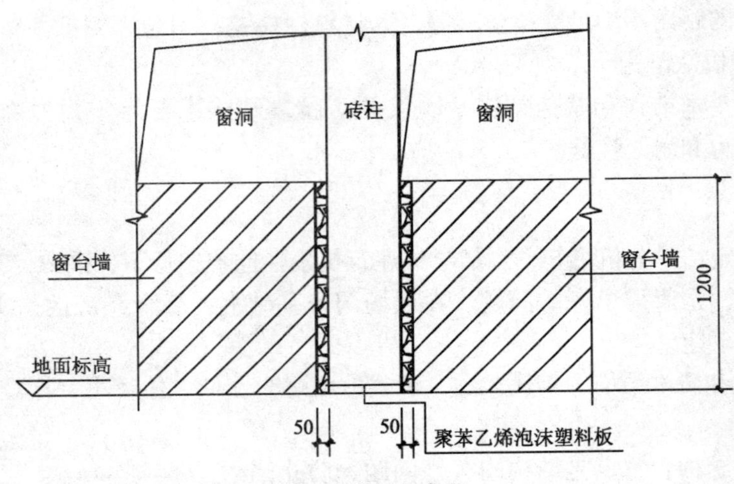

图 4　设置竖向缝

③ 5～7 层房屋，主要为宿舍楼等用房，典型平面布置如图 5 所示，因层数高，主要缺陷为承载力低。对比钢筋网片和构造柱加固法，钢筋网片虽然提高承载力显著，但加固对象为面，加固量大，费用高；构造柱对墙体约束作用可提高承载力，加固对象为点，针对性强，加固量小，提高承载力幅度适中，费用低。单片墙体构造柱加固法如图 6 所示。

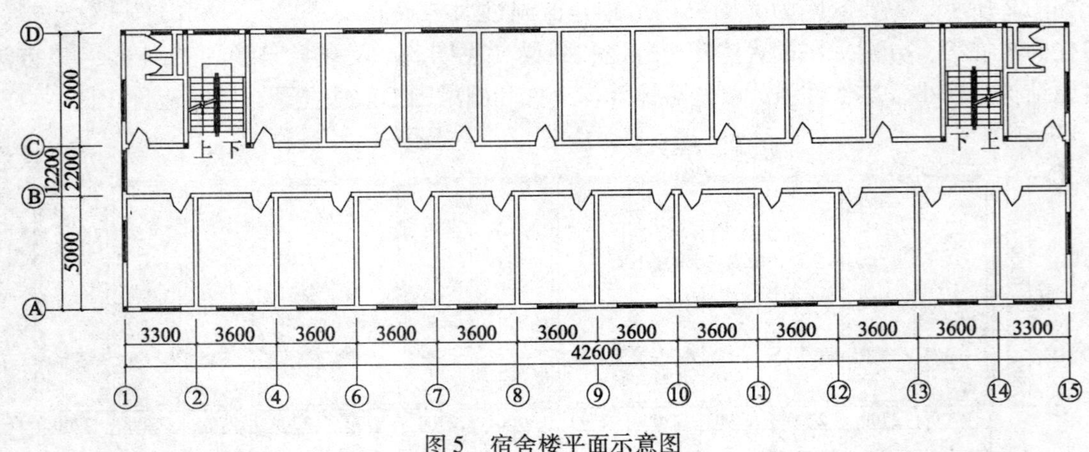

图 5　宿舍楼平面示意图

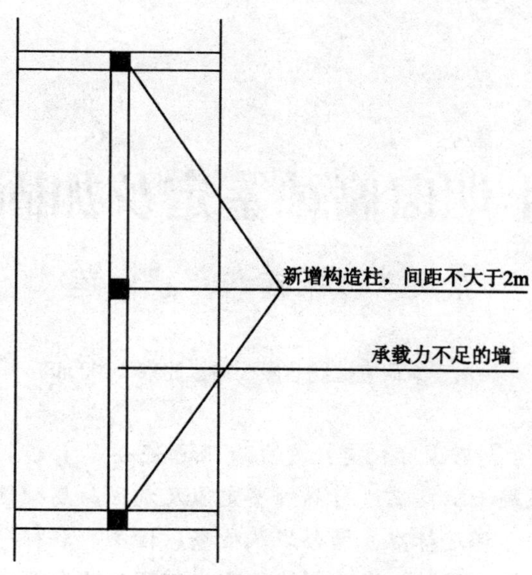

图6 构造柱加固法平面示意图

4 结语

由于历史原因，乡镇中、小学校建筑抗震性能低，不可能全部拆除重建，必须通过抗震加固提高或改善抗震性能。针对砌体结构特点，本文提出砌体置换法、体外圈梁构造柱法、开竖向缝法及设置构造柱法等，这些方法具有经济性、可操作性及实效性，对经济落后的乡镇学校加固不无裨益。

参考文献

[1] GB 50011—2001. 建筑抗震设计规范［S］.
[2] GB 50023—2009. 建筑抗震鉴定标准［S］.

钢筋混凝土烟囱腐蚀鉴定及加固技术研究

张文革 朱丽华 严红莲

中冶建筑研究总院有限公司，北京，100088

【摘　要】　本文以内蒙古大唐国际托克托发电有限责任公司Ⅰ期烟囱为工程实例。阐述了电厂脱硫改造后，钢筋混凝土烟囱需进行腐蚀鉴定以及加固防腐处理。根据多年经验得出的一套单筒烟囱现状防腐综合评定标准，结合现状检查、检测、取样探查、试验室分析及计算分析，综合评定烟囱的等级。同时，本文阐述了现在常用的几种烟囱防腐方法。最后，根据烟囱的综合评定结果，提出相应的加固方案及防腐措施。

【关键词】　钢筋混凝土烟囱，腐蚀鉴定，现场检测，加固

1　引言

目前，我国二氧化硫年排放量大大超出环境自净能力，近三分之一国土面临酸雨污染严重的现实，而燃煤造成的二氧化硫是大气中二氧化硫的主要来源，大约占大气中二氧化硫总量的80%～90%，而燃煤电厂的排放占其中的24.8%。因此，经国务院批准，国家环保总局和国家发改委将采取多项措施进一步加强燃煤电厂二氧化硫污染的防治。规定2000年以后批准建设的新建、改建和扩建燃煤电厂（西部燃用低硫煤的坑口电站除外），应限期在2010年之前建设脱硫设施。2000年前批准建设的燃煤机组，二氧化硫排放超过标准的，应限期建设脱硫设施。燃煤电厂进行烟气脱硫以后，减少了对大气污染物的排放，但是，对烟囱本身的腐蚀却在加剧。使用一段时间后，烟囱遭到腐蚀损伤。为保证其后继使用的安全性，需进行可靠性鉴定，并提出相应的处理意见。

在工程检测与加固的过程中，对受损工程结构现有状况进行科学的准确评估是至关重要的环节。对其可靠性鉴定方法原理的合理选取与运用，直接关系到检测结果的真实性以及加固处理的安全性与经济性。本文根据工程实例，阐述运用于钢筋混凝土烟囱受腐蚀后的承载能力检验评估方法以及腐蚀鉴定，并提出相应的加固处理方案。现场检查、结构验算与试验分析相结合，设计规范与实践经验相结合为原则，有较强的实用价值。

作者简介：张文革，硕士，教授级高工；

朱丽华，硕士，高级工程师；

严红莲，硕士，助理工程师，yanhonglian720@.126.com。

2　工程概况

内蒙古大唐国际托克托发电有限责任公司Ⅰ期烟囱始建于2003年，烟囱高240m，底部0~110m范围内外筒壁坡度8.1%，内部设置有内筒，内筒外壁坡度0.981%，外筒110~240m范围内，坡度0.33%。外筒下部直径31172mm，上部直径10940mm；内筒下部直径13000mm，上部直径10940mm。烟囱中部105m标高、170m标高和顶部234m标高处设置有信号平台。烟囱运行条件：

（1）2台600MW机组共用，两侧钢烟道，设有隔烟墙；

（2）锅炉容量2×2008t/h；采用静电除尘，除尘器型号2F480—5；

（3）原设计烟气温度130℃，脱硫改造后不设GGH，正常情况下约40℃~50℃。

原设计未考虑烟气脱硫，为响应原国家环保总局关于火力发电厂脱硫改造的要求，减少烟气对环境的污染，Ⅰ期烟囱于2007年6月进行脱硫改造，并于2007年8月开始投产运行。经过一年多的运行，烟囱内壁防腐蚀层已产生腐蚀损伤，烟气内的酸液从烟囱施工时混凝土内对拉螺栓处流出，大量的酸液结晶物从烟囱外壁流出，导致烟囱外壁、检修平台层、爬梯严重污染。为防止烟气对烟囱结构的进一步腐蚀损伤，拟对烟囱进行全面的防腐处理。为了配合防腐施工的进行以及为防腐方案制定提供依据和指导，对Ⅰ期烟囱腐蚀情况进行全面的检测鉴定，提出鉴定结论和处理意见，制定防腐方案、防腐施工及改造工程方案。

3　工程检测鉴定

3.1　鉴定标准

烟囱结构作为一种构筑物，依据《工业建筑可靠性鉴定标准》(GB 50144—2008)，应划分为构件、结构系统、鉴定单元三个层次。其中，结构系统和构件两个层次的鉴定评级，应包括安全性等级和使用性等级评定，需要时可由此综合评定其可靠性等级；安全性分四个等级，使用性分三个等级，各层次的可靠性分四个等级。

《工业建筑可靠性鉴定标准》(GB 50144—2008）对于烟囱结构的评定侧重于可靠性方面，考虑到烟囱防腐检测的实际特点，根据多年烟囱检测经验，综合《工业建筑可靠性鉴定标准》(GB 50144—2008）及多年来进行烟囱检测的实际经验，总结出一套烟囱现状防腐综合评定标准，该标准根据烟囱的运行条件、裂缝情况、实际承载力、腐蚀情况等多个方面对烟囱进行评定，采用百分抵扣制，满分100分，每个指标根据其权重设置不同的评分档，对不同的缺陷状态进行不同程度的减分，最终得到烟囱的现状综合评分（表1）。

表1　单筒烟囱综合评定标准

序号	评价项目	扣　分　标　准
1	使用年限	5年以内0分，超出1年递增1分
2	自然环境	Ⅱ类环境以上0分，Ⅲ类环境1分，Ⅳ类以下3分
3	运行条件	负压0分，正压但在规范允许范围内1分，超出规范允许范围3分
4	烟气温度	在设计允许范围内，且高于结露点0分，最高温度超出允许范围1分，低于结露点3分
5	裂缝情况	最大裂缝宽度0.5mm以内0分，0.5~2mm之间5分，超过2mm以上10分

续表

序号	评价项目	扣　分　标　准
6	烟气腐蚀性	非腐蚀性 0 分，弱腐蚀性 1 分，强腐蚀性 3 分
7	防腐层	防腐层完好 0 分，局部破坏 5 分，大面积破坏或未设防腐层 15 分
8	筒壁腐蚀深度	3mm 以下 0 分，3 ~ 5mm 之间 5 分，5mm 以上 10 分
9	内衬破坏程度	基本完好 0 分，局部破坏 5 分，大面积破坏 10 分
10	环向筋配置	满足现行规范要求 0 分，基本满足规范要求 5 分，严重不满足规范要求 10 分
11	实际承载力	满足现行规范要求 0 分，满足基本荷载组合但不满足地震作用组合要求 30 分，基本荷载组合不满足 50 分
12	整体倾斜	倾斜评级 a 级 0 分，倾斜评级 b 级 5 分，倾斜评级 c 级 10 分，倾斜评级 d 级 20 分
13	附属设施	附属设施基本完好 0 分，轻微损坏 2 分，损坏较严重 5 分

满分 100 分，根据各项符合程度扣分，按照最终得分评定其等级：

A 级：80 ~ 100 分，烟囱现状较好，可以继续正常运行。

B 级：60 ~ 80 分，需对筒壁进行一定的加固维修、对内衬进行修复，防腐层可能需更新。

C 级：0 ~ 60 分，需立刻对烟囱进行加固维修、对内衬进行修复，防腐层必须更新。

3.2　现场检测鉴定

现场检查包括原始资料调查、地基基础检查、烟囱壁现状检查、防腐系统检查、附属系统现状检查、内衬检查；为辅助检查及检测工作的进行，对烟囱进行破损取样。分别进行混凝土碳化检测、混凝土强度检测、钢筋位置及保护层厚度检测、钢筋锈蚀检测、构件尺寸复核、内衬陶粒砌块强度检测、腐蚀深度检测、烟气湿度检测；氯离子含量检测、腐蚀产物分析、筒身倾斜检测、红外热像分析、周围环境条件检测等。

由于烟囱存在运行过程中，本次检测采用破损取样检测和无损检测相结合的方法。破损取样检测指沿烟囱全高钻取全壁厚芯样，然后分析观察内部内衬破坏腐蚀情况，并进行试验室分析。取样包括内筒、外筒直接接触烟气的所有部位，每 20m 钻取一个芯样。无损检测法指借助红外热像仪，对烟囱进行红外热像分析，确定内衬及保温层的破损情况，内筒取样位置、外筒取样位置、红外热像检测结果如图 1 ~ 图 3 所示。

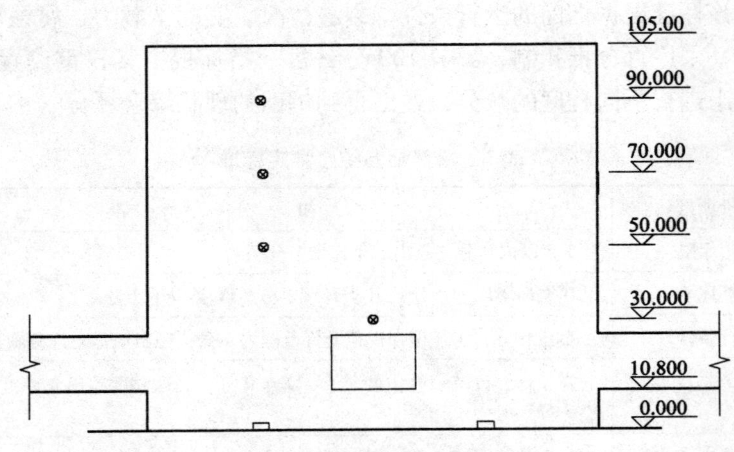

图 1　内筒取样位置示意图

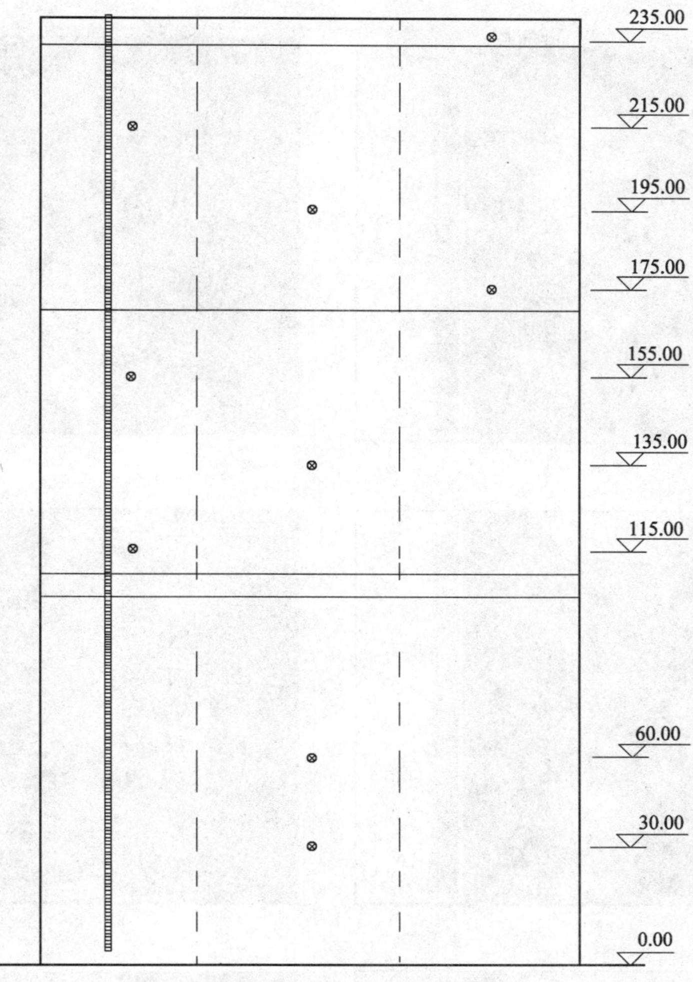

图 2　外筒取样位置示意图

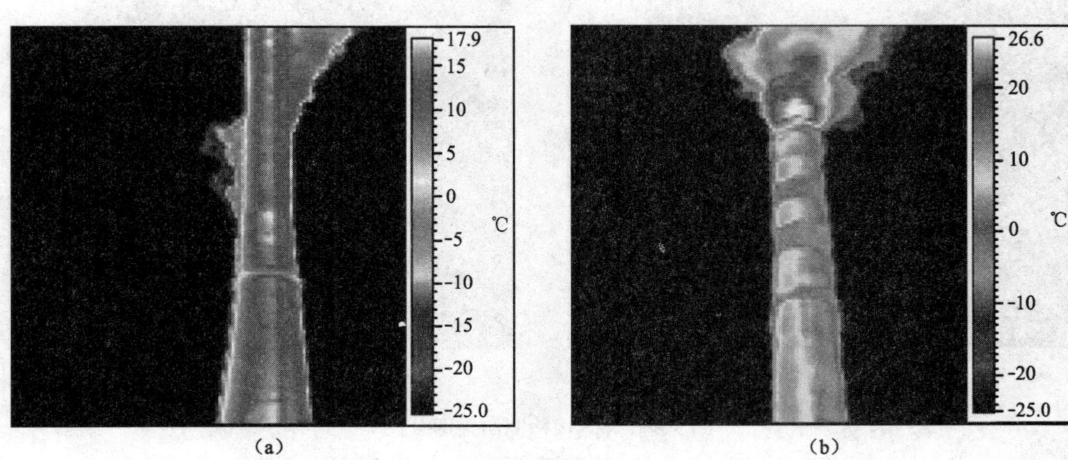

图 3　红外热像检测结果图（一）

（a）西侧观测点；（b）南侧观测点图一；（c）南侧观测点图二；
（d）南侧观测点图三；（e）东偏南观测点图一；（f）东偏南观测点图二；
（g）东侧观测点图一；（h）东侧观测点图二；（i）东侧观测点图三；
（j）西偏北观测点图一；（k）西偏北观测点图二

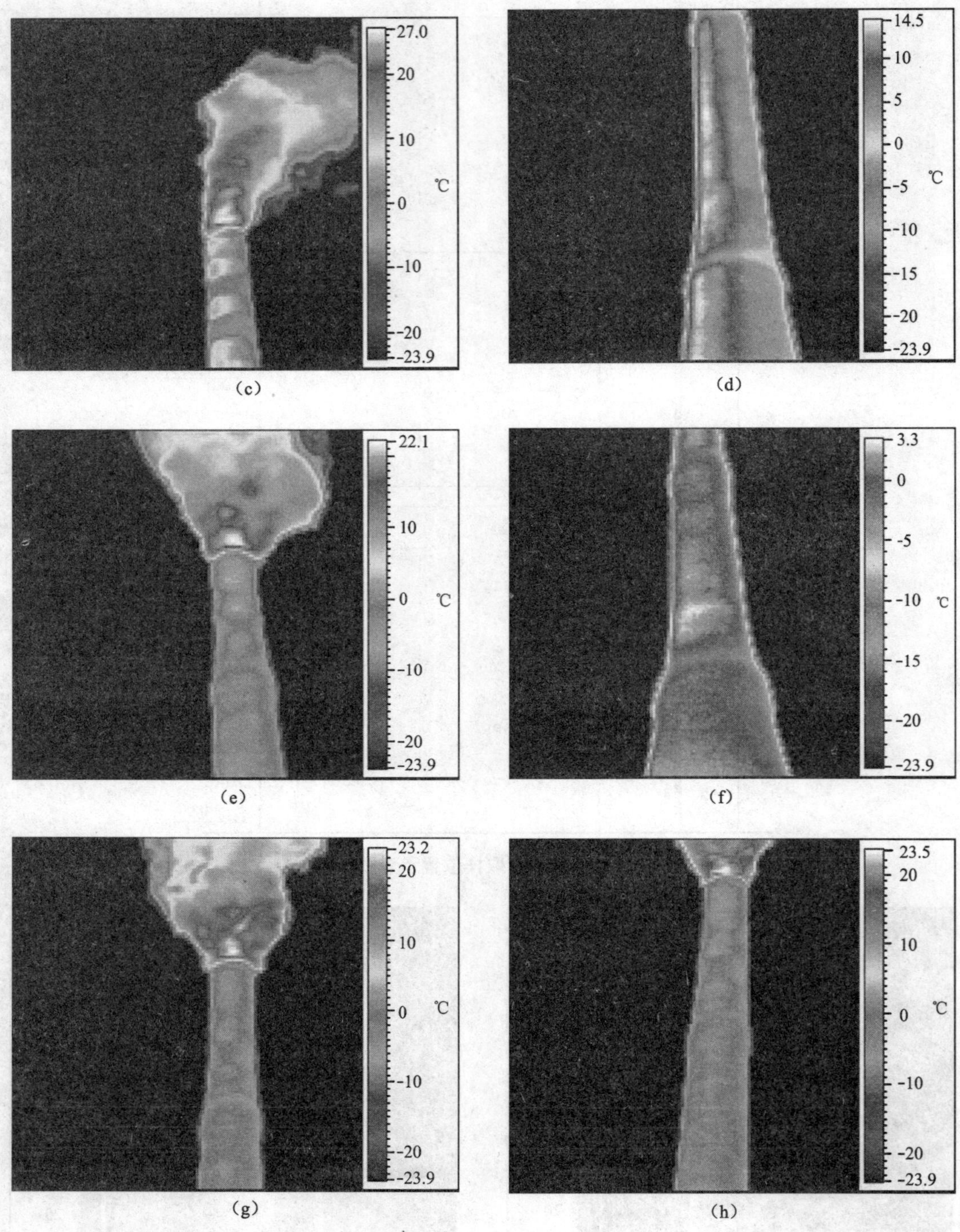

图3　红外热像检测结果图（二）

（a）西侧观测点；（b）南侧观测点图一；（c）南侧观测点图二；
（d）南侧观测点图三；（e）东偏南观测点图一；（f）东偏南观测点图二；
（g）东侧观测点图一；（h）东侧观测点图二；（i）东侧观测点图三；
（j）西偏北观测点图一；（k）西偏北观测点图二

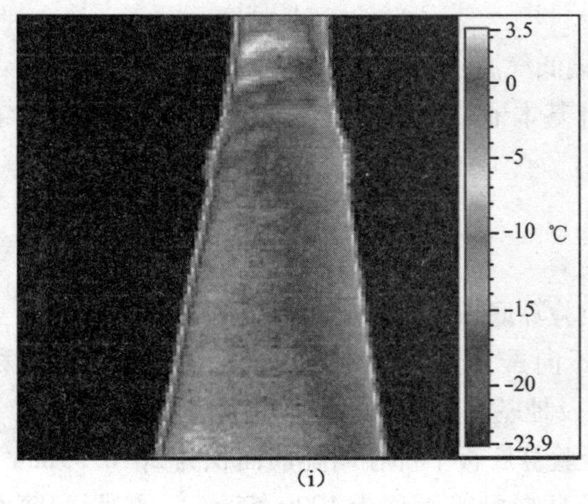

(i)

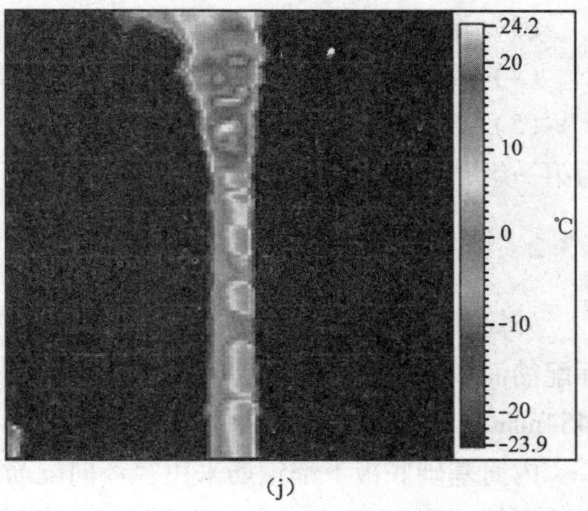

(j)

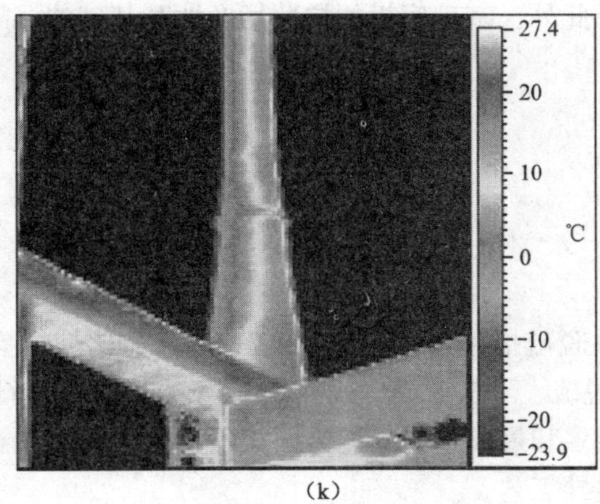

(k)

图3　红外热像检测结果图（三）

(a) 西侧观测点；(b) 南侧观测点图一；(c) 南侧观测点图二；
(d) 南侧观测点图三；(e) 东偏南观测点图一；(f) 东偏南观测点图二；
(g) 东侧观测点图一；(h) 东侧观测点图二；(i) 东侧观测点图三；
(j) 西偏北观测点图一；(k) 西偏北观测点图二

3.3　结构验算分析

3.3.1　计算说明

考虑改造时应增加荷载，以烟囱内壁增加荷载30kg/m^{2}为设计依据，对现有结构承载能力进行验算。本次验算分析根据破损极限状态对结构构件进行验算分析，方法要点如下：

(1) 截面混凝土抗压强度按检测评定结果取值；

(2) 钢筋布置结合现场检测综合推定；

(3) 沿用现行混凝土设计规范中的基本假定；

(4) 结构构件截面按实际有效截面考虑；

(5) 结构验算分析综合考虑了结构工艺改变荷载变化等因素。

荷载种类和取值：

(1) 恒载：包括烟囱筒壁自重、内衬、保温层自重等；

（2）活荷载：包括平台活荷载等；

（3）温度作用：入口烟气温度为130℃；

（4）夏季极端最高气温38.4℃，冬季极端最低气温：－36.3℃；

（5）地震作用：抗震设防烈度为7度，设计基本地震加速度值为0.10g，设计地震分组为第一组，建筑场地类别II类。

3.3.2 地基基础验算

外筒基础底板下部钢筋采用径环向配筋，经验算底板下部径向配筋面积为2070mm^2，实际配筋面积2700mm^2，满足要求。底板下部环向配筋面积为1929mm^2，实际配筋面积2454mm^2，满足要求。此外，基础底板的抗冲切及地基基础的沉降均满足规范要求。

内筒基础底板下部钢筋采用径环向配筋，经验算底板下部径向配筋面积为2070.59mm^2，实际配筋面积2463.2mm^2，满足要求。底板下部环向配筋面积为1029.55mm^2，实际配筋面积1900mm^2，满足要求。此外，基础底板的抗冲切及地基基础的沉降均满足要求。计算模型简图如图4所示。

4 烟囱腐蚀评价

4.1 脱硫对烟囱的影响

对燃煤电厂烟气采取脱硫措施（简称“FGD”），目前比较成熟的脱硫工艺主要有石灰石-石膏湿法脱硫、干法脱硫、海水脱硫等。其中石灰石-石膏湿法脱硫是当今世界各国应用最多和最成熟的工艺，国家电力公司将湿法石灰石脱硫工艺确定为火电厂脱硫的主导工艺。

烟气经过脱硫后，虽然烟气中的二氧化硫的含量大大减少，但是，洗涤的方法对除去烟气中少量的三氧化硫效果并不好，约20%左右。烟气脱硫后，对烟囱的腐蚀隐患并未消除；相反地，由于经湿法脱硫，烟气湿度增加、温度降低，烟气极易在烟囱的内壁结露，烟气中残余的三氧化硫溶解后，形成腐蚀性很强的稀硫酸液，使腐蚀状况进一步加剧。

脱硫烟囱内的烟气有以下特点：

（1）烟气中水分含量高，烟气湿度很大；

（2）烟气温度低，脱硫后的烟气温度一般在40～50℃之间，经GGH加温器升温后一般在80℃左右；

（3）烟气中含有酸性氧化物，使烟气的酸露点温度降低；

（4）烟气中的酸液的浓度低，渗透性较强。

由于脱硫烟囱内烟气的上述特点，对烟囱结构有如下影响：

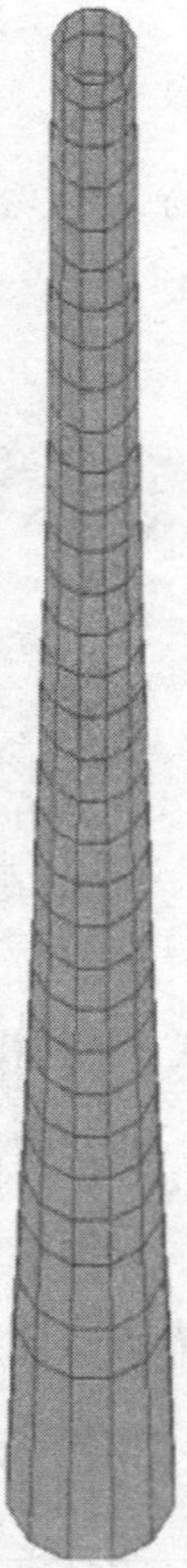

图4 计算模型简图

（1）烟气的温度降低，上抽吸力小，流速就低，容易产生烟气聚集并对排烟筒内壁产生压力。锥形烟囱结构形式（如单筒式烟囱）中的烟气在中上部基本上是处于正压运行状况（图5所示为无GGH的烟囱脱硫前后烟气压力的理论计算结果比较），而等直径圆柱状烟囱（如双管和多管式烟囱中的排烟筒）是负压运行状况。烟气正压运行时，易对排烟筒壁产生渗透压力，加快腐蚀进程。烟气湿度大，含有的腐蚀性介质在烟气压力和湿度的双重作用下，烟囱内侧结构致密度差的材料内部很易遭到腐蚀，影响结构耐久性。

（2）低浓度稀硫酸液比高浓度的酸液腐蚀性更强。

（3）酸液的温度在40～80℃时，对结构材料的腐蚀性特别强。以钢材为例，40～80℃时的腐蚀速度比在其他温度时高出约3～8倍。

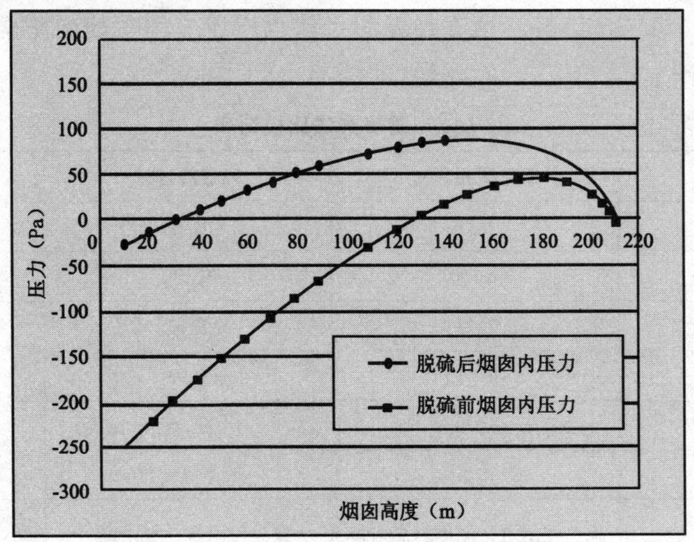

图5　无GGH脱硫前后烟囱内压力比较

因此，脱硫后，烟气性状的变化导致其对烟囱结构的腐蚀性加强，尤其原设计未考虑脱硫的烟囱，其广泛采用的砌体内衬方式，腐蚀现状不容乐观。

4.2　托电Ⅰ期烟囱腐蚀现状

取样探查结果表明，外筒壁110～240m范围内内衬内表面基本完好，腐蚀较轻微，局部存在砌筑胶泥脱落，灰缝不饱满，筒壁结构现状基本完好，局部轻微腐蚀；内筒25.8～105m范围内内衬内表面饱水，潮湿严重，而且表面有积垢挂硫现象，局部存在砌筑胶泥脱落，灰缝不饱满（尤其与保温层连接一侧较普遍），筒壁结构现状基本完好，局部腐蚀，但内侧碳化深度较大。

腐蚀深度检测结果表明，外筒壁110～240m范围内内衬腐蚀深度在1mm以内，腐蚀速率0.5mm/a（仅按脱硫后时间考虑），筒壁结构局部腐蚀深度在0.5mm以内；内筒25.8～105m范围内内衬腐蚀深度在2mm以内，腐蚀速率1mm/a，筒壁结构碳化较深，局部腐蚀深度在1.5mm以内。由于直接接触腐蚀性烟气，内衬腐蚀速率较快，筒壁由于防腐层的保护，仅局部腐蚀，但一旦防腐层被破坏，腐蚀速率将会大大加快，进而危及结构安全。

4.3　防腐对策及处理意见

按照“国际工业烟囱协会（CICIND）”的设计标准要求，燃煤电厂脱硫烟囱虽然在脱硫过程中已除去了大部分的氧化硫，但在脱硫后，烟气湿度通常较大，温度很低，且烟气中单位体积的稀释硫酸含量相应增加。因而，处于脱硫系统下游的烟囱，其烟气通常被视为“高”化学腐蚀等级，即强腐蚀性烟气等级，因而烟囱应按强腐蚀性烟气来考虑烟囱结构的防腐系统。

根据脱硫特点，目前广泛使用的防腐方案有钢内衬、玻璃钢内衬、鳞片树脂内衬、硼酸砖内衬以及复合涂料。第一、第二种方法需要拆除原有的内衬和保温层，施工周期长，成本高，内、外筒之间通常还需留有检修平台，需对烟囱结构进行较大的改动，改造难度大，工序复杂。第三、第四、第五种方法目前也广泛应用在烟囱防腐实际中，其综合比较见表2所示。

表2　防腐方法比较列表

	鳞片树脂内衬	硼酸砖内衬	复合涂料
防腐性能	良好	良好	很好
耐温性能（℃）	≤160	≤300	≤200
耐磨、冲刷性能	较好	良好	很好
使用寿命（a）	10~15	≥20	≥30
施工周期（d）	≤70	≤80	≤60
维护	工作量大	一般不需要维护	基本不需要
缺点	施工较困难，温度过高可能烧蚀破坏其结构	施工较困难，要求高，砖有可能脱落	国内应用实例少，费用高

经综合比较，对于托克托电厂Ⅰ期烟囱，以采用硼酸砖内衬（泡沫玻璃砖）为最理想方案，既可以满足防腐要求，又兼顾经济性和方便实际操作。

5　烟囱防腐检测最终结论及处理意见

5.1　烟囱检测最终结论

根据对托克托电厂Ⅰ期烟囱的现状检查、检测、取样探查、试验室分析及计算分析，得可靠性鉴定结论及防腐综合评定结论如下（表3）：

根据《工业建筑可靠性鉴定标准》(GB 50144—2008)，大唐国际托克托发电有限责任公司Ⅰ期烟囱极不符合国家现行标准规范对可靠性的要求，影响整体安全，必须立即采取措施。其不满足规范的主要方面是：外筒壁110~175m范围内外筒壁环向钢筋的实际配置不满足事故工况下的温度荷载要求；脱硫改造后，烟气的特点导致原有内衬等防护系统不能满足防护要求。

根据我院的烟囱现状综合评定标准，在现状条件下，托克托电厂Ⅰ期烟囱的综合评定等级为C级，即存在一定的问题影响烟囱的正常安全运行，局部需立即进行加固处理，尤其防腐系统必须更新。

表3　托克托电厂Ⅰ期烟囱检测综合评定

序　号	评　价　项　目	减　扣　分　数
1	使用年限	-1
2	自然环境	0
3	运行条件	-3
4	烟气温度	-3
5	裂缝情况	0
6	烟气腐蚀性	-5
7	防腐层	-15
8	筒壁腐蚀深度	0
9	内衬破坏程度	-7
10	环向筋配置	-10
11	实际承载力	0
12	整体倾斜	0
13	附属设施	-2
14	综合评分	54
15	综合评定等级	C

5.2　处理意见

为保证烟囱结构的安全正常使用，建议采取如下处理措施：

烟囱结构可靠性不满足规范要求，必须对局部缺陷进行修复和加固处理：

（1）外筒110~175m范围内环向钢筋配置不满足事故工况要求，需进行加固处理，可采用环向粘贴碳纤维，或者增设环向预应力钢箍的方法进行加固处理；

（2）对拉螺栓渗漏部位进行封堵。考虑到长期的酸液腐蚀作用，封堵前需对孔洞周围进行彻底清理，清理范围需扩至孔洞周围30mm范围内；

（3）塌陷的信号平台进行局部校正恢复或局部更换；爬梯围栏增设连接部件，使其连成整体；

（4）对积灰平台底部进行清理，将渗漏部位表面疏松混凝土彻底凿除，钢筋除锈，采用防腐砂浆或防腐混凝土进行修补；裂缝部位压力灌浆进行封闭，最后整体涂刷混凝土保护液及防腐涂料；此外，平台顶部增设防水层和防腐层；

（5）内筒内侧碳化深度较大，会影响结构的耐久性年限，建议将来对内衬进行整体更换时，涂刷耐久性涂料和防腐涂料，进行混凝土耐久性处理。

烟囱防腐系统无法满足脱硫后烟气腐蚀性要求，需整体做防腐处理，经综合比较，对于托克托电厂Ⅰ期烟囱，以采用硼酸砖内衬（泡沫玻璃砖）为最理想方案，既可以满足防腐要求，又兼顾经济性和方便实际操作。

参考文献

[1] 莫斯克文 · B. M，伊万诺夫 · M. 等. 混凝土和钢筋混凝土的腐蚀及其防护方法［M］. 北京：化学工业出版社，1988.

[2] 姚继涛. 现有结构可靠性分析的基本方法［D］. 大连：大连理工大学（博士论文），1996.

[3] 国家标准. GBJ 144—90. 工业厂房可靠性鉴定标准［S］.

[4] 国家标准. GB 50068—2001. 建筑结构可靠度设计统一标准［S］.

[5] 国际标准. ISO 2394. 结构可靠性总原则［S］.

[6] P. 普勒—斯特雷克. 混凝土腐蚀破坏的评估与修补［M］. 北京：中国建筑工业出版社，1991.

某多层砌体结构检测鉴定

高海军 撖利平 李志伟

中国建筑科学研究院建筑工程检测中心，北京，100013

【摘 要】本文通过对建造年代久远、图纸缺失的多层砌体结构检测，介绍了砌体结构检测的一般项目，分析总结了这一类型砌体结构检测中常见的不符合规范的构造措施。

【关键词】 砌体结构，填充墙，构造措施

砌体结构是我国房屋工程建设中重要的一种结构形式。从建国以来，我国建设了大量的砌体结构，不少砌体结构房屋已进入了中老年期，所以在国家新的抗震规范的实行下，对这些老房子能不能满足现在规范的要求，能否继续使用必须进行必要的检测鉴定。尤其是年代久远的砌体结构，大部分设计图纸遗失，更加要求检测工作要细致全面。

1 工程概况

某设计院1号楼为纵墙承重的砌体结构，楼板为预制楼板，上有整浇层，建于1956年。整栋楼分为三个部分，西配楼、东配楼及主体楼。1号楼在使用过程中经过多次改造加固，且现有主楼的原施工图和抗震加固图纸由于年代比较早，图纸的内容有些模糊不清，不能准确地表达建筑结构的布置。1号楼平面图如图1所示。

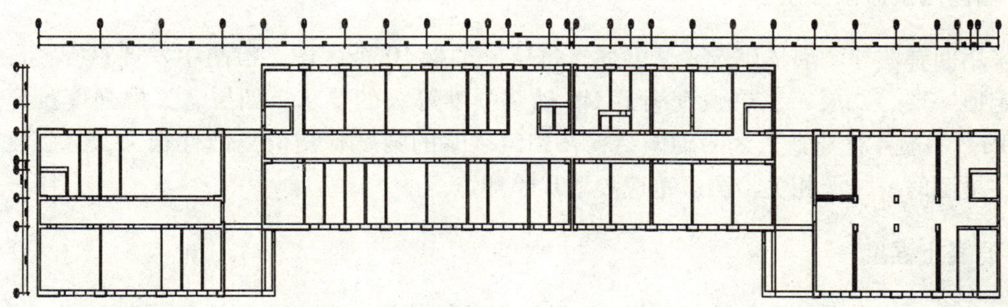

图1 某设计院1号楼平面图

2 检测目的

根据国家标准《建筑结构可靠度设计统一标准》第1.0.3条，已超过规定的50年的设计使用年限，应根据《民用建筑可靠性鉴定标准》(GB 50292—1999）第3.1.1条的要求进行“建筑物超过设计基准期继续使用的”可靠性鉴定。应按《建筑结构检测技术标准》(GB/T 50344—2004）第3.1.3条的要求进行“建筑物超过设计基准期继续使用的”建筑结构现状缺陷和损伤、结构构件承载力、结构变形等涉及结构性能的项目进行检测鉴定。

由于1号楼涉及改造，按照根据《民用建筑可靠性鉴定标准》(GB 50292—1999) 第3.1.1条的要求进行“房屋改造前的安全检查”。还应按《建筑结构检测技术标准》(GB/T 50344—2004) 第3.1.3条的要求进行“建筑物改变用途、改造前的”建筑结构现状缺陷和损伤、结构构件承载力、结构变形等涉及结构性能的项目进行检测鉴定。详细查明本次修改所涉及的结构构件的性质、尺寸以及位置。

3 检测结果

3.1 砌筑用砖强度检测结果

1号楼平面对称，由于房间正在办公，检测区域主要在东、西配楼及主楼的走廊及楼梯间内，考虑到数量较多，采用回弹法检测砌筑用砖强度，每一层抽检10个区域，抽检结果见表1。

表1 各楼层砌筑用砖强度推定值 MPa

层 数	单元回弹平均值	测区最低平均回弹值	砌筑砖强度推定值
一层	43.0	40.3	MU10
二层	40.4	37.4	MU10
三层	41.2	37.6	MU10
四层	40.6	34.6	MU7.5
五层	39.5	33.8	MU7.5

从现场抽样检测结果可知：一层、二层、三层砌筑用砖强度推定值满足MU10强度等级的要求。四层、五层砌筑用砖强度推定值满足MU7.5强度等级要求。

3.2 墙体砌筑砂浆强度检测

采用回弹法检测墙体砌筑砂浆强度，每层楼抽检10个区域，检测中发现整栋楼砂浆强度推定值一层、二层、三层强度满足M5砂浆强度等级的要求，四层、五层强度推定值为4.5MPa。一般年代建造久远的砌体结构，砌筑砂浆的强度检测值离散性很大，且强度分布不均，检测时，按照相关检测规范应要取足检测点。

3.3 混凝土强度

由于东配楼采用的是内框架结构，1号楼在后续使用过程中，新增加了剪力墙，采用回弹结合取芯修正的方法检测原结构东配楼内框架柱及主楼剪力墙的混凝土强度。结构柱及剪力墙的混凝土芯样强度检测结果见表2、表3。

表2 柱混凝土芯样强度检测结果

芯样编号	楼 层	芯样位置	计算强度(MPa)
柱1#	一层	24-C柱	35.8
柱2#	二层	24-B柱	34.5
柱3#	三层	24-B柱	24.5

续表

芯样编号	楼层	芯样位置	计算强度（MPa）
柱4#	三层	24-C柱	38.6
柱5#	四层	23-B柱	28.7
柱6#	四层	23-C柱	37.4

表3 墙混凝土芯样强度检测结果

芯样编号	楼层	芯样位置	计算强度（MPa）
墙1#	一层	20-B-D墙	28.9
墙2#	二层	3-E-C墙	31.1
墙3#	三层	16-E-F墙	23.9
墙4#	三层	20-B-D墙	31.9
墙5#	四层	3-E-C墙	37.8
墙6#	五层	16-E-F墙	35.0

采用回弹法检测柱和剪力墙的混凝土强度，并对检测结果进行钻芯修正。检测结果表明混凝土强度推定值为22.1MPa，满足设计加固图纸中混凝土C20的强度等级要求。受检的新加剪力墙的混凝土强度最小值为23.9MPa。

3.4 加固后钢筋配置检测

根据原设计图纸，后续加固主要包括三个方面：

（1）砖墙加固。1976年唐山大地震后，该楼对砖墙进行了加固，具体做法是加配钢筋网填充混凝土，钢筋配置是双向钢筋网ϕ6@300、穿墙拉结筋是ϕ6@600。通过对加固砖墙检测发现，钢筋实际配置不满足设计要求，加固仅对一层、二层部分墙体进行了加固，穿墙拉结筋锈蚀，填充的混凝土强度低。

（2）新增加了混凝土剪力墙，通过对该建筑房屋普查，原设计是大开间纵墙承重，后续将大开间增加了砖墙、混凝土剪力墙，剪力墙设计为钢筋网竖向筋ϕ6@300，纵墙拉结筋ϕ8@600，通过磁感仪对剪力墙钢筋配置进行检测，检测结果表明，钢筋配置满足设计要求。

3.5 建筑结构现状全面检查

由于该楼图纸缺失，且建造年代久远，后续使用过程中进行过多处加固及变更，我们对1号楼结构体系的核查和房屋总体情况检测分成如下几个部分：结构体系核查、房屋倾斜情况检测、基础沉降差检测、构件外观情况普查。

（1）结构体系核查

结构体系的核查是根据结构设计图纸对结构形式、构造措施和构件的尺寸等情况进行核查，核查包括下述内容：

① 结构层高、房间尺寸等是否与结构设计图纸一致；

② 结构的主要构造措施是否与设计图纸一致；

③ 构件的设置是否与结构设计图纸一致等。

通过对该楼结构体系核查，发现有以下几点问题：

① 与原设计图纸比，承重墙数量增加；

② 部分采用轻质砌块砌筑的隔墙直接砌筑在预制板上；

③ 门窗洞口尺寸改动较大。

（2）房屋倾斜情况检测

建筑物倾斜的检测在建筑物的四个大角进行。建筑物的倾斜测量的作用是为结构安全性和适用性评判的主要参考依据。建筑物的倾斜采用经纬仪和全站仪检测，检测结果见表4，检测位置示意图如图2所示。

表4 房屋垂直度检测结果 mm

检 测 位 置	X，Y方向倾斜量
测点1	8，6
测点2	-7，-5
测点3	-4，6
测点4	-8，-5
测点5	8，-9
测点6	-10，6
测点7	6，9
测点8	5，-8

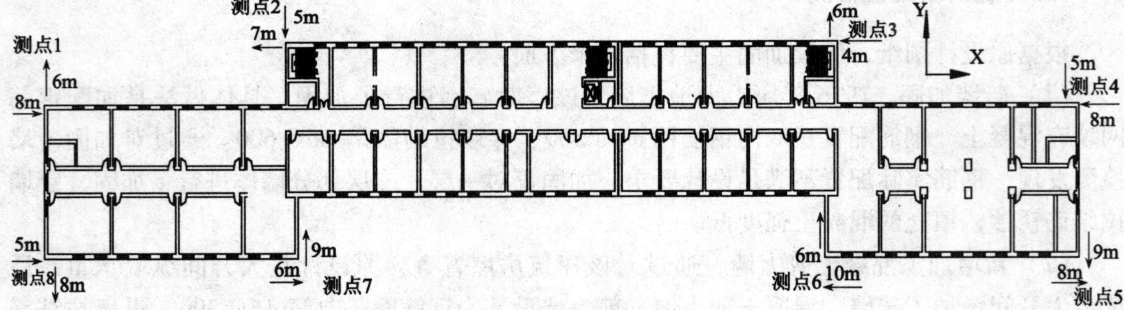

图2 房屋倾斜检测点布置图

从检测结果可以看出，该楼的最大倾斜量为10mm，依据《建筑变形测量规范》(JGJ/T 8—2007）等规范规定，该楼倾斜量满足规范要求。

（3）构件外观情况普查

构件外观状况的普查包括下述检查项目：

① 构件的开裂情况；

② 构件的损伤情况；

③ 构件的缺陷情况；

④ 构件的明显变形情况；

⑤ 构件的构造连接情况；

⑥ 构件的尺寸情况。

一般建筑随着使用年限的增长，结构的耐久性问题、结构设计失误问题、隐藏的结构施工质量问题以及由于不正当的使用问题都会有所显露。对构件外观进行普查，可以及早地发现事故隐患，采取积极的处理措施，减少经济损失。

通过对1号楼的构件外观检测，发现部分墙体出现裂缝、部分窗户附近的墙开裂、女儿墙角部开裂。部分墙体出现腐蚀、粉化、脱落等现象，东西配楼的楼梯间内尤为严重。

图3　东配楼四层楼梯间墙体开裂严重

图4　东配楼女儿墙角部开裂

3.6　结构抗震计算

结构抗震计算是依据检测数据对该楼进行抗震计算，用PMCAD及砌体结构鉴定加固软件按规范体系进行抗震计算，计算结果及安全性鉴定结论如下：

(1) 墙体受压验算结果表明：该楼一层～四层部分墙体抗压承载力不满足规范要求。

(2) 墙体高厚比验算结果表明：该楼墙体高厚比满足规范要求。

(3) 墙体抗震承载力验算结果表明：一层共有10道墙体抗震承载力不能满足规范要求，其中抗力与效应之比小于0.90的墙数为1道；二层共有42道墙体抗震承载力不能满足规范要求，其中，抗力与效应之比小于0.90的墙数为24道；三层共有24道墙体抗震承载力不能满足规范要求，其中抗力与效应之比小于0.90的墙数为19道；四层共有9道墙体抗震承载力不能满足规范要求，其中抗力与效应之比小于0.90的墙数为3道；五层共有1道墙体抗震承载力不能满足规范要求，其中，抗力与效应之比小于0.90的墙数为1道；六层墙体抗震承载力不能满足规范要求。

4　总结

(1) 既有砌体结构检测鉴定一般包括砌筑用砖强度、砌筑砂浆强度、结构普查等项目检测，检测的数据为结构抗震、安全性演算提供依据。

(2) 年代久远的砌体结构检测中，应对结构构件措施是否发生变化、传力途径、构件尺寸、是否进行过加固、加固质量等予以重点检测。尤其是20世纪50～60年代设计施工的老楼，其施工设计图纸由于年代久远，大部分不完整。

(3) 既有砌体结构在后续使用过程中，一般因办公使用等需要，结构布置会变更，增加层数、开间变化、层高变化。检测时，应逐一与设计图纸比对。既要检查增加或减少的构造措施、又要对其措施是否有利进行分析。加固改造时，也应考虑以上因素。

(4) 砌体结构突出屋面部分多未采取抗震措施，现有抗震规范也对局部突出屋面部分的结构连接有着严格的规定。故检测时，应重点检测其构造连接措施是否满足相应规范。

某住宅楼阳台开裂情况鉴定及加固设计

葛树奎[1] 张 帅[2]

1. 辽宁省建设科学研究院，沈阳，110005
2. 沈阳亚太混凝土有限公司，沈阳，110148

【摘 要】 针对由于钢筋保护层过大导致阳台板根部开裂、变形情况，提出了一种外加钢结构框架、改变阳台板受力状态的加固新思路。

【关键词】 阳台板，开裂，加固，钢结构

1 工程概况

某住宅楼建于1980年左右，该楼主体结构为砖混结构，有两个单元，共六层，建筑面积约为2500m²。该楼墙体为黏土普通砖砌筑，采用纵、横墙承重，楼面及屋面为预制楼板，厨房卫生间局部现浇；阳台采用现浇，外挑1.2m，砖砌侧栏板。该住宅楼墙体四角、纵横墙交接处、楼梯间均设置构造柱，逐层设置圈梁。

该楼作为住宅使用多年，目前阳台侧栏板出现开裂、阳台下挠等问题，为确保该楼结构及人员安全，组织了鉴定单位进行了检测、鉴定。

2 检测

2.1 裂缝及变形检测

现场检测发现该楼阳台侧栏板与纵墙间普遍存在开裂情况，开裂形态为上大下小，开裂长度从栏板顶至阳台板面。现场检测1单元顶层侧栏板顶开裂最大，达到60.0mm。

该楼部分阳台板根部存在横向裂缝，裂缝上宽下窄，尚未贯通，宽度约为0.5mm；部分阳台板出现下挠变形，板端下挠变形最大达25.0mm。

2.2 混凝土强度及钢筋检测

经现场检测，阳台板混凝土的现龄期抗压强度为23.1MPa，满足原设计要求。

经对该阳台板的钢筋布置情况进行检测，该阳台板根部负弯矩主筋的保护层厚度普遍为50~60mm，明显超过设计及规范允许的15mm的保护层厚度。

2.3 楼体结构倾斜检测

根据甲方要求，对该住宅楼结构竖向偏斜值进行检测，该建筑四角顶点布点，最大偏斜率为0.34%，尚未达到竖向偏斜变形危险点状态。

3　鉴定

3.1　根据现场检测结果，按阳台板实际混凝土强度及钢筋布置情况进行计算，该楼阳台板现承载能力不能满足要求，其中配筋不足，裂缝宽度超限，计算结果详见表1。

表1　承载力、裂缝宽度、挠度验算结果

项　目	需要配筋面积（mm^2）	裂缝宽度（mm）	挠度（mm）
验算结果	718	0.4	4.3
规范要求或结构现状	561	0.2	$L_0/200=12.0$
满足规范要求否	否	否	满足

3.2　分析认为出现上述问题主要是负弯矩钢筋在施工时踩踏导致该住宅楼阳台板实际主筋保护层过厚，板截面有效高度减小，阳台板承载能力降低，且荷载增大，导致阳台板产生根部结构性开裂。

3.3　根据对住宅楼阳台的检测结果和计算分析结果，鉴定该阳台不满足房屋使用安全性的要求，应停止使用。建议立刻进行加固处理。

4　加固方案设计

该居民楼已经使用近30年，阳台地面普遍已经装修，故采用常规的后浇叠合板钢筋网等方法很不现实，会带来很多的非技术问题。因此应居民及物业管理方的要求，决定采用一种合理的加固处理方案既能满足结构安全要求，还能把加固对居民的日常生活及装饰装修造成的影响和损失降到最低。因此，决定采用在建筑外侧新建钢结构进行加固的方案：

改变阳台板受力特点，对原悬挑阳台在悬挑端部进行支撑，使得原悬挑结构（一端固定，另一端自由）改变为现两端约束结构（一端固定，另一端简支），这样既减小阳台板根部负弯矩M值又减小了端部的挠度f值，有效地改善了原阳台结构的缺陷。但是如此则改变了阳台结构受力特点，造成阳台板下部承受正弯矩，而原阳台结构在板下是不受弯矩作用故仅按构造配置下部钢筋的，所以阳台板下跨中处还需进行抗弯加固。受力模型如图1所示。

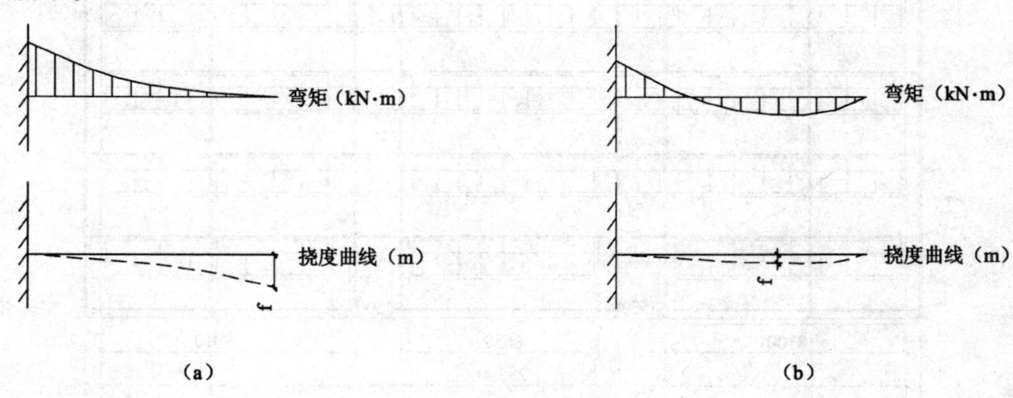

图1　阳台板受力模型

（a）原阳台板（一端固定，另一端自由）；（b）加固后阳台板（一端固定，另一端简支）

5　加固方案实施

根据计算模型，加固设计方案如下：

（1）对于钢框架结构新设柱下独立基础；

（2）对阳台板采用外增钢框架结构来支撑阳台板；

（3）对阳台板板下正弯矩采用粘贴碳纤维布。

该住宅楼加固设计平面、立面布置如图 2 及图 3 所示。该楼于 2008 年经加固后使用至今，阳台板未发现裂缝发展及新增等情况，其加固效果十分理想，证明该加固方案是正确的。

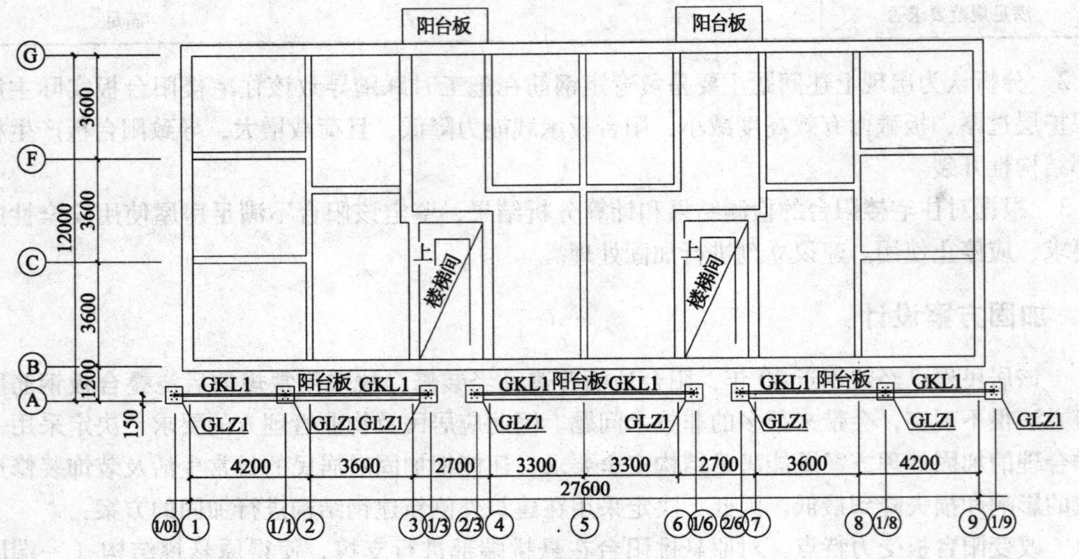

图 2　结构平面布置图

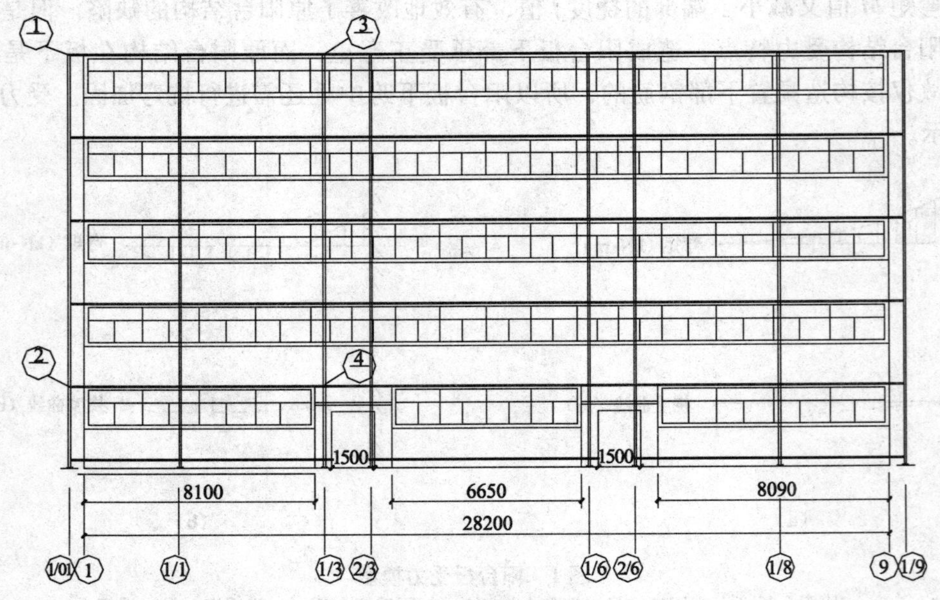

图 3　钢结构立面图

参考文献

[1] GB 50010—2002. 混凝土结构设计规范［S］. 北京，2002，3.
[2] GB 50367—2006. 混凝土结构加固设计规范［S］. 北京，2006，10.

木屋架结构安全性鉴定

常萍萍[1]　张　廼[2]　韩继云[1]　孙　斌[1]

1. 国家建筑工程质量监督检验中心，北京，100013
2. 北京外交人员房屋服务公司，北京，100010

【摘　要】 本文介绍了既有民用建筑和公共建筑物中木屋架结构的可靠性鉴定技术，结合典型工程实例阐述了木结构承载力、连接、构造、变形及稳定性的评定方法。

【关键词】 木屋架，承载力，变形，裂缝

1　既有建筑中的木屋架结构鉴定的必要性

二十世纪五、六十年的民用建筑和公共建筑砖混结构体系中常采用木屋架作为屋顶构件，经过多年使用以后，会出现很多问题，如屋面漏水引起木屋架构件腐朽，环境温湿度原因引起木构件开裂，安全度不足引起杆件或屋架变形等现象。因此需要对木结构的安全性、适用性和耐久性进行检测鉴定，但相比砌体结构、混凝土结构以及钢结构，国内外对木结构的检测方法、鉴定技术的研究相对滞后，国家建筑工程质量监督检验中心近年做过许多木结构建筑物的检测鉴定，在此进行介绍。

2　木结构鉴定项目与验算原则

木屋架结构的可靠性鉴定包括承载能力（强度、稳定、构件长细比），位移或变形，连接、构造（截面削弱、支撑布置，锚固）、裂缝、腐朽和虫蛀等。

木结构或构件的承载能力、变形和连接等验算时，应采用现场实测的材料强度等级，实测的截面尺寸、跨度、高度等几何数据，应考虑不可恢复性损伤的不利影响，如采用截面尺寸中应计入腐朽、虫蛀等造成的损伤范围；作用和作用效应按国家现行标准的规定确定，永久作用应以现场实测数据为依据，可变作用按现行的《建筑结构荷载规范》GB 50009 确定，部分活荷载可根据评估使用年限的情况采用考虑结构设计使用年限的荷载调整系数。

结构和构件内力分析计算可采用符合现行结构设计规范的通用软件，计算模型应符合实际受力与构造状况，且应对结构分析模型中指标或参数进行符合实际情况的调整，在计算作用效应时，应考虑结构位移、尺寸偏差和支座沉降等的不利影响。

3　木结构杆件承载力鉴定

承载能力是指结构或构件不会因强度、稳定等因素破坏所能承受的最大内力；或形成破坏机构时的最大内力；或达到不适于继续承载的变形时的内力。强度是构件截面材料或连接抵抗破坏的能力，强度验算是防止结构构件或连接因材料强度被超过而破坏的计算。

木结构构件承载力验算内容见表1，安全性的要求是验算得到的构件承载力应大于作用效应，或安全系数满足结构设计规范的要求。

表1　木结构构件承载力验算项目

构件类型	验算项目
受拉构件	抗拉强度、长细比
受压构件	抗压强度、稳定性、长细比
受弯构件	抗弯强度、抗剪强度、侧向稳定（需要时）、挠度
拉弯构件	拉弯强度
压弯及偏压构件	压弯强度、稳定性、平面外侧向稳定性（需要时）

长细比是构件计算长度与构件截面回转半径的比值，《木结构设计规范》GB 50005 对受压构件长细比限值是：主要构件（桁架的弦杆支座处的竖杆或斜杆以及承重柱等）长细比限值为120；一般构件长细比限值为150；支撑长细比限值为200。

4　木结构的变形

木结构的变形是指受弯构件的挠度和侧向弯曲矢高以及屋架的出平面倾斜，受压或偏压构件的倾斜和侧向弯曲矢高，应根据现场实测结果按有关规范进行评定。

《木结构设计规范》GB 50005 只对某些受弯构件挠度有规定，跨度≤3.3m 的檩条挠度限值为 $L_o/200$；跨度＞3.3m 的檩条、搁栅和吊顶中的受弯构件挠度限值为 $L_o/250$；椽木挠度限值为 $L_o/150$。

对既有木结构的变形，相关规范规定较多，见表2。

表2　规范标准对既有木结构构件位移或变形限值

规范标准	变形规定	备注
《民用建筑可靠性鉴定标准》GB 50292—1999	主梁＞$L_o/150$；梁侧向弯曲矢高＞$L_c/150$； 桁架挠度＞$L_o/200$；檩条、搁栅＞$L_o/120$； 椽条＞$L_o/100$； 柱或其他受压构件侧向弯曲矢高＞$L_c/200$	不适于继续承载的位移或变形
《古建筑木结构维护与加固技术规范》GB 50165—92	主梁挠度＞$L_o/150$，梁侧向弯曲矢高 $L_c/200$； 屋架挠度＞$L_o/120$，出平面倾斜量＞$L_o/240$； 檩条：跨度≤3.0m 时＞$L_o/100$； 跨度＞3.0m 时＞$L_o/120$； 搁栅挠度＞$L_o/120$，侧向弯曲矢高 $L_c/200$； 椽条 $L_o/100$；木柱侧弯失高＞$L_o/250$； 柱脚腐朽截面面积＞1/5（表面腐朽）； ＞1/7（柱心腐朽）	残损点即不能正常受力、不能正常使用，或濒临破坏的状态
《危险房屋鉴定标准》JGJ 125—99	主梁挠度＞$L_o/150$， 屋架挠度＞$L_o/120$，出平面倾斜量＞$h/120$， 檩条、搁栅挠度＞$L_o/120$， 木柱侧弯失高＞$h/150$；柱脚腐朽截面面积＞1/5	危险构件

5 木结构构件连接

木结构的连接可分为齿连接（又称卯榫连接）、螺栓连接和钉连接。

桁架支座节点采用齿连接时，必须设置保险螺栓。当支座节点齿连接的受剪面存在裂缝时，抗剪承载力降低，应对其承载力进行核算，采取措施处理；当齿槽承压面与压杆端部完全脱开，全截面存在缝隙时，表明该压杆根本没有承受压力，应进行结构杆件受力状态的分析，采取措施处理。

螺栓连接和钉连接时，连接木构件的最小厚度要求大于5～10倍的栓或钉的直径。

螺栓和钉的最小间距应符合《木结构设计规范》GB 50005规定，螺栓和钉的排列有齐列、错列、斜列等，要求符合《木结构设计规范》GB 50005的规定。

6 构造要求

截面削弱限制：杆系结构中的木构件，当有对称削弱时，其净截面面积不应小于构件毛截面面积的50%；当有不对称削弱时，其净截面不应小于构件毛截面面积的60%。在受弯构件的受拉边，不得打孔或开设缺口。

采用木檩条时桁架间距不宜大于4m，方木檩条宜正放，斜放时应按双向受弯构件进行计算。

桁架最小高跨比限值h/l：三角形木屋架高跨比限值为1/5。

支撑：屋架可设上旋横向支撑，跨度较大或有振动时应设垂直支撑。

锚固：檩条与屋架上旋锚固可采用螺栓、卡板、暗销等方式；上旋横向支撑的斜杆应用螺栓与屋架上旋锚固；大于9m跨度的桁架，其支座应采用螺栓与墙或柱锚固。

构件的搁置长度：支撑在山墙上的檩条搁置长度不应小于120mm，搁置在木构件上的长度不应小于60mm。

7 裂缝、腐朽、虫蛀

木构件的干缩裂缝对结构安全影响不大，但是支座与连接处出现的裂缝，如当支座节点齿连接的受剪面存在裂缝时；当齿连接抵承面缝隙的宽度大于1mm且有穿透构件截面宽度的缝隙时；当齿槽承压面与压杆端部完全脱开全截面存在缝隙时；当螺栓和钉孔处木材的裂缝时，对结构的安全影响相对较大，当发现此类裂缝时要进行安全性验算，并采取处理措施。

当发现木结构构件出现腐朽和虫蛀现象，对截面造成一定程度的损伤时，应采取措施处理。

8 鉴定工程实例

8.1 工程概况

某中学办公楼始建于20世纪50年代初，为3层砖混结构，木结构屋面，平面呈矩形，东西向为43.00m，南北向为13.46m，建筑面积约1800m^2。结构平面及木屋架布置见图1，木屋架立面图见图2，南侧屋面外观照片见图3。

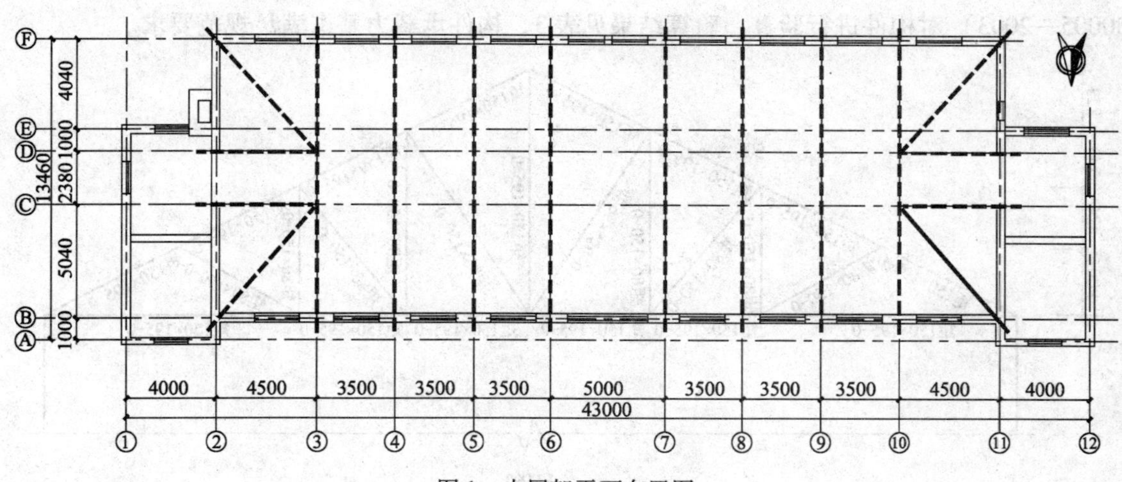

图 1　木屋架平面布置图

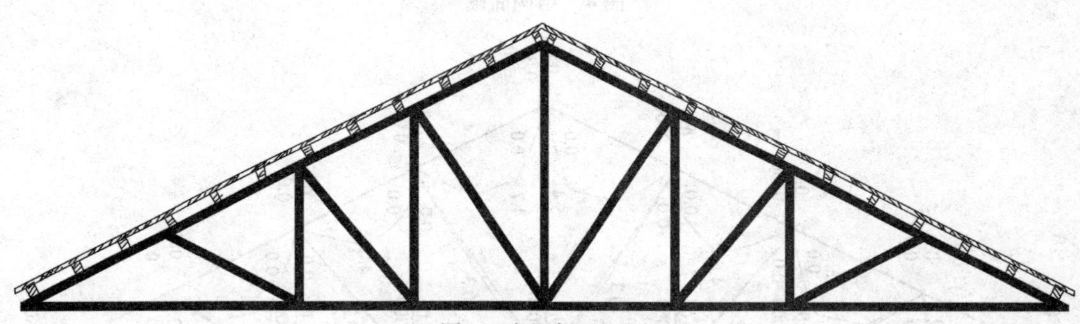

图 2　木屋架立面图

图 3　木屋架外观

8.2　木屋架承载力验算

采用中国建筑科学研究院 PKPM CAD 工程部编制的软件对木屋架进行受力分析。木屋架节点均按铰接考虑。结构简图见图 4，内力图见图 5 ~ 图 7。由图 5 ~ 图 7 可知弦杆（150mm × 195mm）最大弯矩为 6.3kN · m，最大剪力为 11.7kN，最大轴力为 238kN（压力），截面为 80mm × 150mm 的腹杆最大轴力为 61kN（压力）。根据《木结构设计规范》(GB

50005—2003）对构件进行验算，验算结果见表3，构件承载力基本满足规范要求。

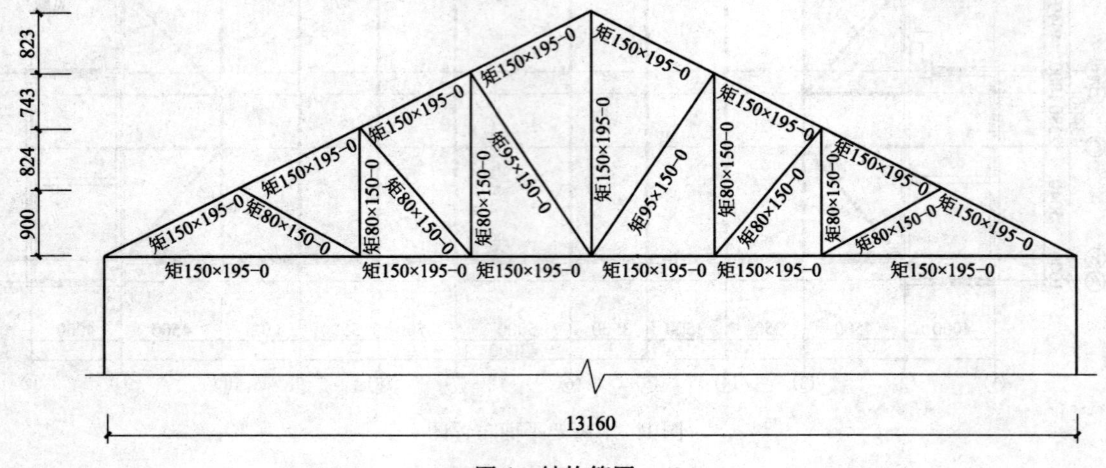

图4　结构简图

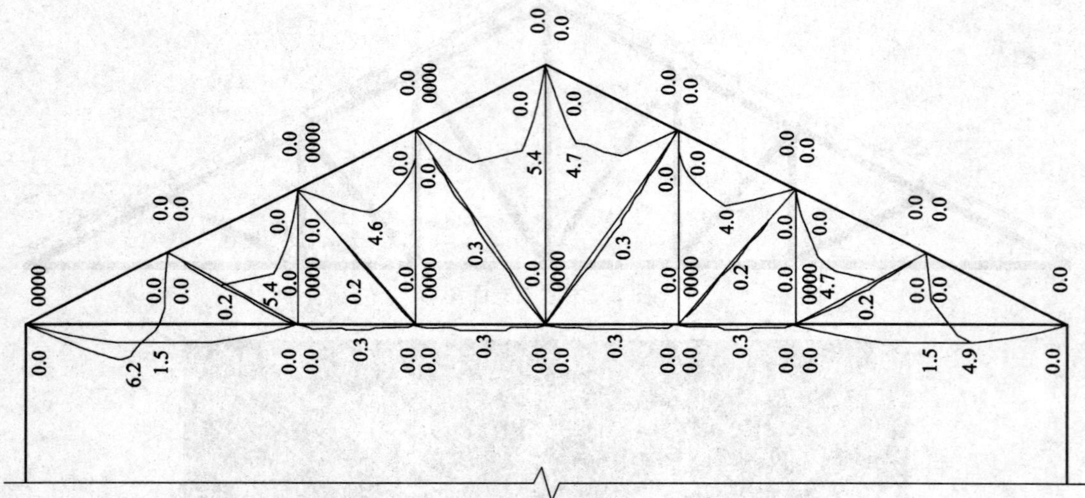

图5　弯矩包络图

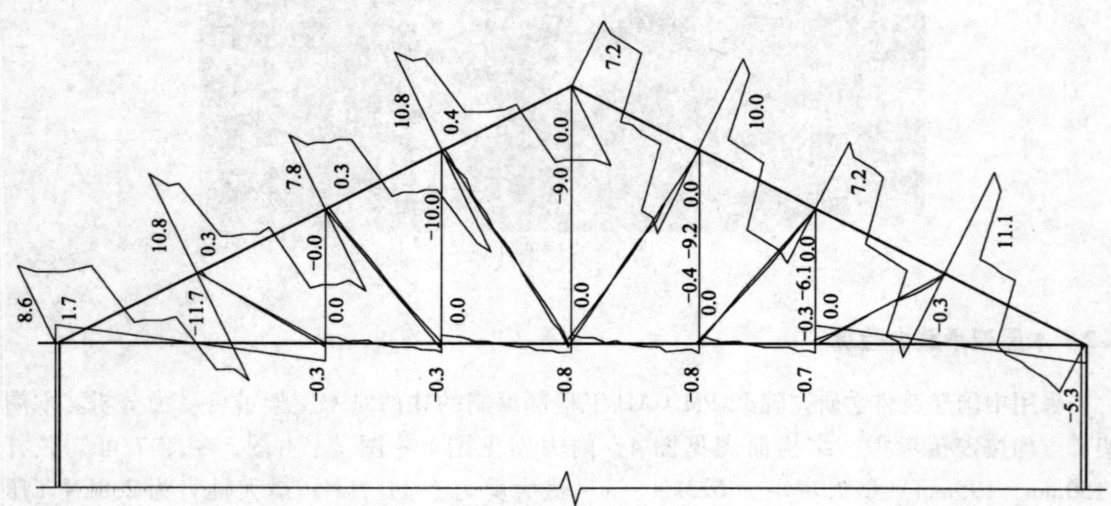

图6　剪力包络图

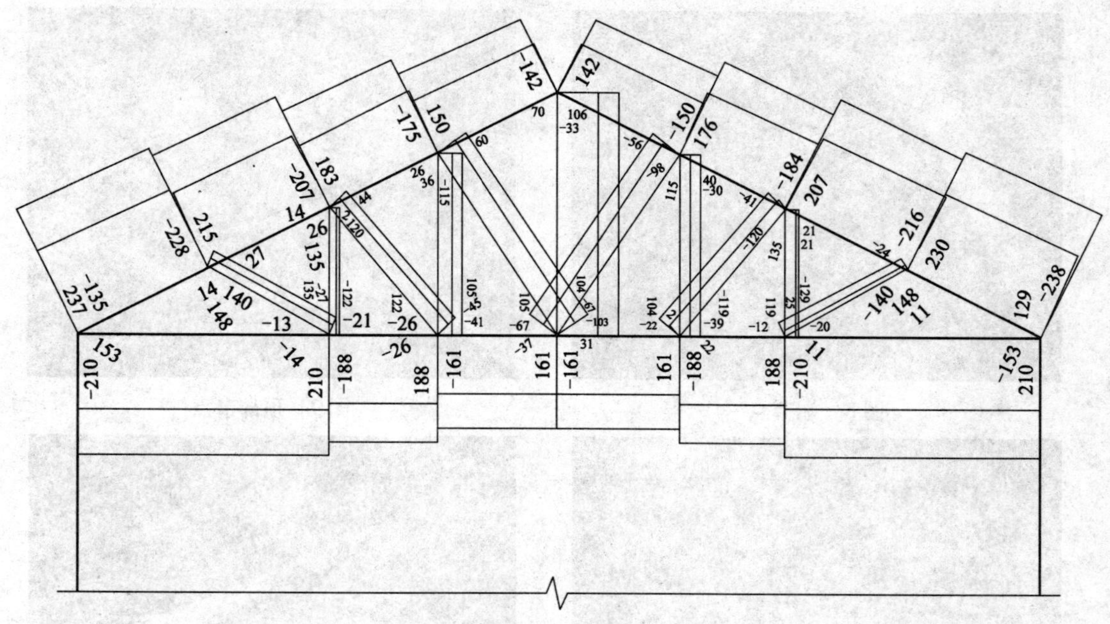

图7　轴力图

表3　构件承载力验算结果

构件名称	构 件 参 数	承 载 力 验 算	结论
弦杆	$b\times h=150\times195$ (mm) $L_o=2000$mm　$I=92685938$mm^4 $i=56.29$mm　$\varphi=0.84$ $W=950625$mm^4　$S=356484$mm^3	长细比 $\lambda=L_o/i=35.53<120$	满足
		抗压 $N/\varphi A_o=9.74\text{N/mm}^2<f_c=10\text{N/mm}^2$	满足
		抗弯 $M/W=6.52\text{N/mm}^2<f_m=13\text{N/mm}^2$	满足
		抗剪 $VS/Ib=0.3\text{N/mm}^2<f_v=1.4\text{N/mm}^2$	满足
腹杆	$b\times h=80\times150$ (mm) $L_o=2300$mm　$i=43.30$mm $I=22500000$mm^4　$\varphi=0.69$	长细比 $\lambda=L_o/i=53.12<120$	满足
		抗压 $N/\varphi A_o=7.32\text{N/mm}^2<f_c=10\text{N/mm}^2$	满足

8.3　木结构挠度变形

现场检查，屋架未见挠度变形，对檩条挠度变形检测结果可知，跨度为5m的檩条跨中最大挠度值为25mm，挠度与跨度比为1/200，不满足设计规范受弯构件挠度限值1/250，但是也没达到危险构件位移限值的规定。

8.4　木结构构件连接

木屋架端节点采用齿连接，中节点采用螺栓连接，其余节点采用钉连接，节点照片见图8～图11。现场没有分析节点连接处异常现象。

图 8　端节点

图 9　顶部节点

图 10　中部节点

图 11　钉连接节点

8.5　构造要求

高跨比：木屋架最大跨度为 13.46m，中央高度为 3.29m，木屋架高跨比为 3.29/13.46 = 0.24 > 桁架最小高跨比 1/5，满足要求。

屋架最大间距为 5.0m，不满足设计规范的采用木檩条时桁架间距不宜大于 4m 的要求；檩条为斜放在屋架上弦，不满足设计规范方木檩条宜正放的要求。

8.6　裂缝、腐朽、虫蛀

未发现木结构构件支座与连接处出现裂缝、虫蛀等外观质量损伤。望板存在腐朽现象，屋架上弦和檩条多处出现裂缝，应采取措施处理。

某体育馆钢桁架的检测鉴定

谭海亮　韩继云　刘立渠

国家建筑工程质量监督检验中心，北京，100013

【摘　要】 既有建筑物的检测、鉴定不仅对于评估建筑物的现状有重要意义，而且还直接影响着建筑物改造加固工作。本文通过工程实例，阐述检测鉴定过程中应注意的问题，可作为此类工程的参考。

【关键词】 钢桁架，检测，鉴定

1　工程概况

某体育馆建设于1982年，屋面结构采用四支点超静定平面钢桁架，无檩屋盖，先张法预应力陶粒混凝土大型屋面板。现准备对该体育馆进行装修和改造，为保证结构安全，对屋顶钢屋架进行了检测鉴定。该体育馆采用梯形钢屋架，主桁架全长56.4m，内支点跨度42.4m，桁架间距6.0m，上、下弦及腹杆采用双角钢，节点通过节点板角焊缝连接，屋架支撑采用单角钢，支撑与屋架通过焊接加螺栓连接，屋架设计考虑屋面板起一定的支撑作用，屋面板与屋架的焊接不少于三个角。体育馆外立面如图1所示，钢屋架平面布置如图2所示。

图1　某体育馆外立面

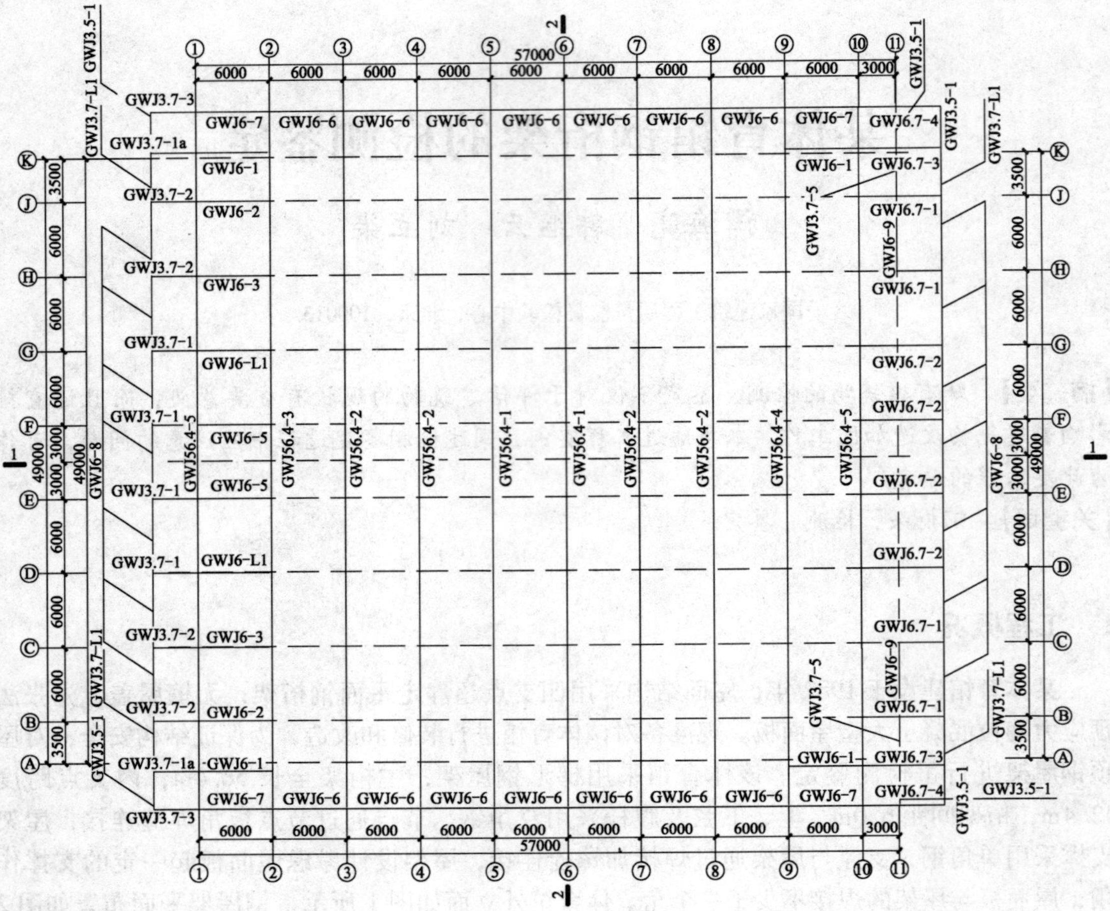

图 2　钢桁架平面布置图

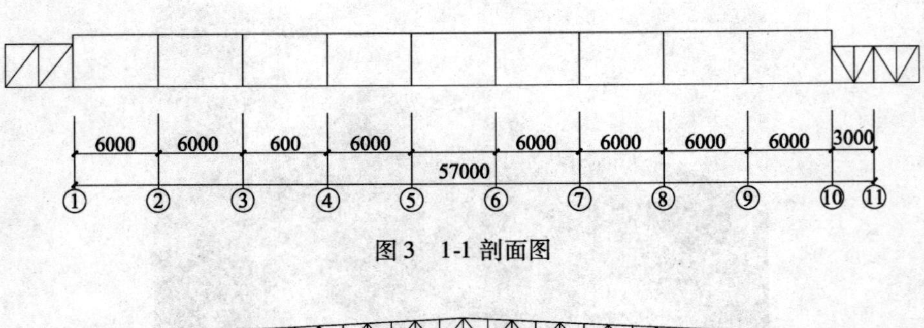

图 3　1-1 剖面图

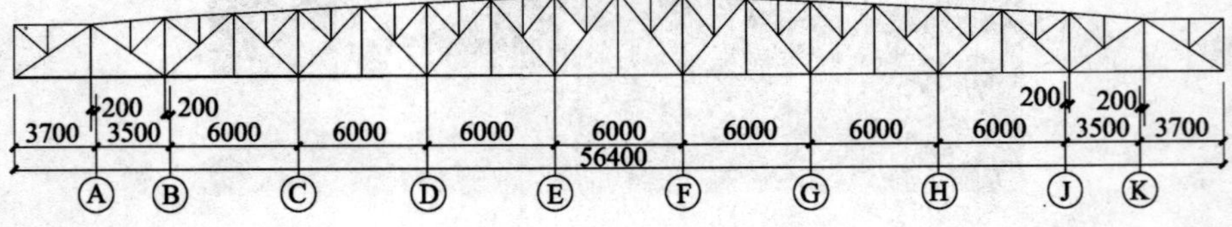

图 4　2-2 剖面图

2　检测内容及结果

2.1　屋架外观检查

通过现场实地检测，该钢屋架角焊缝外观质量较好，满足三级焊缝外观质量要求。未发现钢桁架及杆件明显可见的变形。存在外观质量缺陷的部位及具体情况如下：

（1）8-9～B-C 轴线处下弦水平支撑存在弯曲变形；

（2）主体框架外围钢屋架锈蚀较为严重且堆载建筑垃圾，增加了屋架荷载；

（3）钢屋架水平支撑、垂直支撑及水平系杆与屋架间节点处以及水平支撑之间普遍缺少螺栓连接，2-3～1/A-A 轴线屋架间支撑未进行焊接及螺栓连接。

（4）轴线 6-B、10-H 处屋架与柱预埋件的连接螺栓不满足规范外观质量要求。

2.2　钢屋架挠度检测

采用水准仪及塔尺对四榀钢屋架进行挠度变形检测。钢屋架挠度变形最大为 8～B-J 轴线 GWJ56.4-2 屋架，其挠度值为 31.0mm，满足规范要求。

2.3　钢材料检测

现场无损检测建筑钢材的力学性能，有利于对已有钢结构的性能和施工质量做出准确的评价，由于钢材硬度与抗拉强度之间可以相互换算，因此，用里氏硬度计检测钢材硬度和强度非常合适，特别适用于不易移动的大型工件和不宜拆卸的大型部件及构件的硬度检验。现场采用 equotip ® BAMBINO 硬度仪对钢构件的表面硬度进行检测。具体方法是：用角磨机在要测构件上打磨长度 50mm 左右的光滑平面，并使打磨面清洁、干燥，满足要求后用校准过的里氏硬度仪测出钢材打磨面的表面硬度。每个面测 5 个有效点，测点要布置均匀，间隔大于 3mm。取 5 个有效点硬度的平均值作为钢试件的硬度值，然后换算钢材的抗拉强度值。依照现场检测结果，根据《黑色金属硬度及强度换算值》进行换算，屋架钢材抗拉强度为 Q235 钢，所抽检部位的钢构件强度满足设计要求。

2.4　涂装检测

采用数字式覆层测厚仪测定钢构件防腐涂层的厚度，每个位置各测试 3 个数值，并取该 3 个数值的平均值。《钢结构工程施工质量验收规范》(GB 50205—2001) 规定室内防腐涂层厚度为 125μm，允许偏差 -25μm。检测结果表明，所抽检钢构件中有 49% 的构件防腐涂层厚度不符合要求。

2.5　角钢杆件截面尺寸检测

采用金属超声波测厚仪及钢卷尺对钢桁架杆件的截面尺寸进行检测，检测参照《热轧等边角钢尺寸、外形、重量及允许偏差》(GB 9787—1988)、《钢结构工程施工质量验收规范》(GB 50205—2001) 有关要求进行。2～5.6 号热轧等边角钢的允许偏差：边宽 ±0.8mm，边厚 ±0.4mm；6.3～9 号热轧等边角钢的允许偏差：边宽 ±1.2mm，边厚 ±0.6mm；10～14 号热轧等边角钢的允许偏差：边宽 ±1.8mm，边厚 ±0.7mm；16～20 号热轧等边角钢的允许偏差：边宽 ±2.5mm，边厚 ±1.0mm。检测表明，所抽检部位钢构件的截面尺寸符合设计要求。

3　鉴定内容及结果

3.1　钢屋架强度鉴定

结构分析的结果是评定建筑物安全性的理论依据，只有正确的结构分析，才能真实地反映建筑物的实际情况。因此，在进行结构分析的过程中既要充分利用已有的成果，也应考虑既有结构的特点，本阶段主要存在的问题是计算模型和理论的选择问题[5]。该钢桁架修建使用至今已有很长时间，当时计算所使用的规范、标准跟现在存在许多不同，对既有建筑物的安全性鉴定所采用的标准，目前有三种观点：（1）按建造时规范的规定进行安全性鉴定；（2）按现行规范的规定进行安全性鉴定；（3）现存建筑结构应该满足现行规范的安全水平[6]。作者按委托书要求依据现行标准和规范并结合现场情况进行复核。

根据《钢结构设计规范》（GB 50017—2003），分析桁架杆件内力时，可将节点视为铰接，且杆件为双角钢的桁架结构且为节点荷载时，可忽略次应力的影响。本文仅以轴线 6 - A ~ K 处钢屋架 GWJ56. 4 - 1 半跨为例进行复核验算。由于建筑设计图纸不全，钢屋架的荷载设计值未知。经现场对屋架荷载的统计计算，钢屋架上弦节点恒荷载标准值为 24kN，活荷载标准值为 6. 5kN；屋架下弦节点恒荷载标准值为 5kN。在钢桁架支座的简化上，最初作者将四个支点简化为固定铰支座，施加屋面荷载。经计算得到半跨屋架内力，如图 7 所示。

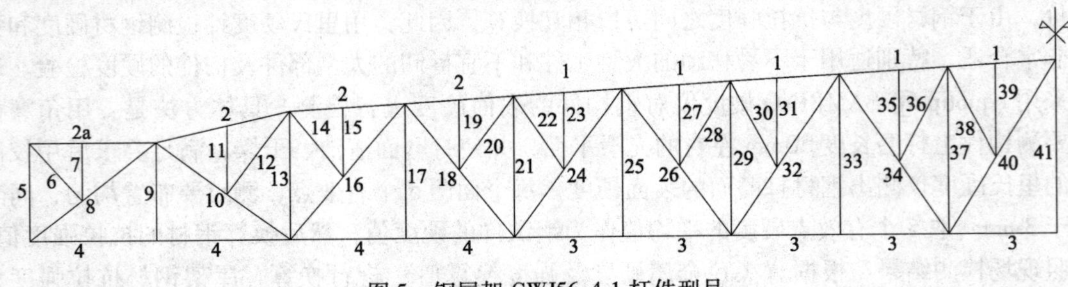

图 5　钢屋架 GWJ56. 4-1 杆件型号

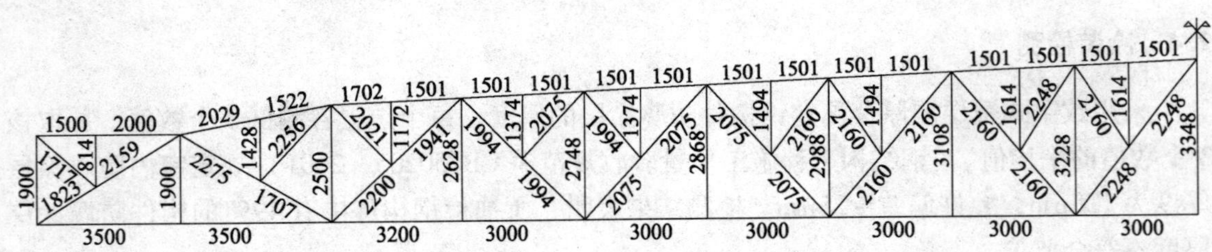

图 6　钢屋架 GWJ56. 4-1 杆件几何尺寸（mm）

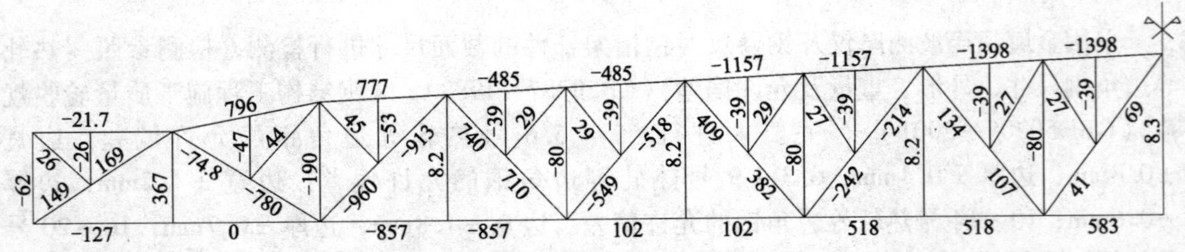

图 7　未考虑施工工序钢屋架 GWJ56. 4-1 杆件内力计算值（kN）

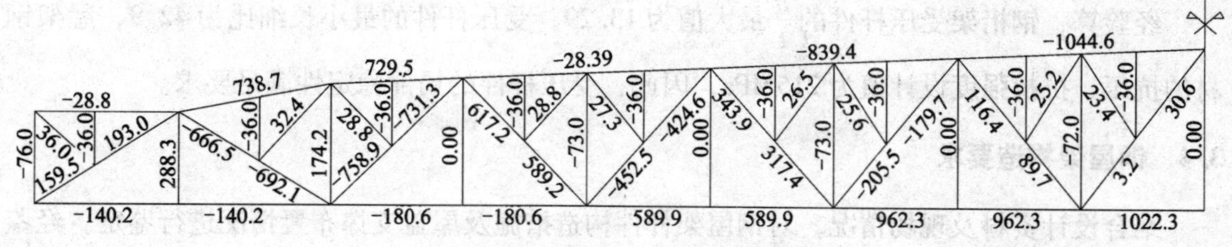

图 8　钢屋架 GWJ56. 4-1 杆件内力设计值（kN）

与原设计屋架内力图（图 8）对比后发现，杆件内力相差较大，其中，跨中上下弦杆件内力达到了两倍多，与原设计跨中上下弦杆件内力大致相等的规律明显不符，且原结构使用近三十年，结构体系完好，未出现钢桁架杆件的屈服、变形等现象，证明其结构设计良好，又因为屋架荷载经过详细的统计计算，所以问题应该出在模型的简化上。经过仔细检查后发现，此屋架的施工工序为：屋架吊装就位后，先拧紧内柱支点螺栓，然后铺设屋面板，待屋面板安装就位后再拧紧外柱支点螺栓，然后铺设面层以及后续的吊顶施工等。在整个钢屋架的施工过程中，荷载分二次施加，通过计算可得半跨屋架内力，如图 9 所示。

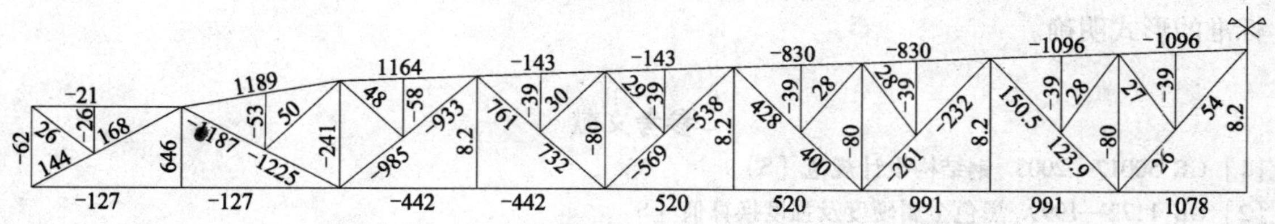

图 9　考虑施工工序钢屋架 GWJ56. 4-1 杆件内力计算值（kN）

经过与原设计屋架内力图对比，考虑到荷载的取值差异及手算与电算的差异，此模型下屋架杆件内力与原设计基本一致。计算发现，21 号杆件的计算应力与钢材强度设计值的比值为 1. 045，其余杆件的计算应力均在钢材强度设计值内。原设计钢屋架 GWJ56. 4-1、GWJ56. 4-2、GWJ56. 4-4 的 21 号、29 号、37 号腹杆内力值相同，21 号腹杆型号为 63 ×5 双角钢，而 29 号、37 号腹杆型号为 70 ×7 双角钢；钢屋架 GWJ56. 4-3 的 21 号、29 号、37 号腹杆型号均为 75 ×6 的双角钢。因此，钢屋架 GWJ56. 4-1、GWJ56. 4-2、GWJ56. 4-4 的 21 号腹杆需要补强。

3. 2　桁架杆件的允许长细比

桁架受拉杆件的规范允许长细比 350，受压杆件的规范允许长细比 150，经验算钢屋架受拉杆件及受压杆件的长细比值均满足要求。

3. 3　受压构件的局部稳定

轴心受压杆件的局部稳定通过板件宽厚比限值保证。对于等边双角钢，宽厚比限值：

$$\frac{b}{t} \leqslant (10 + 0.1\lambda)\sqrt{\frac{235}{f_y}}$$

式中，b 为翼缘板自由外伸宽度；t 为板件厚度；λ 为杆件两方向长细比的较大值（$\lambda < 30$ 时，取 $\lambda = 30$；$\lambda > 100$ 时，取 $\lambda = 100$）；f_y 为钢材强度设计值。

经验算，钢桁架受压杆件的$\frac{b}{t}$最大值为13.29，受压杆件的最小长细比为42.9，屋架钢材的抗压、抗拉强度设计值为215MPa，因此，受压杆件的局部稳定性满足要求。

3.4 钢屋架构造要求

结合设计资料及现场情况，对钢屋架杆件构造措施及屋盖支撑布置情况进行鉴定。经鉴定，钢屋架杆件的截面、角焊缝以及螺栓的构造措施均满足规范要求；屋盖的上下弦水平支撑、跨中及两端竖向支撑、水平系杆的构造要求满足规范要求。

4 结语

（1）现场检测要依据现有的检测标准执行，当检测方法没有相应的检测标准时，应有相应的检验细则。

（2）结构承载力复核要考虑原结构设计的施工工况，明确荷载的施加顺序及各工况对应的结构计算模型。

（3）现存结构的安全性水平多样化，对既有建筑物安全性评定的适用标准有待以规范、标准的形式明确。

参考文献

[1] GB 50017—2003. 钢结构设计规范［S］.
[2] GB 1172—1999. 黑色金属硬度及强度换算值［S］.
[3] GB 50205—2001. 钢结构工程施工质量验收规范［S］.
[4] GB 9787—1988. 热轧等边角钢尺寸、外形、重量及允许偏差［S］.
[5] 高小旺，邸小坛. 建筑结构工程检测鉴定手册［M］. 北京：中国建筑工业出版社，2007，612～627.
[6] 李耘. 工程中钢结构的检测方法探讨［J］. 建材技术与应用，2008，8：4～5.

第四篇

结构修复与加固技术

喷射混凝土技术在校舍抗震加固中的应用研究

张宏亮[1]　范世平[1]　杨增福[1]　冯　克[2]

1. 天地金草田（北京）科技有限公司，北京，100013
2. 北京汉华建筑设计有限公司，北京，100044

【摘　要】 汶川地震后，国家部署了对全国中小学校舍进行抗震加固的工作，校舍建筑中砌体结构居多，喷射混凝土技术是目前加固砌体结构应用较为广泛、效果较好的一种工法。本文对天津市某学校砖混教学楼采用喷射混凝土工法进行抗震加固设计及施工进行了深入研究，并对该工法的设计、施工特点进行了探讨与总结。

【关键词】 校舍，抗震加固，设计，喷射混凝土

2008 年汶川地震以及 1977 年以来建筑抗震鉴定、加固的实践和震害经验表明，抗震加固是保障人民生命安全和生产发展的积极而有效的措施，对现有建筑进行抗震鉴定，并对不满足鉴定要求的建筑采取适当的抗震对策，是减轻地震灾害的重要途径。经过抗震加固的工程，在 1981 年邢台 M6 级地震、1981 年道孚 M6.9 级地震、1985 年自贡 M4.8 级地震、1989 年澜沧耿马 M7.6 级地震、1996 年丽江 M7 级地震、2008 年汶川地震中有的已经受了地震的考验，证明了抗震加固的有效性，2008 年修订的《建筑工程抗震设防分类标准》(GB 50223—2008）将幼儿园、中小学校舍的抗震设防类别从标准设防类（丙类）提高为重点设防类（乙类），党中央、国务院、教育部部署了三年内对全国的幼儿园、中、小学校舍进行抗震加固的任务。

针对中小学大部分教学楼都是多层砌体结构的现状，常采用喷射混凝土技术对墙体进行抗震加固，该技术最初用于地下工程与岩土工程，如隧道、巷道支护、基坑、边坡支护等，该工法具有明显的技术优势，近年来随着建筑物加固行业的兴起，该工法在地面建筑物加固工程中得到广泛应用，并取得了良好的效果，目前已有行业规程《喷射混凝土加固技术规程》(CECS 161：2004)。目前在砖混结构抗震加固中，墙体加固可采用喷射混凝土、挂钢筋网抹（或喷射）砂浆及不锈钢绞线网 + 聚合物砂浆三种工法，在同等造价及施工工期条件下，喷射混凝土工法是整体补强效果最好的工法。本文就天津市某中学教学楼的抗震加固中喷射混凝土的设计及施工做一些探讨。

作者简介：张宏亮，助理工程师，从事工业及民用建筑物加固改造设计与研究工作。地址：北京市朝阳区和平里青年沟东路 5 号煤科院安科大厦 311 室，100013。Email：postphd@163.com。

1　工程概况

天津市某中学教学楼建于20世纪90年代初，主体为三层砖混结构房屋。承载墙体由黏土砖、混合砂浆砌筑，外墙及内纵墙厚均为360mm，其余承重墙体厚均为240mm。室内外高差为0.45m，各层层高均为3.6m，建筑总高为11.57m，屋面为不上人屋面，教学楼外观图如图1所示，首层平面图如图2所示。天津市教育局委托某鉴定检测中心在2009年4月对该建筑进行了结构检测鉴定，按照抗震措施提高1度至8度，B类砌体房屋抗震鉴定结果概况如下：

图1　教学楼外观图

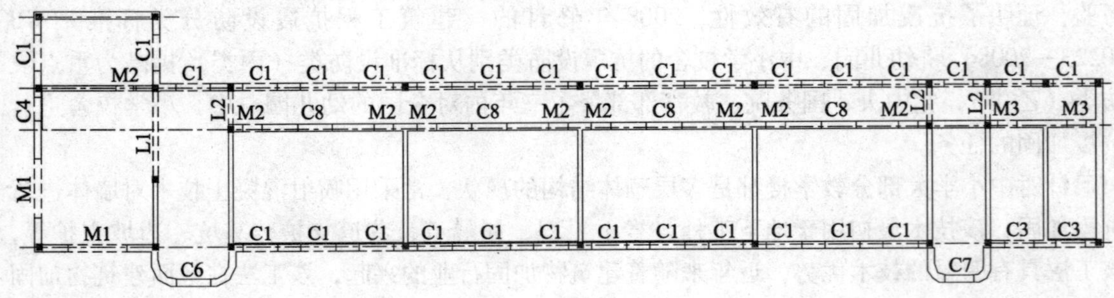

图2　教学楼首层建筑平面图

1.1　地基基础未发现存在明显不均匀沉降及变形等静载缺陷。

1.2　砌筑承重外墙尽端至门窗洞边最小距离为0.75m，不满足《建筑抗震鉴定标准》(GB 50023—2009）第5.3.10条不小于1.5m限值的规定。

1.3　原设计砂浆强度为50号，现经检测实际抗压强度范围在1.5～3.5MPa之间，不满足《建筑抗震鉴定标准》(GB 50023—2009）第5.3.4条砌筑砂浆强度等级不应低于M2.5的规定。

1.4　经PKPM验算，部分墙体抗震承载力不满足规范要求。

1.5 该建筑构造柱箍筋最大箍筋间距为300mm，且未设置箍筋加密区，构造柱与墙体交接处未设置拉结筋，大开间教室纵横墙交接处未设置有构造柱，均不符合《砌体结构设计规范》(GB 50003—2001) 要求。

1.6 原楼面采用钢筋混凝土预制板，部分预制板拼接处出现扰动裂缝。

鉴定报告最终评定结果为：地基基础子单元评定等级为Bu级，上部承重结构子单元评定等级为Cu级，建筑物整体综合评定为Cu级。

2 加固原则及初步方案

加固设计遵循以下原则：

(1) 加固改造后除了满足结构安全性及正常使用的要求外，达到7度（0.15g）的设防烈度抗震承载力及乙类设防设防标准的构造措施。

(2) 加固改造后尽量不增加或少增加荷载，以保证结构安全并减少加固工程量。

(3) 加固改造时尽量减少对原结构的损伤。

(4) 加固方案应在可靠的前提下尽量经济合理、施工简便、工期较短。

针对鉴定结果，经过综合考虑，拟定了以下加固初步方案：

(1) 对部分墙进行喷射混凝土（夹板墙）或挂网喷射（涂抹）砂浆，以解决建筑砌筑砂浆强度等级低、墙体抗震承载力不足、砌筑承重外墙尽端至门窗洞边距离过小及构造柱与墙体交接处未设置拉结筋的情况。

(2) 垂直预制板受力方向在其底部粘贴碳纤维布进行横向补强，加强板间连接整体性，阻止裂缝扩展，并可凿除上部填缝砂浆，灌注灌浆料，以解决预制板拼接处出现扰动裂缝。

(3) 对柱箍筋间距过大及未加密区粘贴碳布补强。

3 设计步骤

喷射混凝土加固砌体结构设计上主要有以下两个依据：一个是《砌体结构设计规范中》(GB 50003—2001) 中第8章中“砖砌体和钢筋混凝土面层或钢筋砂浆面层的组合砌体构件”设计的内容，及第10章中“配筋砖砌体构件”的抗震设计；另一个是《建筑抗震加固技术规程》(JGJ 116—2009) 第5.3.8现浇钢筋混凝土板墙加固墙体的设计，实际施工中均采用喷射混凝土板墙，较少采用现浇板墙。

两者设计方法不同，《砌体结构设计规范中》是将组合砌体墙体中的砖、钢筋、混凝土分别作为抗压、抗剪构件进行计算再进行组合，可以得到各墙体较为准确且符合实际的结果，而《建筑抗震加固技术规程》采用综合抗震能力指数验算，认为各层各不同截面尺寸的墙体经过单面或双面板墙加固后，各墙体评估出一个增强系数，在经过汇总计算得到该结构各计算楼层整体抗震能力的增强系数，采用类似方法还可得到加固后砖墙体刚度的提高系数，该计算方法能得到一个整体的结果。

使用中国建科院的PKPM系列软件进行设计，抗震加固设计与新建工程设计不同，在PKPM中难以直接建立砖混结构加固的模型，故目前在PKPM中进行设计的步骤通常如下：

(1) 按照原结构建立模型，输入检测出的现状材料强度值，输入现行规范各参数进行计算，计算结果中，不符合抗震承载力的墙体列出了抗力与效应之比（小于1的数字），并列出了若按照配筋砌体设计所缺的水平钢筋量，本设计按照所缺水平钢筋量进行水平钢筋的配筋，用于满足抗震要求，再配上与水平钢筋相同的竖向钢筋，竖向钢筋用于满足抗压要求，由于本案例中墙体抗压大部分不需要补强，故竖向钢筋配筋偏于保守，后再查看墙体受压计算结果，对抗力与荷载效应之比小于1 的墙体再配竖向钢筋（除去上一步抗震结果中已加固的墙体），后再查看墙体高厚比、梁端墙体局部受压，对不满足部分的进行加固。

按照《砌体结构设计规范》(GB 50003—2001) 中第 8.2 节“组合砖砌体构件”及第 10.3 节“配筋砖砌体构件”抗震设计进行手算验算。

（2）由于上部结构荷载增加，因此需要验算地基基础。由上一步完成的计算结果导入 JCCAD 可得到原结构荷载条件下的基底反力，再通过手算将每面墙体的喷射混凝土荷载加到基底反力中，对地基及基础进行校核。验算时考虑到该教学楼建成时间已有 20 多年，根据《建筑抗震鉴定标准》(GB 50023—2009) 中式 (4.2.7) 的规定，地基土静承载力特征值应改用长期压密地基土静承载力特征值，同时根据《建筑地基基础设计规范》(GB 50007—2002) 第 5.2.4 条进行深宽修正，经以上两项修正后，地基承载力可提高约 30% ~ 40%，经验算，地基基础不需加固即满足要求。

（3）由于 PMCAD 中砖混抗震验算不能对结构中的梁进行验算，因此整体加固完成后，再根据《混凝土结构加固设计规范》(GB 50367—2006) 对梁进行单独验算，本工程中采用粘贴碳纤维布工法对梁进行加固，即可满足要求，不再采用粘贴钢板或加大截面等造价高、施工复杂的工法。

（4）根据计算结果绘制施工图，部分节点图如图 3 所示。

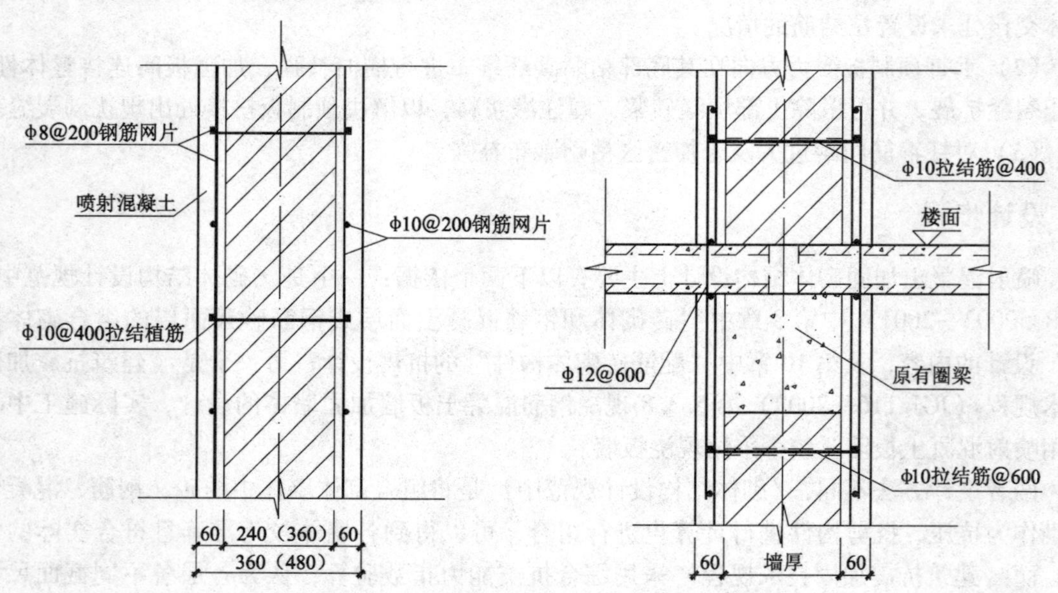

图 3 喷射混凝土夹板墙加固砖墙节点详图

4 加固验算及研究

在此选择一面具有代表性的加固后墙体进行验算，以便较为直观地说明喷射混凝土加固效果。

4.1 墙体受压验算

对未加固前原结构采用 PMCAD 建模计算，从墙体受压承载力计算结果图上可以得到未加固前墙体的抗力与荷载效应之比 $\varphi fA/N$ 及墙体轴力图，其中一层 A 轴墙体所受最大轴力为 408kN/m，此处墙体受压承载力与荷载效应之比为 0.79，可推算知墙体受压承载力为 322kN。

现对此墙进行加固验算，原墙厚度为 360mm，$A=1\times0.36=0.36\text{m}^2$。

设计单面"喷混"，厚度 60mm，单位面积为 $A_c=0.06\times1=0.06\text{m}^2$，配筋为 Φ8@200，每米墙段内受压钢筋面积为 $A'_s=251\text{mm}^2$。

首层砂浆检测推定强度为 M2.5，砖检测推定强度为 MU10 级，查《砌体结构设计规范》（GB 50003—2001）表 3.2.1-1 得砌体的抗压强度设计值 $f=1.3\text{N/mm}^2$，C20 混凝土 $f_c=9.6\text{N/mm}^2$，HPB235 钢筋 $f_y=210\text{N/mm}^2$。

加固前墙体受压承载力计算：

$$S=9\text{m}>2H=7.2\text{m},\text{故 } H_0=1.0H,\beta=\gamma_\beta\frac{H_0}{h}=1\times\frac{3600}{360}=10 \tag{1}$$

查 GB 50003—2001 规范附录表 D.0.1-1 得：$\varphi=0.8$，墙体加固前受压承载力：

$$N=\varphi fA=0.8\times1.3\times360000=374\text{kN}$$

由结果可见，手算比电算结果稍大。

加固后墙体受压承载力计算：

计算稳定系数，根据《砌体设计规范》表 8.2.3 注 $\rho=\frac{A'_s}{bh}=\frac{251}{1000\times420}=0.06\%$，$\beta=\gamma\beta\frac{H_0}{h}=1\times\frac{3600}{420}=8.57$，查规范表 8.2.3 得 $\varphi_{com}=0.92$，受压钢筋的强度系数 $\eta_s=1.0$，墙体加固后受压承载力：

$$\begin{aligned}N'=\varphi_{com}(fA+f_cA_c+\eta_s f'_yA'_s)&=0.92\times(1.3\times360000+9.6\times60000+1\times210\times251)\\&=1009(\text{kN})\end{aligned} \tag{2}$$

由计算结果可见，不考虑偏心受力情况下，加固后的墙体轴心受压承载力约为加固前的 2.7 倍，而原墙体计算承载力最大缺 21%，考虑到加固后墙体轴力因外加荷载增大一些，但其受压承载力也完全能满足要求。

4.2　墙体抗震验算

取另一面墙体验算，由电算结果可知，墙体所受地震剪力设计值为 512.6kN，地震抗力与荷载效应之比为 0.53，原墙抗剪承载力为 271kN，设计需要配水平钢筋总面积为 5134mm²，墙体层高 3.6m，双面配筋时需要单位配筋量 713mm²/m，实际配筋为双面 Φ12@150，单位配筋面积为 754mm²。

加固前砖墙净截面面积 $A_1=7.2\times0.36=2.6$（m²），由于该处砂浆检测强度较低只有 1MPa 左右，根据规范表 3.2.2，f_v 取 0.04MPa，由首层墙体轴力图得该墙体轴力为 176.5kN/m，则墙体截面平均压应力为 $\sigma_0=\frac{N}{A}=\frac{176.5\times1000}{1000\times360}=0.49$（MPa）

则 $\frac{\sigma_0}{f\nu}=\frac{0.49}{0.04}=12.25$，查抗震规范表 7.2.7 得 $\zeta_N=2.26$

$$f_{vE}=\zeta_N f_v=2.26\times0.09(\text{MPa})$$

$$V=\frac{1}{\gamma_{RE}}f_{vE}A=\frac{1}{1}\times0.09\times2.6\times10^6=234\text{kN}<271\text{kN} \tag{3}$$

由计算结果可知，手算结果稍小。

加固方法为双面喷射60mm厚混凝土，配筋为水平、竖向同为Φ12@150。

按照砌体规范10.3.1及10.3.2公式，加固后墙体的抗剪承载力由四部分组成，原砖墙体（此处将原墙体抗剪承载力修正为271.6kN，偏于保守）、新加固混凝土板墙、新配竖向钢筋、新配水平钢筋，即

$$V'=\frac{1}{\gamma_{RE}}(\eta_c f_{vE}A+\zeta f_t A_C+0.08f_y A_s+\zeta_s f_y \rho_s A)=\frac{1}{1.0}(271.6+0.4\times1.1\times8.64\times10^5+0.08\times10857\times210+0.11\times210\times0.0017\times2.6\times10^6)=936.8\text{kN}>512.6\text{kN} \tag{4}$$

由计算结果可见，加固后抗剪承载力为加固前的4.4倍多，为所受剪力设计值的1.8倍，完全满足抗震要求。之所以结果较大，原因在于PKPM中计算出砖墙抗震时的配筋面积仅为水平网状钢筋面积，按规范设计成配筋砌体结构即可满足要求，并不包括竖向钢筋及混凝土，但实际设计施工时不可能再做成规范中的配筋砌体结构，而只能采取喷混及类似工法，以上手算验算时考虑了混凝土板墙、竖向钢筋的抗剪作用，故计算结果较大。

若将以上四部分承载力拆开，不考虑混凝土板墙、竖向钢筋的抗剪作用，仅考虑原砖墙及水平钢筋的作用，则 V（砖＋水平钢筋）＝373.8kN，补强为原承载力的1.38倍，而新加混凝土墙体及竖向钢筋的抗剪承载力为 V（混＋竖向钢筋）＝563kN，其中新加混凝土墙体抗剪承载力为380kN，可见其抗剪作用很大。

由以上验算结果分析可知，无筋砌体在PKPM抗震计算结果中若显示抗震承载力不足，会给出若设计成配筋砌体所缺的水平钢筋面积，按照此面积配筋体并采取喷射混凝土的方法加固原结构，由于竖向钢筋及混凝土层的作用计算中未考虑，因此是偏于安全的，完全可以满足抗震承载力要求。

《建筑抗震加固技术规程》(JGJ 116—2009）第5.3.8条规定：“竖向钢筋可采用 ϕ12（对于HRB335级钢筋，可采用 ϕ10)”，但未要求必须采用此直径钢筋，实际设计直径是根据计算结果配的，达到经济合理的目的，但最小直径均不小于 ϕ8，另外根据大量工程经验来看，设计60mm厚夹板墙，采用较粗钢筋常导致其内外保护层厚度不足，施工质量难以保证，若为了保证保护层厚度，则导致“喷混”厚度常常达到70、80mm，成本增高，额外荷载又对基础不利。故经过综合考虑，竖向钢筋直径采用不小于 ϕ8即可。

5　施工质量控制

喷射混凝土施工质量的过程控制非常重要，若控制不好，则形成两层皮，钢筋无锚固力、握裹力，混凝土回弹严重，产生裂缝等，不仅浪费人力财力，且很可能达不到设计要求的加固效果。

施工质量的控制主要有以下方面：

5.1　植筋工程的质量控制

由于钢筋网片要通过植筋与结构连接锚固，故植筋质量的好坏非常关键，首先必须选购

质量有保证的植筋胶，其性能必须符合《混凝土结构加固设计规范》(GB 50367—2006) 中的A级胶要求，由于人们一般仅注重承载力等指标，使得目前市场上产品基本都能满足此条件，更重要是要满足规范中以下四项要求：

(1) 第4.5.6条，种植锚固件的胶粘剂，必须采用专门配制的改性环氧树脂胶粘剂或改性乙烯基酯类胶粘剂（包括改性氨基甲酸酯胶粘剂)，其安全性检验指标必须符合表4.5.6的规定。种植锚固件的胶粘剂，其填料必须在工厂制胶时添加，严禁在施工现场掺入。

(2) 第4.5.7条，钢筋混凝土承重结构加固用的胶粘剂，其钢-钢粘结抗剪性能必须经湿热老化检验合格。对承重结构用的胶粘剂而言，其耐老化性能极为重要，一是因为建筑物对胶粘剂的使用年限要求长达30年以上，其后期粘结强度必须得到保证；二是因为规范采用的湿热老化检验法，其检出不良固化剂的能力很强，而固化剂的性能在很大程度上决定着胶粘剂长期使用的可靠性。目前全国市场的产品包括进口产品，经过是湿热老化检验合格的品牌不多，此项指标可有效的控制产品综合性能。

(3) 混凝土结构加固用的胶粘剂在进入市场前必须通过毒性检验。因为是用于教学楼抗震加固工程，环保要求非常重要。

(4) 在承重结构用的胶粘剂中严禁使用乙二胺作改性环氧树脂固化剂；严禁掺加挥发性有害溶剂和非反应性稀释剂。乙二胺是一种毒性大而又脆性的固化剂，胶粘剂中掺加挥发性有害溶剂和非反应性稀释剂也是目前市场上制造劣质胶的手段之一，对人体健康、环境卫生和胶粘剂的安全性与耐久性等都有不良的影响。因此，也必须禁止使用。

本工程采用北京金草田公司的JCT-1型植筋胶，满足规范各项要求，施工效果良好。

5.2　混凝土施工配合比的控制

根据《喷射混凝土加固技术规程》(CECS 161：2004) 规定，喷射混凝土其配合比首先应通过专业试验室试配，然后根据现场砂石的具体含水率做出施工配合比，在现场少量试作取样，试压后确定最终配合比。对外加剂的具体掺量根据试作的样板满足节约水泥、回弹量少、裹附性好、空鼓少的要求

5.3　减少喷射混凝土回弹与粉尘的措施

回弹是指混凝土喷射时由于与坚硬表面、钢筋或集料颗粒相互碰撞而从受喷面上弹落下拌合物，回弹量视喷射位置、压气压力、水泥用量、用水量、集料最大尺寸和级配、钢筋数量、喷层厚度和操作手的操作等因素不同而异。

一般情况下回弹具有如下特点：

(1) 开始喷射回弹率很大，而当形成塑性层后，粗集料易嵌入，回弹就逐渐减少。因此，要求正式喷射施工时一次喷射厚度不宜小于4cm。

(2) 由于回弹物中水泥含量很少，主要为粗集料，因此不得将回弹物重新喷在结构上，一般收集起来的回弹物也不能放进下批配料中，否则将影响喷射混凝土的质量，但经清洗保证洁净度后，可再次用于喷射。

应用于本工程喷射混凝土加固，因钢筋网密集，回弹量大，控制与降低回弹量是施工中的一个重要的环节，也是经济、节约、降低成本的需要。总结试喷经验，可以从几个方面采取措施来减小回弹量：

(1) 尽量减短输料管距离，减小管道效应，输送距离不得超过20m。

(2) 控制工作风压。一般来说工作风压小于0.04MPa，喷敷在受喷面上的混凝土灰浆多，集料少，强度达不到要求，而大于0.1MPa时，过大的风压使料流分流，冲击力大，反作用力大，因此喷头风压控制在0.06~0.08MPa。

(3) 严格按照确定的配合比施工。合适的配合比不仅是强度的要求，同时合适的水灰比能减少级配分层，降低回弹。从试喷情况看，当水灰比太大时，喷射混凝土表面易出现流淌、滑移、拉裂；若水灰比太小时，喷射混凝土表面易出现干斑，作业中粉尘大，回弹多。本工程水灰比控制在0.4左右，从而使混凝土表面平整，呈水量光泽，粉尘和回弹均较少。

(4) 控制好砂石含水率，适当增加砂石含水率是减少喷射中产生粉尘尘源的有效措施，但砂石含水率的增加是有限的，增加过多会给施工工艺带来困难，容易产生堵管现象。根据配合比和现场调试含水率控制在5%~8%。

(5) 采用性能优良的速凝剂，通过试验知道，选择腐蚀小、无味、无毒、后期强度降低少，速凝效果较好的速凝剂，且均匀、定量地加入混合料中，对“减弹防尘”有明显地效果。

(6) 增加拢料管的长度，干混合料在输料管内运行速度很快，干料在喷头处遇水后，很短的一瞬间就会喷射出去。因此，与喷嘴相接拢料管越短，干混合料与水混合的时间就越短，这就难使料水混合均匀，由于料水混合不均匀，相应地会增加喷射时的粉尘浓度。因此将拢料管的长度由25cm改为50cm，减尘效果很好，同时也降低了回弹率。

5.4　喷射混凝土施工质量控制

影响喷射混凝土施工质量往往不是单一因素的结果，而是几种因素联合作用的结果，因此在该工程加固施工过程中，除了在施工工艺选择、原材料控制、新旧混凝土结合面处理、“防尘降弹”方面作了具体要求外，还从以下多个方面入手，确保教学楼抗震加固工程施工质量：

(1) 表面处理：在喷射前，为了加强混凝土与砖墙表面层的粘结力，需对砖墙表面进行处理。要求铲除原墙抹灰层，将灰缝剔除至深5~10mm，用钢丝刷刷净残灰，高压水吹净表面灰粉，构成粗糙面以提高粘结性。

(2) 支模：基层表面处理好后，在喷射面侧边支模板，模板外口超出墙体边缘线60~70mm，模板必须用卡具卡紧，保证模板刚度和稳定性，避免在喷射作业时出现滑落和胀模等不良现象，门、窗洞口处也要支设模板，且采用塑料布或大芯板将门窗洞口包裹覆盖进行成品保护。

(3) 混凝土配料：本工程由混凝土搅拌站配料并将干料运至现场使用。若在现场配料，则在配料前，现场收料必须按照原材料要求进行验货，不合格材料不能进入施工现场使用。配料时严格按照施工配合比过磅计量，计量后按顺序（石子—水泥—砂—外加剂）将材料依次投入搅拌机内，进行干料搅拌（不加水）。搅拌时间不能少于2min，确保混合料颜色均匀一致，用小型皮带机向喷射机均匀上料，料斗内保持足够的存料。混合料宜随拌随用，存放时间不得超过2h。

(4) 工作程序：喷射作业开始时，先送风后开机，先给水后送料。结束时，待喷射机和输料管内的料喷完后，先停机关风再闭水。

(5) 喷射作业：喷射时控制好间歇时间，因本分项工程的喷射厚度为60mm，可以一次性喷射成功，当间歇时间超过一小时，在进行第二次喷射时，必须加水先将已喷射混凝土湿润。喷射作业应自下向上进行，喷头与受喷面垂直，距受喷面60～80cm，按螺旋形轨迹一圈压半圈地移动（直径300～400mm）。选用喷射手凭经验和技术调节出水量来控制混凝土水灰比，保持混凝土表面平整均匀且湿润光泽，无干斑或滑移流淌现象。喷射作业时，喷射机司机与喷射手密切配合，根据实际情况及时调整喷射机工作风压，以满足喷射连续均匀，且流速稳定的要求。喷射中如发现混凝土表面干燥松散，下坠滑移或拉裂，应及时清除进行补喷，对喷射混凝土的边角部位要认真处理。喷射作业中，应用高压风及时将待喷面上的回弹物吹除干净。喷射混凝土表面的修整应在初凝后进行，修整时不得扰动混凝土内部结构及其结构面的粘结。

（6）整平作业：喷射后自然整平，对结构强度和耐久性都是有利的。进一步追加整平往往是有害的，它能损害喷射混凝土与钢筋之间或喷射混凝上与底部材料之间的粘结，且在混凝土内部产生裂缝。然而，靠喷射自然整平过于粗糙。要求表面光滑和外形美观的地方，必须使用特殊的整平方法，一般可在混凝土初凝后（即喷射后15～20rnin），用水平杆或刮刀将模板或基线以外的多余材料刮掉，然后再用喷浆或抹灰浆找平。若挂网钢筋密集，喷射施工中可能存在喷射混凝土握裹不密实而存在空隙，对于空隙必须在整平之前进行处理，一般采用注浆法，在空隙口注入混凝土浆液填充，然后整平。

（7）养护作业：喷射混凝土属干硬性混凝土且水泥含量高，并且喷射混凝土的坍落度低，具有粗糙的表面，又常以薄壁结构形式存在，故良好的养护就显得十分重要。一般应在终凝2h后喷水养护，养护时间不得少于14d。喷射混凝土的养护是确保其强度形成和避免表面开裂的重要措施。养护以保持混凝土表面湿润为标准。

5.5　质量检查与验收

现场施工完毕后，就是最后一道工序——质量检查与验收工作。在本工程质量监督检查验收中，根据该工程特点与工期要求，具体做好以下工作：

（1）首先确定好关键部位和关键工序，设置必要的停驻点作为必检阶段，根据本工程特点，把试喷质量的检查设置为必检项目，要求施工作业时相关质量责任人落实质量标准和要求。同时坚持“三检”制度，即施工单位自检，监理单位平行及旁站检查，质量监督机构重点抽查，完善工程施工质量保证体系，质量责任落实到位，做到隐蔽部位都有相关责任人检查签认，避免质量的波动与失控现象的发生。

（2）保证原材料质量：重要材料都必须提供出厂合格证，无合格证的材料严禁使用，重点要求监理单位核对好出厂日期和过效时间。同时要求喷射混凝土的主要原材料每批均应见证取样，进行材料的复试检验，合格后方可使用；喷射混凝土拌合料的配合比及拌合的均匀性，每工作班的检查次数不宜少于两次，由施工单位技术负责人检查签认，监理单位抽查。当施工条件发生变化时，还要求及时调整检查频率。

（3）喷射混凝土的配合比必须随时根据喷射效果调整，不能将不良的配合比一直使用。

（4）在喷射过程中施工与监理单位随时检查喷射厚度，检查方式为设埋针或根据支模板和8h后钻孔。厚度允许偏差在+8mm～－5mm间。

（5）强度检查：喷射混凝土必须做抗压强度试验：采用同材料、同配合比、同喷射工艺的喷射混凝土可划分为一个验收批，在每一个验收批中，每一工作班的每50m^{3}或小于50m^{3}混凝土应至少制取一组（3块）用于检验混凝土强度的试块；试块在监理的见证下为现场随机抽样，一并送往法定检测单位进行试验。

(6) 当工程中出现质量隐患和质量缺陷时，及时了解实际情况，制定整改方案，将质量隐患和质量缺陷在施工过程中得以解决，避免发生重大质量事故。

6 设计总结

目前，该工程的设计到施工均进行了精心研究、组织、实施，取得了良好的效果，具体有以下方面：

(1) 经过严格按照施工技术规程操作和采用一系列相应的“减弹防尘”技术措施，施工现场粉尘浓度也基本控制在 6.25 ~7.56mg/m^3。

(2) 据统计回弹率由理论值的30% ~35%下降到23%左右。

(3) 工程结算与进度完成情况表明，采用喷射混凝土加固工法，达到了经济、合理、快速、高效的较好平衡。

经过本工程，这一设计技术对目前展开的全国范围的类似工程提供了很好的借鉴经验。

参考文献

[1] GB 50367—2006. 混凝土结构加固设计规范 [S]. 北京：中国建筑工业出版社，2006.

[2] GB 50359—2005. 煤炭洗选工程设计规范 [S]. 北京：中国计划出版社，2005.

[3] 李胜利，霍军，朱莉，毕美萍. 某选煤厂主厂房加固的设计与施工方法 [J]. 煤炭工程，2006 (6)：50 ~52.

[4] GB 50011—2001 (2008版). 建筑抗震设计规范 [S]. 北京：中国建筑工业出版社，2009.

[5] CECS 161—2004. 喷射混凝土加固技术规程 [S]. 北京：中国计划出版社，2005.

[6] 范世平. 建筑加固用喷射混凝土技术的研究 [J]. 特种结构，2003 (9)：66 ~68.

[7] 王科. 喷射混凝土在钢筋混凝土结构加固工程中的应用研究 [D]. 西南交通大学硕士研究生学位论文. 西南交通大学，2006.

消能减震技术在抗震加固中的应用研究与展望

渠延模[1]　张　莉[1]　汤东婴[1]　陈兴林[1]　薛新伟[2]　施长进[2]

1. 江苏省建筑科学研究院有限公司，南京，210008
2. 上海强荣建筑装饰工程有限公司，上海，200124

【摘　要】 汶川地震灾后损失的惨痛教训告诉我们，建筑结构抗震鉴定与加固技术在实际工程中应用的必要性。本文结合《建筑抗震设计规范》中新增的隔振与消能减震设计的内容，以一六层建筑为研究对象，应用 Sap2000 中 FNA 方法，分析其减震效果，从而为该技术的应用提供技术参考。

【关键词】 消能减震，抗震加固，粘弹性阻尼器，高层建筑，非线性时程分析

0　序言

2008 年 5 月 12 日 14 时 28 分，四川省阿坝藏族羌族自治州汶川县发生 8.0 级地震。全国大部分地区都有震感，甚至越南、泰国也有震感。地震灾区涉及四川、甘肃、陕西、重庆、云南、宁夏 6 个省（自治区、直辖市）。汶川地震造成人员遇难 69227 人、受伤 374643 人，失踪 17923 人，造成的直接经济损失 8451 亿元人民币。震中大部分房屋倒塌，200km 范围内的建筑物均受到了不同程度的破坏。因此，建筑物的抗震性能显得尤为重要。在提高建筑物的抗震性能的方面，主要表现在两个方面：

（1）新建的建筑物要按照现有抗震设防分类标准来执行；

（2）大量未考虑抗震设防和虽考虑抗震设防但仍不能满足现行规范的既有建筑，为确保这些建筑的安全使用，就需要对建筑进行抗震加固。

近年来，国内外的一些研究成果已证明：消能减震技术对于减少结构在风和地震作用下的反应是有效的。最近发布的《建筑抗震设计规范》(下面简称“抗震规范”)，已将隔震与消能减震设计作为重要内容专门设置一个章节，并提出：适应我国经济发展的需要，有条件地利用隔震和消能减震来减轻建筑结构的地震灾害，是完全可能的。因此，消能减震技术将在抗震加固中得到广泛应用。

1　消能减震技术在国内外的应用现状

消能减震技术是通过在建筑结构的某些部位（如柱间、剪力墙、节点、连接缝、楼层空间、相邻建筑间、主附建筑间等）设置消能器以增加结构阻尼，从而减少结构在风和地震作用下的反应。

作者简介：渠延模，江苏省建筑科学研究院有限公司工作，主要研究方向为结构抗震与结构鉴定。

应用于消能减震设计的消能器通常有：软钢消能器、铅挤压阻尼器、粘弹性阻尼器、液体阻尼器、摩擦消能器等。《抗震规范》将消能器主要分为位移相关型、速度相关型和其他类型。金属屈服型和摩擦消能型属于位移相关型，这种类型的消能器要求位移达到预定的启动限才能发挥消能作用。粘滞型和粘弹性型属于速度相关型。

综合国内外学者的大量研究成果[1-11]，粘弹性阻尼器对钢结构、钢筋混凝土结构在任意地震和风振作用下均有良好的减振效果，可以广泛地应用于新建建筑的振动控制和已有建筑物的加固。

2 计算原理

在地震作用下，结构在 t 时刻的动力方程为：

$$[M]\{\ddot{x}\}+[C]\{\dot{x}\}+[K]\{x\}=-[M]\{\ddot{u}\} \tag{1}$$

其中，$[M]$、$[C]$、$[K]$ 分别为结构的质量矩阵、阻尼矩阵、刚度矩阵；$\{\ddot{x}\}$、$\{\dot{x}\}$、$\{x\}$ 分别为结构的加速度、速度与位移向量；$\ddot{u}$ 为地面加速度。同样，在 $t+\Delta t$ 时刻的动力方程为：

$$\begin{aligned}[M](\{\ddot{x}\}+\{\Delta\ddot{x}\})+[C(t+\Delta t)](\{\dot{x}\}+\{\Delta\dot{x}\})+[K(t+\Delta t)](\{x\}+\{\Delta x\})\\=-[M](\{\ddot{u}\}+\{\Delta\ddot{u}\})\end{aligned} \tag{2}$$

假定在时间增量 Δt 内，$[C]$、$[K]$ 保持为常量，所以动力方程可以表示为增量形式：

$$[M]\{\Delta\ddot{x}\}_i+[C]_i\{\Delta\dot{x}\}_i+[K]_i\{\Delta x\}_i=-[M]\{\Delta\ddot{u}\}_i \tag{3}$$

其中：

$$\{\Delta\ddot{x}\}_i=\{\ddot{x}\}_{i+1}-\{\ddot{x}\}_i \tag{4}$$

$$\{\Delta\dot{x}\}_i=\{\dot{x}\}_{i+1}-\{\dot{x}\}_i \tag{5}$$

$$\{\Delta x\}_i=\{x\}_{i+1}-\{x\}_i \tag{6}$$

对于增量形式的动力方程，可以有多种方法求解。本文中是基于 SAP2000 中的直接积分方法之一——Hiber-Huges-Taytor（HHT）法。

Hiber-Huges-Taytor（HHT）法本质上仍然是 Newmark 方法的发展，这一方法是 Hughes 在 1987 年提出的。HHT 法将 α 系数引入并修改结构动力方程，并对之使用 Newmark 方法进行求解。

$$M\,\ddot{u}_t+(1+\alpha)C\,\dot{u}_t+(1+\alpha)u_t=(1+\alpha)F_t-\alpha F_t+\alpha C\,\dot{u}_{t-\Delta t}+\alpha K u_{t-\Delta t} \tag{7}$$

式中 α 参数值为 0～1/3 之间。

3 消能减震加固实例

3.1 工程概况

某综合楼为 6 层钢框架房屋。南北向总宽 21.6m，东西向总长 36.0m；南北向柱距 7.2m，东西向柱距 7.2m。各层层高均为 3.90m，主要使用功能为商场和办公。现浇楼、屋面板，填充墙为多孔砖墙。采用柱下孔桩，单柱单桩。2000 年竣工，建筑场地类别为 II 类，设计地震为第一组，设计为 7 度设防，钢材强度设计等级 Q235。楼面活荷载：办公楼均布活荷载标准值 1.5kN/m²，隔墙自重为 0.5kN/m²，不考虑活荷载折减。上人屋面活荷载 1.5kN/m²。因此，在分析结构在竖向荷载作用下的静力性能时，活载设计值为 2.8kN/m²。结构自重包括框架的梁柱、支撑自重。梁、柱的参数见表 1，构件尺寸均符合《抗震规范》关于长细比及宽厚比的要求。

表 1 结构模型构件参数表

参数 / 名称	截面尺寸（mm）				截面面积 $A/(\mathrm{mm}^2)$	I_x (m^4)	自重 g (kN)
	高度	宽度	腹板厚度	翼缘厚度			
框架柱（Z）	500	420	20	20	26000	11.299	2041
框架梁（KL2）	600	256	8	18	13728	8.959	1078
纵向梁（KL1）	600	180	8	18	10992	6.683	863
次梁（CL）	450	200	8	14	8976	3.162	705

3.2 加固方案及模型的建立

本模型采用 SAP2000 进行抗震性能分析。由于建筑平立面规则，结构刚度、质量分布均匀。因而模型取建筑短方向一榀横向框架分别进行抗震性能研究，这样简化为一平面杆系模型，从而大大简化了计算，也能很好地反映真实结构的抗震性能。取以下几组模型方案：

方案 A（原结构）：纯钢框架结构（以下简称 MRF）。

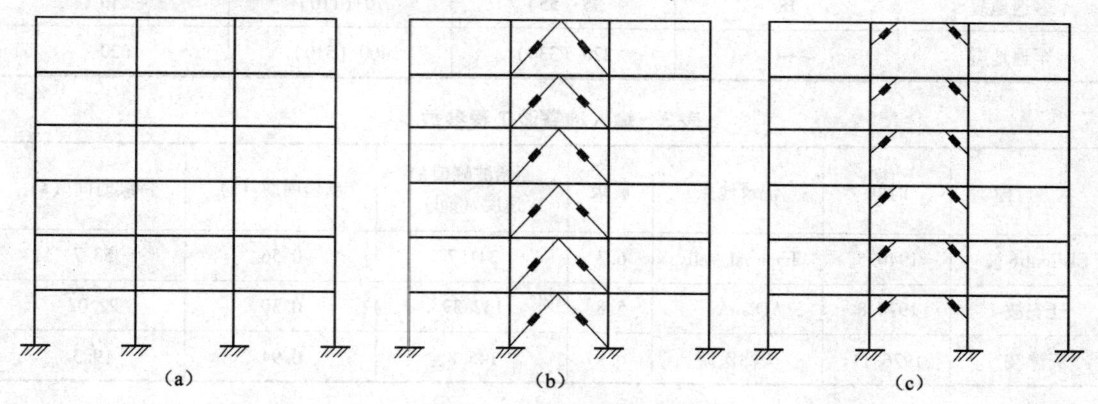

图 1 三种结构模型

(a) MRF；(b) EDBF-1；(c) EBBF-2

方案 B（加固方案 1）：设置人字形消能支撑钢框架结构（以下简称 EDBF-1）。

方案 C（加固方案 2）：设置小八字形消能支撑钢框架结构（以下简称 EBBF-2）。

建模时选用平面框架单元（Portal Frame）；梁、柱、支撑斜杆均选用框架（Frame）单元，该单元使用一般的三维梁-柱公式，包括双轴弯曲、扭转、轴向变形、双轴剪切变形等效应。柱间支撑斜杆的两端应为刚性连接，但在结构整体计算时可按两端为铰接计算，其端部连接的刚度可以通过支撑斜杆的计算长度加以考虑。柱子与基础为固接。阻尼器与梁、柱的连接按铰接考虑。粘弹性阻尼器的恢复力模型为标准线性固体模型，这是 SAP2000 软件内定的。模型如图 2 所示。

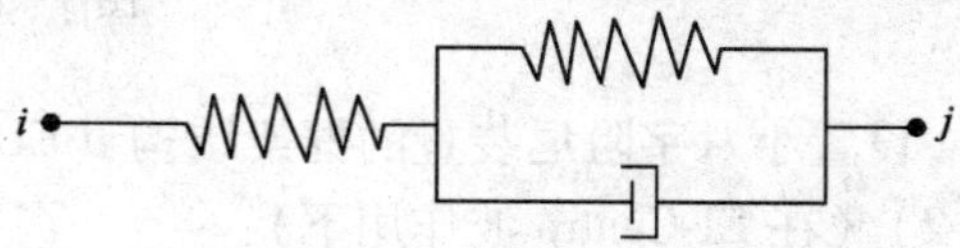

图 2 标准线性固体模型

该模型为一个阻尼器和一个弹簧并联之后再与一个弹簧串联，其非线性力-变形关系可写为：

$$f = k_d d_d + c_d \text{sign}(\dot{d}_d) |\dot{d}_d|^s = k_b d_b$$

式中，k_d 为阻尼器刚度；c_d 为阻尼器的阻尼系数；k_b 为连接件的刚度；d_d 为阻尼器的变形；d_b 为连接构件的变形；s 为定义粘弹性阻尼器的非线性特性的指数。

3.3 减震结构地震反应分析

为了说明加固后的减震效果，因此，选用了涵盖了三类场地的三条典型的地震波。按照抗震规范，地震波选用埃尔森特罗波（EL-centro，1940，*n-s*），其记录峰值加速度为341.7gal，卓越周期为0.35s，时间步长为0.02s，持续时间取20s，EL-centro 波是实际地震记录中较为典型的一条，研究这种地震波作用下的消能减震体系的地震反应具有一定的代表性。本算例根据《抗震规范》8 度多遇地震加速度时程曲线最大值要求，将地震波的峰值加速度调整至70gal。放大系数为70/341.7=0.205，多遇地震作用下，非线性弹塑性时程分析结构阻尼比采用0.02。

表 2 时程分析所用的地震加速度时程曲线的最大值[12] cm/s^2

地震影响	6 度	7 度	8 度	9 度
多遇地震	18	35（55）	70（110）	140
罕遇地震	—	220（330）	400（510）	620

表 3 输入地震波工程参数

名　　称	时间	记录地点	震级	原始波峰值加速度（gal）	卓越周期（s）	持续时间（s）
EI-Centro 波	1940.5	Imperial Vally	6.3	341.7	0.56	53.7
迁安波	1976.8	QianAn	5.8	132.39	0.30	22.02
天津波	1976.11	天津医院	6.9	145.8	0.94	19.3

所选的地震波如下：

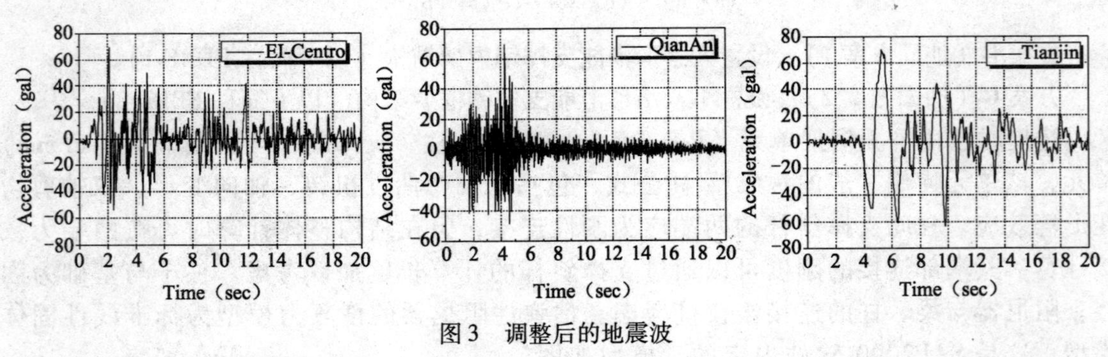

图 3 调整后的地震波

设置小八字阻尼装置的框架结构（EDBF-1）与设置人字形阻尼装置的框架结构（EDBF-2）（在 EI-Centro 波作用下）：

图4～图6分别是Joint12的位移、速度和加速度时程曲线。从图中可以看出，结构在受到地震荷载作用的整个过程中，通过安装阻尼装置增加的阻尼的作用是非常大的，它能够使每一层的位移都获得显著减小，通过对峰值的比较，能够使建筑结构的楼层绝对位移减小30%以上。从图中还可以得知，在同样的结构上布置相同耗能模量的小八字粘弹性阻尼装置和人字形粘弹性阻尼装置，由于都属于粘弹性阻尼装置在增加阻尼比的同时还使结构的刚度增加，但是结构的阻尼比不一样，人字形粘弹性阻尼装置在地震过程中存储更多的能量，从而产生更大的变形，减震效果要更好些。

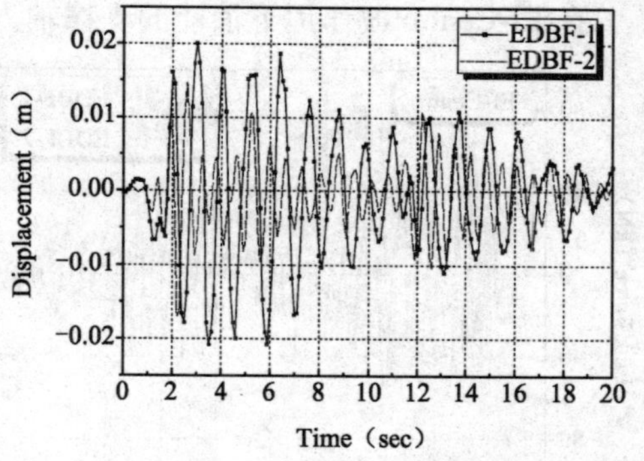

图4　两种结构Joint12的位移比较

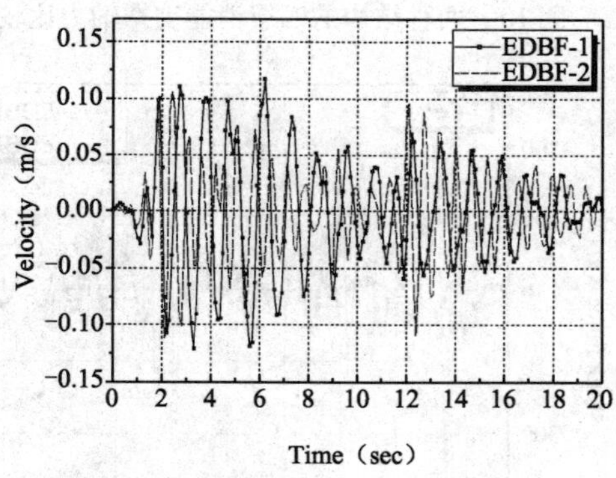

图5　两种结构Joint12的速度比较

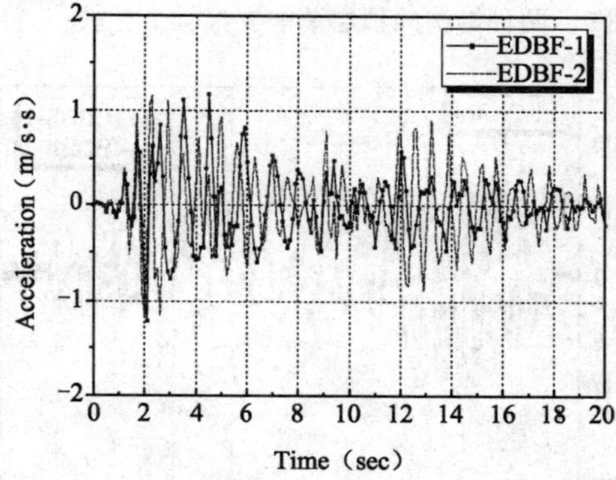

图6　两种结构Joint12的加速度比较

图7为结构底层边柱（A柱）受地震作用时边柱轴力的时程曲线，这一曲线不仅清楚地反映了阻尼结构在减小地震中柱子轴力的作用，阻尼装置在这一方面的优越性。图8为结构底层中柱（B柱）受地震作用时中柱轴力的时程曲线，由于设置小支撑阻尼装置对柱子的推力作用，因此设置小支撑阻尼装置结构的柱子的轴力要比设置人字形的大50%左右。

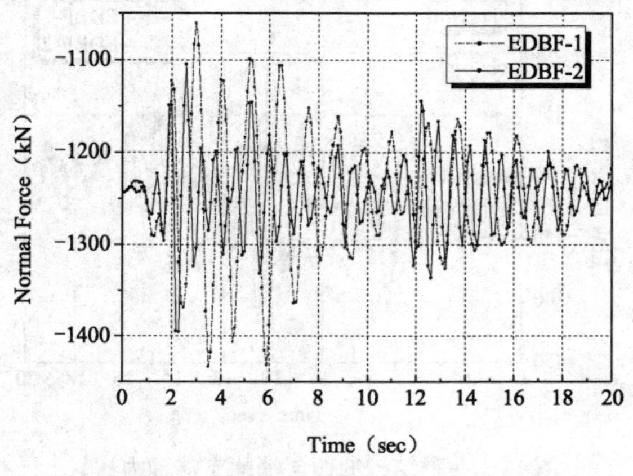

图7　两种结构的底层边柱轴力比较

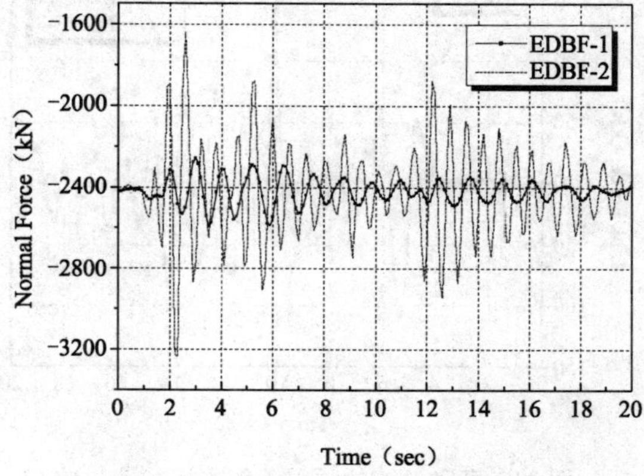

图8　两种结构的底层中柱轴力比较

以上我们从结构的顶层顶点位移、速度、加速度、柱子轴力等情况说明了几种结构，下面从支撑的内力来比较设置小八字阻尼装置的框架结构（EDBF-1）与设置人字形阻尼装置的框架结构（EDBF-2）。

在 EI-Centro 波作用下消能的支撑轴力比较如图 9 ~ 图 12 所示。

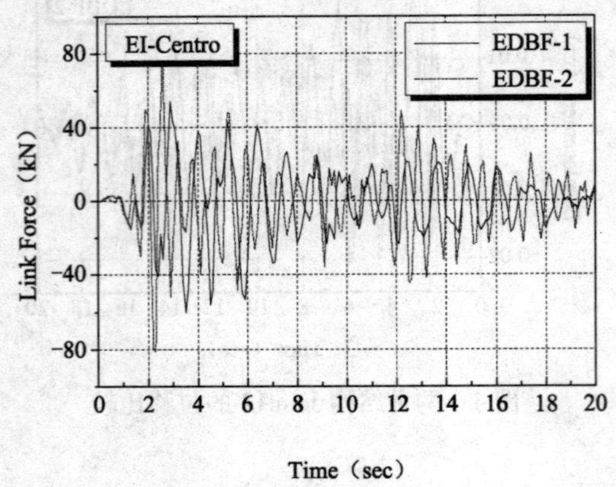

图 9　两种结构的顶层消能支撑轴力比较

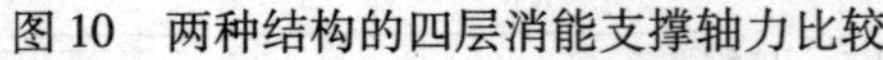

图 10　两种结构的四层消能支撑轴力比较

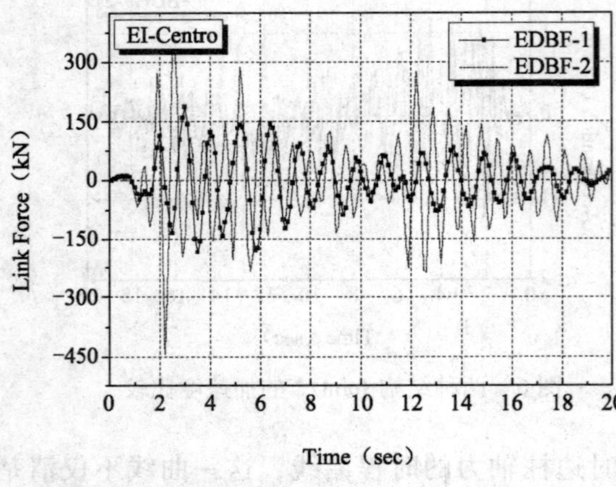

图 11　两种结构的二层消能支撑轴力比较

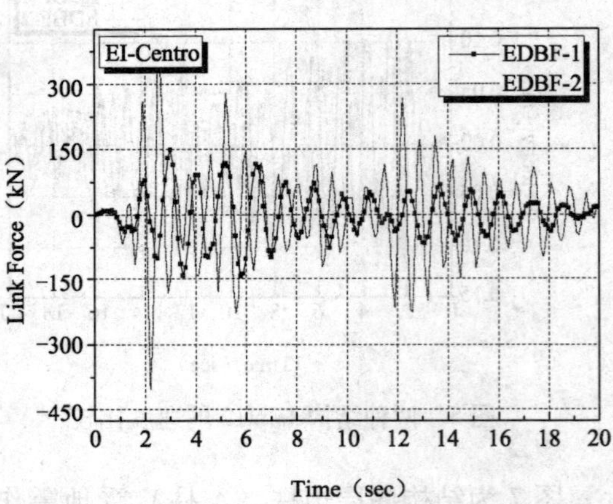

图 12　两种结构的底层消能支撑轴力比较

在天津波作用下的消能支撑轴力比较如图 13 ~ 图 16 所示。

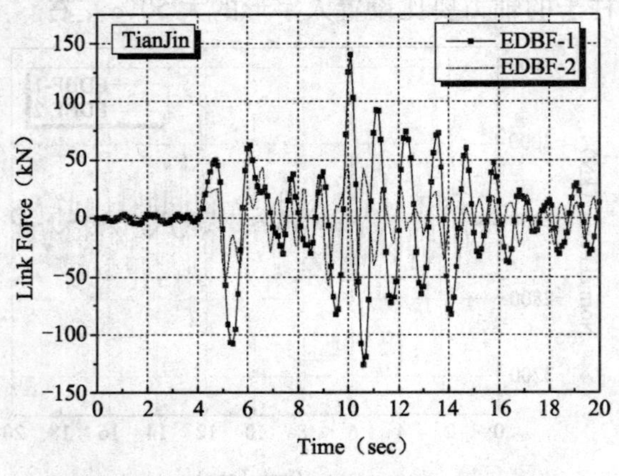

图 13　两种结构的顶层消能支撑轴力比较

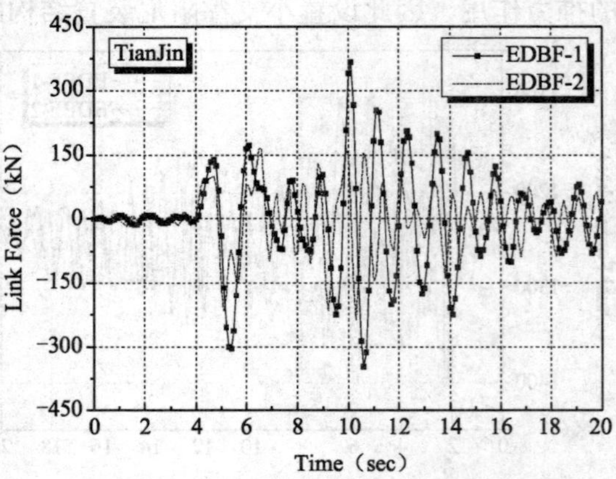

图 14　两种结构的四层消能支撑轴力比较

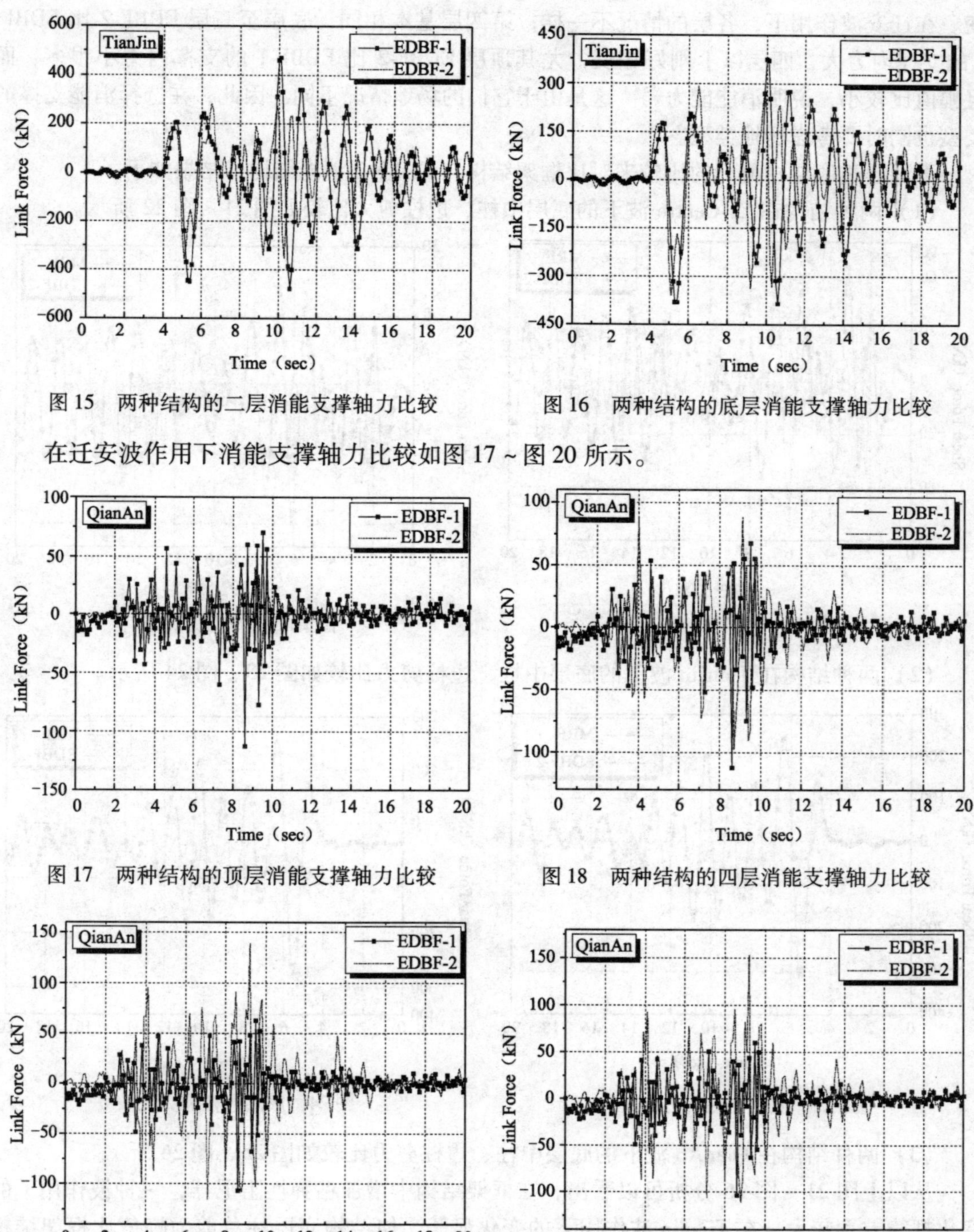

图 15　两种结构的二层消能支撑轴力比较

图 16　两种结构的底层消能支撑轴力比较

在迁安波作用下消能支撑轴力比较如图 17 ~ 图 20 所示。

图 17　两种结构的顶层消能支撑轴力比较

图 18　两种结构的四层消能支撑轴力比较

图 19　两种结构的二层消能支撑轴力比较

图 20　两种结构的底层消能支撑轴力比较

从图 9 ~ 图 20 可以看出，两种结构在 EI-Centro 波、天津波、迁安波作用下消能支撑都能充分发挥作用，在 EI-Centro 波作用下，EDBF-2 比 EDBF-1 的支撑内力大，从底层、二层、四层及顶层来看，峰值点都在 2 秒处。在天津波作用的前期，两种结构的支撑内力基本相同，但是在 5 秒以后的后期，EDBF-1 比 EDBF-2 的支撑内力大，在 10 秒的时候，有一突变。在迁安波作用下，各层的情况不一样，第四层基本相同，底层至三层 EDBF-2 比 EDBF-1 的支撑内力大，四层以上刚好相反，尤其顶层 EDBF-2 比 EDBF-1 的支撑内力小很多，而且幅值比较小，说明消能能力弱。这是由于它们的场地情况不同。因此，在选择消能支撑的类型也同时要考虑场地类型。

下面通过底层柱剪力的比较来对比框架结构与 EDBF-2 消能结构，结果如下：

（1）两种结构在 EI-Centro 波下的底层中柱、边柱剪力比较如图 21 ~ 图 22 所示。

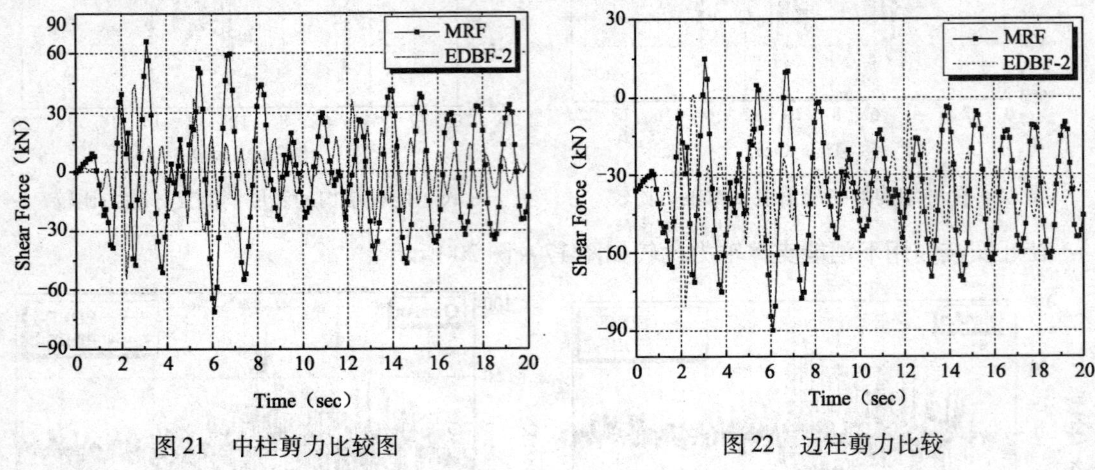

图 21　中柱剪力比较图　　　　图 22　边柱剪力比较

（2）两种结构在 TianJin 波下的底层中柱、边柱剪力比较如图 23、图 24 所示。

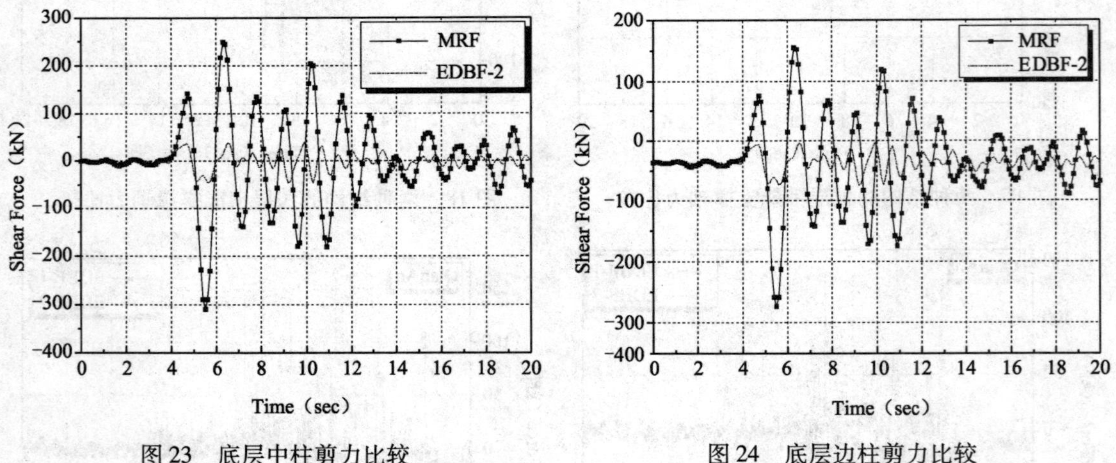

图 23　底层中柱剪力比较　　　　图 24　底层边柱剪力比较

（3）两种结构在 QianAn 波下的底层中柱、边柱剪力比较如图 25、图 26 所示。

从以上图 21 ~ 图 26 分析可以看出，在框架结构中增加粘弹性阻尼器，三种波作用下的变化规律差别较大，在 Tianjin 波作用下的变化显著，使结构底层柱总剪力峰值比框架结构降低 80%；在 EI-Centro 波作用下，使结构底层柱总剪力峰值比框架结构降低 30%；在 QianAn 波作用下变化不明显，使结构底层柱总剪力峰值降低至原框架结构的 11% 到 38%；同时，使结构底层柱剪力变化周期加大，剪力值峰值减小，这样，可以大大降低结构由于变形疲劳而发生破坏的几率。

综上从几种结构在多遇地震作用下的结构位移、速度、加速度和构件的内力情况来看，不论是小八字粘弹性阻尼装置还是人字形粘弹性阻尼装置都能有效地减小结构的地震反应。并且由于它们在增加阻尼比的同时使结构的刚度增加的幅度不同，导致产生的地震反应不一样。从这个意义上来讲，在进行结构的抗震设计时，除了在建筑使用上的考虑外，我们要根据实际的建筑和结构抗震需求采用何种粘弹性阻尼装置。

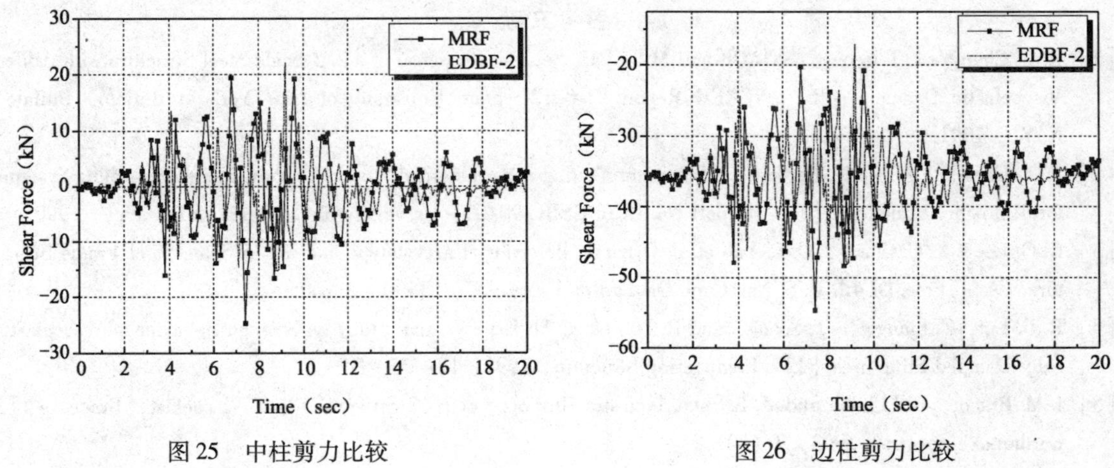

图25　中柱剪力比较　　　　图26　边柱剪力比较

4　应用展望

虽然消能减震技术的研究和应用已取得很大进展，但是该技术仍然没有达到产业化的程度，因此，我国广大的工程师应根据我国的建筑特点与风格，以中小学建筑抗震鉴定为契机，探求一种安全、经济合理，适合于量大面广的一般民用建筑消能减震结构体系设计的方法。主要存在的问题如下：①开发新型、高效、适应性强的消能减震装置，为该技术产业化奠定基础。②进行各种消能装置的比较、优化分析，给出具体的计算模型，尽快使其标准化、系列化，便于设计中推广应用。③考虑多因素影响条件下，消能减震装置的可靠性、耐久性研究。④加强对消能减震器的设置方案问题的研究与分析。⑤消能减震器与结构或支撑连接构造及安装、施工、维修等的研究。

5　结论

本文针对某六层既有钢框架结构采用 Sap2000 程序中的 FNA 方法进行了粘弹性阻尼器加固后的消能减震分析，得出几点结论供参考。

（1）通过对粘弹性阻尼器合理布置，可有效降低结构的地震反应（位移响应、速度响应和加速度响应），有效地克服了框架结构侧移大，抗侧刚度小的弱点，同时，使结构在地震作用下的位移响应沿结构层高方向分布较为均匀。这样，可以使结构各构件受力较均匀，所有楼层的结构构件都能充分发挥其抗震作用。从而提高结构抗震性能，达到现有抗震规范要求，能很好地适用于抗震设防地区。

（2）结合工程实例，采用 Sap2000 程序中的 FNA 方法进行减震加固分析与设计，有效解决了完全非线性所引起的收敛性问题，对于小震下减震加固分析是可行的，并给出了原结构地震反应分析、阻尼器选型优化、减震结构地震反应分析。从而证明，采用消能减震技术对于未考虑抗震设防或设防标准低于该地区现有地震烈度的建筑进行加固，是一种有效的手段。

（3）加固以后的结构，因为阻尼装置的增加，不会导致结构整体刚度的大幅度增加，因而使得结构在地震作用下的加速度响应不会因为安装了阻尼装置而大幅度增加，不会部分抵消阻尼器的减震效果。

参考文献

[1] K. C. Chang, T. T. Soong, S. T. Oh and M. L. Lai. Seismic Response of a 2/5 Scale Steel Structure with Added Viscoelastic Dampers [R]. NCEER Report 91-0012, State University of New York at Buffalo, Buffalo, N. Y., 1991.

[2] I. D. Aiken, J. M. Kelly. Earthquake Simulator Testing and Analytical Studies of Two Energy-Absorbing Systems for Multistory Structures [R]. Report No. UCB/EERC-90/03, University of California at Berkeley, 1990.

[3] G. G. Lee, K. C. Chang, G. C. Yao et al. Dynamic Behavior of a Prototype and a 2/5 Scale Steel Frame Structure [A]. Proc. Of 4th U. S. Nat. Conf. On Earthq. Engrg [C]. 1990, 2: 605 ~ 613.

[4] R. C. Lin, Z. Liang, T. T. Soong, and R. H. Zhang. An Experimental Study on Seismic Behavior of Viscoelastically Damped Structures [J]. Engineering Structure, 1991, 12: 75 ~ 84.

[5] J. M. Bracci, R. F. Lobo and K. L. Shen. Inelastic Response of R/C Structures with Viscoelastic Braces [J], Earthquake Spectra, 1993, 9 (3).

[6] K. C. Chang, K. L. Shen, T. T. Soong and M. L. Lai. Seismic Retrofit of A Concrete Frame with Added Viscoelastic Dampers [A]. Proceedings of the fifth National Conference on Earthquake Engineering, Chicago [C], 1994.

[7] K. L. Shen, T. T. Soong, K. C. Chang and M. L. Lai. Seismic Behavior of Reinforced Concrete Frames with Added Viscoelastic Dampers [J]. Engineering Structures, 1994.

[8] K. P. Cho, J. E. Cermak, M. L. lai, E. J. Nielsen. Viscoelastic damping for wind-excited motion of a five-story building frame [J]. Journal of Wind Engineering and Industrial Aerodynamics 77&78 (1998) 269 ~ 281.

[9] 欧进萍，邹向阳. 高层钢结构粘弹性耗能减振试验与分析 [J]. 哈尔滨建筑大学学报，1999，32 (4)：1 ~ 6.

[10] 欧进萍，邹向阳. 粘弹性耗能器的性能与结构减振试验研究 [J]. 振动与冲击，1999，18 (3)：12 ~ 19.

[11] 徐赵东，郭宁，赵鸿铁，张兴虎. 装有粘弹性阻尼器的钢筋混凝土结构振动台试验 [J]. 世界地震工程，2001，6：70 ~ 72.

[12] 中华人民共和国建设部. GB 50011—2001. 建筑抗震设计规范（2008 年版）[S]. 北京：中国建筑工业出版社，2008.

[13] 北京金土木软件技术有限公司，中国建筑标准设计研究院. SAP2000 中文版使用指南 [M]. 北京：人民交通出版社，2006. 308 ~ 309.

隔震技术在建筑物抗震加固中的应用

张婷婷　张　鑫

山东建筑大学土木工程学院，济南，250101

【摘　要】　地震作为一种突发性的自然灾害，时常会给人民生命财产和安全造成毁灭性的损失。对现有的各种建筑物，首先通过抗震鉴定对其在地震作用下的安全性进行评估，然后根据鉴定结果，使用相应的抗震加固方法进行结构补强以提高其抗震力，可以有效减小结构的地震破坏程度。隔震技术作为抗震加固中较为先进的一种方法，在实际工程中得到越来越多的应用。本文结合国内外学者对隔震技术的研究以及国内关于隔震技术的各种规范条文，详细探讨了隔震技术在实际工程应用中的主要措施和优点。最后通过济南"老洋行"建筑的加固以及济南宏济堂建筑的加固两项实际工程介绍隔震技术在抗震加固的具体工程的应用。

【关键词】　抗震鉴定，抗震加固，隔震技术，平移加固，橡胶支座；

1　建筑物抗震加固技术的综述

由于地震是突发性的自然灾害，常常给人类和社会带来毁灭性的损失。就全国范围而言，历史上的地震受灾面积已占到我国国土面积的一半以上[1]，特别是近年来，不断增长的世界人口和快速发展的城市化，加上频繁的地震活动，使得地震灾害问题在社会中越发显得突出。尤其是在人口稠密及政治、经济、工业和科学技术发达的城市和地区，造成的损失更为惨重。例如2008年5月12日14时28分，在四川汶川发生了8.0级特大地震，震中位于四川省汶川县映秀镇，震源深度为14km，最大烈度11度。汶川地震主要发生在山区，引发出破坏性很大的崩塌、滚石、滑坡和堰塞湖等灾害，人员伤亡惨重。据民政部报告，截至2008年7月21日12时，四川汶川地震已造成69197人遇难，374176人受伤，失踪18222人，累计受灾人数461612165万人等[2]。很多这样的特大地震已经给人类社会带来了不可估量的损失，最近又发生了7.3级海地地震，8.8级智利康赛普西翁地震，与海地相比，智利的经济社会发展水平比较高，当地建筑有着严格的建筑质量标准和比较完善的应急措施，所以地震袭击之后虽然很多建筑受到损害但并没有完全倒塌。而海地则不然，建筑质量相当糟糕。可见，对建筑结构的抗震设计理论的研究以及对现有建筑进行抗震鉴定及加固，是最大限度减轻地震灾害的重要措施。这就迫使工程人员不得不去深入研究土木工程结构的抗震设计理论以及抗震加固的方法，以最大限度地减少地震给人们带来的影响[3-5]。

作者简介：*张婷婷，1983.10. 女．硕士研究生，主要研究方向建筑物加固改造．E-mail：ztt84828@126.com。

张鑫，1964.3. 男．教授，博士，主要研究方向混凝土结构、工程鉴定加固。

1.1 抗震鉴定加固的简单介绍

随着时间的流逝，由于劣化、损伤等各种因素，大部分建筑物的使用功能会下降，甚至不能满足或者丧失某种使用功能，因此为了恢复或提高建筑物的安全性和耐久性，以满足新的适用性的要求，对建筑物进行检测、评价、加固和改造是非常有必要的。建筑物的抗震鉴定是通过检查现有建筑的设计、施工质量和现状、按规定的抗震设防要求，对其在地震作用下的安全性进行评估。建筑进行抗震鉴定的目的是在对现有建筑的抗震能力进行鉴定以后，并进行抗震加固或采取其他抗震减灾措施，使现有建筑在遭受到相当于抗震设防烈度的地震影响时，一般不导致倒塌伤人或者砸坏重要的生产设备，经修理后仍可以继续使用。建筑物的抗震加固是对未进行抗震设防或已进行抗震设防但达不到设防标准的建筑物，进行结构补强和提高其抗震力的措施[6]，其实质上是通过改善结构的构件、结构受力的途径，以提高结构的抗震能力，从而减小结构的地震破坏。我国的抗震鉴定加固的研究工作始于20世纪60年代，其研究与应用经历了一个比较曲折的过程。全国在经历了唐山大地震后，展开了建筑结构的抗震加固工作，并进行了大量的试验研究。经过几十年的发展，国内通过许多建筑物加固的工程实例，积累了丰富的实践经验[7-9]，大大推动了抗震加固技术的发展。

1.2 抗震加固的一般方法

通常加强建筑物的抗震加固方法有三种：（1）抗震加固。利用结构各构件的承载力和变形能力抵御地震作用，吸收地震能量，立足于“抗”。（2）消能减震加固。在结构中的某些部位设置消能装置，通过消能装置耗散或吸收地震能量，从而减小主体结构的地震反应。（3）隔震加固。在建筑物上部结构与基础之间设置滑移层，阻止地震能量向上传递，从而降低上部结构的地震作用，立足于“隔”。我国的国家标准《建筑抗震鉴定标准》[10]以及建设部行业标准《建筑抗震加固技术规程》[11]总结了近年来建筑结构抗震鉴定和加固的经验，形成了层次配套、概念清楚、要求明确、易于掌握的建筑结构成套鉴定与加固技术（表1、图1）[12,13]。

表1 建筑鉴定标准一览表

层 次	第1层次	第2层次	第3层次	第4层次
标准规范	现行设计规范：《建筑抗震设计规范》、《混凝土结构设计规范》等	《民用建筑可靠性鉴定标准》、《工业厂房可靠性鉴定标准》	《建筑抗震鉴定标准》	《危险房屋鉴定标准》
适用范围	拟建、新建工程	已建成两年以上且投入使用的已有建筑	主要对1977年以前未考虑抗震设防的建筑	既有房屋的危险性鉴定
构件承载力	要求最高	比现行设计规范有所降低（5%～10%）	比现行抗震设计规范降低较多（8度时，15%～30%）	构件的承载力严重不足或丧失，以引起结构外观的损伤
设计使用年限	50年	接近50年	至少30年	危房应拆除或采取相应的措施

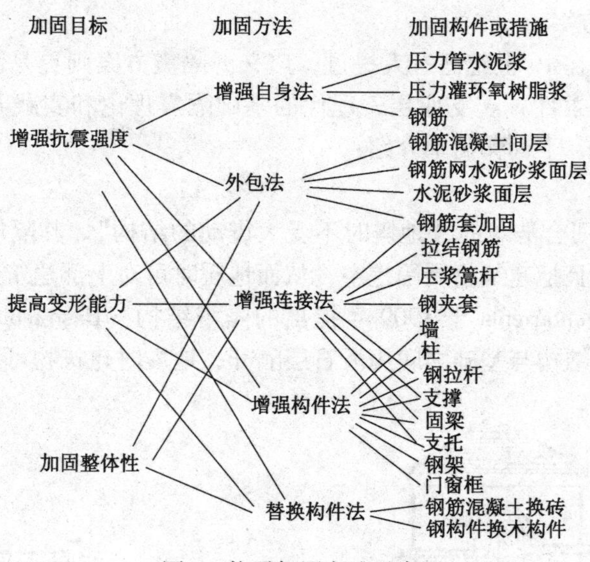

图1　抗震加固方法示意图

2　建筑结构隔震技术

2.1　隔震加固技术的提出

随着科学技术的不断发展，传统的延性结构体系，呈现出许多局限性：首先，由于设计用地震动输入的欠准确性和结构在地震时的非弹性破坏机理的复杂性，使得“延性结构”的设计方法难以准确预知结构遇到地震时的破坏程度；其次，随着社会的发展，工程结构形式愈见多样，功能要求越来越高，很多重要建筑物不允许结构构件进入塑性工作阶段，对结构的抗震性能提出更高的要求。于是一种新的抗震设计理论——结构控制和控制结构理论产生了[14]。其中结构减震控制分主动控制、被动控制和两者的组合[15]。主动控制是需要输入外加能源减小结构地震反应的控制方法，造价高；而被动控制不需要输入外部能源，简单经济。隔震技术属被动控制，技术上容易实现，有广阔的应用前景。

2.2　隔震加固技术简介

2.2.1　隔震加固技术的特点

基础隔震技术是在上部结构和基础之间设置隔震装置，阻隔地震能量向上部结构传递，从而减少结构地震反应的一种抗震技术[16]。为达到明显减震效果，通常基础隔震系统需具备以下四种特性：

① 承载特性：具有足够的竖向强度和刚度以支撑上部结构的重量。

② 隔震特性：具有足够的水平初始刚度，在风载和小震作用下，体系能保持在弹性范围内，满足正常使用的要求，而中强地震时，其水平刚度较小，结构为柔性隔震结构体系。

③ 复位特性：地震后，上部结构能回复到初始状态，满足正常的使用要求。

④ 耗能特性：隔震系统本身具有较大的阻尼，地震时能耗散足够的能量，从而降低上部结构所吸收的地震能量。

2.2.2　隔震加固技术方案

基础隔震的概念早在19世纪已有人提过，广义的隔震方案则更是源渊流长，如北京故宫就设有糯米加石灰的柔性减震支座层；现代的基础隔震理论和实践开始于20世纪70年代，基础隔震方案很多，下面作简单介绍：

（1）早期隔震技术

① 图2是1891年河合浩藏的“地震时不受大震动的结构”。其隔震思路是在地基上并排铺设了数层圆木，并且把建筑物周围挖空，从而地震时可对上部建筑起到隔震作用。

② 图3是J. A. Calantarients于1909年提出的隔震结构（Base-isolated building）方案。这种隔震结构在建筑物结构与基础之间用滑石层隔开，地震时建筑物可以滑动。

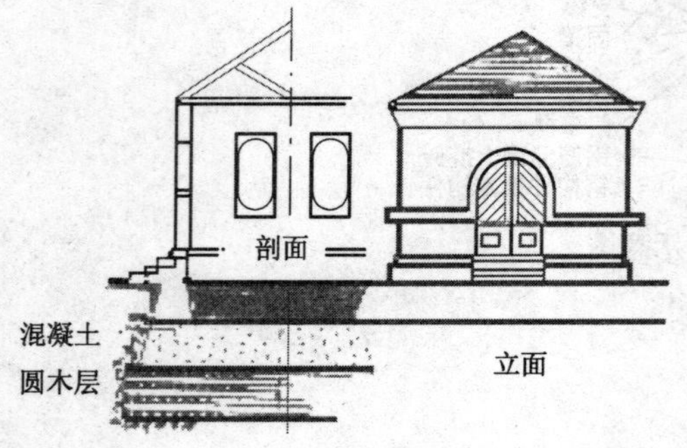

图2　河合浩藏的隔震方案

图3　J. A. Calantarients隔震方案

③ 图4是中村太郎于1927年提出的隔震结构方案。在这种隔震系统中已使用阻尼泵来耗散地震动的能量，并且在该建筑地下层柱的上下端采用铰接构造，建筑物可以水平自由移动。

④ 柔性层隔震结构（Flexible first-story building）

柔性层结构隔震概念由Martel在1929年提出，由Green（1935年）和Jacobasen（1938年）进一步加以研究与完善；图5是真岛健三郎于1934年的柔性层结构。地震时，柔性层进入塑性，结构的刚度变小，结构的基本周期延长，从而导致上部结构所受的地震作用减小。

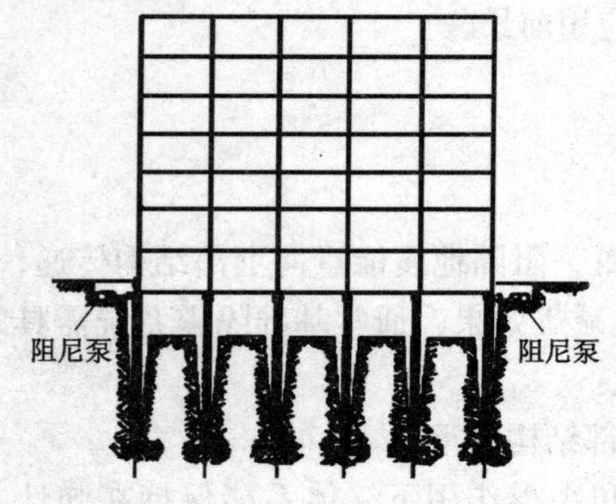

图4　中村太郎的隔震方案

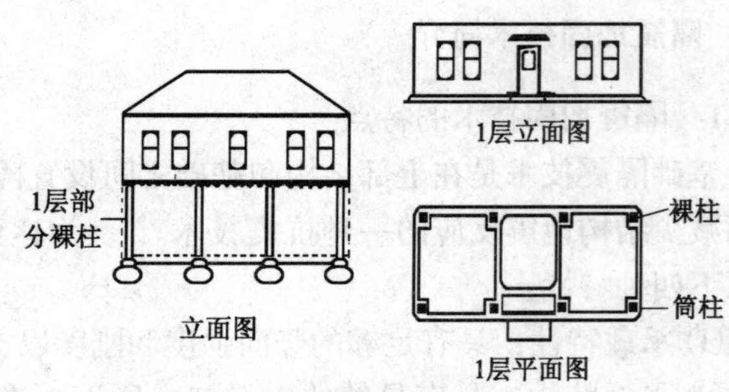

图5 柔性层隔震结构

⑤ 滚动支撑类隔震系统（Roller bearing system）

为克服柔性层结构所带来的缺陷，科学家们相继提出了多种滚动支撑类隔震系统（图6），工作元件有球形和椭圆形等多种，但由于其隔震是有向性的，而地震是具有无向性，这些类型的隔震系统均未能推广应用。

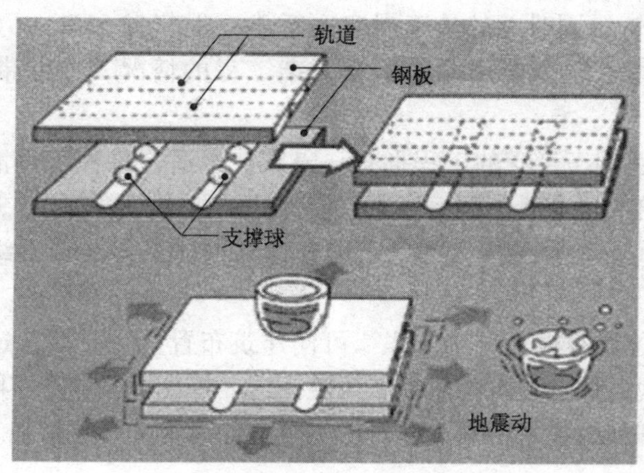

图6　滚轴支撑隔震系

(2) 最新隔震技术

隔震橡胶支座（The laminated rubber bearing）隔震系统。隔震橡胶支座包括天然夹层橡胶支座、铅芯橡胶支座，高阻尼橡胶支座等。

① 天然夹层隔震橡胶支座：天然夹层橡胶支座构造如图7所示。天然夹层橡胶支座具有较大的竖向刚度，承受建筑物的重量时竖向变形小，而水平刚度较小，且线性性能好。由于天然夹层橡胶支座的阻尼很小，不具备足够的耗能能力，所以在结构使用中一般同其他阻尼器或耗能设备联合使用。

② 铅芯隔震橡胶支座：铅芯隔震橡胶支座由新西兰的 Robinson 及其公司最早研制开发，以后在中国、日本、美国、意大利等国家都得到了较大的发展与应用。铅芯橡胶支座构造如图8所示。因为铅芯橡胶支座不但具有较理想的竖向刚度，而且本身具有消耗地震能量的能力，故铅芯橡胶支座在结构使用中受到广泛欢迎。

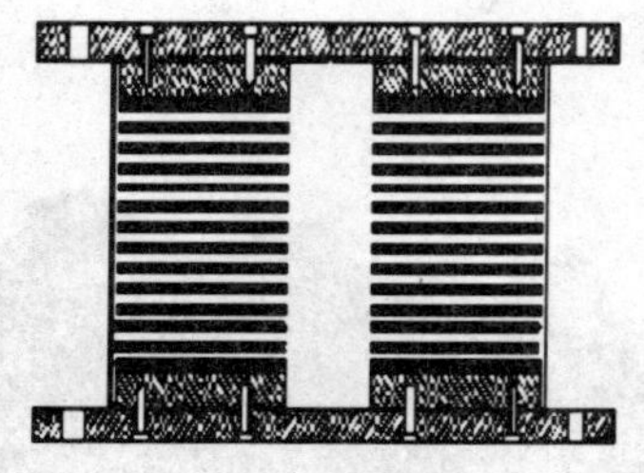

图7　天然夹层橡胶支座

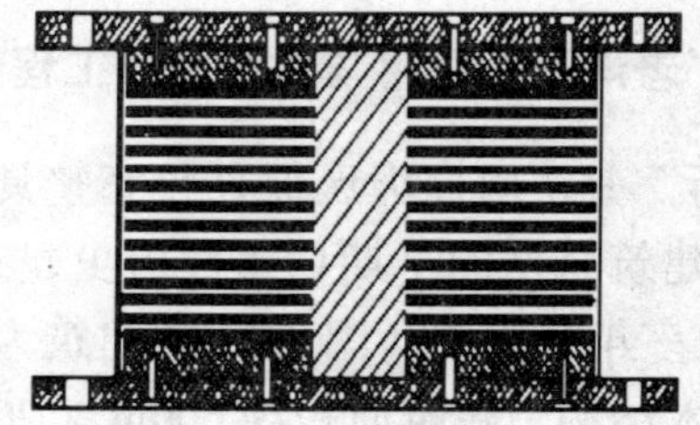

图8　铅芯隔震橡胶支座

(3) 隔震加固方法对比传统抗震加固方法的优点[17]

基于隔震的加固技术具有以下特点：

① 在强震作用下，隔震装置率先进入非弹性状态，大量吸收或隔离地震能量，使上部结构保持弹性或不进入明显的塑性状态，因此，隔震技术可以保证建筑物在强烈的地震作用下仍能保持很高的安全度。大量的试验结果和实际地震记录表明，隔震结构可以降低地震作用至传统结构的1/2～1/8。

② 隔震加固技术节省工程造价。隔震加固技术由于通过增加刚度较小的隔震层来减小地震对上部结构的作用，因此在加固工程中可以不对上部结构进行加固或者进行很小的修复补强即可。特别是当隔震加固技术和结构平移一起使用的时候，总的迁移成本为

新建工程的30% ~70%，同时总的施工周期比新建工程节省65% ~70%。将结构平移和基础隔震加固这两种技术联合使用非常适合复杂工程的情况，并能带来巨大的社会效益和经济效益。

③ 隔震加固技术适用于广泛的工程形式。隔震技术适合各种工程情况，不论是一般民用建筑还是重要性建筑或生命线工程。它不仅能保证结构本身的安全，还能保护建筑内部的设施不受破坏。同时，隔震加固技术可以用于各种结构体系，如砖石结构、钢筋混凝土结构、钢结构等。

④ 隔震支座安放位置有很多可选方案，可使建筑布置更为灵活，这样就可以确保在加固时不影响结构的外观，保持建筑物的原有风貌。这一特性可以满足实际工程中各种不同的综合性需要，所以隔震加固技术特别适合对历史纪念性建筑的修复补强。

表2　对隔震加固方法和传统的加固方法比较

对比内容	传统加固方法	隔震加固方法
采用原理	提高结构强度和刚度，以“硬抗”为主	采用隔震装置来阻碍地震作用，以“柔”克刚
做法	加大截面、增设墙体、粘贴钢板等，或增加支撑构件	增设隔震装置，对结构的原貌无太大影响
加固后的性能	刚度和延性难以达到良好的匹配，易造成刚度突变、局部应力集中、薄弱层转移	隔震装置改变了加固结构的动力特性，保护了主体结构的安全
强震中的状态经济适用范围	发生非弹性变形，剧烈振动，容易破坏或倒塌，材料用量大，人工费用高，适用范围窄	主体结构小，进入明显的非弹性状态，震动反应较小，节省材料，人工费用低，适用于广泛的工程形式

3　建筑结构隔震技术的工程举例

3.1　济南“老洋行”平移与抗震加固工程[18]

“老洋行”是济南商埠区保存较完整具有南欧巴洛克建筑风格的早期代表性历史建筑，至今已有80多年的历史（图9）。该建筑为二层带阁楼砖木结构，建筑面积约600m^2。2005年因道路拓宽对其进行了平移。

图9　济南“老洋行”

（1）抗震加固方案

对于建筑物的平移，大家最关注的问题是建筑物到位后的连接方式。此工程的特别之处在于平移到位后，滚轴保留在上、下轨道梁之间，与在纵横墙交接处后加的铅芯橡胶隔震支座共同形成隔震层，起到隔离地震能量的作用此次平移工程在国内首次将隔震技术应用于历史建筑平移保护中。通过现场动测，证明由滚轴与铅芯橡胶隔震支座共同组成的隔震层隔震效果明显。

（2）加固部位及隔震支座位置图

支座具体布置示意图如图10所示，隔震支座的现场安装如图11所示。

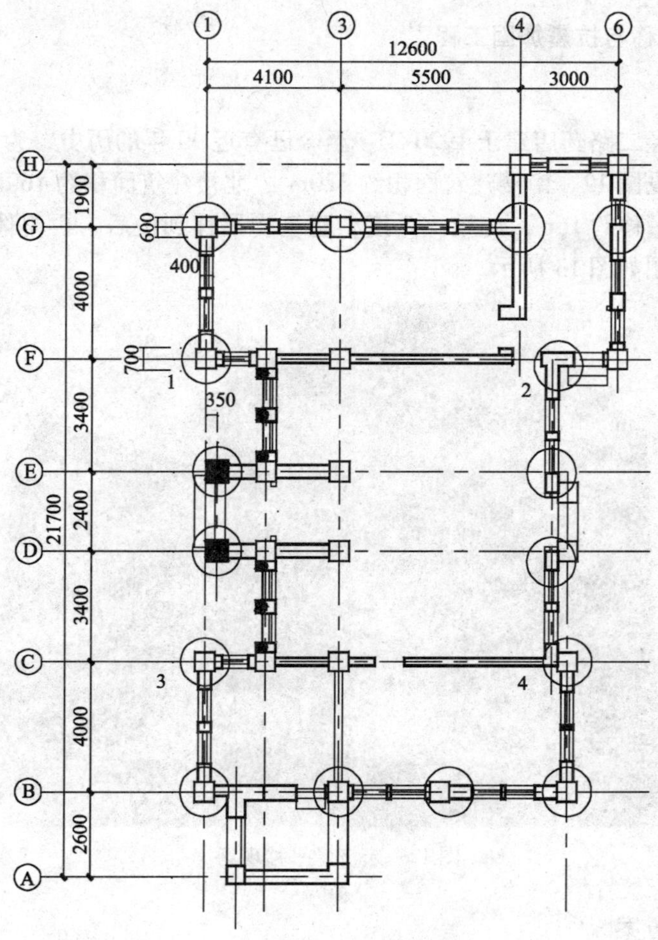

图 10　隔震支座平面图

图 11　隔震支座安装

3.2 济南宏济堂平移与抗震加固工程[19]

(1) 工程概况

济南市宏济堂经二路药店建于1920年，至今已有近90年的历史，为两层砖木结构，由南楼和北楼组成，见图12。南楼建筑面积约320m²，北楼建筑面积约160m²。该建筑向北平移约11.6m，向东平移约16m，旋转3.8度，建筑物平移到位后，再整体顶升0.4m。建筑物平移位置的示意图如图13所示。

图12 宏济堂平移现场

(2) 抗震加固方案

考虑到该建筑物的整体性较差，不宜在墙下直接托换，而采用对上部结构影响较小的双托梁式托换，同时为了确保托换结构的整体性和对上部结构荷载的有效传递，墙两侧的托换梁每隔1.5m左右就增加了一根连接短梁，并且在各轨道梁之间增加了水平斜撑。图14是托换结构布置图。

综合对比该工程重量小、整体性差和抗震性差的特点，决定采用具有移动平稳、振动小、对轨道的不平整度适应能力好等特点的滑动式整体平移技术。使用聚四氟乙烯板作为本工程的行走机构。牵引系统采用PLC控制的同步液压千斤顶，确保平移过程中的平稳性和同步性。

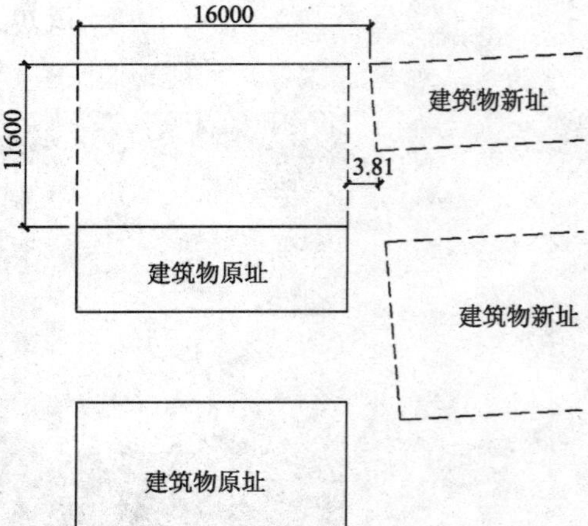

16000
11600
3.81
建筑物新址
建筑物原址
建筑物新址
建筑物原址

图13 建筑平移示意图

(3) 隔震设计方案

建筑物平移到位后，在上托换梁与地下室墙、柱之间安装铅芯橡胶隔震垫，与滑动橡胶支座共同组成隔震层，以提高建筑物的隔震能力。这样在建筑物平移的同时，又对结构进行了抗震加固，而且还不需要对建筑物的上部结构进行处理，不影响其外观。隔震支座布置图如图15所示。

1
2
3
4
5
6
13700
2740
2740
2740
2740
2740
上轨道梁
G
F
E
D
C
B
A
2450
4900
4900
2450
7590
2530
2350
4650
11620
2300
1640
2800
斜撑
上轨道梁

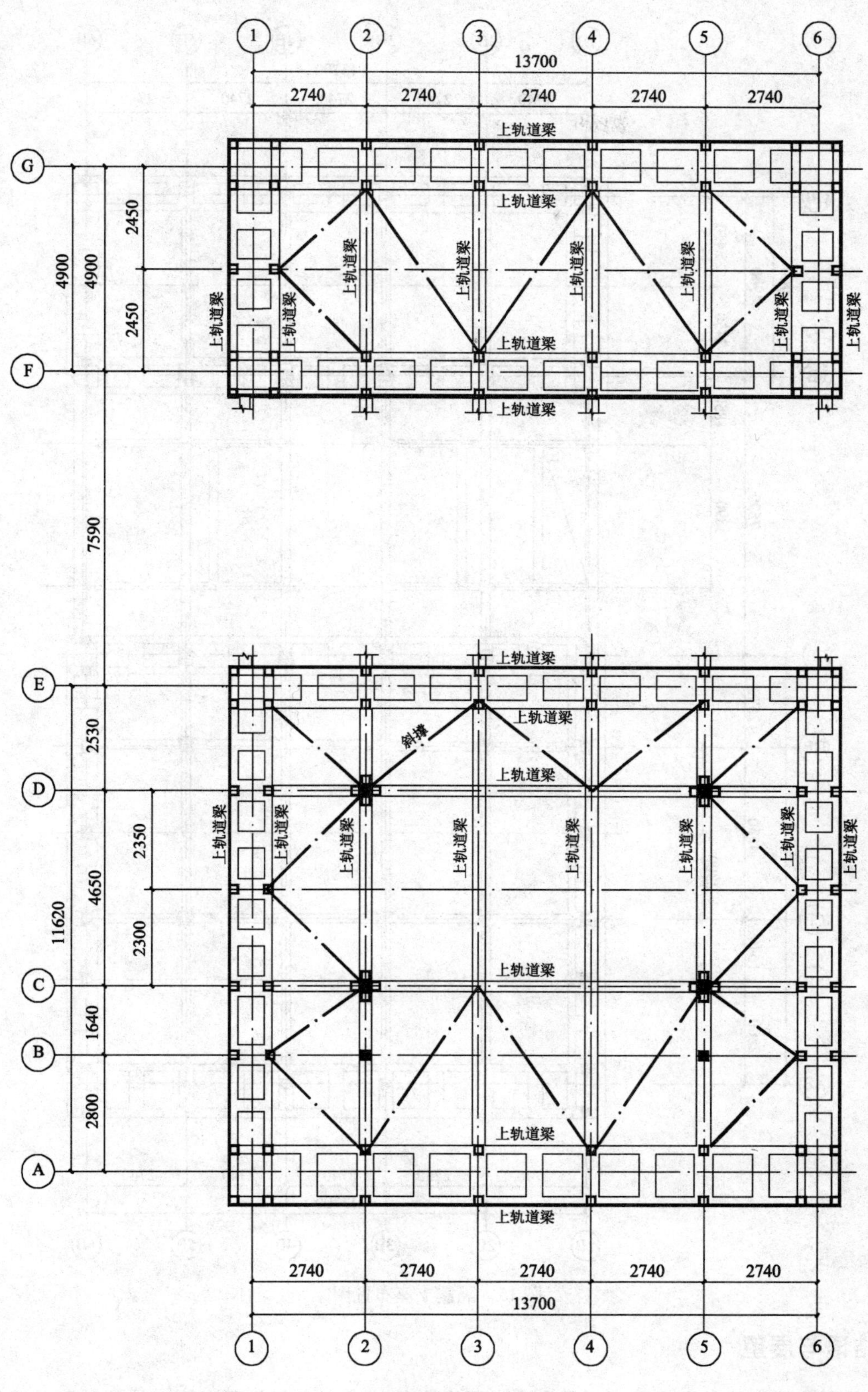

图 14　托换结构布置图

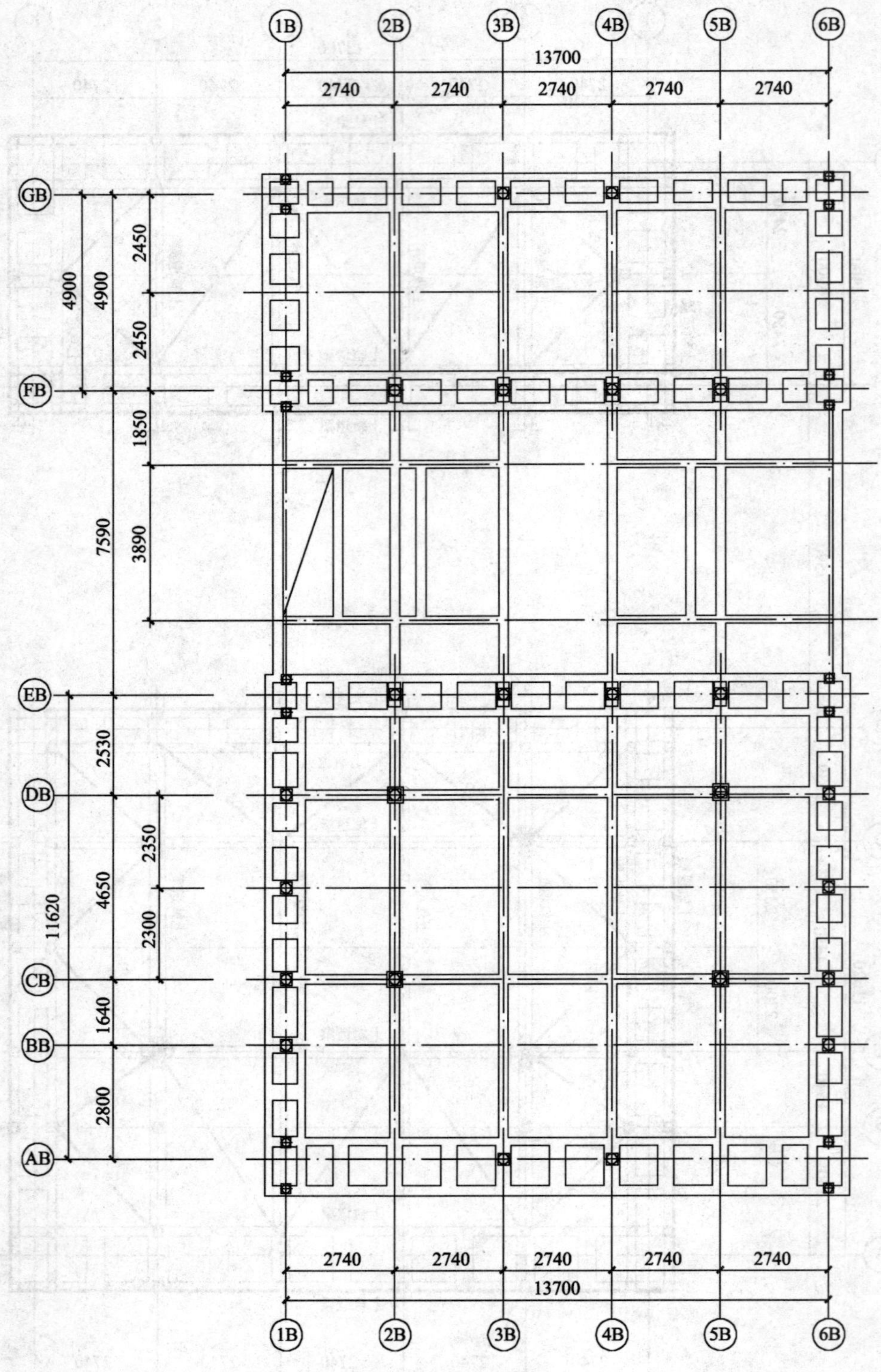

图 15　隔震支座布置图

4　结语与展望

建筑隔震技术在我国是一项非常有发展潜力的技术。它不仅可以用于抗震地区的建筑物的建造，还可以应用于古旧建筑物平移加固改造中，具有其显著的优势。尽管目前此技术在应用上仍存在着盲区和不足，但随着中国社会对新技术与绿色节能技术的不断重视，而且采用设计合理的隔震系统，其直接和间接的经济、社会效益都是相当可观的[14]，该技术一定会有广泛的发展。

此外，基于性能的设计方法可使所设计的加固结构满足各种预定性能目标要求，成为隔震加固方法的趋势。因此，对基于性能的隔震加固设计方法的研究具有重要的理论意义和工程实践价值。为此，我们在不断加强节能教育，贯彻绿色理念的同时，要使建筑隔震技术得到重视。由于各种原因，我国的隔震技术与国外相比还存在着一定的差距，所以我们要借鉴国外的经验，不断提升建筑隔震技术水准；要制定合理的方案，使隔震技术应用成本得到恰当控制；要重视编写各种规范规程，并尽可能使其与国际标准接轨。只有及时学习国外成功经验，加强国际学术交流与合作，才能增强此技术对国内的影响，对我国的建筑基础隔震技术发展及应用显得尤为重要。

参考文献

[1] 李应斌，刘伯权．基于性能的结构抗震设计理论的研究与发展［J］．地震工程与工程振动，2001，21（4）：73～79.

[2] 王克海，孙永红，韦韩，李茜，姜震雨．汶川地震后对我国结构工程抗震的几点思考［J］．公路交通科技，2008，25（11）：54～59.

[3] 李应斌．钢筋混凝土结构基于性能的抗震设计理论与应用研究［D］．西安：西安建筑科技大学，2004.

[4] 梁朝业．钢筋混凝土结构抗震加固技术综述［J］．湖南城市学院学报（自然科学版），2008，17（3）：12～15.

[5] 吕清方，朱虹，张普，吴刚．日本建筑物抗震加固新技术［J］．施工技术，2008，37（10）：9～11.

[6] 李科，魏延良．钢筋混凝土结构的抗震加固方法述评［J］．地震工程与工程振动，2005，25（4）：126～129.

[7] 吕西林．建筑结构加固设计［M］．北京：科学出版社，2001.

[8] 张有才，段敬民．建筑物的检测、鉴定加固与改造［M］．北京：冶金工业出版社，2001.

[9] 张富春．建筑物的鉴定加固与改造［M］．北京：中国建筑工业出版社，1992.

[10] GB 50023295．建筑抗震鉴定标准［S］．

[11] JGJ 116298．建筑抗震加固技术规程［S］．

[12] 袁海军．钢筋混凝土结构检测鉴定中的若干问题［J］．建筑科学，2001，6.

[13] 张熙光，王骏孙，刘惠珊．建筑抗震鉴定加固手册［M］．北京：中国建筑工业出版社，2001.

[14] 曾德民，苏经宇，樊水荣，马东辉．建筑基础隔震技术的发展和应用概况［J］．工程抗震，1996，9.

[15] 周福霖，俞公骅，等．多层和高层建筑结构减震控制新体系［J］．工程抗震，1994，（3）：10～181.

[16] 吴英健．建筑物抗震加固［M］．长春：长春出版社，1991.

[17] 李浩．浅析隔震加固方法技术发展［J］．工程技术.

[18] 张鑫，张青，叶列平．建筑物整体平移与隔震技术的研究［J］．工程抗震与加固改造，2007，29（5）：17～20.

[19] 夏风敏，贾留东，张鑫．济南宏济堂文物建筑的整体平移及抗震加固设计［C］．汶川地震建筑震害分析与重建研讨会．北京．2008，6.

输电线路杆塔基础灾后快速加固修复技术综述

丁士君 郑卫锋 鲁先龙 程永锋

中国电力科学研究院，北京，102401

【摘 要】 随着我国电网规模不断增大，突发自然灾害日益频繁，电网安全运行受到的威胁越来越大，输电线路基础遭受到越来越多的损坏，在建设坚强国家电网和确保用电安全的要求下，迫切需要进行杆塔基础快速抢修技术研究。杆塔基础抢修作为灾后输电线路恢复的关键性环节，必须采取合理有效的技术措施，才可为尽早恢复供电赢得抢修时间，增强电网应对突发灾害能力。在加固和抢修过程中，宜本着既有杆塔基础尽可能重复利用的原则，实现快速加固抢修的目的。对连接件变形和断裂、基础立柱开裂、地基基础承载力不足等提出了相适应的修复加固方法，实现最短时间内杆塔基础具备恢复电网供电的能力。

【关键词】 输电线路，杆塔基础，加固修复，插入角钢，基础立柱

1 序 言

近些年，电网工程遭遇冰冻、飑线风、台风、地震等突发灾害的几率越来越大，如2008年雨雪冰冻灾害和汶川特大地震灾害、2009年江苏、安徽、山东、河南等地区连续出现飑线风、线路舞动等，造成多个省级电网损毁严重。输电线路工程抢修实践表明：一般情况下，当铁塔仅局部损坏，或者铁塔倾倒但基础未损坏时，均采取按原塔型加工铁塔并进行抢修的处理办法，抢修时间一般可在5~7d完成。当发生基础损坏时，整个抢修时间一般在20d左右，由此可见，杆塔基础抢修加固作为灾后输电线路恢复的关键性环节，决定了电网恢复所需要的时间。

目前，关于输电线路机械性破坏的快速抢修工程的研究主要集中在导线与杆塔等方面的抢修技术，而在针对输电线路杆塔基础灾后快速抢修技术方面，尚未系统研究，相关抢修主要集中于个案[1~3]。针对目前恶劣的自然地质灾害频发的现状，结合较高电压等级的输电线路走廊条件，迫切需要开展输电线路快速抢修基础设计及应用研究工作，形成输电线路灾后抢修杆塔基础通用设计、施工技术和应急保障体系，提高电网抗灾和灾害处置能力[4]。

在输电线路杆塔基础的加固和抢修过程中，就对原基础而言，仅存在两种选择，即用与不用的问题，相应加固抢修技术包括既有基础及构件快速加固修复技术和基础快速抢修技术，后者则是研发新型预制式和快速施工成型的基础形式及其相应的施工技术，而本文主要针对杆塔基础的快速加固修复方法进行探讨与分析。

作者简介：丁士君，工程师，硕士，从事输变电岩土工程研究、咨询工作，E-mail：dingsj@epri.sgcc.com.cn。

2　灾后快速加固修复的定义

灾后快速加固修复技术是对灾后受损的既有输电线路杆塔基础进行修补加固，快速恢复其功能，达到重复利用的要求，该技术通过基础加固、基础与杆塔结构的连接件加固改造等恢复或提高基础和结构连接件的承载能力，满足上部结构要求的技术措施与方法[5]。根据对输电线路因灾受损杆塔基础加固修复情况的调研统计分析，针对基础及构件的损坏类型，输电线路杆塔基础灾后快速加固修复主要包括以下两方面：

（1）恢复地基基础承载能力的修复技术研究

针对地基基础无法满足罕见自然灾害承载要求所导致的损伤，重点研究加强基础混凝土结构截面承载力、提高基础抗拔和抗倾覆稳定性、增设杆件等工程加固修复方法，包括：

① 提高地基基础稳定性加固法：通过增加受损基础底面积、基础重量、换填地基等方法，减小作用在地基土体上的接触压力，降低地基土中附加应力水平，或提高基础抗拔能力等，以满足承载力要求；

② 基础混凝土结构加固法：主要适用于对杆塔基础结构承载能力不足情况，包括加强截面承载力、提高基础整体性等方法。

（2）基础与杆塔结构连接件的快速修复技术研究

主要针对基础与上部杆塔间连接件失效的情况，研究快速更换连接件技术和基础插入主材、地脚螺栓等构件的快速修复技术，主要有：

① 修复和加固原有连接件技术：通过对基础插入主材和地脚螺栓，局部加固、拼接延伸修复，恢复其承载和使用功能。

② 基础与杆塔结构连接件的加固更换技术：主要包括在受损基础钢筋混凝土构件上通过钻孔、清孔、注锚固剂、植入所需新连接件；或通过与主筋和原连接件焊接形成的钢件，变换连接方式，满足上部结构对连接件功能的要求。

3　杆塔基础损坏的表现特征

针对不同的破坏形式，杆塔基础损坏的主要表现特征见表1。

表1　杆塔基础损坏的主要表现特征

序号	破坏形式	一般表现特征
1	基础拔出	按以下因素综合判断：（1）基顶竖向位移过大、塔腿基础间沉降差较大；（2）地面隆起或开裂。(3) 上部杆塔结构倾斜、扭曲变形等。
2	基础倾覆	按以下因素综合判断：（1）基顶水平位移过大、塔腿基础间水平相对偏差较大，相对偏差超过20mm；（2）地面隆起或开裂；（3）上部杆塔结构倾斜、扭曲变形等。
3	滑坡、地基滑移	（1）地基土出现滑移，基础附近存在大、宽裂缝； （2）部分基础立柱外露，甚至基础一侧出现临空面。
4	地基开裂	地表存在明显环状或放射状裂纹。
5	立柱开裂	（1）立柱上表面出现细小贯通裂纹；（2）立柱立面出现长裂纹。
6	插入角钢扭曲、断裂	（1）插入角钢弯曲受损。（2）插入角钢与基础脱离。

续表

序号	破坏形式	一般表现特征
7	地脚螺栓变形、拔出	（1）地脚螺栓杆体有径缩现象；（2）螺栓杆体与基础混凝土明显脱离，杆体被抽出；（3）基顶地脚螺栓周围混凝土隆起；（4）地脚螺栓杆体有折弯现象。

注：转角塔或终端塔有预偏时，基础顶面沉降差计算以因灾损伤后与原有设计的差值。

4　杆塔基础快速加固修复方法

4.1　加大基础底面积法

加大基础底面积法适用于当既有杆塔基础承载力或基础底面积尺寸不满足设计要求时的加固。对输电线路杆塔基础而言，主要适用于开挖回填板式基础，一般采用钢筋混凝土板块或钢板，辅助钢材完成加固。经加固基础底板法修复的既有杆塔基础承载力增量按式（1）计算。

$$\Delta R_c = \Delta W + \Delta Q_f = \gamma_s \cdot \Delta V_t + \gamma_c \cdot \Delta V_f \tag{1}$$

式中，ΔW 为上拔部分中土体的增加重量，kN；ΔQ_f 为上拔部分的增加基础重量，kN；γ_s 为回填土重度，kN/m^3；ΔV_t 为抗拔土体增加体积，m^3，$\Delta V_t = \Delta S \cdot h_t$，$\Delta S$ 为基础底板增加底面积，m^2；h_t 为基础埋深，m；ΔV_f 为基础本体增加体积，m^3；γ_c 为基础混凝土重度，kN/m^3。

4.2　增加基础重量加固法

增加基础重量加固法主要适用于既有杆塔基础下压稳定性满足设计要求，而上拔和倾覆稳定不满足要求时的加固，根据杆塔基础的受荷情况，混凝土加固体可采用不对称分布，根据岩土体的稳定情况，可不支模进行混凝土浇筑，该法可与加大立柱截面法合并采用。加固修复的既有杆塔基础抗拔承载力增量为：$\Delta R_c = \Delta Q_f - \Delta W =$ （$\gamma_c - \gamma_s$）$\cdot \Delta V_f$，式中参数意义同前。

4.3　铁塔基础间连梁加固法

基础间连梁加固法是利用钢筋混凝土连梁，将铁塔各单腿基础连接，提高铁塔基础整体稳定性的加固修复方法。加固钢筋混凝土连梁按《混凝土结构设计规范》GB 50010 进行设计计算[6]，并符合该规范构造要求。

连梁的高度宜取铁塔根开的 1/8 ~ 1/12，宽度不宜小于基础立柱宽度或直径的 1/2，钢筋混凝土连梁的混凝土强度等级，不应低于 C20。

4.4　加强基础立柱技术

（1）粘钢加固法

粘钢加固法适用于加固基础底板和立柱受损，而存在一定的不可逆的塑性变形。粘钢加固方法采用粘结性能良好的高强度建筑结构胶，把钢板牢固粘结在混凝土构件表面，再植入螺栓，使钢板与构件结合成一体，共同变形。其本质是在构件体外固定钢板，增加钢筋混凝土构件的配筋，从而提高构件的承载力。

（2）外包钢加固法

外包钢加固法是在杆塔基础立柱外包钢，在外包钢板和基础立柱之间填充混凝土，达到提高基础截面配筋率和增大立柱截面积的作用。在加固时，应保证加固体和被加固体形成整体，以保证在受力时可将部分外荷载由被加固体传递至加固体，因此基础立柱外表面应在加固前凿毛、清洗干净。

（3）加大立柱截面法

加大立柱截面法是在既有杆塔基础立柱外支模灌注钢筋混凝土，达到增大立柱受拉钢筋面积、提高立柱截面抗弯能力、修补裂缝的作用，其中，可根据加固修复条件，立柱横截面外形采用方形或圆形。钢筋混凝土加固体截面配筋率宜高于被加固体同截面钢筋配筋率。

4.5　植筋加固修复法

针对杆塔基础连接件修复的快速要求，一般可采用化学植筋方式。化学植筋即是在已有混凝土结构或构件上，根据工程拟需用钢筋以适当的钻孔和深度，采用化学胶粘剂使新增的拟用钢筋与混凝土粘结牢固，并使新增钢筋能发挥设计所期望的性能。该技术既可提高基础立柱配筋率，又可修复地脚螺栓连接件。

4.6　焊接更换连接件技术

对于灾后杆塔基础的连接件受损，但基础内主筋和地脚螺栓没有受损破坏时，为在不影响基础承载性能的前提下充分利用现有资源，将基础顶部一定范围内的混凝土凿除，留下地脚螺栓和立柱主筋与加固底板连接，形成与杆塔相连的连接件。

4.7　其他加固修复技术

（1）基础偏位纠正：在基础发生较大不可逆位移导致偏位时，可采取在基础顶部加载预偏方法进行调整，包括水平预拉、竖向拉压、倾覆旋转等。

（2）地基开挖夯实回填加固：适用于开挖回填式基础，当地基开裂影响基础正常使用，且加固后既有杆塔基础满足上部结构的承载要求时的地基加固修复方法，该方法一般与基础纠偏和移位结合使用，以保证满足上部结构正常使用的要求。

（3）连接件局部加固：主要适用于当连接件受大荷载冲击后，连接件基顶以上发生局部压屈损伤，可通过机械校正不影响正常安全使用时的修复加固。是对连接件的局部补强，一般采用焊接技术实现。

（4）连接件拼接延伸修复：适用于当连接件上部发生压屈、断裂，下部一定长度未发生损伤时的修复，一般采用焊接和螺栓连接实现。修复需要时，可将立柱上部混凝土凿开，剥离连接件，以满足拼接要求。可根据上部结构荷载，按钢构件进行抗拉、抗弯、抗剪、抗压强度验算，拼接延伸段承载力宜大于原构件。

5　结　论

针对日益频繁的突发性自然地质灾害，输电线路杆塔基础遭受到越来越多的损坏。在加固和抢修过程中，宜本着既有杆塔基础尽可能重复利用的原则，实现快速加固抢修的目的，主要的加固修复方法包括加大基础底面积法、提高基础重量法、连梁加固法、基础立柱修复加固法、植筋加固修复法、焊接修复以及纠偏与局部加固等方法。

针对既有杆塔基础不同的损伤部位，可采用的快速加固修复技术详见表2。针对不同的基础损伤部位，在制定具体的加固修复方案时，需综合考虑材料和构件储备情况、运输条件等客观因素，往往采取多种加固修复方法配合使用，才能实现最短时间内杆塔基础具备恢复电网供电的能力。

表2 不同损伤可采用的修复加固技术

序号	可加固修复损伤	加固修复技术
1	插入角钢扭曲、断裂	(1) 插入角钢截断局部加固，或拼接延伸；(2) 更换插入角钢，插入角钢更改为地脚螺栓；(3) 焊接更换连接方式。
2	地脚螺栓变形、拔出	(1) 更换地脚螺栓，或拼接延伸；(2) 植筋加固；(3) 焊接更换连接方式。
3	基础立柱开裂	(1) 加大立柱截面，加强连接；(2) 外包钢或加钢筋笼浇筑混凝土，提高立柱截面承载力；(3) 粘钢提高截面配筋率。
4	地基开裂、承载力不足	(1) 加固基础底板；(2) 提高基础重量加固；(3) 地上铁塔基础间连梁加固；(3) 补强注浆加固；(4) 地基开挖夯实回填加固或提高回填土厚度。

参考文献

[1] 张东跃，韩凤玲．输电线路铁塔基础加固探讨［J］．内蒙古科技与经济，2000，109~110.

[2] 余自强．输电线路杆塔基础加固的两种方法［J］．江西电力，2006，31（5）：39~40.

[3] 左石，陈剑平．输电线路混凝土基础开裂原因及防治［J］．吉林电力，2006，34（2）：40~42.

[4] 国家电网公司科技项目．输电线路快速抢修杆塔基础设计及应用研究［R］．北京：中国电力科学研究院，2010.

[5] JGJ 123—2000. 既有建筑地基基础加固技术规范［S］．北京：中国建筑工业出版社，2006.

[6] GB 50010—2002. 混凝土结构设计规范［S］．北京：中国建筑工业出版社，2008.

输电线路杆塔基础灾后快速加固修复资料调研

郑卫锋　丁士君　鲁先龙　程永锋

中国电力科学研究院输变电工程力学研究所，北京，102401

【摘　要】　随着突发自然地质灾害的日益频繁，输电线路杆塔基础遭受到越来越多的损坏，迫切需要进行杆塔基础快速抢修技术的研究，以提高电网抗灾和灾害处置能力。通过对22个网省电力公司的调研资料反馈，应重点针对华中网区、华东网区的山地丘陵地区500kV电压等级的交流单回路输电线路，在夏季与冬季需要防范输电线路斜柱开挖基础、直柱掏挖基础受损事故的发生，防止插入角钢扭曲、地基开裂、基础立柱破坏与滑坡等破坏方式，有针对性地制定基础加固修复或重建的方案与措施，重点加强对连接方式的加固修复、基础的加固修复方法的研究，确定输电线路杆塔基础抢修指导原则，指导电网抢修方案的制定。

【关键词】　输电线路，杆塔基础，自然地质灾害，加固修复，资料调研

1　概述

随着西电东送、南北互济的坚强智能电网建设加快发展，国家电网输电线路的建设规模与经营范围越来越广，但由于近些年来受到冰冻、飑线风、台风、地震等突发自然灾害的影响，输电线路因杆塔与基础往往发生不可逆性损坏，因此，如何加快输电线路基础的抢修进度，及时恢复送电意义重大[1~4]。

一般情况下，当铁塔仅局部损坏，或者铁塔倾倒但基础未损坏时，均采取按原塔型加工铁塔并进行抢修的处理办法，抢修时间一般可在5~7天完成。当发生基础损坏时，由于受到基础混凝土养护期强度限制，一般基础浇筑完成7天后可达到组塔强度，14天左右可达到架线强度，整个抢修时间一般在20天左右；若采用无养护期的快速抢修基础，抢修时间可缩短至7天左右。由此可见，杆塔基础抢修加固作为灾后输电线路恢复的关键性环节，决定了电网恢复所需要的时间。

为全面了解和掌握输电线路基础快速加固修复与重建的有关情况，首度开展了输电线路快速抢修基础的全面调查，本次调研针对1990年以来，500kV、220kV输电线路（西北地区为330kV、110kV输电线路）受冰冻、飑线风、台风、地震等自然灾害基础受损及修复情况。根据调研反馈资料，全面分析了基础损坏的原因及事后基础处理措施，提出了输电线路快速加固修复的主要方法，以实现加快抢修速度、快速恢复电网供电和保证安全稳定运行为目的，增强电网应对突发灾害的能力。

作者简介：郑卫锋，注册土木工程师（岩土），博士，主要从事输电线路杆塔基础研究，E-mail：zhengwf@epri.sgcc.com.cn。

2　因灾受损线路统计分析

共收到22个网省公司的调研回馈表，其中有输电线路基础受损记录共计10个网省公司，发生在30条输电线路上，其中，华中网区发生21条，华东网区发生7条，西北网区发生1条，华北网区发生1条。

对30条输电线路进一步统计分析，输电线路的输电方式均为交流；按照输电线路的回路数进行统计，有24条线路为单回路送电，仅有6条线路为双回路送电；其中电压等级500kV的输电线路20条，电压等级220kV的输电线路9条，电压等级330kV的输电线路1条。

对30条输电线路的受损时间进行统计分析，首先从发生的年份上统计，只有2条线路发生在2000年以前，5条受损线路发生在2000年~2005年之间，其余的23条全部发生在2005年以后；其次从输电线路发生的月份上统计，6~8月夏季发生基础受损的输电线路比较多，共有15条，而12~1月冬季发生基础受损的输电线路有8条，4~5月发生基础受损的输电线路有5条（其中2条是由于2008年“5·12”大地震造成的），10月份发生2条输电线路基础受损，其余月份没有出现输电线路基础受损事故，如图1所示。

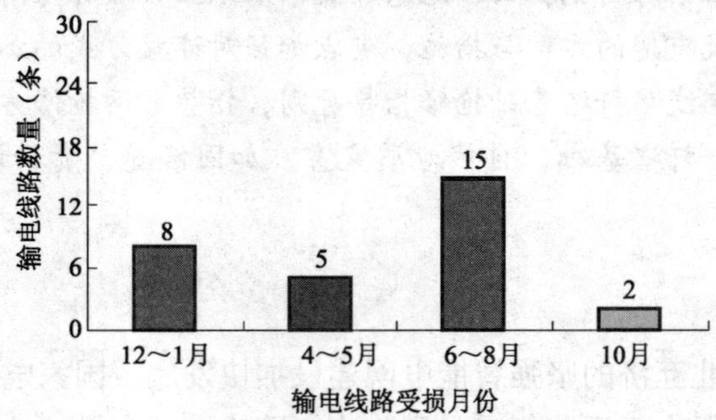

图1　按月份统计发生基础受损的输电线路

3　因灾受损基础统计分析

3.1　按受损基础的地形地质条件分析

受损基础的地形条件主要包括山地丘陵、泥沼、平原、河网与高山，按照上述地形条件对30条有基础受损的输电线路进行统计分析，如图2所示，其中山地丘陵地区发生基础破坏占到57%，泥沼占到17%，平原占到13%，河网与高山各占6.5%。

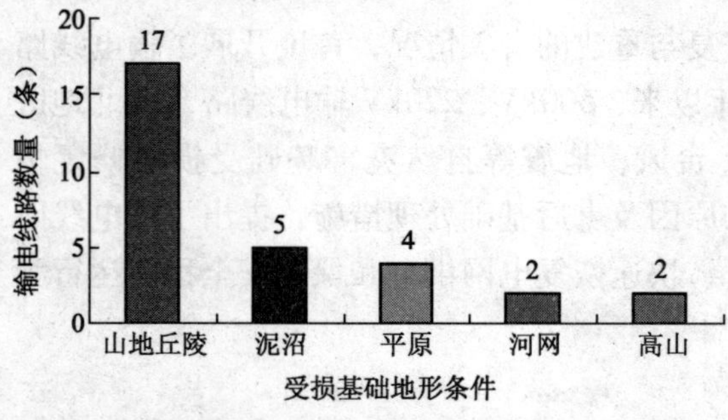

图2　按地形条件统计发生基础受损的输电线路

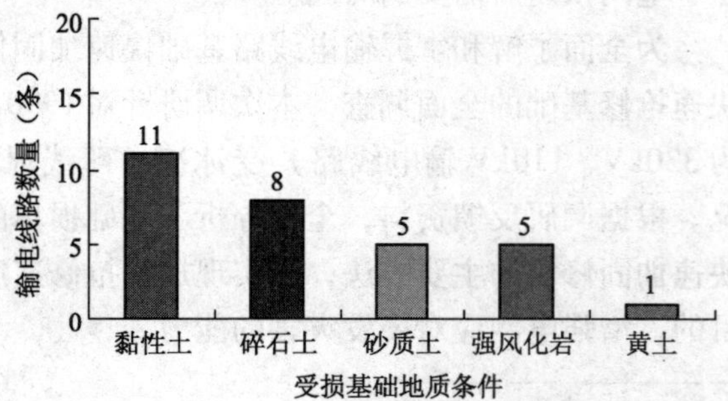

图3　按地质条件统计发生基础受损的输电线路

受损基础的地质条件主要包括土质地基与岩质地基，其中土质地基包括黏性土、砂质土与碎石土，岩石根据风化程度分为强风化、中风化与微风化。针对30条受损基础的输电线路地质条件进行统计分析，如图3所示，其中在黏性土中发生基础受损的输电线路占37%，碎石土中占27%，砂质土占17%，强风化岩石占17%，而仅有一条在黄土地基中输电线路发生基础受损，占所有30条输电线路中的2%。

3.2　按受损基础的破坏原因分析

针对自然地质灾害，对输电线路基础的破坏原因进行统计分析，自然地质灾害主要包括：大风、暴雨、覆冰、地震、滑坡、崩塌、外力作用等。

在30条发生基础受损的输电线路中，共有121个塔基发生受损。以121个塔基为统计基准，对造成输电线路杆塔基础破坏的自然地质灾害原因再次进行统计分析，如图4所示。由于覆冰造成61基杆塔基础破坏，占破坏铁塔总基数的50%；由于滑坡造成25基杆塔基础破坏，占铁塔总基数的20%；由于地震造成15基杆塔基础破坏，占铁塔总基数的12%；由于大风造成13基杆塔基础破坏，占铁塔总基数的11%；由于暴雨造成8基杆塔基础破坏，占铁塔总基数的6%；由于崩塌滚岩造成1基杆塔基础破坏，约占铁塔总基数的1%。

在铁塔基础破坏的自然地质灾害中，常常不单单是一种自然地质灾害导致基础破坏，往往在多种原因综合作用下才会发生基础破坏。如滑坡地质灾害的形失，从客观角度讲，常发生在夏天雨季，特别是暴雨形成的泥石流等作用，另外地震作用下往往也容易形成滑坡，同时从主观角度讲，输电线路设计人员在设计塔基时往往忽视了对塔基周围土体的保护与加固，特别对山地与丘陵上的土质地基，由于塔基施工破坏了原始植被，裸露的土体经过暴雨的侵蚀必然会产生水土流失，加剧了滑坡地质灾害的发生。再如，地震过程中必然伴随着大风、暴雨等其他地质灾害。因此，在基础破坏原因分析中，通常是多因素互相伴随条件下产生，最终某一主导因素导致基础破坏。

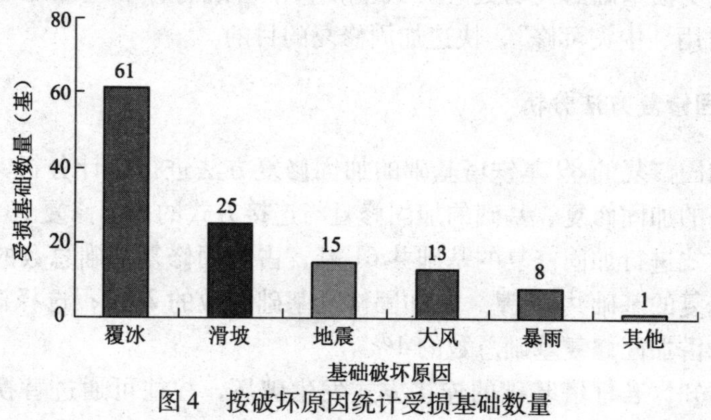

图4　按破坏原因统计受损基础数量

3.3　按受损基础的基础破坏形式分析

地基基础的破坏形式主要有滑坡、沉陷、地基开裂、地基滑移、地基隆起、基础拔出、基础立柱破坏、地脚螺栓拔出、插入角钢扭曲、插入角钢断裂等。在遭遇极端的自然地质灾害后，地基基础的破坏形式往往是多种方式同时发生，如：地基开裂、基础立柱破坏可能会产生插入角钢扭曲等现象，地基滑移与地基开裂可能会导致基础立柱破坏，因此，某些塔基的破坏形式存在多种方法的组合。

在发生受损的121个塔基中，大部分基础都发生插入角钢扭曲破坏，共71基，占52%；产生地基开裂的基础共27基，占20%；产生基础立柱破坏的基础共15基，占11%；发生滑坡破坏的基础共12基，占9%；产生地基滑移的基础共6基，占5%；发生地脚螺栓变形的基础共3基，占2%；另外，发生基础被拔出破坏的1基，发生拉线地锚拉环断裂的1基，各占1%。

4 灾后受损基础处理方法统计分析

4.1 灾后处理措施分析

对已经受损的输电线路杆塔基础，其灾后处理措施面临加固修复与重建两种选择。对121基塔基的灾后处理措施进行统计分析，其中89基塔基采用加固修复措施，占74%；而选择重建的塔基仅有32基，占26%，如图5所示。

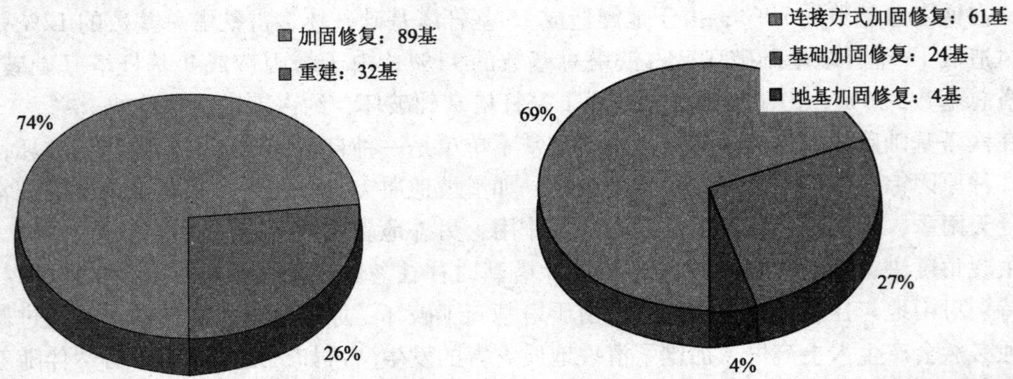

图5 按灾后处理措施统计受损基础数量　　图6 按地基基础加固修复方法统计受损基础数量

由此可见，对受损基础的灾后处理方式上，宜本着既有杆塔基础尽可能重复利用的原则，实现“小灾可用、中灾可修”，快速加固修复的目的。

4.2 地基基础加固修复方法分析

对需要进行加固修复的89基铁塔基础的加固修复方法进行统计分析，塔基的加固修复方法主要包括地基的加固修复、基础的加固修复与连接方式的加固修复三个方面。如图6所示，选择对连接方式进行加固修复的基础共61基，占加固修复基础总数的69%；选择对基础自身进行加固修复的基础共24基，占加固修复基础总数的24%；选择对地基进行加固修复的基础共4基，占加固修复基础总数的4%。

进一步分析可知，若杆塔基础的连接方式发生破坏，往往可通过替换即可进行加固修复；若杆塔基础自身发生破坏，则可通过加大立柱截面、加强立柱配筋、加固基础底板等方式方可完成加固修复；若杆塔地基发生破坏，只有比较轻微的地基破坏如地基开裂等能采用加固修复外，其他地基破坏形式只能选择重建。

5 小结

（1）在已统计的杆塔基础受损线路中，首先，华中网区与华东网区是输电线路基础受损易发区域，而500kV电压等级的输电线路易发生基础受损的输电线路电压等级，其中绝大部分均是单回路输电线路；其次，从发生基础受损的时间上来讲，2005年以后发生了大部分的输电线路基础受损事故，且多发生在大风、暴雨频发的夏季（6～8月）与冰冻、覆冰频发的冬季（12～1月）。

（2）在受损基础的地形地质条件分析中，山地丘陵地形条件下的输电线路杆塔基础更容易受损，黏性土、碎石土地质条件下的输电线路杆塔基础也宜受损；在基础受损原因分析中，主要受到夏天大风、暴雨的影响以及形成的滑坡与冬季覆冰的影响；在地基基础破坏形式统计分析中，主要有插入角钢扭曲、地基开裂、基础立柱破坏、滑坡等形式。

（3）在灾后处理措施中，近四分之三的基础采用加固修复措施，近四分之一的基础采用重建措施；在目前输电线路地基基础加固修复中，多进行连接方式的加固修复与基础的加固修复方法。

纵上所述，重点针对华中网区、华东网区管辖范围内的山地丘陵地区的500kV电压等级的交流单回路输电线路，在夏季（大风、暴雨、滑坡）与冬季（覆冰）需要防范输电线路杆塔基础受损事故的发生，防止插入角钢扭曲、地基开裂、基础立柱破坏与滑坡等破坏方式，有针对性地制定基础加固修复或重建的方案与措施，重点加强对连接方式的加固修复、基础的加固修复方法的研究，建立输电线路杆塔基础灾后抢修应急保障体系，确定输电线路杆塔基础抢修指导原则，指导各网省电网抢修方案的制定。

参考文献

[1] 国家电网公司科技项目．输电线路快速抢修杆塔基础设计及应用研究［R］．北京：中国电力科学研究院，2010.
[2] 何永东．输电线路工程地质灾害事故的预防和整治管理［J］．凉山大学学报，2003，5（1）：25～27.
[3] 王禹昌．四种天气对山西输电线路灾害影响剖析［J］．山西气象，1996，1：2～9.
[4] 李兴，赵华忠，李伟性．500kV输电线路铁塔严重倾斜的快速修复［J］．南方电网技术，2008，2（5）：84～85.

某新建厂房室内地面裂缝原因分析及处理

杨旭东　黄选明　孙　斌

国家建筑工程质量监督检验中心，北京，100013

【摘　要】　某新建食品生产厂房建成未投入使用，厂房地面做法为设防裂钢筋网片的双层混凝土板，中部设防水层，业主单位发现厂房室内地面大面积出现严重裂缝，本文通过现场检测，分析裂缝产生原因，并提出相应处理建议。

【关键词】　新建厂房，地面裂缝，施工质量，修复处理

1　前言

某新建厂房工程位于北京市顺义区，使用功能为食品加工车间，该厂房结构体系为单层钢框架结构。该工程于2009年8月竣工，目前已建成即将投入使用。业主单位发现该厂房室内地面大面积存在裂缝，为查明原因以保证地面的正常使用功能，需对该厂房地面裂缝进行检测。

据该厂房设计图纸，厂房地面从上至下的做法为：4mm厚矿物耐磨骨料上刷混凝土密封固化剂、80mm厚C25细石混凝土配 $\phi6@200\times200$ 双层双向钢筋网、3mm厚SBS改性沥青涂膜防水层、20mm厚1∶3水泥砂浆找平层、80mm厚C15细石混凝土、210mm厚3∶7灰土、素土夯实，素土夯实压实系数为0.94。

现场对厂房地面裂缝进行检查，所绘制的裂缝分布平面示意图见图1，该厂房室内地面裂缝外观照片见图2和图3。对地面开裂情况进行检查，发现裂缝为不规则裂缝，在厂房地面无序分布，呈龟裂纹状，裂缝宽而长，表面裂缝最大宽度达到3mm。

2　现场检测结果

根据现场具体情况，针对裂缝可能产生的原因和环节，分别对地面混凝土强度、混凝土板厚度、钢筋配置情况、回填土压实系数和裂缝分布情况进行检测，具体情况如下。

2.1　混凝土强度检测

该厂房地面做有面层，回弹法检测不具备条件，因此，根据实际情况，采用钻芯法对混凝土强度进行检测，根据所取芯样强度验证地面混凝土强度是否满足设计要求。在厂房地面随机选取6处钻取混凝土芯样，检测前用磁感仪对地面检测，避开钢筋位置，取芯时将地面

作者简介：杨旭东，工学硕士，主要从事结构检测鉴定和工程抗震研究，E-mail：yxdcabr@sina.com。

钻透，将上下层混凝土均匀取出，在试验室检测其强度。芯样强度检测结果见表1，从表中可以看出，所取12个混凝土芯样抗压强度实测值为25.1～40.3MPa，均满足设计强度等级为C25的要求。

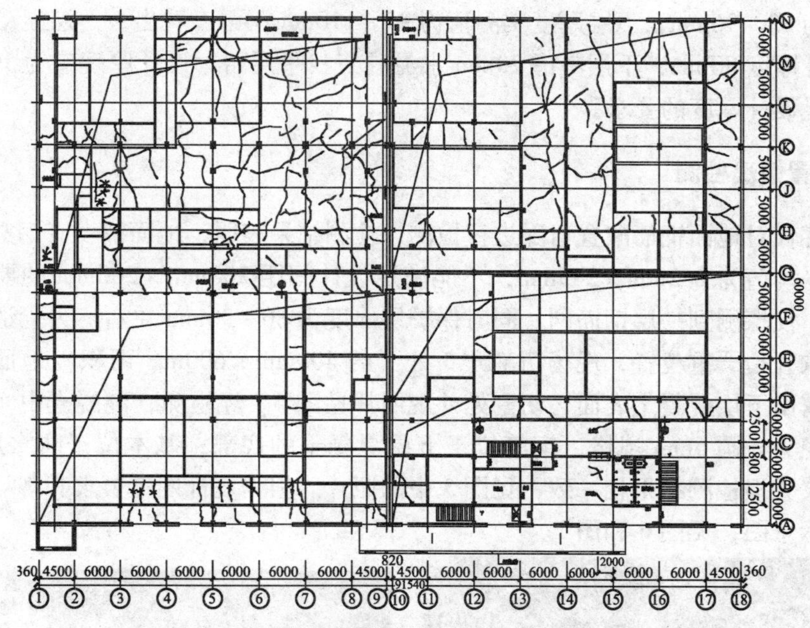

图1　裂缝分布平面示意图

图2　裂缝外观照片一

图3　裂缝外观照片二

表1　所取混凝土芯样强度检测结果

芯样编号	直径×高度(mm)	破坏荷载(kN)	计算强度(MPa)	芯样编号	直径×高度(mm)	破坏荷载(kN)	计算强度(MPa)
1#(上层)	70.5×70.0	98.1	25.1	1#(下层)	70.5×71.0	153.2	39.4
2#(上层)	70.5×69.0	157.4	40.3	2#(下层)	70.5×70.0	135.5	34.7
3#(上层)	70.0×70.5	140.5	36.6	3#(下层)	70.0×68.5	147.4	38.3
4#(上层)	70.0×70.5	106.6	27.8	4#(下层)	70.0×69.0	122.0	31.7
5#(上层)	70.0×68.5	112.8	29.3	5#(下层)	70.0×70.0	105.3	27.4
6#(上层)	71.0×71.0	136.6	34.5	6#(下层)	71.0×69.0	136.3	34.4

2.2　地面混凝土厚度检测

现场将上述芯样钻取出后，采用钢直尺测量其上、下层混凝土板的厚度，上层混凝土板厚度实测值为83～96mm，下层厚度实测值为95～110mm，可以看出，上层混凝土板实测厚度不小于设计厚度80mm，下层考虑20mm水泥砂浆找平层后，设计厚度应为100mm，实测厚度基本满足设计厚度的要求。

2.3　钢筋配置情况检测

采用磁感仪对地面钢筋配置情况进行检测，检测结果表明，地面铺设有钢筋网，钢筋网格间距实测平均值为262mm×285mm，不能满足设计间距200mm×200mm的要求，同时现场检测发现，仅探测到一层钢筋网，同时保护层厚度为80～90mm左右。为验证检测结果的准确性，选取开裂严重位置，现场切割开3处（约400mm×600mm面积）地面上层混凝土和防水层，露出下层混凝土表面，切割处外观照片见图4。经检测，混凝土中实配单层钢筋网，钢筋直径为光圆6mm规格，钢筋位于上层混凝土的底部，基本位于防水层的表面上，与采用磁感仪无损检测结果相一致，见图5中的照片。根据设计图纸要求和现场实测结果绘制地面做法示意图，见图6和图7。

图4　地面切割处外观照片

图5　防裂钢筋网布置情况

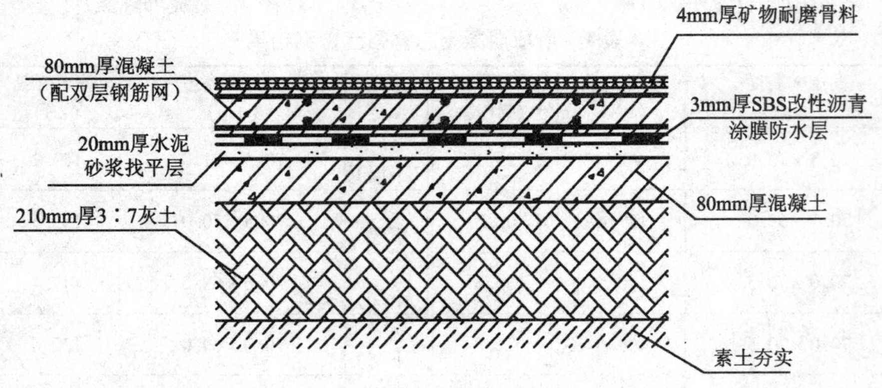

图6　地面设计做法示意图

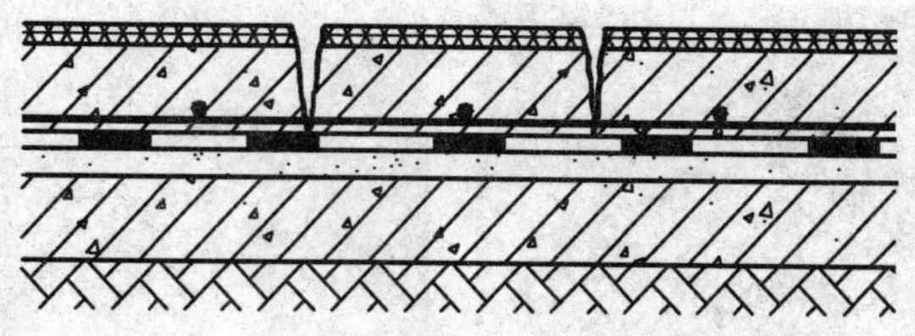

图7　地面实际现状

2.4　回填土压实系数检测

为进一步了解工程施工质量，将地面已割开的三处下层混凝土板和三七灰土剖开，对下部回填土密实度进行检测，剖开下层混凝土板时注意切割用水不进入下部回填土中，同时避免对下部回填土的扰动。

压实系数是指实际测定的回填土的干密度与该种回填土的最大干密度的比值。最大干密度是通过击实试验确定的，从所检测部位取出回填土运回实验室进行土工击实试验，测得所用回填土的最大干密度和最优含水率。回填土的干密度是在所检测的部位用环刀法取出土样，运回试验室检测其干密度。

根据试验室测定结果，厂房地面回填土最大干密度为1.77g/cm^3，最优含水率为17.1%，三个切割处的回填土压实系数检测结果见表2，从表中可以看出，各测点实测压实系数为0.93～0.96，基本满足设计图纸所要求的回填土的压实系数不小于0.94。

表2　所检各点的压实系数检测结果

轴　线　号	实测干密度	压　实　系　数
3-4-K-J	1.70	0.96
6-7-L-M	1.66	0.94
5-6-G-H	1.65	0.93

2.5　裂缝检测

对上述裂缝严重位置三个切割处进行检查发现，裂缝为不规则裂缝，上下通透，裂缝在地面顶部位置最宽，最大宽度达到3.0mm，往下逐渐变窄，发展至防水层表面；防水层未见开裂现象；其下层混凝土板未见开裂现象。同时在裂缝处钻取芯样，对裂缝形态进行观察，情况相同，见图8中的照片。

根据设计图纸要求，地面混凝土应作分格缝，分格缝应按照《建筑地面设计规范》(GB 50037—96）的要求施工，每3～6m设纵向缩缝，纵向缩缝采用平头缝，每6～12m设横向缩缝，横向缩缝采用假缝，假缝宽度为20mm，高度为垫层厚度的1/3，缝内填充水泥砂浆。

根据现场观察结果，地面存在分格缝，现场在分格缝处钻取芯样，对芯样及孔洞进行检查，发现分格缝深度最大为30mm，即仅将上层混凝土板表面割开，见图9中的照片。根据从施工单位了解情况，现有分格缝为地面混凝土浇筑并硬化后进行切割而成。

图8　裂缝处芯样外观照片

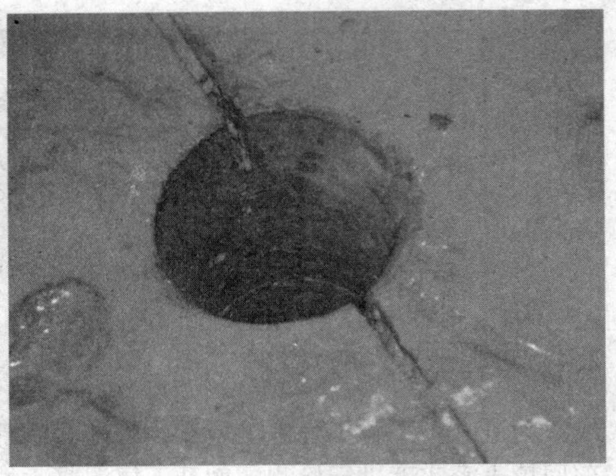

图9　分隔缝为后切割而成

3　裂缝原因分析

混凝土结构是由多种不同材料经拌合、振捣、养护后而成形的，从微观上看，混凝土是带缝工作的，重要的是避免出现可见裂缝，影响结构安全或正常使用。引起裂缝的原因有很多，但可以归结成两大类：

第一类，由外荷载引起的裂缝，也称为结构性裂缝、受力裂缝，此类裂缝与荷载有关系，表示结构承载力可能不足或存在严重设计或施工质量问题。

第二类，由变形引起的裂缝，也称非结构性裂缝，如温度变化、混凝土收缩、地基基础不均匀沉降等因素引起的变形，当此变形受到约束，在结构构件内部产生自应力，混凝土本身属于脆性材料，抗拉能力低，当此自应力超过混凝土允许拉应力时，即会引起混凝土裂缝，裂缝一旦出现，变形得到满足或部分满足，则自应力得以释放。

通常情况下，厂房地面裂缝引起的原因可能主要有以下几种情况：

第一，回填土未压实，土质松软下沉，回填土层表面与混凝土板脱开，在规定的使用荷载作用下（如厂房内生产设备等），混凝土板独立承受使用荷载作用，导致地面混凝土板被压坏，表观反应是裂缝处混凝土板存在较大面积凹陷现象，裂缝比较有规律，呈现受力裂缝特征。

第二，回填土施工质量符合设计要求，但厂房地面存在超荷载作用情况（如驶入重吨级汽车等），导致地面混凝土板被压坏，表观反应是裂缝处存在较小面积的凹陷现象，裂缝比较有规律，呈现受力裂缝特征。

第三，地面施工中存在问题，未按设计要求正确铺设防裂钢筋网或设置分格缝，地面混凝土板平面长度过大，因混凝土硬化收缩而导致裂缝产生。此种裂缝呈现非结构性裂缝特征。

对于本工程而言，根据厂房地面回填土压实系数检测结果，回填土密实度基本满足设计要求，地面开裂处平整度较好，无明显凹陷现象，因此排除了上述第一种情况产生的可能。根据从委托方和施工单位了解的情况，并根据厂房的实际状况判断，厂房内不具备进入超重车辆条件，厂房内为食品生产包装车间，无大型设备，地面平整无明显凹陷，因此排除上述第二种情况产生的可能。同时，根据裂缝特征，裂缝为不规则裂缝，在地面无序分布，呈龟裂纹状，裂缝宽而长，不具备由于外荷载而引起受力裂缝的特征，进一步排除第一种和第二种情况产生的可能。

根据对工程质量检查结果，并根据裂缝分布、形态和走向等情况进行综合分析，裂缝是由于混凝土自身收缩产生的，对混凝土收缩而产生裂缝的原因分析如下：

（1）根据设计图纸的要求，地面混凝土应作分格缝，分格缝应按照《建筑地面设计规范》(GB 50037—96）的要求施工，每3～6m设纵向缩缝，纵向缩缝采用平头缝，每6～12m设横向缩缝，横向缩缝采用假缝，假缝宽度为20mm，高度为垫层厚度的1/3，缝内填充水泥砂浆。根据现场检测和调查结果，该工程施工时未设置任何缩缝，现表面的分格缝为施工完成7d后切割的，且切割最大深度仅为30mm。地面混凝土板平面长度过大，未设缩缝是导致地面混凝土收缩而出现大量裂缝的主要原因之一。

（2）未按设计要求布置双层双向防裂钢筋网片，而仅布置了一层，且放置于上部混凝土板的底面（即防水层的表面)，钢筋间距抽测结果普遍偏大，在混凝土收缩时所起到的抗拉作用很小，仅依靠混凝土自身抗拉起作用，而混凝土自身抵抗拉力的能力差，导致大量的裂缝产生，因此，钢筋网片设置不正确也是导致地面出现大量裂缝的另一个主要原因。

4 裂缝处理方法

对于对使用功能要求不高的厂房来说，大量裂缝已经产生，混凝土自应力已得以释放，并趋于稳定，如果防水层未受到损坏，可以将缝隙中清扫干净，用水冲洗湿润晾干，用功能性聚合物砂浆或建筑胶将缝隙灌满，待初凝后再压实抹平即可，对严重开裂部位，可画好外围线，采用切割机将破损的混凝土层切开，剔除混凝土，重新进行浇筑。

针对类似本工程对使用功能要求较高的厂房来说，可在原有地面基础上重新做一层地面，施工前应先将原有地面尚未开裂，不能满足《建筑地面设计规范》(GB 50037—96)“每3～6m设纵向缩缝”要求的位置，用切割机将地面混凝土板整体断开，在板上重新铺设柔性防水材料，上面按原设计要求重新铺设80mm厚混凝土层并正确设置钢筋网片和分格缝，或依据设计方重新出具的设计图纸进行施工。

5 小结

对于类似厂房地面工程而言，由于混凝土面积较大，而且混凝土自身收缩不可避免，因此，为避免地面混凝土出现开裂现象，就需要施工人员严格按照设计图纸和相关规范的要求，采取正确的方式进行施工，不能因为不存在大的安全隐患就麻痹大意，一旦施工质量存在问题，会影响厂房的投产时间和正常使用，也会产生一定的经济损失。

参考文献

[1] GB/T 50344—2004. 建筑结构检测技术标准［S］. 北京：中国建筑工业出版社，2004.
[2] GB 50037—96. 建筑地面设计规范［S］. 北京：中国计划出版社，1996.
[3] 李国胜. 建筑结构裂缝及加层加固疑难问题的处理－附实例［M］. 北京：中国建筑工业出版社，2006.

某煤矿井口房墙体裂缝鉴定及加固处理

李守才　褚世洪　梅佐云

山东省建筑科学研究院，济南，250031

【摘　要】　对某煤矿井口房墙体裂缝原因进行了分析，指出基础不均匀沉降是产生裂缝的主要原因，并给出了相应的加固处理方案，为类似工程事故的处理提供了借鉴。

【关键词】　矿井，冻结法，砖墙，不均匀沉降，裂缝

1　工程概况

某煤矿副井井口房为钢筋混凝土排架结构，长46.97m，跨度分别为8.7m、10.5m，建筑面积576.71m²。于2005年4月7日开始施工，2006年9月10日竣工。在4～5轴设有伸缩缝，柱顶标高分别为6.100m、10.900m，基础底面标高－2.500m，屋顶结构为预制钢筋混凝土屋面梁和预应力混凝土屋面板。在8～10轴设有手动双梁起重机，吊车起重量16t。烧结黏土砖围护墙。抗震设防烈度为7度，设计基本地震加速度为0.10g，设计地震分组为第一组。建筑物抗震设防类别为丙类，抗震等级为三级。柱下基础采用钢筋混凝土独立基础，混凝土强度等级C25。基底为第一层粉质黏土，地基承载力特征值为120kPa。

井口房内的井筒采用冻结法打井，井筒直径6m，深度490.5m，冻结半径22.63m，冻结深度378m。冻结圈与井口房平面位置关系见图1。

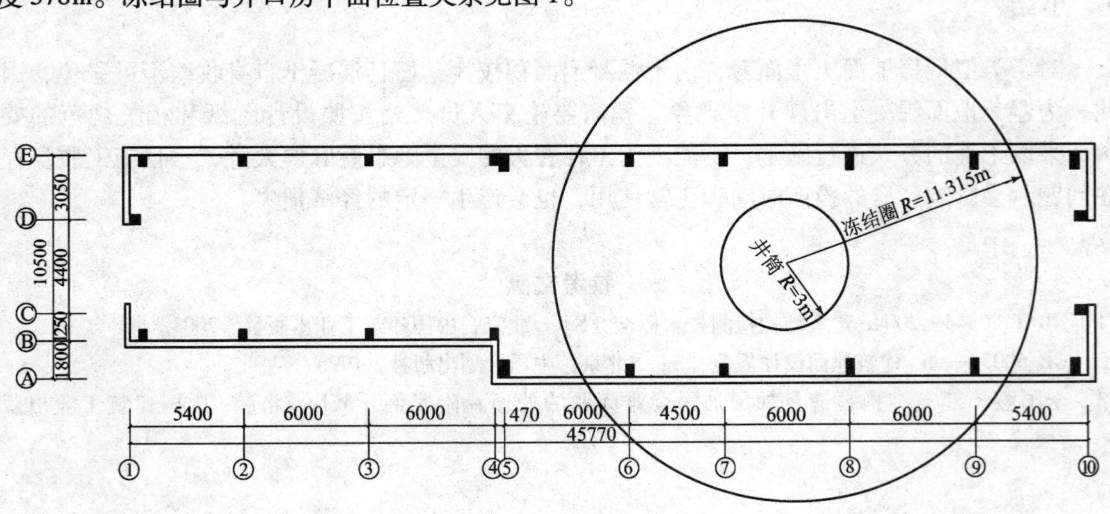

图1　井口房平面图

作者简介：李守才，工程师，国家一级注册结构工程师。地址：济南市无影山路29号，250031。

2007 年 4 月发现井口房砖围护墙体、信号室墙体以及地面开始出现裂缝，建设方曾经对墙面裂缝采用抹灰，排架柱地基采用注浆方法进行处理过，但处理不久，墙体又出现裂缝。为此，建设方委托我单位对该井口房墙体裂缝成因进行鉴定，并出具合理的加固处理方案。

2　现场检测

该井口房竣工并投入使用 2 年多。根据委托方提供的设计图纸及现行有关规范、规程、标准，对井口房结构布置、裂缝情况、排架柱垂直度、楼面和地面水平度进行了现场检测调查，具体检测调查内容如下。

2.1　结构布置

现场利用激光测距仪、钢直尺、钢卷尺等工具对该工程整体结构布置进行了测量。经检测，井口房布置合理，结构形式与构件选型符合原设计，传力路线合理，符合国家现行标准规范规定。

2.2　裂缝情况

（1）围护砖墙

经现场检查发现，1 ~ 4 轴围护墙开裂相对较轻，5 ~ 10 轴围护墙开裂较严重，裂缝主要分布在门窗洞口角部以及上下门窗洞口之间的墙体上。裂缝形式为洞口处裂缝较宽，向外延伸变窄，裂缝以水平裂缝和斜裂缝居多。A 轴和 E 轴围护墙裂缝大致以 7 轴为对称轴呈“八”字型。裂缝宽度约 5 ~ 15mm，缝深贯穿墙厚。

（2）液压室、信号室

经现场检查发现，液压室西侧门洞口上过梁根部混凝土断裂，断裂形式为下宽上窄，宽度约 15mm，目前钢筋未断；过梁侧面有 3 条斜裂缝，缝宽约 10mm。液压室西南角构造柱竖向劈裂，南侧砖墙有 2 条斜裂缝，缝深贯穿墙厚，裂缝处墙体水平错动，缝上边墙体向北偏移，缝下边墙体向南偏移，裂缝宽度约 5mm。液压室一层顶混凝土楼板东南角板底混凝土胀裂，钢筋鼓出，变形严重。二楼信号室门框变形，门框北侧抹灰层竖向开裂，楼面向北倾斜、开裂。

（3）柱、梁、板

经检查，目前未发现井口房排架柱以及预制梁、屋面板有明显开裂现象。

部分典型裂缝如图 2 ~ 图 7 所示。

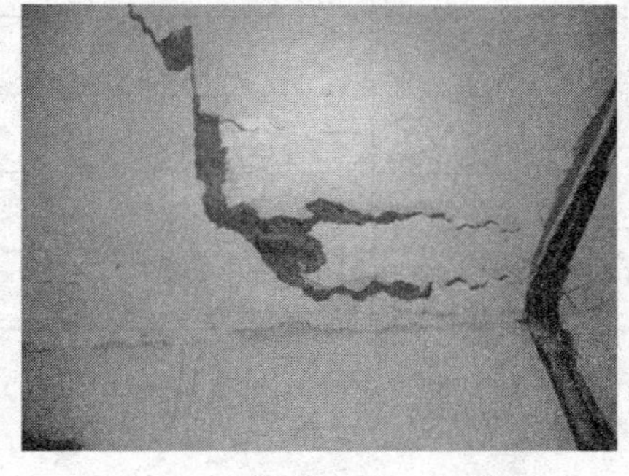

图 2　液压室顶板局部混凝土胀裂、钢筋鼓出

图 3　液压室墙体开裂严重

图 4　液压室门过梁根部断裂，侧面斜裂缝

图 5　围护墙体窗下角斜裂缝

图 6　围护墙体窗间墙水平裂缝

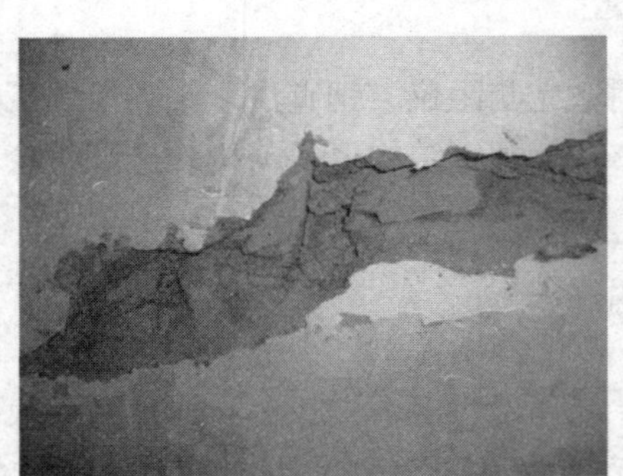

图 7　围护墙体砖已经开裂

2.3　排架柱、围护砖墙垂直度

依据《建筑结构检测技术标准》(GB/T 50344—2004) 和《建筑变形测量规程》(JGJ/T 8—1997)，对该井口房的排架柱垂直度、围护墙体垂直度进行了检测。具体检测结果见表 1。

表 1　排架柱、围护墙体垂直度测量结果

测量位置	垂直度偏差（mm）	偏移方向	测量位置	垂直度偏差（mm）	偏移方向
9×E 轴排架柱	5	南	9×A 轴排架柱	7	南
	4	东		2	东
6×A 轴排架柱	26	北	6×E 轴排架柱	12	北
	5	西		1	东
4×E 轴排架柱	4	北	5×E 轴排架柱	4	北
	6	东		14	东
5×A 轴排架柱	16	北	/	/	/
	1	西	/	/	/

2.4　楼面、屋面水平度

依据《建筑结构检测技术标准》(GB/T 50344—2004) 和《建筑变形测量规程》(JGJ/T

8—1997)，对该井口房的液压室和信号室楼面、屋面水平度进行了检测。具体检测结果见表2。

表2　楼面、屋面水平度测量结果

测量位置	测点编号			偏差（mm）	备注
	1#（南端）	2#（中部）	3#（北端）		
信号室二楼楼面	90	165	187	97	北端下沉
信号室屋面板	2591	2535	2531	60	北端下沉
液压室顶板	901	843	832	69	北端下沉

3　鉴定分析

3.1　裂缝成因分析

根据现场检测调查的情况，经过对裂缝形式的分析，该工程所出现的围护墙体裂缝以及液压室、信号室承重墙体、混凝土过梁开裂、楼板下沉变形等是由于基础不均匀沉降造成的，主要原因如下：

(1) 该井口房内的井筒采用冻结打井，冻结深度较深，冻融土恢复到天然状态比较缓慢，冻结时土中水结冰膨胀，融冻后体积减小，出现沉陷，同时使土体处于饱和、过饱和状态而引起地基承载力的降低。

(2) 井口房施工时位于冻结圈内的地基土未完全解冻，其地基承载力标准值没有恢复到原天然地基承载力标准值，在地基土融冻后便会出现融沉现象，造成基础不均匀沉降，使得上部结构产生裂缝。

3.2　鉴定评级

(1) 井口房上部承重结构

经检测，该井口房上部承重结构排架柱除个别垂直度偏差稍大外，未发现其他异常现象；未发现预制梁、预制屋面板有明显的弯曲变形、开裂等异常现象，梁、板目前工作正常。根据《工业建筑可靠性鉴定标准》(GB 50144—2008)，该井口房上部承重结构柱、梁、板评定等级为B级。

(2) 井口房上部围护结构

经检测，井口房上部围护结构墙体裂缝较宽，裂缝宽度约5~15mm，且缝深贯穿墙厚，严重影响其整体性和自重承载力，且影响使用功能。根据《工业建筑可靠性鉴定标准》(GB 50144—2008)，井口房上部围护结构评定等级为C级。

(3) 井口房内液压室、信号室

经检测，井口房内液压室、信号室承重墙体开裂严重，最大裂缝宽度约10mm，根据《工业建筑可靠性鉴定标准》(GB 50144—2008) 第6.4.5条，井口房内液压室、信号室承重墙体构件评定等级为c级。

液压室西侧门洞口上过梁根部混凝土断裂；液压室西南角构造柱竖向劈裂；液压室一层顶混凝土楼板东南角板底混凝土胀裂，钢筋鼓出，变形；严重影响构件承载力，为危险点。根据《工业建筑可靠性鉴定标准》(GB 50144—2008)，上述混凝土构件评定等级为 d 级。

根据《工业建筑可靠性鉴定标准》(GB 50144—2008)，井口房内液压室、信号室上部承重结构综合评定等级为 D 级。

（4）井口房地基基础

井口房地基土还将继续解冻，还会继续出现融沉现象，造成基础不均匀沉降，使得上部结构开裂加重。根据《工业建筑可靠性鉴定标准》(GB 50144—2008)，井口房地基基础综合评定等级为 C 级。

4 鉴定结论及建议

（1）井口房上部承重结构柱、梁、板评定等级为 B 级，目前不用处理。

（2）井口房上部围护结构评定等级为 C 级，应采取措施进行处理。

（3）井口房内液压室、信号室上部承重结构综合评定等级为 D 级，必须立即采取措施进行处理。

（4）井口房地基基础综合评定等级为 C 级，应采取措施对地基进行加固处理。

5 加固处理方案

5.1 砖墙加固

对于砖墙采取先灌缝后加固的方法进行处理，即裂缝宽度大于等于 0.3mm 时应进行压力灌浆，然后进行加固。井口房围护砖墙采用配筋水泥砂浆板墙进行加固，井口房内的液压室承重砖墙采用钢筋混凝土板墙进行加固。

5.2 地基加固

该井口房竣工并投入使用 2 年多，日夜生产不能间断，且地下管沟、设施纵横，施工作业面较小。综合考虑上述因素，地基采用高压旋喷桩进行加固处理。加固方案示意图如图 8 所示。用小型钻机在排架柱基础上钻孔至设计桩底标高，用高压旋喷法将带有特殊喷嘴的钻头放到桩底标高，泵送 10 ~ 25MPa 压力的高压水泥浆射液，通过旋喷的空心钻杆及钻头喷嘴，喷射切割破碎钻孔周围的土体，并使之与浆液混合；在喷射浆液的同时喷具缓慢旋转、提升，使浆液与土的混合体自下而上形成圆柱体；硬化后生成水泥、土固结体。由于喷射产生的动力和浆液冲击力等作用，在桩体周围形成压缩层和渗透层，使桩体四周土密度增大，形成复合地基。

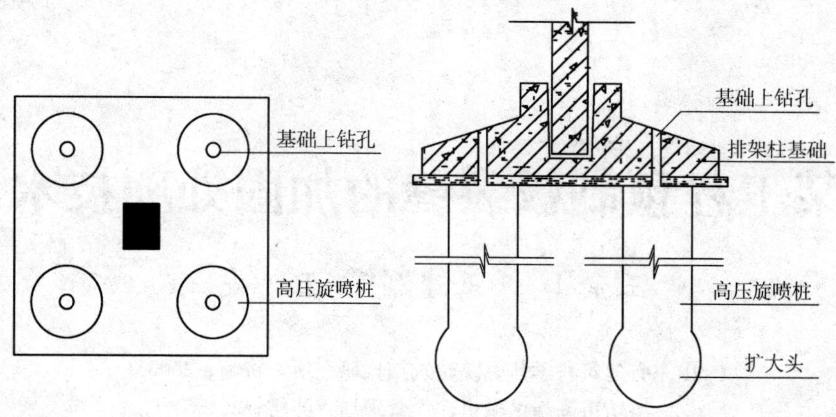

图8　地基加固方案示意图

参考文献

［1］GB/T 50344—2004. 建筑结构检测技术标准［S］.
［2］GB 50144—2008. 工业建筑可靠性鉴定标准［S］.
［3］JGJ/T 8—1997. 建筑变形测量规程［S］.
［4］唐业清、万墨林．建筑物改造与病害处理［M］. 北京：中国建筑工业出版社，2000.
［5］JGJ 79—2002. 建筑地基处理技术规范［S］.

某工程预制板裂缝的加固处理技术

王金山[1]　王建利[2]　王　安[1]

1. 山东省建筑科学研究院建筑结构研究所，济南，250031
2. 潍坊市高新区城市建设管理局，潍坊，261061

【摘　要】在工程使用中发现空心板经常存在少筋和裂缝问题，尤其是预应力空心板裂缝是不容忽视的质量问题。上述问题影响结构安全时，就必须采取措施进行加固处理。本文采用剔槽埋筋、灌浆封缝和粘贴碳纤维的综合方法对裂缝预制板进行加固，并通过现场试验检测，经此方案处理后满足正常使用要求。

【关键词】　预应力空心板，加固，剔槽埋筋，灌浆，粘贴碳纤维

1　引言

空心板用于建筑物的楼屋面，在建筑结构中为承重构件，对建筑物的结构安全起重要作用。保证空心板的质量可靠，是保证建筑物结构安全的重要条件。但是，在工程使用中发现空心板存在质量隐患甚至质量安全事故的情况时有发生，特别是近年来，随着人们对建筑工程质量认识的加深，质量意识不断提高，在房屋使用过程中，发现了很多存在质量问题的空心板。其中，空心板的少筋和裂缝占多数，尤其是预应力空心板裂缝是不容忽视的质量问题。

预应力空心板在正常使用条件下不允许出现裂缝。出现裂缝的预应力空心板应该采取可靠性措施进行加固处理。加固处理的方法很多，在即保证安全可靠，又不改变构件外形尺寸和房屋使用功能的条件下，目前较理想的方法是粘贴碳纤维和粘贴钢板加固法以及这两种方法与其他方法综合进行加固。本文以工程实例总结预应力空心板裂缝的加固技术。

2　工程实例

某住宅楼采用预应力空心板，居民入住后，陆续发现多处预应力空心板存在裂缝，委托山东省建筑科学研究院建筑结构研究所对其进行鉴定和处理。经现场鉴定发现，空心板存在横向裂缝，裂缝位于距墙边（支座边沿）200～300mm 处，裂缝宽度在 0.8～1.5mm 范围，上下贯通，有的空心板两端都有裂缝，三块裂缝空心板并排在一块的有一处。根据现场鉴定，该批空心板横向裂缝形成的原因是运输或施工不当造成的。裂缝的存在，对结构安全埋下了隐患，应进行加固处理。

使用方要求，对空心板加固后，要保证房间恢复原状，不影响原来使用功能，时至冬季，处理速度要快，尽早恢复使用状态。为此，加固处理方案选择了剔槽埋筋、灌浆封缝和粘贴碳纤维的综合方法对裂缝空心板进行加固。

3　加固处理方案

3.1　支撑卸荷

在每块空心板底设直径或边长为 100mm 的原木或方木支撑两根，支撑上、下设垫块，用木楔加紧。将空心板上、下抹灰层剔除，露出空心板顶面和底面。

3.2　封缝灌浆

通过灌浆，封闭裂缝，堵塞有害介质腐蚀钢筋的通路，并将已开裂的混凝土粘结起来。

(1) 在空心板顶面用切割机顺板孔通长开槽，槽宽 50mm，槽内杂物清净。

(2) 在板底面的每条裂缝处用封缝胶粘贴两个灌浆嘴，在板上裂缝处的板肋上每肋粘贴一个出气嘴。

(3) 用封缝胶将裂缝外表封严，并将灌浆嘴和出气嘴周围封严，待封缝胶固化。

(4) 将按比例配制好的灌浆浆液注入灌浆桶，装入灌浆器，将灌浆器插入灌浆嘴并旋紧，松开弹簧，开始压力灌浆。

灌浆材料为环氧树脂浆液，也可使用质量可靠的生产厂家出厂的专用灌浆胶液。灌浆过程中准备一种速凝快硬材料，出现漏浆时及时封堵，否则将导致灌浆失败，因为在灌浆进行中一旦出现渗漏，灌入的浆液几乎都从渗漏处流出，这时，如果采用非速凝材料堵漏，等到其硬化后，灌浆浆液往往也开始了固化，固化的浆液将裂缝和灌浆嘴堵塞后，新的浆液也灌不进去，导致灌浆不饱满。

(5) 当浆液从出气嘴流出时，用丝堵将出气嘴封堵。所有的出气嘴都出浆并封堵后，继续灌浆一段时间，当基本灌不进去时，将灌浆器取下，用丝堵封堵灌浆嘴，待浆液固化后进行下道工序。

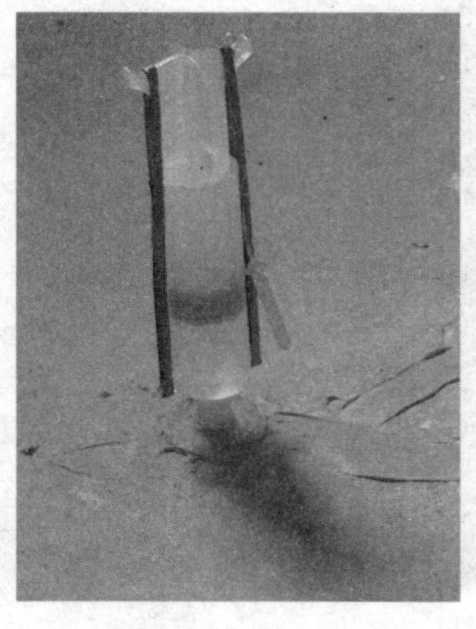

图1　灌浆

图2　粘贴碳纤维

3.3　粘贴碳纤维

按照加固方案选定的碳纤维和粘结胶的品种和规格备好材料，按下列工序进行：

(1) 在空心板底面量尺弹线确定粘贴位置。

(2) 用磨平机将粘贴位置磨平，磨去浮浆层，露出石子。

（3）用空气压缩机吹净粉尘，用棉纱蘸丙酮擦洗混凝土表面，清除油污和杂质。

（4）量尺弹线，精确确定粘贴位置。

（5）涂刷底胶用辊涂刷或毛刷在粘贴位置均匀地涂刷底胶一道，涂刷面积要比粘贴面积略大，待其固化。

（6）找平。用抹刀或刮板将找平胶刮涂到底胶上，填平缺陷，处理到表面平整顺滑为止，待其固化。

（7）粘贴。按（5）做法涂刷粘结胶一道，涂刷厚度适当大一些。将裁好的碳纤维伸直并正确定位，用毛刷和压辊从中间向两边刷压，挤出气泡，至碳纤维表面渗出胶并与混凝土表面结合密实。粘结胶固化前，在碳纤维表面再辊压一遍，以防碳纤维与基层脱离。粘结胶固化后检查粘贴质量。

（8）粘结胶固化后，在碳纤维表面涂刷一道粘贴胶，起保护作用。

（9）保证抹灰层与碳纤维结合，在碳纤维表面涂刷一道粘结胶，粘一层中砂，为使砂与胶结合，可适当按压，不得滚搓，以保持砂粒表面粗糙，利于与抹灰层结合。中砂要求过筛，颗粒均匀，水洗晾干。粘砂的胶固化后可进行抹灰层施工。

3.4　剔槽埋筋

（1）在已经开槽的空心板各孔内通长放置一根直径 12mm 的Ⅱ级钢筋。

（2）将板孔湿润保潮，清除积水，在板孔内刷一道水泥浆，立即浇筑 C30 混凝土，板孔内混凝土与板面混凝土找平层同时浇筑，振捣密实，12h 后浇水养护。为防止混凝土产生收缩以及尽快恢复房屋使用条件，在混凝土中按要求加入膨胀剂和早强剂，并制作同条件混凝土试块和标养试块，当同条件试块的混凝土抗压强度达到 70% 以上时，拆除支撑。

裂缝位于空心板的支座附近，对空心板的抗剪能力影响较大，通过埋筋将裂缝连接起来，提高空心板的抗剪能力。

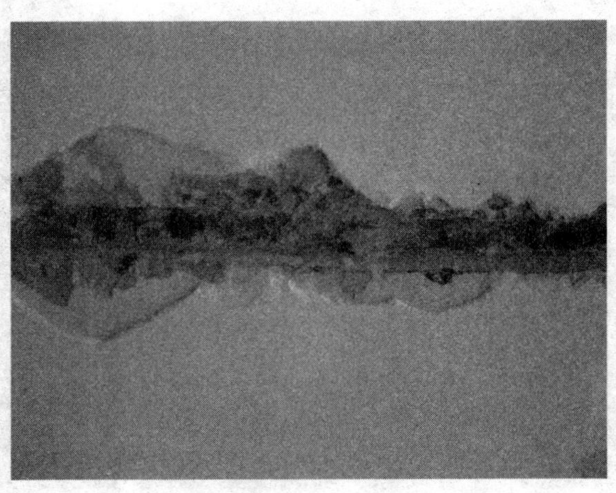

图 3　剔槽

4　检验

建筑结构试验是以实验技术为手段，测量能反映结构或构件实际共工作性能的有关参数，为判断结构或构件的承载能力和安全储备提供重要依据。为了鉴定此工程加固后预制混凝土构件的结构性能，特进行结构性能试验。

对加固后的空心板，浇筑的混凝土强度达到100%时，选取有代表性的空心板做结构性能试验，以试验结果评价加固技术的可靠性和加固效果。在本工程中选择了裂缝并排的三块空心板做试验。试验时上、下抹灰层施工完毕，恒载已经全部作用到空心板上，外加荷载为活荷载。按《荷载规范》规定，住宅楼活荷载为1.5kN/m^2，试验荷载加至活荷载的1.4倍(外加0.2倍的恒载)，检验加固后的空心板在正常使用短期荷载作用下的挠度及卸荷后的挠度回弹情况，检验对空心板裂缝的加固效果。

试验过程采用分级加载，每级外加荷载为活荷载的20%，每级持荷时间控制在10min以上，1.0倍活荷载时持荷30min。通过架设在板底的百分表，逐级观察挠度变化情况和裂缝的开展情况。

整个加荷过程中，空心板的挠度变化很微小，正常使用短期荷载作用下三块空心板的实测挠度分别为0.09mm、0.07mm、0.05mm，加荷至1.4倍活荷载时，三块空心板的最大实测挠度分别为0.11mm、0.08mm、0.06mm，被加固的裂缝未开裂。最后分三级卸荷，每级卸荷后持荷10min观察挠度回弹情况，挠度的回弹量与卸荷量呈正比，卸荷完成后观察，外加荷载对空心板产生的挠度全部回弹到位。说明加固后的空心板在上述荷载作用下，处在弹性工作状态，满足正常使用条件。

参考文献

[1] 崔士起．碳纤维在建筑结构加固改造工程中的应用研究［R］．山东省建筑科学研究院，2001.12.
[2] 崔士起．建筑结构裂缝处理新技术研究［R］．山东省建筑科学研究院，2006.12.
[3] Shiqi Cui，Jinshan wang，Xuwen Kong，The Rationale of Adhesive Postinstalled Method to Estimate the Concrete Strength［J］. Key engineering materials，Vol. 385～387（2008）.
[4] 崔士起，石磊，王金山，孔旭文．有约束后锚固拔出法试验受力机理及回归曲线分析［J］．建筑结构，38（2），2008.
[5] 王金山，崔士起．结构混凝土强度微破损检测新方法［A］．第10届全国建设工程无损检测会议［C］. 2008.10.
[6] 王金山，崔士起，孔旭文，赵晶，刘松石．后锚固法检测混凝土抗压强度试验原理及影响因素分析［A］，全国工程结构诊治与安全控制学术研讨会［C］. 2009.11.
[7] 崔士起，孔旭文，谢慧东，王金山等．绿色高性能混凝土（GHPC）强度增长机理及其现场检测新技术研究［R］．山东省建筑科学研究院，2008.12.

提高局部砖砌体承压能力的后置构造柱法

王耀伟[1,2]　林文修[1,2]　廖新雪[1,2]　熊世永

1. 重庆市建筑科学研究院，重庆，400015
2. 重庆市建设工程质量检验测试中心，重庆，400015
3. 綦江县建筑工程质量检测中心，重庆，400000

【摘　要】既有砖砌体承载力不足的加固处理通常采用外加钢筋网混凝土（或砂浆）面层方法，本文结合带钢筋混凝土构造柱的组合砖砌体的受力性能，通过有限元模拟分析，提出一种在砖砌体中后置钢筋混凝土构造柱（ISCC）处理局部抗压强度不足的加固方法。算例对比分析表明，该方法除了能够有效提高砌体承压能力外，对结构刚度和强度影响小，不会明显改变结构初始抗震性能，具有很好的应用性。

【关键词】后置构造柱，加固，有限元分析，抗压能力

1　引言

长期以来，在砖混结构中构造柱作为一项构造措施应用较为普遍。已有震害调查表明，构造柱对提高砌体结构的抗震性能有明显作用。实际上，构造柱不仅仅对砌体结构的抗震性能有提高，对结构承载力，尤其是砌体结构的轴心受压承载力也有显著的提高作用。然而，如何考虑钢筋混凝土的构造柱对结构承载力的有利影响，一直是人们关心的问题。在大量的理论与试验研究的基础上，人们对构造柱提高砖砌体轴心受压承载力已经有了一定的认识。在砖砌体和钢筋混凝土构造柱组合墙体的设计中充分考虑了构造柱对砖砌体轴心受压承载力的提高作用，其主要影响因素是构造柱的间距。研究表明，对砖砌体轴心受压承载力的提高作用主要是在构造柱间距不超过4m的情况，当间距超过4m后，其对墙体受压承载力的提高作用影响不再明显。在我国现行《砌体结构设计规范》(GB 50003—2001) 中引入了砖砌体和钢筋混凝土构造柱组合墙体的设计内容。

在组合砖砌体中，构造柱除了参与受力外，还对砌体的横向变形有约束作用，从而在一定程度上提高其竖向承载能力。本文通过有限元模拟分析，并考虑实际砌体结构的离散性和施工质量的影响，对分析结果进行修正后，提出通过合理考虑约束砖砌体的抗压强度提高作用来解决既有砌体结构存在局部抗压能力不足的后置构造柱加固方法。

2　有限元模拟分析

采用有限元分析工具SAP2000分别对不同强度等级的砖砌体，在有构造柱约束和无构造柱约束的抗压强度进行计算分析。其中，材料强度采用平均值，主要考察砖砌体抗压强度提高系数 α_f（有构造柱约束的砖砌体抗压强度/无约束的砖砌体抗压强度）随构造柱间距 s 变化的影

响规律。不同强度等级情况下的砖砌体抗压强度提高系数 α_f 计算结果分别见表 1 ~ 表 3。

表 1　抗压强度比 α_f（$s=1.5$m）

	M15	M10	M7.5	M5	M2.5
MU30	7.28	6.38	6.24	5.74	4.97
MU25	6.40	6.53	5.91	5.18	4.60
MU20	5.80	5.34	5.35	4.75	5.14
MU15	6.16	5.11	4.60	5.15	4.48
MU10	/	4.35	4.69	4.08	3.66

表 2　抗压强度比 α_f（$s=2.5$m）

	M15	M10	M7.5	M5	M2.5
MU30	1.25	1.20	1.52	1.46	1.33
MU25	1.15	1.47	1.56	1.45	1.10
MU20	1.27	1.51	1.42	1.20	1.04
MU15	1.51	1.39	1.10	1.06	1.12
MU10	/	1.11	1.09	1.02	1.10

表 3　抗压强度比 α_f（$s=3.5$m）

	M15	M10	M7.5	M5	M2.5
MU30	1.04	1.06	1.10	1.16	0.94
MU25	0.98	1.02	1.15	1.00	1.02
MU20	0.97	1.10	0.98	0.92	1.01
MU15	1.08	0.92	1.02	1.00	0.98
MU10	/	1.01	1.00	1.07	1.01

从表 1 ~ 表 3 可以看出，当构造柱间距较小时（$s=1.5$m），有构造柱约束的砖砌体部分不同等级的平均强度比无构造柱情况的砌体强度有较大提高。根据砖与砂浆的不同组合，提高幅度在 3.66 ~ 7.28。随着构造柱间距的增大，这种提高幅度逐渐减小，当构造柱间距 s 超过 2.5m 后，不论砖与砂浆的组合情况如何，抗压强度比基本都在 1.00 附近，提高幅度不再明显；亦即当构造柱间距超过 2.5m 后，砖砌体部分受构造柱约束产生大的抗压强度提高作用不再明显。图 1 给出了不同构造柱间距情况抗压强度比的变化曲线。

由于本文采用有限单元模型对砌体抗压强度进行模拟分析时，材料强度均采用平均强度，因此，分析得到抗压强度提高系数 α_f 也具有平均意义。当采用有限单元模型量化分析抗压强度提高系数的影响时，考虑到实际砌体结构的离散性影响，参照现行《砌体结构设计规范》(GB 50003) 中给出的砌体结构材料性能分项系数，按最不利情况 1.8 考虑，1.5m 和 2.2m 构造柱间距情况下砌体强度提高系数折算为设计值时分别为 2.03 和 1.54。因此，当在砖砌体中构造柱间距不超过 2.2m 时，受约束砖砌体至少会有 50% 的强度提高幅度。同时，由于构造柱自身的承载力对组合砖砌体也有一定的提高作用。因此，对于组合砖砌体而言，其实际承载力的计算除了考虑构造柱对承载能力的提高影响外，还可以考虑一定构造柱间距内的砖砌体受横向约束产生的承载力提高作用。

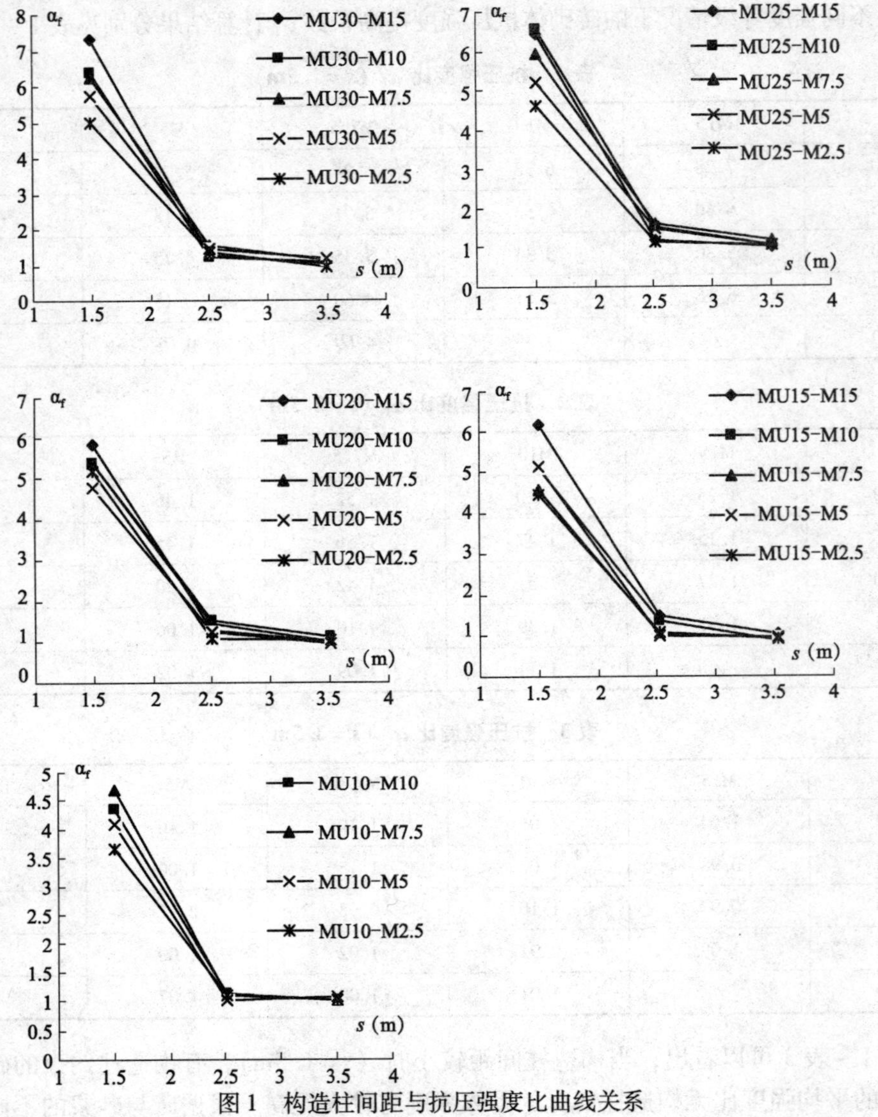

图 1　构造柱间距与抗压强度比曲线关系

3　加固计算公式的选择

基于上述分析结果，本文认为对于既有砖砌体结构，当存在局部砖砌体抗压强度不足时，可以采用后置钢筋混凝土构造柱的方法进行加固处理。采用后置钢筋混凝土构造柱法加固后的砖砌体，其承载力 N' 的计算可以采用如下公式：

$$N' \leqslant \varphi_{com}\eta_0 f A_n \tag{1}$$

其中，φ_{com}、f 和 A_n 分别为稳定系数、砌体抗压强度设计值和受压面积，η_0 为强度提高系数。当构造柱间距 $s \leqslant 2.0$m 时，$\eta_0 = 1.5$；当 $s > 2.0$m 时，$\eta_0 = 1.0$。公式（1）的计算模型简图见图 2。

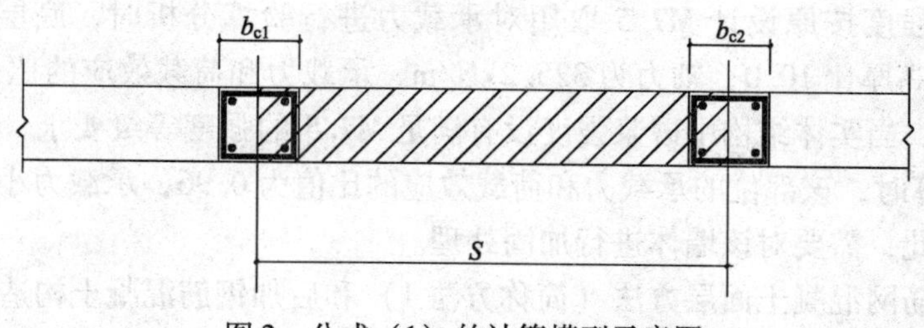

图2　公式（1）的计算模型示意图

计算分析表明，当考虑相邻构造柱的约束作用引起的砖砌体的抗压强度提高，尤其是当相邻构造柱间距不超过2.2m时，砖砌体部分的轴压承载力可以有50%的提高幅度，组合砖砌体的整体抗压强度亦将会有20%左右的提高。

值得指出的是，对比分析表明，采用外加钢筋混凝土面层加固和外加钢筋网片水泥砂浆面层的加固方法使砖砌体抗压强度的提高幅度远远超出对应砌体的抗压强度值，提高幅度基本上在2倍以上。尽管该结果在很大程度上提高了砖砌体的抗压强度，但这在一定程度上也造成加固后的材料强度无法充分利用。同时，这种由于强度的大幅提高往往也会导致结构沿高度方向或同层墙体局部承载能力的重新分布，改变其受力模式，可能出现新的薄弱部位。另外，局部楼层采用该方法加固后造成结构沿高度方向承载力的突变，尤其是在地震作用影响下，更容易使结构产生薄弱楼层，对结构抗震性能有不利影响。

4　算例分析

设计一栋7层砖混结构，房屋平面示意图见图3。所有墙体厚度240mm，1~3层砂浆强度为M7.5，4~7层砂浆强度M5，1~7层采用MU10烧结普通砖。楼、屋面采用预制板，隔层设置圈梁，横墙承重，恒载取4.0kN/m^2，活载取2.0kN/m^2。该工程抗震设防烈度为6度，I类场地土，风荷载取0.4kN/m^2。

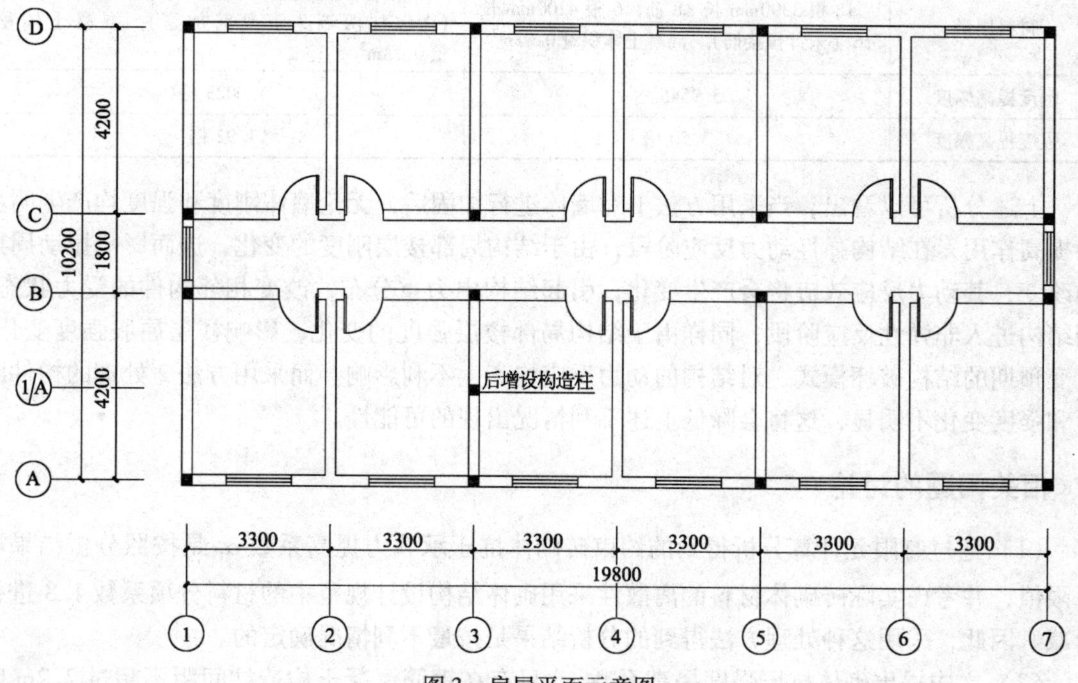

图3　房屋平面示意图

当底层砂浆强度按原设计 M7.5 取用对承载力进行验算分析时，底层（A）－（B）/（3）轴位置墙体高厚比 10.0，轴力为 325.2kN/m，承载力和荷载效应的比值为 1.08，承载力大于荷载效应。当实体结构中砂浆强度没有满足 M7.5 的强度等级要求，根据实测砂浆强度按 M5 进行验算时，该部位的承载力和荷载效应的比值为 0.96，承载力小于荷载效应，不能满足要求。因此，需要对该墙体进行加固处理。

为了说明钢筋网混凝土面层方法（简称方法 1）和后加钢筋混凝土构造柱方法（简称方法 2）的加固效果，下面分别采用两种方法对底层（A）－（B）/（3）轴位置墙体进行加固对比分析。

方法 1 与方法 2 的加固对比情况见表 4，表中分别给出两种加固方法的加固位置、所用材料情况、墙体刚度和强度变化情况等对比结果。对比分析表明，采用方法 1 对（A）－（B）/（3）轴墙体加固处理后，该位置墙体刚度提高 5.9545 倍，强度提高 3.5 倍；采用方法 2 进行加固处理后，墙体刚度基本未发生变化，强度提高 1.92 倍。由于方法 2 对强度的计算是采用组合墙体模型，因此，该部位墙体作为整体考虑其抗压承载力时，砌体抗压承载力可由实际的 1.50MPa（即 MU10 和 M5）提高到 2.88MPa，能够满足 1.69MPa（即 MU10 和 M7.5）的强度设计值要求。另外，从钢筋混凝土的材料用量上对比来看，方法 2 明显比方法 1 的加固材料使用量少，这对降低加固费用效果明显。

表 4　两种加固方法情况对比

	钢筋网混凝土面层法（方法 1）	后置构造柱法（方法 2）
加固位置	（A）－（B）/（3）轴双面墙体	（1/A）/（3）轴线位置及两侧局部 500mm 范围
配筋情况	纵筋 ϕ8@250，水平分布筋 ϕ6@500，梅花型布置拉接筋	纵筋 4Φ12，箍筋 ϕ6@100/200
混凝土使用情况	混凝土面层厚度 45mm，强度等级 C20	截面为 240mm×240mm 的 C20 混凝土柱
材料用量	18 根 3300mm 长 ϕ8 筋，6 根 4200mm 长 ϕ6（未计拉接筋）。混凝土体积量 0.82m^3	4 根 3300mm 长Φ12 筋，21 根 1000mm 长 ϕ6（考虑柱两端 3 道箍筋加密）。混凝土体积量 0.18m^3
刚度提高幅度	5.9545 倍	1.0023 倍
强度提高幅度	3.50 倍	1.92 倍

上述分析可以看出，当采用方法 1 对墙体进行加固后，无论墙体刚度和强度均产生明显的提高作用，在结构弹性动力反应阶段，由于结构局部楼层刚度的变化，进而影响振动周期的改变，其动力反应效应将会产生变化，引起结构内力重分布，改变相邻构件的受力状态；当结构进入非弹性反应阶段，同样由于结构局部楼层强度的变化，影响楼层屈服强度变化，改变预期的结构破坏模式，对结构的动力反应均产生不利影响。而采用方法 2 处理的构件刚度和强度变化不明显，这将会降低上述不利情况出现的可能性。

5　相关问题的讨论

（1）通过有限元计算分析得到的约束砖砌体抗压承载力提高系数 α_f 是按照分析结果取下限值，并考虑实际砖砌体材料的离散性采用砌体结构设计规范中的材料分项系数 1.8 进行折减。因此，采用这种处理方法得到的分析结果是按最不利情况确定的。

（2）文中提出砌体抗压强度提高系数 η_0 只有在钢筋混凝土构造柱间距不超过 2.2m 时

才有效，对于构造柱间距超过2.2m的情况砖砌体所受约束不明显，η_0也就不再具有应用意义。

（3）文中提出的计算方法不能应用于结构设计中，而只能在实际工程中存在局部砖砌体承载能力不足需采取加固处理时有条件考虑使用。另外，采用本文提出的后加钢筋混凝土构造柱的方法对局部砖砌体承载力不足进行加固处理时，其构造措施对该方法应用的有效性影响明显，本文给出相应处理措施尚需工程实践的不断积累与完善。

6 结语

深入带钢筋混凝土构造柱的组合砖砌体的受力性能研究对工程实际仍具有指导意义，本文的出发点主要是为了进一步丰富与完善砖砌体的加固与修缮工作，提出更为有效、经济的处理方法，为今后开展既有建筑的改造工作提供合理依据，文中提出的加固方法及具体实施工工序尚有待进一步完善。

参考文献

[1] 中华人名共和国国家标准. GB 50003—2001 砌体结构设计规范［S］. 2002-3-1 实施.
[2] SAP2000, Linear and Nonlinear Static and Dynamic Analysis and Design of Three-Dimensional Structures Computers and Structures, Inc. 1995 University Avenue, Berkeley, California 94704, USA.

既有房屋建筑加固与改造中应注意的问题

唐　钜　邸小坛　陶　里　周　燕

国家建筑工程质量监督检验中心，北京，100013

【摘　要】　总结既有房屋建筑加固与改造时，需要特别注意的问题；指出加固与改造工作在满足现行规范要求的同时，还应考虑弥补现行规范的不足。

【关键词】　既有房屋建筑，加固，改造

我国既有房屋建筑面积大，部分建筑年代久远，安全储备低；部分建筑结构使用功能不能满足现代社会节能、低碳的要求；需要进行加固改造的工程量大。

目前，我国建筑规范标准大多为针对新建建筑的设计、施工过程；与既有房屋建筑的加固改造相关的规范标准数量少，内容难免存在不足之处。而既有房屋建筑的加固改造基本上是按现行有效的规范执行，未注意弥补现行规范存在的不足。所以本文旨在提出既有房屋建筑加固与改造中应注意的问题，希望能起到抛砖引玉的作用。

1　既有房屋建筑加固方面

既有房屋建筑加固的主要目的是提高承载力，包括构件和结构整体。有时也要通过加固措施提升结构等抵抗变形的能力。加固主要是提升结构性能，从结构安全性方面考虑满足使用要求。

经过数十年的发展，我国的房屋建筑加固技术已经发展比较得成熟了，但仍存在以下问题：

1.1　未考虑除地震外的其他偶然作用对结构的影响

虽然目前结构设计中仅考虑地震作用，对于其他偶然作用，如火灾、爆炸、普通碰撞等尚未考虑；但对于公共建筑和准备提升功能的居住建筑，其加固工程应使结构具有下列抵抗偶然作用的能力：

（1）遭受火灾、爆炸和一般性碰撞时，主要承重结构的构件不致丧失承载能力；

（2）在严重的碰撞、爆炸等偶然作用下，个别承重构件丧失承载力后，结构仍应有不发生倒塌的可靠度；

（3）在严重的偶然事件发生时，结构不应发生与作用不相匹配的坍塌；

（4）在《建筑抗震设计规范》GB 50011 限定的罕遇地震的作用下不发生严重的倒塌。

在火灾、爆炸、普通碰撞下，要求结构损坏是不现实的，但是通过结构加固，我们希望能让加固后的结构能不发生严重坍塌，室内人员有安全撤离的时间保证。

结构抵抗偶然作用能力的加固设计不能仅靠提高构件承载力的措施解决，也可采取提高构件的耐火极限或设置喷淋设施、对重要构件采取防碰撞措施、设置泻除爆炸作用的围护结构或外门窗，设置保护重要构件的抗爆墙等方法或技术措施减小偶然作用的作用效应，有助于提高结构综合抵抗偶然作用的能力。

结构的加固设计也可采用加强部分构件的构造措施、加强构件间连接或结构间锚固件的承载力和抵抗变形的能力、将易产生爆炸的设施控制在可有效控制其影响范围的部位等方法，使其在偶然作用影响下不致完全丧失承载力、构件产生大变形时不致坍塌，减小坍塌的可能。

1.2　使锚固连接的承载力不低于构件的承载力

要做到“强节点”，如锚固连接的承载力低于构件承载力，有可能在尚未达到设计荷载大小的荷载作用下，节点处会先于构件出现破坏，结构安全度达不到设计要求。

1.3　抗震设防的建筑结构，应使墙柱类构件的承载力的安全系数或可靠性指标大于梁板类构件

墙柱类竖向构件在结构中的重要性大于梁板类水平构件。梁板类水平构件在地震作用下出现破坏，可能会导致结构局部倒塌；而竖向构件在地震作用下一旦出现破坏，很可能会导致整个结构倒塌。因此，有抗震设防要求的建筑结构，在进行加固设计时，应该考虑提高墙柱等竖向构件的安全系数或可靠性指标，做到“强墙柱”。

另外，对结构构件的加固宜采取增大截面为主的加固措施。

2　既有房屋建筑改造方面

既有房屋建筑改造的目的是提升房屋建筑的功能。改造主要是提升建筑功能，从适用性、环保性、经济性、舒适性等方面考虑满足使用要求。

2.1　房屋建筑的改造应有的放矢

房屋建筑的改造应针对发现的问题进行改造，不应盲目扩大改造范围；同时改造时应综合考虑房屋建筑的各项基本性能和功能，当采取提升部分性能或功能的改造时，不应降低房屋建筑必备的其他功能和性能。例如不应该只考虑增大面积，影响建筑结构的安全性和抵抗偶然作用的能力等。

2.2　房屋建筑的改造应使鉴定中发现的使用功能问题得到明显的提升和改善

使用功能的提升可包括下列方面：

（1）增设必要的功能空间

房屋建筑必备的功能空间的设置情况，应根据不同用途建筑设计规范的规定确定。改造工程的设计人可根据用户反映的情况，进行功能空间的增设、位置调整或调换措施解决功能空间设施不足的问题。

（2）适度增大部分功能空间的尺度

房屋建筑的改造设计，可采取增加层数、加大宽度等方法、拆除隔墙或部分承重墙的措施增大部分功能空间的尺度或增设功能空间，但采取不同的措施是必须符合下列相关的规定：

① 当采用增层和加宽改造方式时，应取得规划部门的批准；

② 当采取加层处理方式时，应对底层墙柱及地基基础的承载力进行验算，并应考虑对其他建筑的遮挡问题；

③ 当采取加宽处理方式时，应充分考虑地基不均匀变形问题和影响原有房间的采光、通风和日照问题；

④ 当采取拆除部分墙体的措施时，应保证结构抵抗偶然作用的能力和建筑结构的承载力。

此外，特定房屋建筑进行上述改造前，应取得房屋建筑全体业主的同意。

(3) 有条件时，改善房屋建筑自然通风、日照、采光的状况

改善房屋建筑自然通风、日照、采光的状况可采用在适当的部位增设外窗、调整窗的高宽比、采用光反射和光纤引导措施等。

(4) 在保持房屋建筑具有同等温湿度条件的前提下，降低房屋建筑的能耗

在可比条件的前提下，降低房屋建筑的能耗应靠围护结构和设备设施的改造实现。但一些房屋建筑过去的使用条件较差，耗能较多。例如太阳辐射热造成顶层房屋温度极高，制冷空调耗能较多。进行屋面改造后，制冷空调在同样的耗能情况下，会明显提高房屋建筑使用功能，但实际的能耗并不见得降低，只是在同等室内温度情况下，能耗降低。

(5) 改善房屋建筑隔声的性能

改善房屋建筑隔声的性能可采取提高房屋建筑阻隔空气传声的能力，提高房屋建筑阻隔固体传声的能力，降低房屋建筑自身噪声的影响三类措施。

目前房屋建筑隔声性能普遍偏低，影响房屋建筑的膈声性能主要源于两个方面，环境噪声和房屋建筑内部的噪声。环境噪声可以靠门窗、围护结构的空气隔声措施予以降低，建筑内的噪声要求靠减小噪声的固体隔声和空气隔声量方面的措施予以解决。

(6) 满足特殊人群的使用方便

公共建筑应实施无障碍通行的改造。部分居住建筑应考虑老年人和特殊人群出行方便，进行多层住宅增设电梯、为残障人员集中的住宅增设无障碍通行的措施的改造。

以上各条中，改善隔声性能和满足特殊人群的需要，都是弥补现行规范不足的要求。

另外，由于不同房屋建筑的具体情况不同，不具备条件的不宜强行改造。

2.3 门窗改造方面

(1) 建筑门窗的改造工程应使门窗达到节能的目标，需要注意以下几个方面：

① 外窗的窗墙比应适当，不应盲目扩大外窗的面积；

② 门窗的自然通风的功能应得到改善或维系，不应用机械通风取代门窗原有的自然通风能力；

③ 门窗自然采光的功能应得到改善或维系，不应用人工照明取代门窗原有的自然采光能力。

(2) 可能受到爆炸、火灾影响的门窗改造工程应注意：

① 有可爆炸物建筑空间的外窗不应采用推拉窗，门窗应向外开启；内门窗应向该空间方向开启，且应具有一定的防爆和防火能力；

② 毗邻有爆炸可能的建筑物或构筑物时，当其间距在相关规范限定的不应设置门窗的范围之内时，宜将门窗封堵或使用高抗爆能力的外门窗；当超过不应设置门窗的范围时，朝

向该构筑物方向且其前方无遮挡物的外门窗应使用防爆玻璃。

(3) 可能受到严重火灾影响的门窗改造工程应注意：

① 与相邻建筑的防火间距不符合《建筑防火设计规范》要求的外门窗，宜进行封堵，或使用具有相应防火能力的门窗并宜在该门窗附近设置喷淋设施；

②不得改变防火门的功能和降低防火门的防火能力。

(4) 门窗的改造工程不应降低建筑结构的承载能力。在频受风灾影响的地区，其外门窗的抗风承载力应考虑使用较大的基本风压。

2.4　外墙改造方面

以提高保温的外墙改造工程应注重下列问题：

① 外墙外保温体系宜有防止室内水分通过墙体进入保温层的措施和防止；

② 外墙内保温应有防止室外水分通过墙体进入保温层的措施和防止室内水分进入墙体的措施。

③ 外饰面不宜采用粘贴面砖的装饰方式；

④ 当使用可燃性防水材料时，应设置防火隔断层。

2.5　屋面改造方面

(1) 以实现节能和保障防水功能为主要目标的屋面改造工程，应注重以下有利于屋面节能和防水功能持续有效的问题：

① 在屋面的结构层上应采取避免顶层房间潮气进入屋面保温层必要措施；

② 屋面保温层宜有排出水分的措施；

③ 宜设置隔热层减小太阳辐射热的影响；

④ 宜有延长防水层使用寿命的防护措施。

(2) 具有特殊问题的屋面，其改造工程宜采取下列有针对性的改造措施：

① 采取避免屋面局部积雪过厚的改造措施；

② 对有女儿墙的屋面，宜设置应急排水出口，避免屋面出现过多的积水；

③ 对于特定地区，应采取避免屋檐冰凌脱落造成人员伤害的措施；

④ 对于特定地区，应采取避免屋檐融雪滑落造成人员伤亡的改造措施。

2.6　内隔墙改造方面

房屋建筑内隔墙的改造，应注重下列特殊问题：

① 为防止装饰层过早脱落，应适当增大内隔墙的刚度；

② 应使隔墙具有较好的空气隔声性能；

③ 部分墙体应采取阻断固体传声做法；

④ 用水功能空间的隔墙应设置防水措施。

参考文献

[1] 建筑抗震设计规范 [M] GB 50011，中国建筑工业出版社，2008.

[2] 建筑防火设计规范 [M] GB 50016，中国建筑工业出版社，2006.

[3] 既有房屋建筑技术规范（课题研究稿）。

拱形轻钢屋架受力分析及其加固方法探讨

曹淑上[1]　熊世永[2]　何世兵[1]　林文修[1]

1. 重庆市建筑科学研究院，重庆，400015
2. 綦江县建筑工程质量检测中心，重庆，400000

【摘　要】　以重庆某厂区3栋厂房的拱形轻钢屋架为例，分析了主拱拱轴线、矢跨比、系杆刚度、支座设置方式等对结构受力的影响，根据检测结果对屋架内力进行验算，分析了屋架上下弦杆内力变化规律，并提出加固措施。

【关键词】　拱形轻钢屋架，拱轴线，矢跨比，系杆刚度，加固方法

拱形轻钢屋架具有自重轻、跨度大、施工简便、造价低、外形美观等优点，在展厅、车间、料棚、大型市场等建筑中广泛采用。在竖向荷载作用下，屋架拱端产生水平推力，一般在拱端采用拉杆相连接，以承担水平推力、同时调节主拱受力。该类结构较为复杂、跨度较大，目前尚无定型设计及相关图集，在使用中主拱结构参数及截面形式多样，部分既有拱形屋架未经过正规设计、无图施工、使用具有盲目性等问题。因此，有必要对既有拱形轻钢屋架的结构受力及其加固方法进行分析、探讨，了解相关设计参数的影响、结构受力行为，总结该类结构的设计及加固方法，为同类工程的安全性评估、加固改造及新建结构的设计提供有益借鉴和参考。

1　工程概况

重庆某工业厂区内有1#～3#单层钢结构厂房采用拱形轻钢屋架结构，屋架跨度分别为24.0m、30.4m、20.8m，拱轴线均采用圆弧拱，主拱采用空间格构式钢管截面；柱采用普通钢管柱及三肢钢管格构柱两种截面形式，屋面板均采用蓝色压型彩钢板，檩条采用格构式圆钢及冷弯薄壁型钢两种形式，墙面板采用白色压型彩钢板，基础采用钢筋混凝土独立基础。各厂房屋架立面示意图及截面形式如图1（a）、（b）、（c）所示。

作者简介：曹淑上，重庆市建筑科学研究院工程师，主要研究方向为桥梁及结构工程检测、鉴定及加固技术，E-mail：caoshushang@163.com。

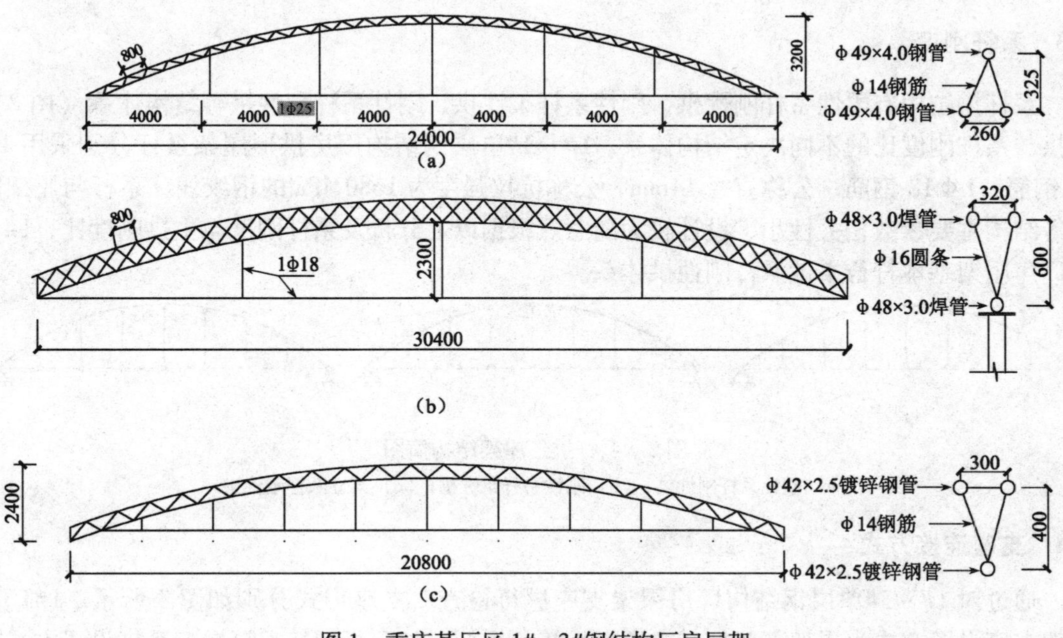

图1　重庆某厂区1#～3#钢结构厂房屋架

（a）1#钢结构厂房屋架立面及截面形式示意图；

（b）2#钢结构厂房屋架立面及截面形式示意图；

（c）3#钢结构厂房屋架立面及截面形式示意图

2　拱形轻钢屋架设计参数及支座连接合理性分析

2.1　合理拱轴线分析

主拱拱轴线的形状直接影响屋架主拱截面的内力分布与大小。该厂区1#～3#单层钢结构厂房拱形轻钢屋架均采用圆弧形拱轴线。圆弧拱轴线线形简单，全拱曲率相同，施工方便；但圆弧形拱轴线是对应于同一深度净水压力下的压力线，与拱形轻钢屋架恒载、活载等荷载压力线均不相符合，因而只适用于中小跨度的拱形轻钢屋架。一般而言，拱形轻钢屋架结构内力由活载作用控制，可采用活载作用压力线作为拱轴线；在竖向均布荷载作用下，拱的合理拱轴线是二次抛物线。采用抛物线拱形轻钢屋架，主拱各截面受力较为均匀、合理，是拱形轻钢屋架拱轴线的推荐形式。

综上分析，对于1#～3#单层钢结构厂房30m左右跨度的拱形轻钢屋架宜采用二次抛物线拱轴线，以免造成主拱结构局部受力过大、材料不能充分利用。

2.2　矢跨比

拱形轻钢屋架矢跨比是一个重要的特征参数。矢跨比减小，拱的推力增加大，相应地拱圈内轴向力、弯矩增大；同时，矢跨比影响拱的整体稳定性、单位跨度用钢量等。1#～3#单层钢结构厂房拱形轻钢屋架为了节约材料，矢跨比分别为1/7.5、1/13.2、1/8.7，属于坦拱结构。矢跨比过小，受力形式带有梁式结构的倾向，水平推力、轴力、弯矩随之增大，系杆刚度增大，主拱轴力随之调整、结构体系变得复杂，对结构受力造成不利影响，拱形轻钢屋架矢跨比一般宜在1/8～1/3之间。该厂区2#钢结构厂房屋架矢跨比达1/13.2，节省材料，但造成了结构不均匀受力、降低了结构承载力。

2.3 系杆刚度

系杆拱结构有柔性系杆刚性拱、刚性系杆柔性拱、刚性系杆刚性拱等结构体系（图2），主拱与系杆刚度比的不同决定结构体系。1#~3#单层钢结构厂房拱形屋架系杆分别采用1Φ25钢筋、1Φ18钢筋、公称直径14mm，公称抗拉强度为1680MPa的钢绞线，系杆与屋架跨度等结构主要参数相关性小、设计较为随意。根据以上分析及系杆刚度与主拱刚度比，1#~3#厂房屋架基本符合柔性系杆刚性拱体系。

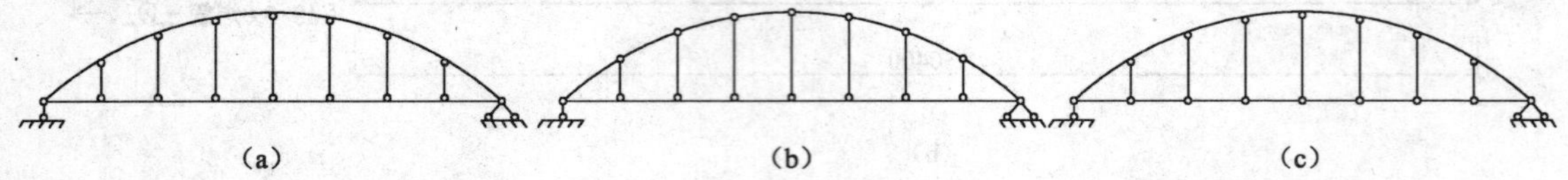

图2 系杆拱形屋架结构简图

（a）刚性系杆刚性拱；（b）刚性系杆柔性拱；（c）柔性系杆刚性拱

2.4 支座连接方式

通过对1#~3#单层钢结构厂房屋架支座进行检查，支座形式分别如图3所示。1#厂房屋架支座设置方式为屋架下弦杆与柱顶板焊接、系杆与柱顶板焊接，该屋架系杆设置方式拱端的水平推力由系杆与墩身共同承担；2#厂房屋架支座设置简单，屋架下弦杆与柱顶板焊接、系杆与屋架主拱下弦杆焊接，但屋架下弦杆与柱顶板焊接长度不足、系杆与屋架主拱下弦杆焊接随意，系杆起不到应有的作用；3#厂房屋架设置方式为屋架下弦杆与柱顶板焊接、系杆与屋架主拱下弦杆通过连接件连接，传力方式明确，但由于采用钢绞线系杆，需采取预张拉措施，以保证系杆自主拱自重作用下开始绷紧受力。

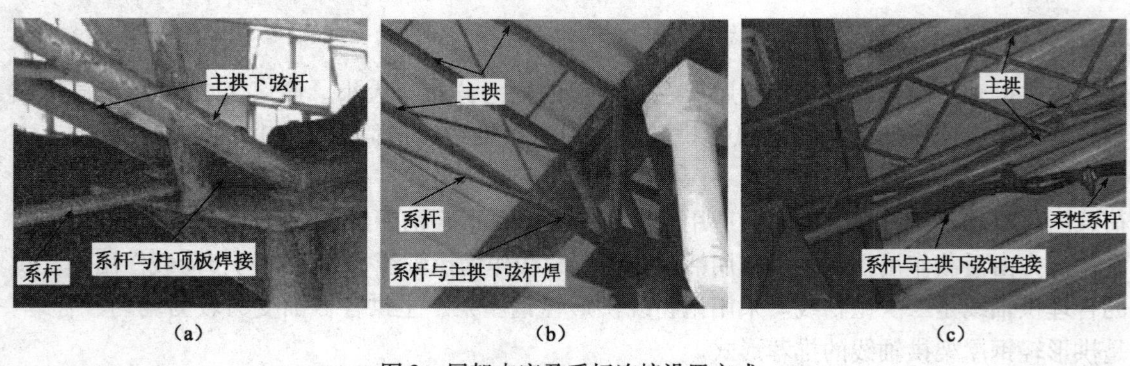

图3 屋架支座及系杆连接设置方式

（a）1#厂房屋架支座；（b）2#厂房屋架支座；（c）3#厂房屋架支座

根据各屋架支座、系杆的传力路径及设置方式，对各屋架进行分析时，应注意对系杆焊接处进行验查。另外，对1#厂房屋架进行分析时，应考虑墩身抗推刚度的影响；对3#厂房屋架进行分析时，由于支座处下弦杆受力较大，应按系杆实际位置建立模型，以确定系杆位置上移的影响。

3 拱形轻钢屋架结构检算分析

3.1 结构检算模型及工况

对该厂区1#~3#厂房屋架采用“土木结构专用结构分析以及优化设计系统MIDAS/

Civil2006”建立结构空间有限元模型进行结构检算分析，各构件的截面尺寸及相关参数结合现场实测数据综合取值：经检测，构件截面尺寸满足设计要求，验算时构件截面尺寸取设计值，屋架弦杆及腹杆圆条材质取Q235。1#厂房屋架有限元分析模型如图4所示，吊杆为零杆、模型中未显示，柱底处为固端约束，2#、3#厂房屋架有限元分析模型类似，从略。

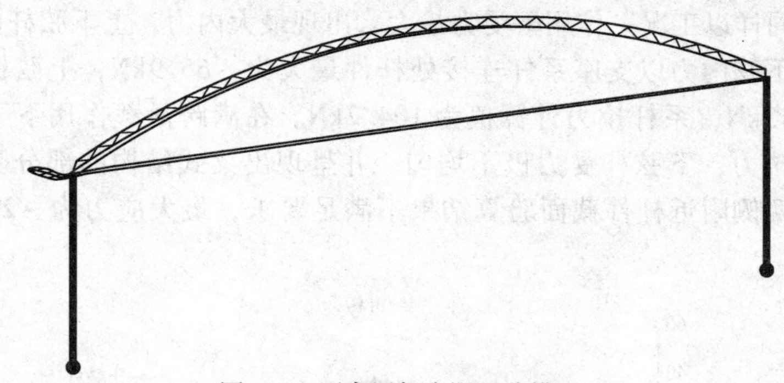

图4　1#厂房屋架有限元分模型

按现行《建筑结构荷载规范》进行计算，在风荷载作用下屋架受向上的吸力作用，与恒载荷载组合工况下弦杆受力较小。因此，以下主要对“工况一：1.2恒载+1.4满跨活荷载”、“工况二：1.2恒载+1.4半跨活荷载”两个荷载组合工况进行比较分析。

3.2　厂区1#厂房屋架内力分析结果

1#厂房屋架上下弦杆杆件均为等截面杆件，对工况一、工况二计算结果进行对比分析，以工况一作用下受力最大、出现最大内力，上下弦杆内力计算分析结果如图5（a）所示。下弦杆内力以支座处最大为-79.4kN，上弦杆内力以跨中拱顶处最大为-82.9kN。截面验算结果基本满足要求。

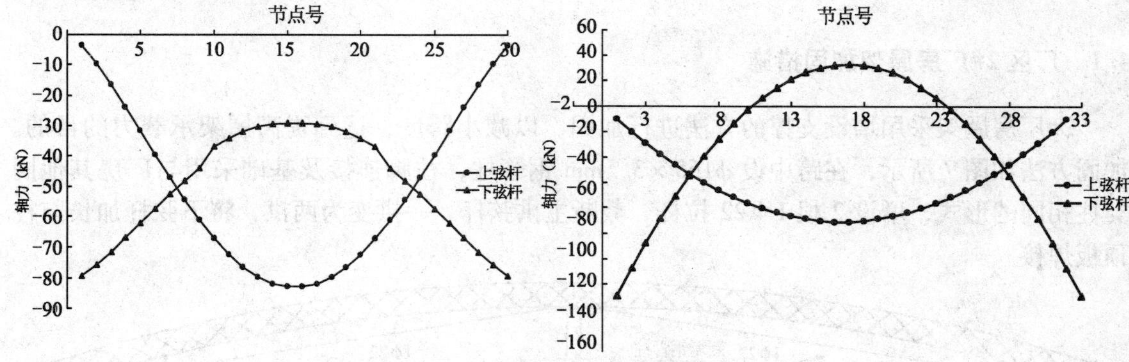

图5　1#及2#厂房屋架弦杆内力分析

（a）1#厂房屋架工况一作用下弦杆内力分布；（b）2#厂房屋架工况一作用下弦杆内力分布

3.3　厂区2#厂房屋架内力分析结果

2#厂房屋架同样以工况一作用下受力最大、出现最大内力，上下弦杆内力计算分析结果如图5（b）所示。下弦杆内力以支座处最大为-148.4kN，上弦杆内力以跨中拱顶处最大为-90.9kN，系杆拉力计算值为148.7kN，系杆拉力计算值较大与系杆和下弦杆连接方式有关，实际结构中由于活载、连接较计算模式弱等原因，系杆拉力小于计算值，这也加剧了主拱弦杆受力。在满跨活载作用下下弦杆跨中拱顶两侧区域处出现拉力，下弦杆受力极不均匀，并呈现出梁式结构的部分受力特点。经分析，下弦杆支座附近杆件、系杆截面验算结果不满足要求，需进行加固。

3.4　厂区 3#厂房屋架内力分析结果

3#厂房屋架同样以工况一作用下受力最大、出现最大内力，上下弦杆内力计算分析结果如图 6 所示。下弦内力以支座系杆连接处杆件最大为 -65.9kN，上弦杆内力以跨中拱顶处最大为 -71.3kN，系杆拉力计算值为 104.7kN。在满跨活载作用下下弦杆跨中拱顶两侧区域处出现拉力，下弦杆受力极不均匀，并呈现出梁式结构的部分受力特点。经分析，上弦杆拱顶两侧附近杆件截面验算结果不满足要求，最大应力为 -229.8MPa，需局部进行加固。

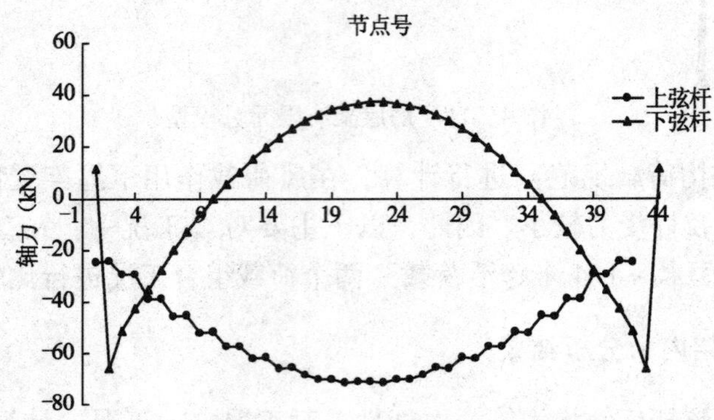

图 6　3#厂房工况一作用下屋架弦杆内力分布

4　加固措施

4.1　厂区 2#厂房屋架加固措施

2#厂房屋架采用增设支撑的方法进行加固，以减小跨度，达到提高屋架承载力的目的。加固方法如图 7 所示，在跨中设 $\phi165\times3.5$mm 钢管柱，柱脚连接及基础采用与厂房其他同类柱相同的形式，增设 2 根 1Φ22 拉杆，截断主拱弦杆、一拱变为两拱，将下弦杆加长与柱顶板焊接。

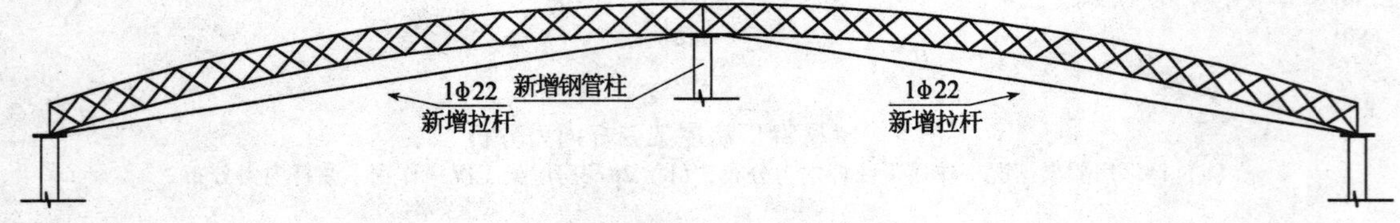

图 7　2#厂房屋架加固示意图

4.2　厂区 3#厂房屋架加固措施

3#厂房屋架采用增设系杆以调整上下弦杆的内力，再在柱端增设一斜撑与下弦杆焊接，起到对下弦杆加大截面共同受力的作用，从而解决上弦杆承载力不足的问题，加固示意图如图 8 所示。

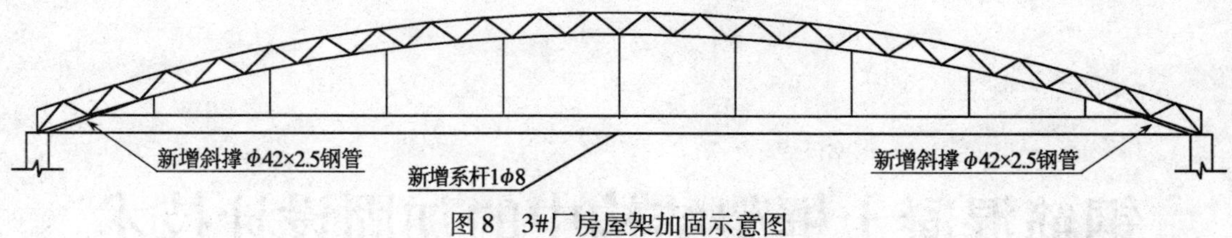

图 8　3#厂房屋架加固示意图

5　结论

目前拱形轻钢屋架的设计与使用较为混乱，尚未形成定性设计及相关图集。通过该厂区三座厂房的拱形轻钢屋架的设计参数分析、受力验算、加固分析，有以下结论及建议：

（1）矢跨比、系杆刚度是关系主拱结构受力的关键参数。建议采用在竖向均布荷载作用下压力线—抛物线作为主拱轴线，矢跨比在 1/8 ~ 1/3 之间，避免采用矢跨比过小的坦拱。

（2）采取合理的支座设置方式，以保证主拱结构符合柔性系杆刚性拱体系。可采用系杆与下弦杆之间钢板连接或连接件连接、下弦杆与柱顶板之间设置铰支座的方式；采用钢绞线系杆时，需采取预张拉措施，以保证系杆自主拱在自重作用下开始绷紧受力。

（3）既有拱形屋架，主拱弦杆局部受力不均、不满足要求需加固时，可采用调节系杆、增设斜撑的方法，调整主拱上下弦杆受力均匀的同时，对局部受力过大的弦杆增设斜撑。

（4）对于既有坦拱屋架的加固，可采用增设支撑的方法，以减小主拱跨度、削减主拱内力峰值。

（5）拱形轻型屋架兼具大跨度及轻型结构特点，其几何形状以及内部传力机理的复杂，按现行规范计算等效静风荷载效应可能使结构设计趋于不利，同时该类结构对雪荷载较为敏感。因此，在强风地区以及寒冷、多雪地区采用此类结构时，应加强对该类结构的抗风、雪荷载的验算及相关构造设计。

参考文献

[1] GB 50017—2003. 钢结构设计规范 [S].

[2] 陈绍蕃. 钢结构设计原理 [M]. 北京：科学出版社，2005.

钢筋混凝土框架结构中的加固设计技术

范　晋　王俊杰

辽宁省建设科学研究院，沈阳，110005

【摘　要】　建筑结构加固技术正越来越受到人们的关注，本文介绍了一些常用的混凝土加固技术方法及其特点，并通过几个工程实例给出框架结构中增大截面加固方法、粘贴碳纤维布加固方法、外包型钢加固方法的技术特点。

【关键词】　增大截面，碳纤维，型钢

1　引言

我国自新中国成立以来，特别是20世纪70年代末实行改革开放以后，各种房屋建筑以及城市设施数量急剧增加。据有关部门统计，目前我国现存的各种建（构）筑物的总面积至少在100亿m^2以上，其中绝大多数是混凝土及砌体结构。新中国成立初期建造的大量的工业与民用建筑，服役期大都超过50年，存在各种安全隐患。一些新建成的工程项目中，由于勘察、设计和施工中的技术和管理问题，导致工程在建成初期就出现各种质量安全隐患。对于这些建筑物，如果不及时采取加固措施，就有可能导致重大的安全事故。为此，国家每年要投入大量资金用于建筑的加固修复，促进了建筑加固修复业的发展，形成了一个巨大的市场空间。

2　钢筋混凝土构件加固方法及其特点[1]

在我国建筑行业中，钢筋混凝土结构使用比较广泛，对其研究也比较深入，其加固方法在我国也比较成熟、完善，下面简单介绍混凝土结构加固方法及其特点：

2.1　增大截面法

该方法适用于钢筋混凝土受弯和受压构件加固，即在原构件周围增加钢筋，并浇筑混凝土，通过增大截面面积来增加构件承载能力。该方法使用比较早，有较为成熟的经验，施工成本比较低，多用于梁、柱、墙体进行加固。该方法缺陷主要是减少建筑物使用空间。

2.2　置换混凝土加固方法

该方法适用于承重构件受压区混凝土强度偏低或有严重缺陷的局部加固，即把原构件中混凝土强度偏低或有严重缺陷部分混凝土用新的混凝土替换，以提高构件承载能力。该方法需对原构件进行局部破坏，实际应用比较少。

作者简介：范晋，工程师，硕士研究生，抗震，E-mail：fan7802315@163. com。

2.3　外粘型钢加固法

该方法适用于需要大幅度提高截面承载力和抗震能力的钢筋混凝土梁、柱结构的加固，即在构件外面外包型钢（角钢或槽钢），通过添加灌浆料使型钢和原有构件共同承担外部荷载。该加固方法在现加固施工中应用比较广泛，施工后对原建筑物使用空间影响较少，该方法成本相对增大截面法较高。

2.4　粘贴碳纤维布加固方法

该方法适用于钢筋混凝土受弯构件、轴心受压构件、大偏心受压及受拉构件的加固，不适用于素混凝土构件，包括纵向受力钢筋配筋率低于现行国家标准规定最小配筋率的构件加固。该方法在构件外部粘贴碳纤维布来提高构件承载能力。该加固方法施工操作简单、工期较短，在现加固施工中应用比较广泛。

2.5　粘贴钢板加固法

该方法适用于对钢筋混凝土受弯、大偏心受压和受拉构件的加固，不适用于素混凝土构件，包括纵向受力钢筋配筋率低于现行国家标准规定最小配筋率的构件加固。该方法在构件外部粘贴钢板来提高构件承载能力。

2.6　其他加固方法

其他加固方法主要有预应力加固法、增设支点加固法、减小或限制荷载、改变传递路径等加固方法，应根据具体实际情况采用。

3　钢筋混凝土加固工程实例

本文通过几个工程实例来介绍混凝土结构的加固方法。

3.1　案例一

某工程为十一层框架结构，框架等级为二级，抗震设防烈度为 7 度，设计基本地震加速度值为 0.10g，设计地震分组为第一组，建筑结构的安全等级为二级，建筑抗震设防类别为丙类。基础顶 ~ 四层框架柱采用 C40 混凝土（其中基础顶 ~ 一层 KZ3、KZ4、KZ5 采用 C45 混凝土），五层 ~ 七层框架柱采用 C35 混凝土，其余未注明框架柱为 C30 混凝土。该结构地下一层框架柱平面布置情况如图 1 所示。

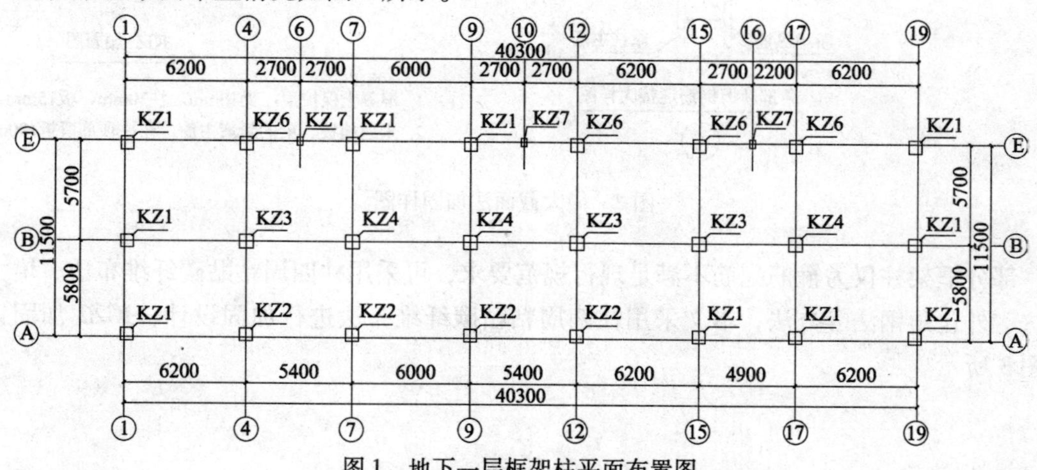

图 1　地下一层框架柱平面布置图

3.1.1　加固设计原因

由于施工单位操作失误，地下一层框架柱混凝土浇筑时，误采用 C35 混凝土浇筑，其混凝土强度等级比原设计低 1 ~ 2 个等级，经计算，地下一层部分框架柱承载力不满足现行规范要求，需对其进行加固处理。

3.1.2　加固设计方案

经计算，部分框架柱为竖向受力钢筋和箍筋配筋均不满足现行规范要求，可采用外包角钢或增大截面法进行加固。该结构被加固框架柱在地下一层，对房屋空间要求不是很高，且采用外包角钢加固框架柱时上端需延伸至加固层的上层上端板底面，即对一层框架柱需进行构造加固。经综合考虑，本加固设计采用增大截面法进行加固，加固详图如图 2 所示。

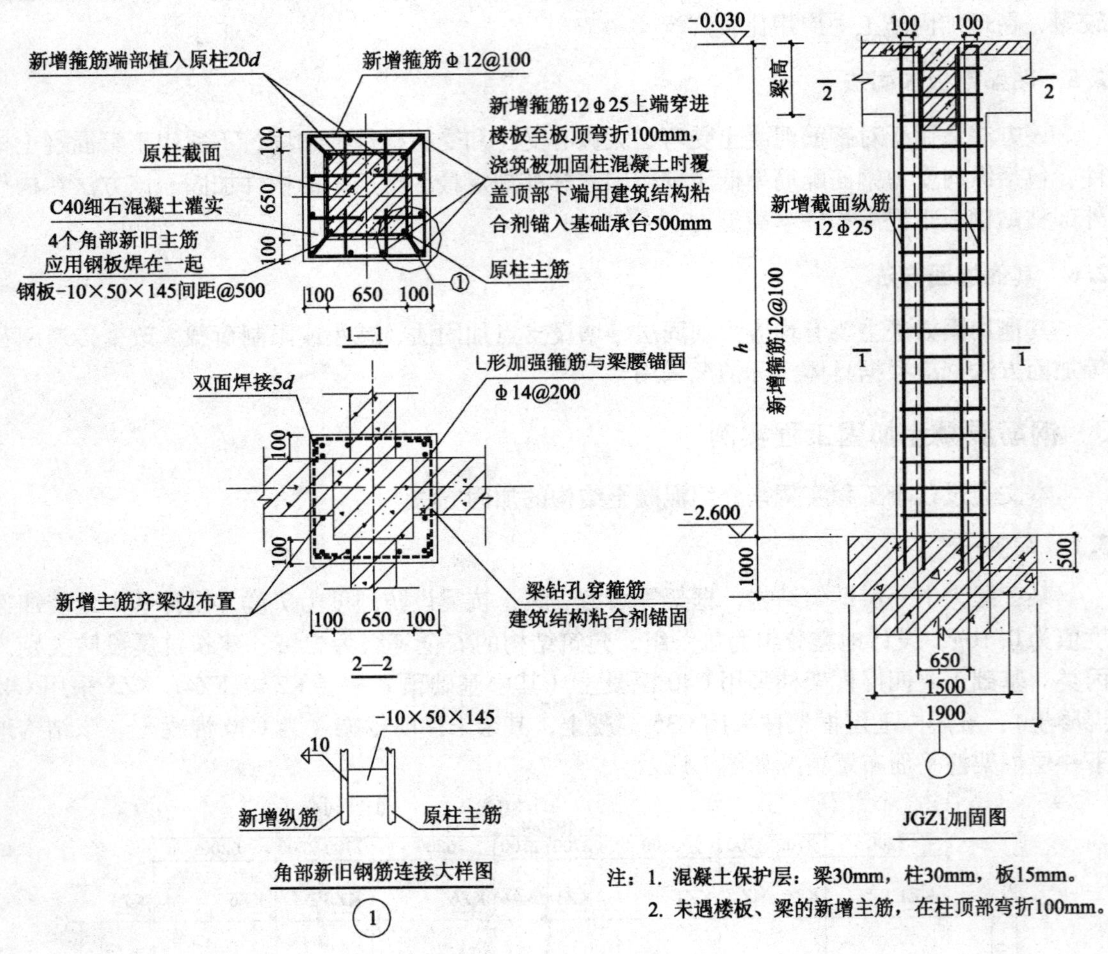

图 2　增大截面法加固详图

部分框架柱仅为箍筋配筋不满足现行规范要求，可采用柱四周粘贴碳纤维布法、增大截面法、外包角钢法等方法，本文采用柱四周粘贴碳纤维布法进行加固设计，JGZ2 加固详图如图 3 所示。

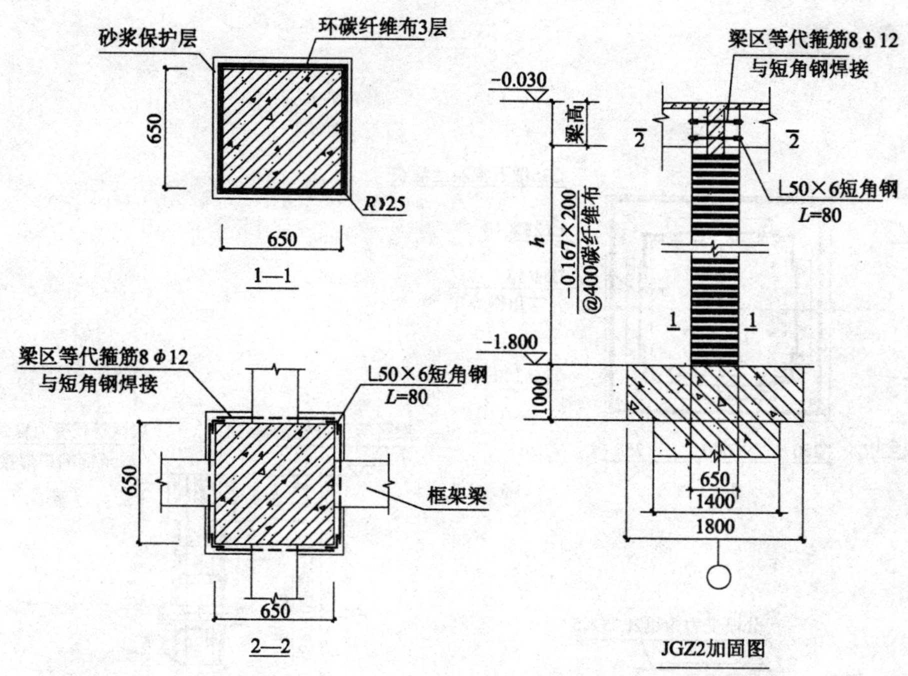

图3　柱四周粘贴碳纤维布加固详图

3.2　案例二

某工程为六层框架教学楼结构，2001年建成，框架等级为二级，抗震设防烈度为7度，设计基本地震加速度值为0.10g，设计地震分组为第一组，建筑结构的安全等级为二级，建筑抗震设防类别为丙类。框架柱、框架梁采用C30混凝土。

3.2.1　加固设计原因

该结构经有资质单位进行检测，其结构平面布置、混凝土构件强度等级、构件截面尺寸等各项参数满足原设计要求。该结构抗震设计采用89规范，当时该地区抗震设防烈度7度(0.10g)，建筑抗震设防类别为丙类。现抗震设计采用08规范，抗震设防烈度为7度(0.15g)，建筑抗震设防类别为乙类。抗震计算参数改变，导致部分框架柱、框架梁承载力不满足现行规范要求，需对不满足要求的构件进行加固处理。

3.2.2　加固设计方案

经计算，该结构一层~六层部分框架柱、框架梁承载力不满足现行规范要求。框架柱为竖向受力钢筋和箍筋配筋不满足要求，可采用增大截面法或外包角钢法进行加固处理，该结构为教学办公室使用，对使用空间要求较高，因此本设计采用外包角钢法加固，仅箍筋配筋不满足要求的框架柱采用粘贴碳纤维布加固，详如图4所示；框架梁主要是梁端配筋和跨中配筋不满足规范要求，可采用粘贴钢板法或粘贴碳纤维布法加固，本设计考虑施工工期紧的原因，采用碳纤维布加固法。具体加固方案详如图5所示。

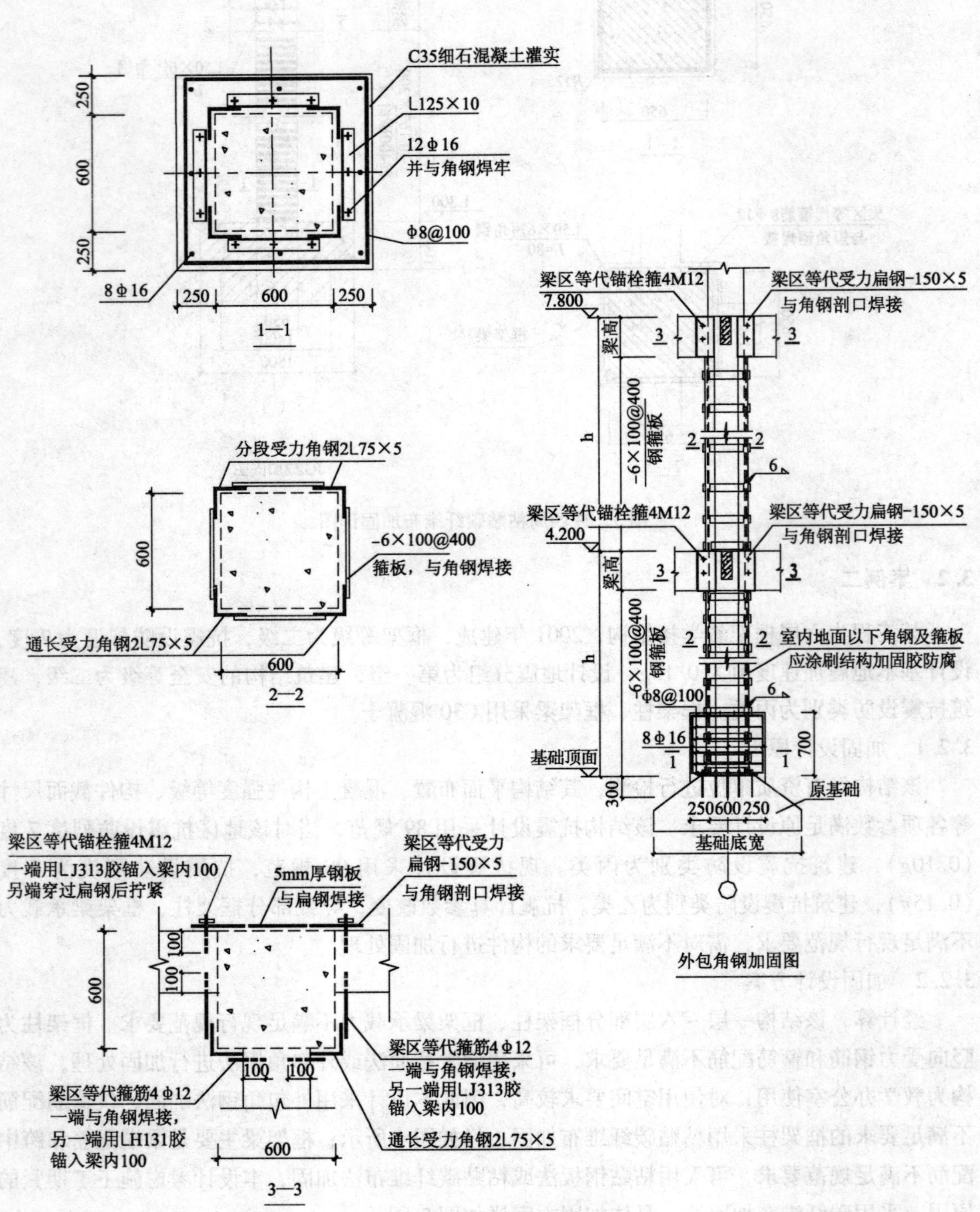

图4 柱外包角钢加固详图

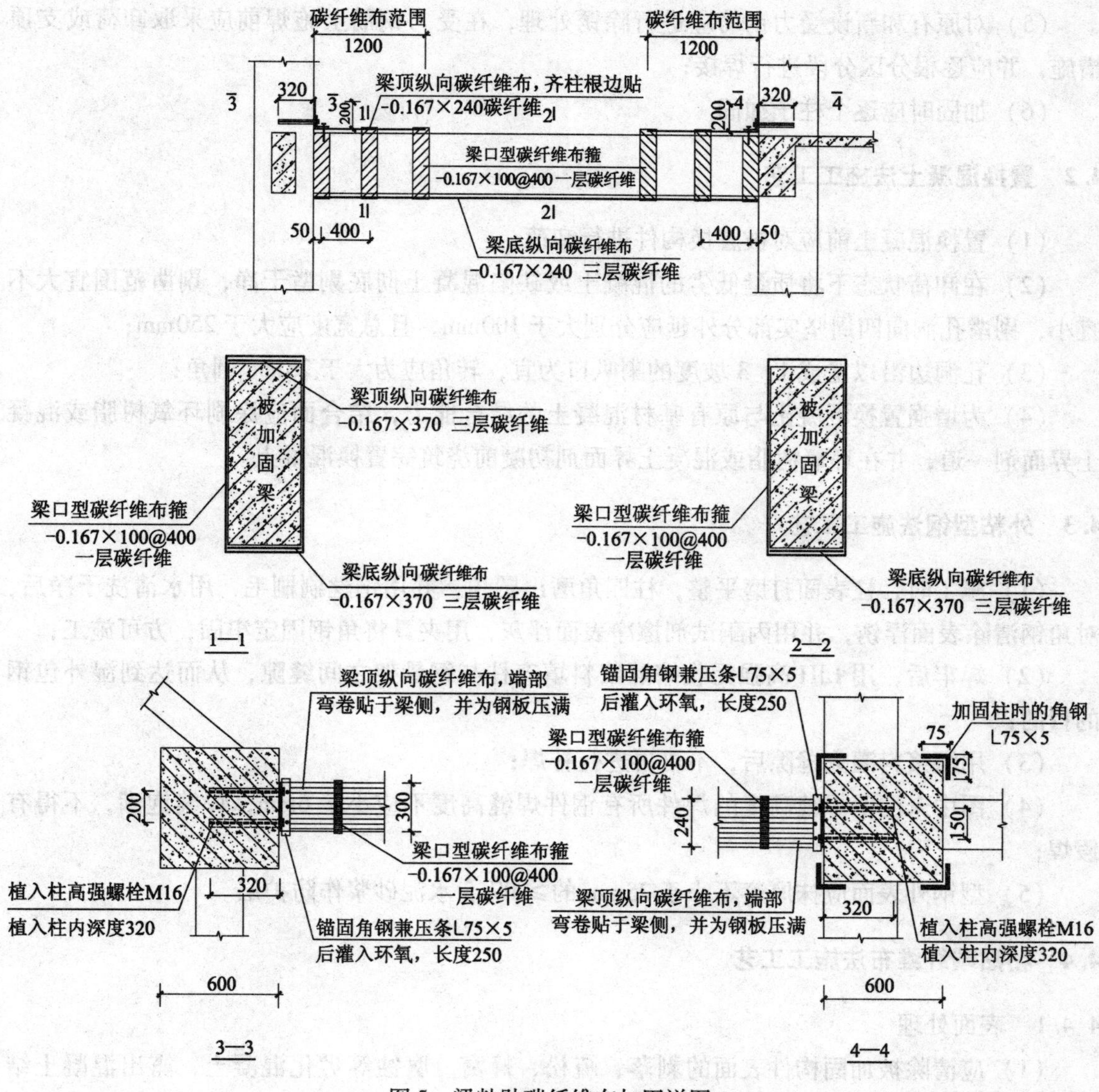

图5 梁粘贴碳纤维布加固详图

4 不同加固方法施工工艺[2][3]

不同加固方法加固施工工艺不同，介绍如下：

4.1 增大截面法施工工艺

（1）柱新增纵向钢筋锚入基础或穿过框架梁时，不得破坏原有基础和框架梁内的主筋；

（2）应对原构件混凝土存在的缺陷清理至密实部位，并将表面打成沟槽，沟槽深度不宜小于6mm，间距100mm，其他部位轻度凿毛。被包的混凝土棱角应打掉，同时应除去浮渣、尘土；

（3）对原有和新设受力钢筋应进行除锈处理，在受力钢筋上施焊前应采取卸荷或支顶措施，并应逐根分区分段进行焊接；

（4）浇筑混凝土前，原有混凝土表面应凿毛、刷净，并宜涂刷混凝土界面结合剂；

（5）对原有和新设受力钢筋应进行除锈处理，在受力钢筋上施焊前应采取卸荷或支顶措施，并应逐根分区分段进行焊接；

（6）加固时应逐个柱子加固。

4.2　置换混凝土法施工工艺

（1）置换混凝土前应对被置换构件进行卸荷；

（2）在卸荷状态下将质量低劣的混凝土或缺陷混凝土彻底剔凿干净，剔凿范围宜大不宜小，剔凿孔洞向四周坚实部分外延应分别大于100mm，且总宽度应大于250mm；

（3）孔洞边沿以凿成1：3坡度的喇叭口为宜，转角应为大于25mm圆角；

（4）为增强置换混凝土与原有基材混凝土的结合能力，结合面应涂刷环氧树脂或混凝土界面剂一道，并在环氧树脂或混凝土界面剂初凝前浇筑完置换混凝土。

4.3　外粘型钢法施工工艺

（1）施工时，柱表面打磨平整，柱四角磨出圆角，并用钢丝刷刷毛，用水清洗干净后，对角钢清除表面浮锈，并用丙酮试剂擦净表面浮灰，用夹具将角钢固定牢固，方可施工；

（2）焊牢后，用LJH高强无收缩灌浆料填充柱与钢骨架之间缝隙，从而达到湿外包钢的目的；

（3）用灌浆料灌完缝隙后，不可再进行补焊；

（4）图中未注明焊缝高度的焊件所有钢件焊缝高度不应小于6mm，焊缝饱满，不得有假焊；

（5）型钢外表面应抹厚度不小于25mm的≥M7.5水泥砂浆作防护层。

4.4　粘贴碳纤维布法施工工艺

4.4.1　表面处理

（1）应清除被加固构件表面的剥落、疏松、蜂窝、腐蚀等劣化混凝土，露出混凝土结构层，并用修复材料将表面修复平整；

（2）被粘贴的混凝土表面应打磨平整，除去表面浮浆、油污等杂质，直至完全露出混凝土结构新面。转角粘贴处应进行导角处理并打磨成圆弧状，圆弧半径不应小于25mm。

4.4.2　涂刷底层胶及找平处理

（1）应采用滚筒刷将底层树脂均匀抹于混凝土表面。宜在底层树脂表面指触干燥后，尽快进行下一工序的施工；

（2）应对混凝土表面凹陷部位用找平材料填补平整，不应有棱角；

（3）转角处应采用找平材料修理成为光滑的圆弧，半径不应小于25mm。

4.4.3　粘贴碳纤维布

（1）将碳纤维布用手轻压贴于需粘贴的位置，采用专用的滚筒顺纤维方向多次滚压，挤除气泡，使浸渍树脂充分浸透碳纤维布，滚压时不得损伤碳纤维布；

（2）多层粘贴时应重复上述步骤，并宜在纤维表面的浸渍树脂指触干燥后尽快进行下一层粘贴；

（3）应在最后一层碳纤维布的表面均匀涂抹浸渍树脂，且表面撒细沙，24 小时后方可进行下一道工序施工；

（4）环向围束的纤维布层数，对正方形和矩形截面柱不应少于 3 层，对圆形截面不应少于 2 层。

4.5　粘贴钢板法施工工艺

（1）对原混凝土构件的粘合面，可用硬毛刷沾高效洗涤剂，刷除表面油垢污物后用冷水冲洗，再对粘合面进行打磨，露出混凝土新面，并吹去表面粉尘；

（2）粘贴钢板前应先对钢板进行除锈、打磨，露出金属光泽；

（3）加固前对被加固构件进行卸荷；

（4）加固后，钢板表面应粉刷水泥砂浆保护。

5　结论

本文介绍了混凝土构件的不同加固方法及其特点，并通过两个工程实例介绍了增大截面法、粘贴碳纤维布法、外包型钢法的加固设计方案。

（1）案例一主要是施工原因导致结构承载力不满足现行规范要求而需要加固设计的；案例二主要是抗震规范、设防烈度、设防类别等参数改变导致结构承载力不满足现行规范要求而需要加固设计的。两者加固原因不同。

（2）案例一框架柱采用增大截面法和粘贴碳纤维布法进行加固设计；案例二框架柱采用外包角钢法和粘贴碳纤维布法进行加固设计，框架梁采用粘贴碳纤维布法进行加固设计；不同加固方法可达到相同的目的。

（3）加固方案的选择应根据建筑物自身的具体情况综合选定。

（4）合理的加固方法可以提高建筑物承载能力，延长建筑物的使用寿命。

（5）加固改造工程在我国的发展越来越迅速，新的加固方法需要我们设计人员去进一步开发。

参考文献

［1］混凝土结构加固设计规范［S］．北京：中国建筑工业出版社，2006.

［2］混凝土结构加固构造［S］．北京：中国计划出版社，2007.

［3］四川省建筑科学研究院．混凝土结构加固技术规范［S］．北京：中国计划出版社，1992.

木屋架结构加固处理

韩继云[1]　张　廼[2]　孙　斌[1]　常萍萍[1]

1. 国家建筑工程质量监督检验中心，北京，100013
2. 北京外交人员房屋服务公司，北京，100010

【摘　要】　本文结合典型工程实例，介绍了既有民用建筑和公共建筑物中木屋架结构经常出现的问题，以及木结构裂缝处理及加固改造方法。

【关键词】　木屋架，裂缝处理，加固

1　既有建筑中的木屋架结构常出现的问题

二十世纪五、六十年的民用建筑和公共建筑砖混结构体系中常采用木屋架作为屋顶构件，古建筑文物建筑中屋顶也都采用木结构，历经多年使用以后，会出现很多问题：(1) 屋面漏水引起木屋架构件腐朽：木屋架常为三角形，上面架设檩条、望板等形成坡屋面，有些屋面原设计没有防水层，有些防水层因年久失修等出现破损，因此雨雪等原因造成屋面渗漏，常此以往造成木屋架构件出现腐朽、截面削弱，连接处金属件锈蚀等现象；(2) 温湿度等环境原因引起木构件开裂：由于木材含水率和干缩率等随环境温度、湿度变化，木构件本身常出现裂缝，甚至在构件节点连接处会产生裂缝现象；(3) 安全度不足引起杆件或屋架变形：老建筑物原设计安全度偏低，由于屋面超载或上部结构位移及地基沉降等原因，引起屋架整体出现挠度、倾斜变形，或水平杆件出现挠度，竖向杆件出现倾斜以及支座或节点位移等现象。因此建筑物在加固改造中，需要对木结构的安全性进行检测鉴定，对出现的损伤和裂缝等影响安全性的问题进行处理，但目前国内对木结构的检测方法、检测设备和评定方法的研究与标准规范相对滞后，本文作者近年作过木结构和古建筑物的检测鉴定，对其进行总结分析，供木结构建筑物鉴定加固工程参考。

2　木结构加固改造原则

2.1　检测鉴定结果是加固设计的依据

木结构加固设计方案应保证结构安全适用、合理经济、便于施工。加固设计前应先作检测鉴定，检测鉴定的结果是加固设计与加固施工的依据，现场检测可对建筑物现状有一个深入全面的了解，仅依据原设计图进行加固设计，无法发现施工质量问题以及使用存在的问题，木结构现场检测项目有结构体系核查、构件布置与外观质量检查、材料性能检测、连接与构造检测、构件尺寸检测、变形以及防护措施检测等；木屋架结构的可靠性鉴定对存在的进行诊断和危害性进行分析，包括对承载能力（强度、稳定、构件长细比），位移或变形，连接、构造（截面削弱、支撑布置，锚固、构件搁置长度）、裂缝，腐朽和虫蛀等评定。

2.2　外观缺陷和裂缝修补

加固设计应首先提出对构件裂缝和面积损伤等外观缺陷的处理方法，结构腐朽虫蛀等截面损伤和构件裂缝，应通过有效措施使结构损伤、裂缝的部位得到修补。

对于腐朽和虫蛀的构件，根据截面损伤程度和施工可操作性，可采用拆换或夹板连接加固处理。

木结构梁或柱的干缩裂纹，微小的表面裂缝，裂缝宽度小于3.0mm时，可采用表面封闭措施处理，即在构件油漆或断白过程中，用腻子勾抹严实；当裂缝宽度在3.0～30mm，裂缝深度较小时，采用嵌补的方法修补，用木条和耐水性粘结胶，将缝隙嵌补粘结密实；当裂缝深度不超过构件截面高或宽的四分之一时，裂缝宽度大于等于30mm时，除用木条和耐水性粘结胶补实粘牢外，还应在开裂段内增加钢箍或玻璃钢箍箍紧，钢箍和玻璃钢箍施加一定的应力，应箍紧；当裂缝深度超过构件截面高或宽的四分之一时，应进行承载力的验算，若承载力不够，除裂缝处理外，还应采取加固补强措施。

2.3　承载力验算

结构分析和构件承载力验算，应符合下列要求：

（1）结构的计算简图，应根据加固后的荷载、地震作用和实际受力状态确定；

（2）结构构件的计算截面尺寸，应采用实际的截面尺寸；

（3）结构构件承载力验算时，应计入实际存在的偏心、结构构件变形造成的附加内力、结构损伤对承载能力的影响，以及加固后的实际受力程度、新增部分的应变滞后和新旧部分协同工作程度对承载力的影响。

（4）加固设计时，对受损并已经修复的结构构件，其承载能力宜乘以0.8～1.0的折减系数。

2.4　加固材料选择

木结构加固所用的材料，应符合相应国家有关标准规范的规定。古建筑、文物建筑应按照修旧如旧的原则，尽量采用原结构同样的材料。对现代建筑可以采用钢构件代换受拉构件或增设钢构件来加固木结构中的受拉构件。

对于存在虫蛀、白蚁的环境，采用防护药剂和药剂的施工方式应符合《木结构设计规范》GB 50005和《木结构工程施工质量验收规范》GB 50206的规定。

2.5　木结构加固设计需要解决的问题

古建筑和文物建筑使用历史、跨越年代较长，原设计施工和所用材料质量差别较大，由于目前缺少相应的标准规范，下一个使用年限的目标很难确定，安全性、适用性、耐久性目标要求不明确。

3　木结构整体加固改造

木结构抗震加固可以通过增设水平支撑、柱间支撑等，加强结构整体性，提高结构侧向刚度和抗震能力，也可以采用减振、消能的措施。

木结构安全性不够的加固可以改变受力体系、增设水平杆件、竖向杆件等加固，对承载力不满足要求的构件进行加固。

在木结构中，屋面系统中增设水平支撑、柱间支撑等形成空间结构增加结构刚度，或者调整结构的自振频率等以提高结构承载力和改善结构动力特性；增设支撑或辅助杆件使结构的长细比减少以提高其稳定性。

钢结构整体加固方法还有改变结构计算图形，是指采用改变荷载分布状况、传力途径、节点性质和边界条件，增设附加杆件和支撑、施加预应力、考虑空间协同工作等措施对结构进行加固的方法。

卸荷及限制使用荷载也是加固改造的方法之一，必要时采用卸荷方法降低原结构应力-应变水平，卸荷方式有两种：直接搬走可卸荷载（活荷载或静载）的直接卸荷法，如加固后限制活荷载值，屋顶的保温防水层和挂瓦等采用轻质材料，减轻吊顶荷载等，直接卸荷特点是直观、准确掌握卸荷量；间接卸荷法是反向施加作用力，以变形控制或反向力控制减少结构构件内力，如屋架跨中起拱等。

4 木结构构件加固技术

对受弯杆件可采用下列改变其截面内力的方法进行加固：改变荷载的分布，例如将一个集中荷载转化为多个集中荷载；改变端部支承情况，例如变铰接为刚接；增加中间支座或将简支结构端部连接成为连续结构；调整连续结构的支座位置；将结构变为撑杆式结构；施加预应力的钢拉杆等。

对于梁、檩条、格栅等受弯构件因截面过小或挠度过大时，可以在构件上附设采用施加预应力的圆钢拉杆加固，两端用螺栓销固定。

对桁架可采取下列改变其杆件内力的加固方法：增设撑杆变桁架为撑杆式结构；加设预应力拉杆。

条件允许的情况下，对木结构杆件可以采用下列方法加固：

（1）纤维加固方法：木梁、木柱构件表面粘贴碳纤维、玻璃纤维、芳纶纤维、尼龙纤维等，提高结构承载力和延性。

（2）缠绕加固方法：铅丝、钢丝、碳纤维或纤维树脂缠绕圆形或方形混凝土构件或开裂木质构件，提高结构承载力和延性。

（3）钢夹板法：扁钢、螺栓及胶加固木质构件。

（4）更换法：钢拉杆或新木材托换腐朽木质构件。

5 工程实例

5.1 木屋架现状

某学校办公楼始建于20世纪50年代初，目前已使用了约60年，经过两次加固改造。3层砖混结构，三角形木屋架，木檩条上铺木望板，原设计没有防水层，后来改造时加设了防水层，重新作保温层，变原红色瓦为蓝色黏土瓦。木屋架平面布置见图1。木屋架立面图见图2。南侧屋面外观照片见图3。

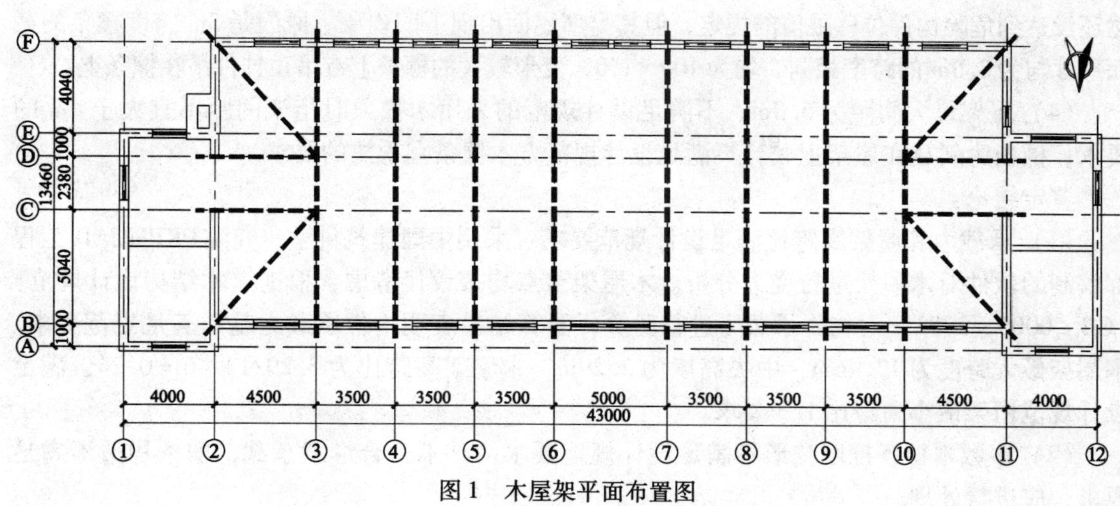

图1　木屋架平面布置图

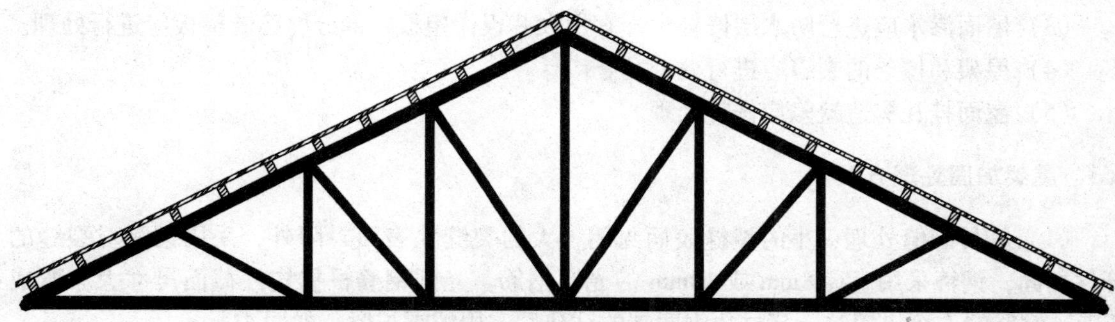
图2　木屋架立面图

图3　南侧屋面外观照片

5.2　木屋架检测鉴定结果

现场通过对木屋架、檩条及望板等进行全面检测，对屋架进行承载力等验算分析，进行安全性鉴定，发现的主要问题如下：

（1）个别望板腐蚀严重，改造施工用大芯板更换了部分腐朽的望板，还有一些没有处理，原因是木屋面有大面积渗水，脊瓦排列方向反了，大风造成脊瓦脱落，坡屋面瓦没有收口，个别挂瓦被风吹落，改造时增加防水层和吊顶，但屋架没有加固处理。

（2）较多的木檩条开裂，少量木屋架上弦杆开裂，主要原因是干缩。

（3）多数木檩条挠度变形非常明显，特别是中间跨度为5m 的木檩条，经检测最大跨中挠度值25mm，挠度与跨度比为1/200，不满足设计规范受弯构件挠度限值1/250 的要求，虽然还没达到危险构件位移限值的规定，但其上部屋面出现下凹现象。原因是5m跨度檩条的截面尺寸与为3.5m的跨度相同，均为100×150，变形较大的檩条上有吊顶挂件吊在檩条上。

（4）屋架最大间距为5.0m，不满足设计规范的采用木檩条时桁架间距不宜大于4m的要求；檩条为斜放在屋架上弦，不满足设计规范方木檩条宜正放的要求。

鉴定结论：

（1）承载力和屋架高跨比满足设计规范要求：采用中国建筑科学研究院PKPMCAD工程部编制的软件对木屋架进行受力分析。木屋架节点均按铰接考虑，根据《木结构设计规范》（GB 50005—2003）对构件承载力进行验算，验算结果表明构件承载力基本满足规范要求。木屋架最大跨度为13.46m，中央高度为3.29m，木屋架高跨比为3.29/13.46 = 0.24，满足设计规范桁架最小高跨比1/5要求。

（2）多数木檩条挠度变形不满足设计规范要求，已不适合继续承载，檩条构造不满足要求，应进行处理。

（3）屋面渗水应进行防水层修补，不宜用大芯板作望板，部分腐朽的望板应进行处理。

（4）屋架和檩条的裂缝应进行处理。

（5）屋面挂瓦构造缺陷应修补处理。

5.3　屋架加固处理方案

（1）杆件裂缝处理：小的裂缝表面封闭，大的裂缝除表面封闭外，采用钢箍对裂缝的杆件加固，钢箍采用直径8mm或10mm的光圆钢筋，光圆钢筋根据构件截面尺寸大小弯成U形，钢筋端头车出螺纹，穿过角钢两端的钻孔后，用螺帽拧紧，如图4所示。

（2）采用同木种的木板更换腐朽的望板，更换大芯板；

（3）采用木檩条或型钢在挠度变形大的檩条处增加副檩，将木檩上的吊顶吊件移至屋架下弦等处。

（4）修补防水层，修补损伤或脱落的挂瓦。

（5）脊瓦按照北京地区主导风向，重新排列，坡屋面的端部挂瓦应采用砌筑砂浆和黏土砖收边。

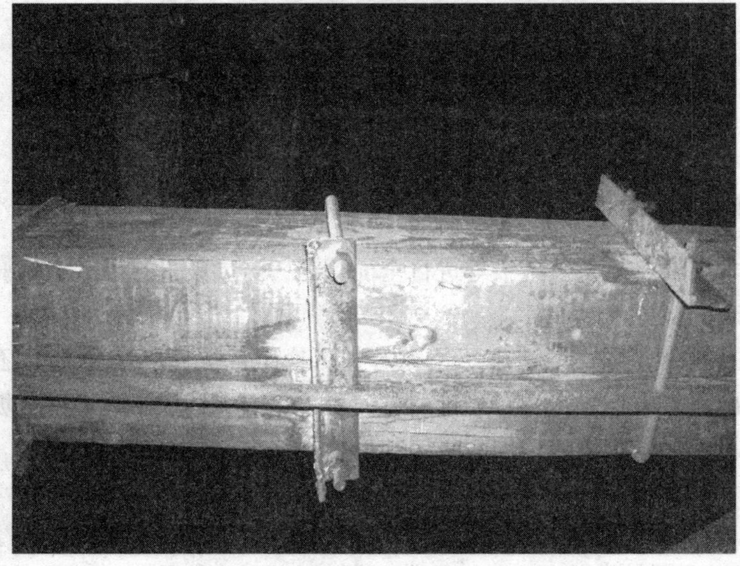

图4　木构件裂缝处理

参考文献

[1] 木屋架检测鉴定报告．国家建筑工程质量监督检验中心，2007.
[2] GB 50005—2003. 木结构设计规范［S］.
[3] GB 50206—2002. 木结构工程施工质量验收规范［S］.
[4] GB 50165—92. 古建筑木结构维护与加固技术规范［S］.

第五篇

其 他 工 程

基于“ABC”法的工程项目成本控制管理研究

孙　新　朱　明　周　晶

辽宁省建设科学研究院，沈阳，110005

【摘　要】　建筑工程项目的成本控制是一个动态而又复杂的过程，所以说，组织措施是解决成本控制问题的关键。

本文对项目管理中关键控制点—成本管理的控制体系、方法、内容进行了系统深入的阐述，运用系统工程的观点，综合分析了项目管理中时间控制、质量控制、合同管理对成本管理的影响，展现了成功的项目成本管理所带来的巨大经济效益。

本文的贡献在于将作业成本法（ABC 法）在建筑工程项目成本管理中的应用进行了深入细致的分析，强化了其可操作性，从而对施工企业进行工程项目成本管理有较强的指导意义和参考价值。

【关键词】　建筑工程，成本管理，成本控制，作业成本法，ABC 法

在社会主义市场经济体制下，在当今开放的全球一体化的信息经济时代，企业综合运用成本、质量、服务和高新技术参与市场全方位竞争，其中成本在企业竞争中占有至关重要的地位。优胜劣汰是竞争的基本法则，企业要生存，求发展，就必须苦练内功，强化成本管理职能，采取各种措施降低产品和劳务成本，才能以优质的产品和服务，在竞争中立于不败之地。因而每一个企业的成本管理在企业管理中都占有非常重要的位置，都需要加强成本管理。在市场经济条件下，成本管理对一个企业来讲是非常重要的。对建筑施工企业的成本管理应该再重新进行认识。随着社会主义市场经济的不断发展，建筑施工成本管理被提高到重要的地位，无论对国家、企业和个人都具有十分重要的意义。

1　ABC 法与建筑工程项目成本控制

1.1　成本管理定义

要分析成本管理，首先必须弄清楚成本的概念。1951 年，美国会计学会（AAA）所属成本概念与标准委员会对成本的定义为：“成本是指为达到特定目的而发生或应发生的价值牺牲，它可以用货币单位加以衡量。”也就是说，成本是为了实现一定目的而支付的，或应

作者简介：孙新，高级工程师，工程硕士，E-mail：sun_ xin_ 1991@163. com。

支付的可用货币衡量的代价。它所包括的范围较广，不仅指产品成本，还包括其他方面的成本。通俗地讲，成本就是为了获得某种利益而发生的一种代价。

1.2　ABC 的项目成本控制

1.2.1　成本管理的 ABC 法

ABC 法即 Activity Based Costing System，译作“作业基础成本制度”，简称 ABC 法，亦被称为作业成本法，是 20 世纪 80 年代由美国会计学者创建的。作业成本计算法是一种以作业为基础，对各种主要的作业费用采用不同的作业费用分配率进行成本分配的成本计算方法。作业成本计算的核心是在计算产品成本时，先将制造（生产）费用归于每一作业，然后再由每一作业成本分摊到产品成本。

1.2.2　ABC 法步骤

ABC 法步骤或计算程序，可从狭义和广义两个角度来看。从广义看，ABC 法不仅是对过去的成本进行计算与分析，而且要对未来的成本进行计划。因此，作业成本法的基本步骤较多，内容较广。从狭义看，ABC 法主要是指事后计算作业成本。

（1）确认主要作业。

（2）建立作业成本库。

（3）选择作业成本动因。

（4）确定各作业成本的分配率。

（5）计算产品的单位成本。

1.2.3　工程项目 ABC 法

对于施工项目，由于其属于单件生产，生产过程中存在大量的间接费用，采用传统的职能基础成本系统难以清楚地归集和计算项目成本，也难以进行成本的预算、控制和核算。因此，应在施工项目成本管理中采用既能进行直接费用又能进行间接费用计算的 ABC 法，以达到成本控制的目的。

1.3　建筑工程项目成本过程控制的方法与内容

1.3.1　建筑工程项目成本过程控制方法

过程方法就是系统地识别和管理企业所包含的所有过程，特别是过程之间的相互作用。首要的问题是有效地识别、管理产生成本的过程。识别过程之后，还要确定这些过程的顺序和相互作用。过程的管理则指对过程内或过程之间包含的若干影响成本的因素进行管理与控制。

PDCA 循环模式适用于所有的过程，该模式可以简述如下：P—策划，D—实施，C—检查，A—改进。PDCA 循环模式是通过四个阶段八个步骤实施控制的：

计划阶段。找出存在的问题。第一步，分析现状，找出存在的问题。第二步，分析产生问题的原因或影响因素。第三步，找出产生问题的主要原因。第四步，制订计划，采取措施，确定控制点。

实施阶段。这一阶段也就是第五步，即组织执行制订计划的措施。

检查阶段。这一阶段也就是第六步，就是检查计划和措施的执行结果，并将结果与计划对比，及时发现和解决执行中出现的问题。

处理阶段。包括两步：第七步，进行标准化处理，把成功的经验或失败的教训纳入有关标准和制度，使其规范化，以巩固成功的经验，避免重犯错误。第八步，找出尚未解决的问题，转到下一个循环中继续解决。

PDCA 循环可以应用在整个项目建设过程的各个阶段，并且对于 PDCA 循环的某个环节也可以利用 PDCA 循环来改进和控制。因此，PDCA 循环是大环套小环，大环靠小环来落实，小环通过大环来实现。循环不停地进行，每循环一次，都使项目过程更接近目标。

1.3.2　建筑工程项目过程控制内容

（1）人工费的管理与控制。

（2）内部人工管理与控制。

（3）劳务分包队伍的使用选择。

（4）材料费的管理与控制。

（5）机械费的管理与控制。

（6）间接费的管理与控制。

2　建筑工程成本控制的措施

成本的控制措施大致可以分为技术措施、组织措施、经济措施、合同措施。各种措施在成本控制中的具体作用如下：

（1）技术措施：技术措施对解决管理过程中的技术问题非常重要，同时对纠正成本目标偏差有相当重要的作用。运用技术措施，就是提出技术方案，并且对技术方案进行经济分析。需要注意的是在实践中要避免仅从技术的角度进行方案的选定而忽视了经济效果的分析论证。

（2）组织措施：组织措施是从施工成本管理的组织方面采取的措施，如实行项目经理责任制，落实施工成本管理的组织机构和人员，明确各级施工成本管理人员的任务和职能分工、权利和责任，编制本阶段施工成本控制工作计划和详细的工作流程图。施工成本的管理不仅仅是专业成本管理人员的责任，各级的项目管理人员都负有成本控制的责任。组织措施是其他各类措施的前提和保障，且不需要增加费用。

（3）经济措施：经济措施是最易为人接受和采用的措施。管理人员应编制资金使用的计划，确定、分解施工成本管理目标。对施工成本管理目标进行风险的分析，并制定防范性对策。通过偏差原因分析和未完工程施工成本预测，可发现一些潜在的问题将会引起未完工程施工成本的增加，对这些问题应以主动控制为出发点，及时采取预防措施。

（4）合同措施：成本管理要以合同为依据，因此合同措施就显的尤为重要。对于合同措施从广义上理解，除了参加合同谈判、修订合同条款、处理合同执行过程中的索赔问题、防止和处理好与业主和分包商之间的索赔之外，还应分析不同合同之间的相互联系和影响，对每一个合同作总体的和具体的分析等。

3 克莱斯特项目成本管理实证分析

3.1 中建D公司项目成本管理应用

20世纪90年代中期，随着房地产业的降温，建筑企业僧多粥少的局面已经突现，建筑市场激烈竞争的局面随处可见，特别是沈阳作为全国低价中标试点地区的出现，传统的计划经济管理模式已经完全不适应现在建筑市场的要求，此时建筑施工企业才如梦初醒般地感到经营管理特别是工程项目成本管理的重要性。

中建D公司在风险成本管理方面的具体做法有：

（1）从风险分配的角度出发，让参与工程项目施工的各分包单位都承担部分风险，如质量成本风险、材料成本风险、进度成本风险等，从而改变企业独家承担风险的局面。

（2）对风险大、不易控制的分项工程，采用风险转移的做法从根本上杜绝了该分项工程将要造成的损失，如将塑钢门窗的制作与安装、外墙涂料的喷涂等这些风险较大的工程通过分包合同，转移给有专用设备和经验丰富的专业施工单位来承担。

（3）回避风险。对所有可能发生的风险尽可能地规避，直接消除风险成本的损失，从而保证项目的安全运行。比如：小区的绿化工程、市政工程。

（4）采取先进的技术措施和完善的施工组织措施，以减小风险产生的可能性和可能产生的影响。

（5）当风险发生时，及时采取各种措施控制风险所造成的影响，对关键环节具体分析，采取对策，减轻风险，提高经济效益。

综上所述，为了适应复杂的市场环境，中建D公司必须继续加强项目风险成本方面的管理，建立风险预警和控制机制，及时发现和纠正风险造成的损失，进一步改善企业经营状况。

3.2 克莱斯特项目应用ABC法成本管理的启示

总结中建D公司克莱斯特项目的成本管理，可以发现其在国内建筑施工企业中是做得比较成功的一个，他们能够灵活运用理论知识结合工程实践，以完善工程项目成本管理。由此我们得到的启示如下：

（1）在施工项目成本预测过程中，通过已有的成本信息和施工项目的具体情况，对即将发生的成本水平及其可能的发展趋势做出科学的评估（也就是在工程项目施工之前对整个项目和各分项工程进行核算）。

（2）认真编制项目在计划期内的生产费用、成本水平、成本降低率以及为降低成本所采取的主要措施和规划的书面方案，作为降低成本的指导性文件，同时建立施工项目成本管理责任制，做到目标明确，责任到人。

（3）项目在施工过程中，对影响施工项目成本的各种因素加强管理，并采取各种有效措施，将施工过程中实际发生的各种消耗和支出严格控制在成本计划范围内，做到随时揭示并及时反馈，严格审查各项费用是否符合标准，计算实际成本和计划成本之间的差异并进行分析，消除施工中的损失浪费现象，发现和总结先进经验。通过严格的成本控制，最终实现甚至超过项目预期的成本目标。

（4）避免合同不够严谨，造成索赔力度不够；个别条款含糊不清，造成反索赔。

（5）由于项目是一次性组织，最终的成本考核结果无法落实到每个责任者身上容易挫伤员工的积极性，应当采取改进措施。

4　结论与建议

进行工程项目成本管理需要强化成本效益观念，即从效益角度来看待投入，使投入与产出相互匹配，并使产出在大于投入的前提下实现利润最大化。利润的提高，一方面是由于有效地控制项目成本，另一方面是通过提高项目质量，缩短施工工期等手段来提高企业品牌价值、促进企业长期发展的。

工程质量的提高和工期的缩短虽然可能增加一些经济成本，但这两方面都直接或间接地增加企业效益，有助于企业核心能力的打造和企业品牌的塑造。工程质量的提高和工程工期的缩短所带来的有形和无形的利益在一定程度上可以弥补为此付出的成本，为企业的长远发展注入生机。

作业成本法的理论基础是“决策有用性”，此法计算出的成本信息能够满足企业经营决策多方面的需要。作业成本的成本计算对象是以可靠的、多层次的作业为前提的，因此它能提供有用的成本信息，它是将各项成本深入到各项作业层次，把企业的各项作业看成为最终产品提供服务的作业，为每项作业选择一个合理的成本动因来正确计算成本。

工程项目成本的过程控制直接影响到工程的盈利，是一个系统的、需从多方面进行管控的问题。由于工程项目自身的特点，对工程项目成本进行过程控制有利于成本的降低和工程项目成本管理的持续改进。

对新方法的应用研究是对这些方法认识的进一步深入，也是检验这些方法有效性的必要过程。由于时间和精力的限制，本文只对所提出的部分方法和措施的应用进行了初步探讨，还有大量的应用研究工作只能在以后的研究和实践中逐步进行。

参考文献

[1] Henry Malcolm Steiner. Engineering economic principles（B）. 1999.

[2]［美］Milton D. Rosenau. Jr. 成功的项目管理［M］. 北京：清华大学出版社，2004. 95，102，115～121.

[3] 王健，刘尔烈，骆刚. 工程项目管理中工期——成本——质量综合均衡优化［JJ］. 系统工程学报，2004，19（2）：148～153.

[4] 祝凤梧. 西方作业成本理论评述［J］. 当代财经，2005，（1）：127～128.

[5] 齐宝库. 工程项目管理［M］. 大连：大连理工大学出版社，1999. 7.

管沟开挖对邻近住宅楼影响实例分析

褚世洪 梅佐云 杨 勇

山东省建筑科学研究院，济南，250031

【摘 要】 以某工程的鉴定分析为例，针对管沟开挖施工对邻近建筑的影响，对建筑物进行了倾斜、沉降、裂缝等检测，指出环境温差影响是产生裂缝的主要原因，管沟开挖对既有裂缝的发展有轻微不利影响，为同类工程事故的处理提供了借鉴。

【关键词】 管沟开挖，裂缝，环境温差

华北某市在集中供热扩建工程施工过程中，因工程需要在靠近住宅楼的位置开挖热力管沟，开挖施工过程中居民怀疑对住宅楼造成不利影响，在多次协商未果的情况下导致工程被迫停工，造成了较大的社会负面影响。后在当地政府协调部门的协调下，由业主和施工方联合委托鉴定部门进行鉴定。

1 工程基本情况

所涉及的两幢住宅楼均为六层砖混结构住宅楼，两楼均为 3 个单元，建筑面积各为 3700m^2 左右，于 2000 年前后建成并投入使用至今。现场检测时，热力管道施工已暂停，部分区段已施工完毕并已回填，部分区段尚未进行管道铺设。相对位置如图 1 所示。

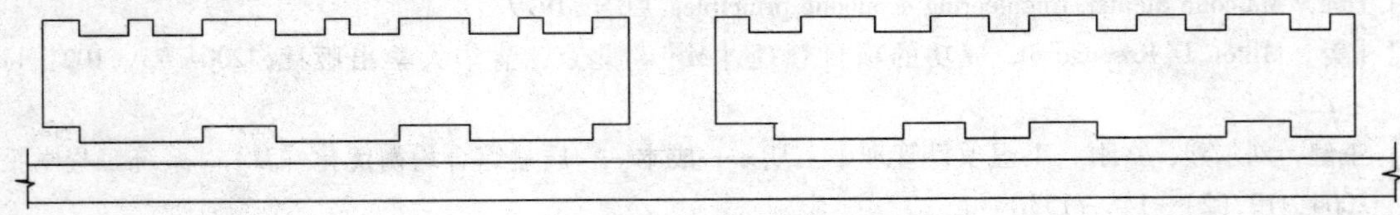

图 1 住宅楼与管沟相对位置示意图

2 现场检测鉴定情况

2.1 管沟开挖情况

（1）东住宅楼

垂直深度方面：热力管沟深度最大约 3.6m；住宅楼基础埋置深度为 1.0m，热力管沟深度大于该住宅楼基础埋深约 2.6m。

水平距离方面：热力管沟北边缘距该住宅楼南侧外承重墙最近约 2.5m，住宅楼基础为条形基础，基础宽度 2.6m，墙体厚度 240mm，则基础外边缘与外墙外皮的水平距离为（2.6 - 0.24）/2 = 1.18（m）。故热力管沟北边缘与外承重墙基础外边缘的水平距离为 2.5 - 1.18 =

1.32（m）。

综上，即在距东住宅楼基础约1.3m处开挖深度超过基础深度约2.6m的管沟。

（2）西住宅楼

垂直深度方面：热力管沟深度约4.4m；住宅楼基础埋置深度为1.4m，热力管沟深度大于该住宅楼基础埋深约3m。

水平距离方面：热力管沟北边缘距该住宅楼南侧外承重墙最近约2.6m；住宅楼基础为条形基础，基础外边缘与外墙外皮的水平距离为0.58m。故热力管沟北边缘与外承重墙基础外边缘的水平距离最近为2.6－0.58＝2.02（m）。

综上，即在距西住宅楼基础约2m处开挖深度超过基础深度约3m的管沟。

考虑当地位于黄河冲积平原的土质特点，在管沟开挖深度与距建筑物基础距离之比超过1∶1的情况下进行开挖施工时，应采取可靠的支护措施。经现场检查和了解有关情况，在最初管沟开挖施工过程中未采取可靠的支护措施，曾发生管沟侧壁局部土方坍塌现象（现场检测时仍可见侧壁局部坍塌迹象和砖砌挡土墙因土侧压力较大而发生裂缝），这样势必对建筑物基础造成扰动影响。因此可以判定，热力管线管沟开挖对两住宅楼的地基基础和主体结构产生了扰动和影响。

2.2　整体结构的垂直度检测和户内楼地面水平高差检测

对两住宅楼的整体垂直度进行了检测，沿住宅楼周边各设置30余个测点，重点检测南北方向的垂直度偏差情况。根据检测结果，东住宅楼在南北方向上的29个测点中，有27个测点为向北偏，2个测点为向南偏，整体表现为向北偏的规律性，向北偏差值多在10～30mm之间，最大偏差43mm；西住宅楼在南北方向上的30个测点中，有25个测点为向南偏，5个测点为向北偏，整体表现为向南偏的规律性，向南偏差值多在2～30mm之间，平均偏差9.8mm，最大偏差33mm。以上检测结果均未超出规范规定的整体倾斜限值。

对户内的楼地面的水平高差进行了检测（重点检测南北方向的楼地面高差情况），东住宅楼共抽查了28户的35处位置，西住宅楼共抽查了33户的53处位置。检测时基准水平线由全自动三维激光定向仪自动调平；室内地面既有原始水泥地面，也有瓷砖地面，但对木地板地面未进行检测；考虑到楼地面可能存在一定的原始高差，故在分析水平高差时均重点分析其有无比较一致的规律性。根据检测结果，东、西两住宅楼的一层地面（15户18个测点）在南北方向上，既有南侧偏低的情形，也有北侧偏低的情形，体现不出比较一致的规律性，考虑到一层地面为在回填土上做水泥地面硬化层，可视为是水泥地面原始高差和回填土不均匀沉降的综合结果；二层以上的46户70个测点中，大部分测点也无明显的规律性（54个测点无明显规律性，占77%；12个测点体现为南侧偏低，占17%，4个测点表现为东侧偏低，占6%）。

综合以上两住宅楼的检测结果进行分析，东住宅楼在南北方向上整体表现为向北偏的规律性，而西住宅楼在南北方向上整体表现为向南偏的规律性，两者无统一的规律性，且两楼的整体倾斜量均未超出规范规定限值。大部分测点的楼地面高差也无明显的规律性。因此可以判定，热力管道管沟开挖尚未对两住宅楼造成明显的不均匀沉降。

2.3　墙体、楼板裂缝等有关情况

现场详细调查了各户的墙体、楼板裂缝等情况，并作了详尽记录。根据现场检测结果，两住宅楼的墙体和楼地面裂缝大体可以划分为以下几种类型：一层水泥地面裂缝、各层阳台围护墙根部与外纵墙结合部位的竖向裂缝、门窗洞口角部的裂缝、预制楼板顺板缝、预制楼板与墙体结合部位的角部水平错动裂缝、过梁（窗台板）底部与砖砌体结合部位的水平裂缝、墙体抹灰层的不规则裂缝等。

一层水泥地面裂缝：包括室内距南墙 1.1m 左右的东西向通长裂缝、各房间在柱子对应位置的南北向裂缝和室外的台阶、散水裂缝等。经查阅两住宅楼的设计图纸，在室内靠近南墙 1.1m 范围内均有一条东西向地沟，在住宅楼的东部、中部和西部均各有一条南北向地沟。地沟采用砖砌沟壁、混凝土盖板，室内其他区域为回填土，因回填土不均匀沉降的原因，容易在地面靠近地沟的位置产生通长裂缝。各房间在构造柱对应位置有南北向的钢筋混凝土条形基础，条形基础上部的回填土沉降较小，而其两侧的回填土沉降较大，因此容易在该位置产生南北向裂缝。该两类裂缝均为陈旧性裂缝。室外的台阶、散水等受到管沟开挖的影响较大，产生新的裂缝，原有裂缝也会进一步发展。

阳台围护墙根部与外纵墙结合部位的竖向裂缝：两住宅楼的阳台均为在挑梁上架设预制板，然后砌筑砖围护墙。因此，在挑梁发生轻微挠度变形的情况下，围护墙与主体结构间就容易产生裂缝。该类裂缝属非受力裂缝，不影响结构安全。根据现场检查结果，未发现阳台的挑梁根部有受力裂缝出现。

门窗洞口角部的裂缝：两住宅楼均采用预制空心楼板（厨房、卫生间为现浇板）。经分析其裂缝规律和形式，墙体出现的裂缝是由于温度影响产生的典型的温度裂缝：该地区冬夏最大温差在 40 度以上，夏季在太阳光直接照射下，屋面升温快，温度高于墙体。该住宅楼为装配式钢筋混凝土屋盖，由于钢筋混凝土的线膨胀系数为 10×10^{-6}，而砖砌体的线膨胀系数为 5×10^{-6}，两者相差一倍。同时砖砌体及混凝土均属于抗压强度高，抗拉强度低的材料。因此顶板与墙体的相对温差在顶板内引起压应力，在砖砌体内产生拉应力，此压应力导致顶板在端部累积变形（即膨胀）较大，当顶板的变形大于墙体的变形时，接触面上产生剪应力，墙体顶部产生水平拉应力。该拉应力数量较小时，不会引起墙体裂缝。但当顶板与墙顶的变形差较大时，墙顶的水平拉力在墙内产生的主拉应力超过砌体的极限强度时，就在纵墙窗口转角，窗间墙，窗台墙，内、外纵墙的墙体等砌体强度相对薄弱处出现裂缝。当温度降低时，屋盖混凝土产生收缩变形，在砖砌体内产生压应力，该应力使砖砌体裂缝变小，但不能完全恢复，留下残余变形，残余变形累积使裂缝随时间的变化，裂缝有发展的趋势。一般该类裂缝是通过窗口对角的，在窗口处裂缝较大，向两边逐渐缩小，呈八字形状；且顶层较以下各层严重，楼房两端较中部严重。工程实践中，采用预制楼板的多层砖混结构住宅楼，在建成数年后常常出现此类裂缝，尤其是未采取有效外保温措施的楼房更是如此。依据《危险房屋鉴定标准》JGJ 125—99 第 4.3.4 中第 2 条规定：受压墙、柱沿受力方向产生缝宽大于 2mm、缝长度超过层高的 1/2 的竖向裂缝，或产生缝长超过层高 1/3 的多条竖向裂缝，应评定为危险点。该住宅楼的墙体上目前出现的温度裂缝，属于非受力裂缝，最大裂缝宽度没有超出规范规定，不评定为危险点，不影响结构安全。但墙体裂缝影响观感，且容易引起渗水而影响墙体的使用功能和耐久性，应进行处理。

预制楼板与墙体结合部位的角部水平错动裂缝：该类裂缝产生的原因也在于预制楼板和墙体之间的温度变形不一致，属于非受力裂缝，不影响结构安全。

预制楼板顺板缝：包括板底的顺板缝和板顶地板砖的顺板边、板端开裂。由于预制楼板在使用时会产生正常变形，板端因板的变形产生微小位移而造成其上面的瓷砖开裂，不影响安全使用。

过梁（窗台板）底部与砖砌体结合部位的水平裂缝：该类裂缝产生的原因也在于预制楼板（窗台板）和墙体之间的温度变形不一致，属于非受力裂缝，不影响结构安全。

墙体抹灰层的不规则裂缝等：包括墙面抹灰层的不规则开裂、原有施工洞裂缝等，均属于非受力裂缝，不影响结构安全。

两住宅楼目前出现的以上裂缝均为非受力裂缝，不影响结构安全，但影响观感和使用功能，建议进行修缮处理。

砌体结构自身的刚度较大，对基础扰动影响的变化较为敏感，热力管道管沟开挖对两住宅楼基础造成的扰动影响对结构原有裂缝的发展有不利影响。

3 结论

热力管道管沟开挖施工对两住宅楼基础造成了轻微的扰动影响，但尚未造成明显的不均匀沉降。对主体结构原有裂缝的发展有不利影响，并在一层室外台阶、散水等处产生新裂缝。

根据《建筑地基基础设计规范》(GB 50007—2002）规定，两住宅楼整体倾斜未超出规范规定的限值。

根据《危险房屋鉴定标准》(JGJ 125—99)、(2004 版）的规定，两住宅楼的不均匀沉降尚未达到规范规定的危险状态评定标准，不评定为危险状态。

根据《民用建筑可靠性鉴定标准》(GB 50292—1999）的规定，两住宅楼地基安全性等级评定为 Au 级，即具有足够的承载能力，不必采取措施。

该两幢住宅楼目前出现的裂缝均为非受力裂缝，不影响结构安全。

4 建议

(1）该两幢住宅楼的裂缝虽不影响结构安全，但容易因漏雨而影响观感和使用功能，建议进行一般性修缮处理。

(2）因目前热力管道暂停施工，管沟处于无保护露天状态，为尽可能减轻对住宅楼的影响，建议尽快恢复施工，在施工过程中应采取可靠支护措施，且在管道铺设完毕后尽快回填密实，避免雨雪天气下发生管沟侧壁土方坍塌。

(3）建议在施工过程中对住宅楼进行沉降观测，如发现异常情况及时处理。

参考文献

[1] 张盼吉，袁继强，江春．受深基坑开挖施工影响的相邻建筑物鉴定方法探讨［J］．江苏建筑，2008.

[2] 张惠元．深基坑开挖中近接建筑物及管线的保护技术［A］．第七届全国工程地质大会论文集［C］，2004.

[3] 于建忠，范鹏，焦苍．基坑开挖引起的围护结构变形监测分析［J］山西建筑，2005，(23).

[4] 夏信华．建筑物变形观测的过程控制与安全措施［J]；建筑时报，2006.

[5] 王铁梦．建筑物的裂缝控制［M］．上海：上海科学技术出版社，1993.

一种砖混结构中冷桥现象的控制方法

朱　明　孙　新

辽宁省建设科学研究院，沈阳，110005

【摘　要】 为解决北方砖混结构的建筑物在冬天常出现的“冷桥”现象，提供了一种新的施工工艺，此工艺结构简单、实用，可操作性强，能有效解决因“冷桥”现象引起房屋潮湿、霉变，继而出现墙体渗水、墙皮脱落、发霉等现象，能有效提高建筑物冬季的保暖功能，延长使用寿命。

【关键词】 砖混结构，冷桥现象，新型工艺，实用新型专利

1　前言

北方是“冷桥”现象多发的地区，由于冬天北方天气比较寒冷，室内外温度差异较大，冷空气进入房屋后与热空气结合而形成水雾吸附于墙体，便会出现房屋潮湿、霉变的现象。而砖混结构的房屋多发生于房屋内外墙交角、楼屋面与外墙搭接角的区域范围，主要因为圈梁、构造柱等混凝土构件为钢筋混凝土浇筑而成，钢筋混凝土本身又是导热系数极高的材料，所以圈梁、构造柱及其交角处最易形成“冷桥”，继而出现渗水、墙皮脱落、发霉等现象，严重影响房屋的美观和使用功能。目前解决此类问题的主要办法就是给墙体穿上“保暖衣”，实际上就是在建筑外围加上保温材料（主要选用苯板），各类建筑的保温标准规范中已有明确规定，但“冷桥”现象还是屡见不鲜，给住户造成了很多的苦恼。

2　控制原理

2.1　组成部分

由于北方天气寒冷，房屋出现“冷桥”现象较为普遍，易出现房屋潮湿、霉变，继而出现墙体渗水、墙皮脱落、发霉等现象，严重影响房屋的美观和使用功能，为了解决现有技术存在的“冷桥”现象，而提供一种新型施工工艺，它能有效控制砖混结构中“冷桥”现象的发生几率，其主要组成部分包括混凝土构件主体（图1中3），在所述混凝土构件主体内部埋设有PVC管（图1中1），在混凝土构件主体外端留有PVC管接口（图1中2）。为不影响混凝土构件的结构功能，要求所述PVC管的外壁直径不宜大于混凝土构件主体截面最小尺寸的1/10。

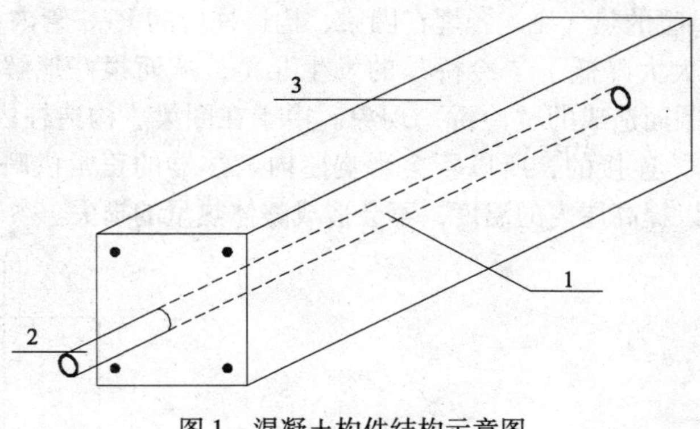

图1　混凝土构件结构示意图

2.2　原理及效果

本施工工艺在遵循被动防护（在建筑外围加上保温材料）的基础上，采用主动升温的控制原理，将圈梁、构造柱主体外端留有PVC管接口与供暖管线连接，这样就与用户屋内散热器形成并联连接，当冬季天气寒冷时（冷桥的多发时段），随着供暖的热气流入散热器的同时，也流入到预埋在圈梁、构造柱内的PVC管内，圈梁、构造柱的自身温度将有所提高，大大降低了“冷桥”的发生几率，对由圈梁、构造柱等混凝土构件引起的“冷桥”的控制起到了双重防护的作用，可以有效地控制“冷桥”现象，对屋内的整体采暖效果也有所提高，从而有效地解决了供热过程中形成“冷桥”现象造成的热损失，继而控制了出现渗水、墙皮脱落、发霉等影响房屋美观和使用功能的现象。此工艺不会给工程本身增加太多的成本，却一劳永逸地解决了工程中一直存在的技术难题。

本新型施工工艺结构简单、实用，可解决北方砖混结构的建筑房屋在冬天常出现的“冷桥”现象。延长了房屋使用寿命，提高了冬季的保暖功能。

3　具体实施方法

3.1　各构件要求

参看图1~图4，一种控制砖混结构中“冷桥”现象的施工工艺，它包括混凝土构件主体，在所述混凝土构件主体内部埋设有PVC管，所述混凝土构件主体外端留有PVC管接口。

所述混凝土构件主体指圈梁、构造柱及混凝土过梁。

所述PVC管的外壁直径不宜大于混凝土构件主体截面最小尺寸的1/10。

所述混凝土构件主体外端预留的PVC管接口，与用户屋内供暖管线并联连接。

3.2　实施步骤

控制砖混结构中由圈梁、构造柱等混凝土构件引起的“冷桥”现象，是一种主动升温防止混凝土形成“冷桥”的新型施工工艺。该结构是在施工的混凝土圈梁、构造柱等构件主体内部埋设PVC管，PVC管的外壁直径不宜大于混凝土构件主体截面最小尺寸的1/10，圈梁、构造柱等构件在砖混结构中不参与承载力计算，所以在施工过程中预埋此管对圈梁、构造柱在砖混结构中的构造作用影响非常小。并在圈梁、构造柱主体外端留有PVC管接口，此接口将来与供暖管线连接，与用户屋内散热器形成并联连接，当冬季天气寒冷时（冷桥的多发时段)，随着供暖的热气流入预埋在圈梁、构造柱内的PVC管内，圈梁、构造柱的自身温度将有所提高，大大降低了“冷桥”的发生几率，从而很好地解决了由于苯板太薄、保温施工质量难以控制而造成的“冷桥”现象。由于在圈梁、构造柱内的PVC管与用户屋内的散热器是“并联”连接的，所以不会影响屋内散热器的正常供暖，同时暖气在圈梁、构造柱内的循环也可以提高屋内的温度，不会造成整体热量的损失。

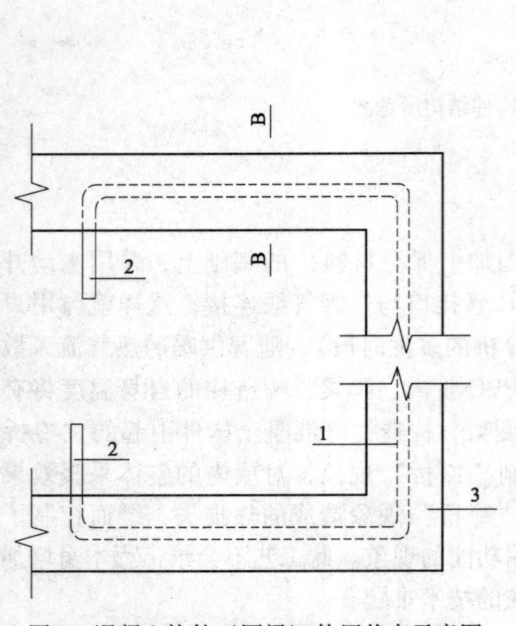

图2 混凝土构件（圈梁）使用状态示意图

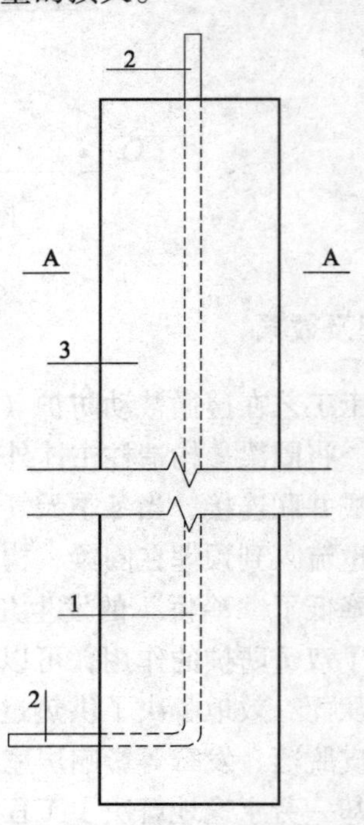

图3 混凝土构件（构造柱）使用状态示意图

4 总结

本施工工艺已获得国家实用新型专利证书（专利号：ZL 2008 2 0013666.0)，建筑工程设计人员可以在设计砖混结构的建筑物过程中，根据各部位混凝土构件的实际参数，确定需要预埋的PVC管的直径、长度及外留管位置等，将确定的布置形式直接体现在建筑施工图中，施工单位按照设计要求进行施工，此控制结构可以很好地推广实施，最终达到控制砖混结构中由圈梁、构造柱等混凝土构件引起的“冷桥”现象。

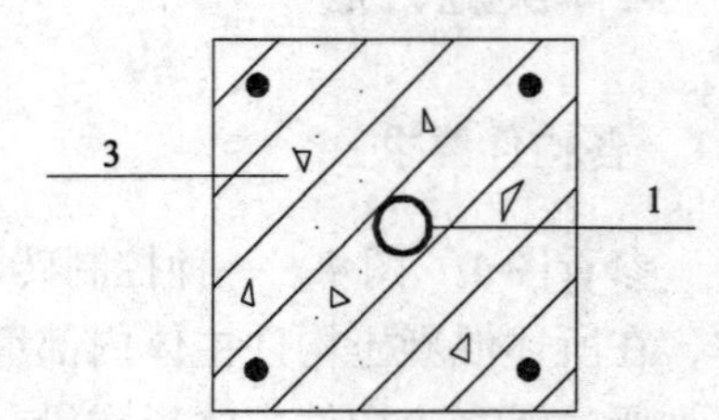

图4 混凝土构件剖面图A-A（B-B）

参考文献

[1] 国家标准编写委员会.《砌体工程施工质量验收规范》GB 50203—2002. 中国建筑出版社，2002.

建筑物移位中水平力施加方式对托换体系及上部结构的影响

张　玮[1]　贾留东[2]　夏风敏[2]

1. 山东建筑大学土木工程学院，济南，250101
2. 山东建筑大学工程鉴定加固研究所，济南，250014

【摘　要】　为研究移位过程中水平推力对托换体系及上部结构的影响，用 SAP2000 分析软件对托换体系及上部结构进行了非线性有限元分析。通过分析不同的动力施加方式下，施加水平牵引力前后连梁及上部结构梁柱节点的变形和内力变化情况，得出不同的动力施加方式对托换体系及上部结构的影响的不同结果；合理的动力施加方式对托换体系及上部结构影响很小。对大型的建筑物来说，移位施力点应分散布置。

【关键词】　建筑物移位，水平推力，托换体系，非线性，有限元分析

1　工程概况

本文所要讨论的为一个六层的框架结构，无地下室，纵向 54m，横向 14.4m，上部结构混凝土强度等级为 C25，托换体系混凝土强度等级为 C35，一层层高 3.6m，其余层高 3.0m。托换体系由托换节点、纵横向连梁和斜撑组成，采用单梁式托换，托换节点采用倒置牛腿设计，设计得到托换节点截面尺寸为600mm×900mm，连梁截面尺寸为250mm×500mm，斜撑截面尺寸为250mm×400mm。

2　建立实体模型

采用 SAP2000 结构分析软件进行非线性有限元计算，用软件中摩擦摆隔振单元模拟托换结构与滚轴之间的摩擦力。结合综合楼整体移位的实际情况，本文对托换结构实体模型的建立和计算分析考虑了以下几个因素和假定：

（1）假定支座竖向刚度无限大，模拟支座无竖向变形。

（2）在水平动力作用下，托换结构以受压为主，因此忽略钢筋的影响，以素混凝土建立模型并分析其轴向变形。

图 1 为利用该软件对托换结构及上部结构建立的实体模型，图 2 为局部放大图。

图 1　托换结构及上部结构实体模型

图 2　实体模型局部放大图

3　有限元分析

3.1　对托换体系的影响

根据以往工程现场监测结果，建筑物启动时牵引力约为建筑物总重的 1/25 ~ 1/10，本文取摩擦系数 $\mu = 1/15 = 0.067$。分析采用托换结构受力及变形的最不利状态（即移位启动前加载力克服滚轴与托换结构之间的最大静摩擦力）时的摩擦系数进行分析，考虑到若只在建筑物移动方向的后端或前端施加动力或者在前后端同时施加动力，移动阻力的累加将在上轨道梁内产生很大的压力或拉力，导致上轨道梁受力不均，增加托换结构的累积变形值。因此，用有限元结构分析软件分两种工况对该托换结构模拟加载，从而更深入了解其在水平牵引力作用下的受力性能及变形特征。各轴线总加载力的大小以与该轴线总最大静摩擦阻力基本平衡为原则，即实现每个轴线上的动力和阻力基本平衡；加载点的位置及各加载力的布置以使托换结构在水平动力和摩擦阻力共同作用下不产生拉应力为原则。其中拉应力为"+"，压应力为"-"；轴向变形以压缩变形为"+"，拉伸变形为"-"。本文所研究的建筑物建筑尺寸在横向基本上对称，所施加水平牵引力沿纵向是对称的，所以我们只研究 A 轴和 B 轴的内力变化。

工况 1：每个轴线均不加水平牵引力；

工况 2：单个轴线一点加载［在移动方向后端（①轴）加载］；

工况 3：单个轴线两点加载［在移动方向后端（①轴）和⑤轴加载］；

工况 4：单个轴线三点加载［在移动方向后端（①轴）和④轴、⑦轴同时加载］。

加载力大小见表 1。A、B 轴连梁累积变形见图 3、图 4，轴力见图 5、图 6。

表 1　各工况下各轴线上所加水平牵引力　　kN

	A-1	A-4	A-5	A-7	B-1	B-4	B-5	B-7
工况 1	0	0	0	0	0	0	0	0
工况 2	900	0	0	0	1150	0	0	0
工况 3	400	0	500	0	550	0	600	0
工况 4	300	300	0	300	400	400	0	350

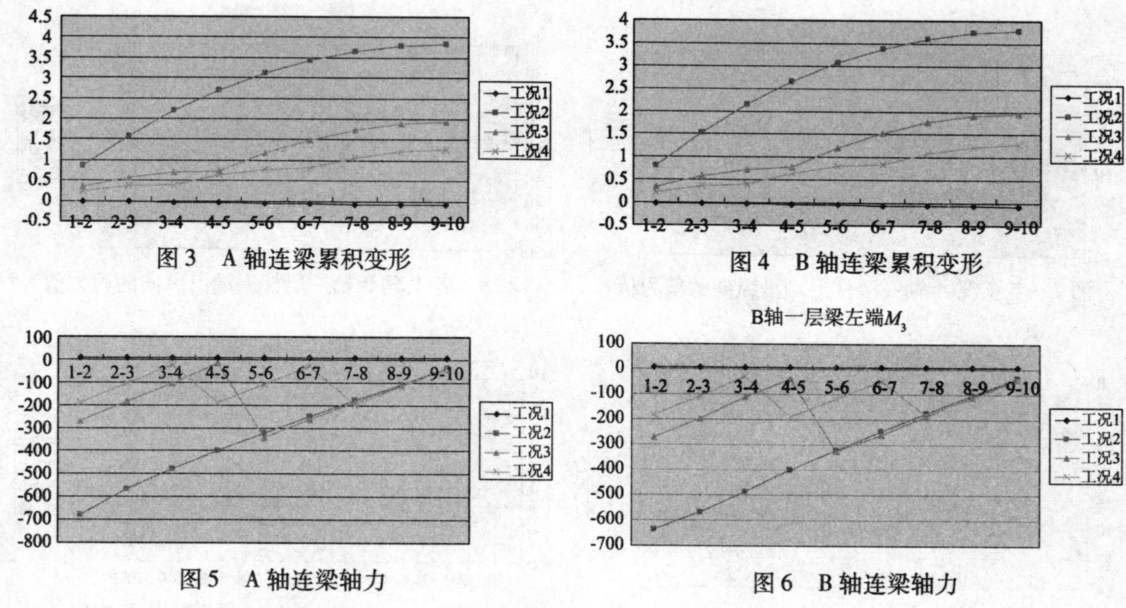

图3 A轴连梁累积变形

图4 B轴连梁累积变形

图5 A轴连梁轴力

图6 B轴连梁轴力

为方便比较，将图3～图6整理，可以得出理论加载各轴线构件的最大轴力及累积变形值，见表2和表3。

表2 各工况下托换结构构件最大轴力 kN

轴线编号	工况1	工况2	工况3	工况4
Ⓐ轴	-7.904	679.001	342.126	197.208
Ⓑ轴	-6.973	635.541	325.454	190.321

表3 各工况下各轴线累积变形值 mm

轴线编号	工况1	工况2	工况3	工况4
Ⓐ轴	-0.084	3.834	1.929	1.272
Ⓑ轴	-0.076	3.783	1.956	1.282

通过表2和表3可知：单个轴线三点加载与单个轴线一点加载相比，其最大轴向力可减小60%～70%左右，累积变形可减小70%左右，采用分散布置加载点的方案可有效降低托换结构的最大轴向力和累积变形值。

3.2 对上部结构的影响

在建筑物启动前的瞬间，整体平移工程中的建筑物由于托换结构连梁存在累积变形，导致上部结构，特别是一层梁柱节点处产生很大的应力，采用SAP2000分析软件分析得到了四种工况下一层梁柱节点处的内力。

各工况A/B轴一层柱上端沿纵向的剪力值见图7、图8，沿横向的剪力值见图9、图10，其他内力见图11～图16。

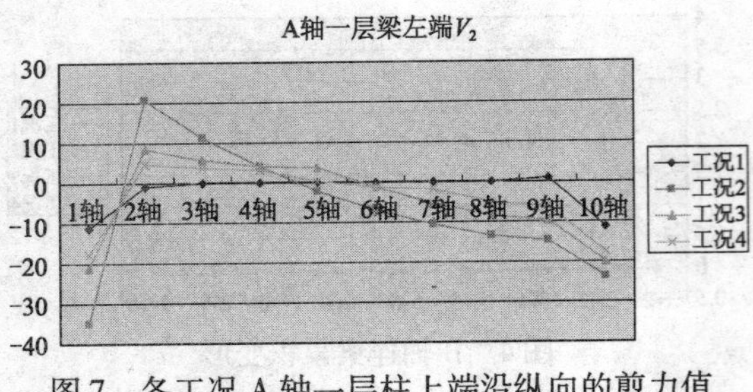

图 7　各工况 A 轴一层柱上端沿纵向的剪力值

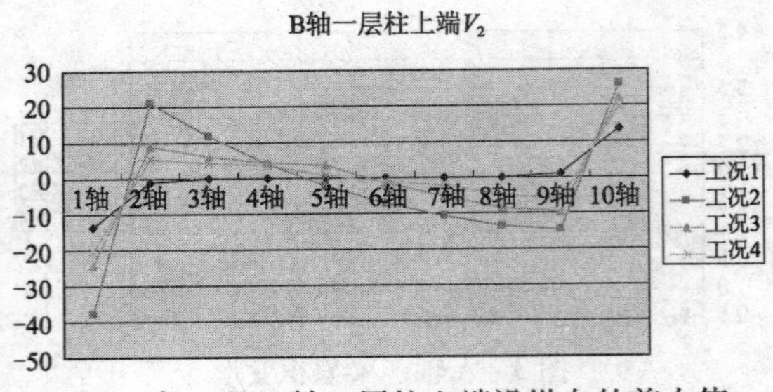

图 8　各工况 B 轴一层柱上端沿纵向的剪力值

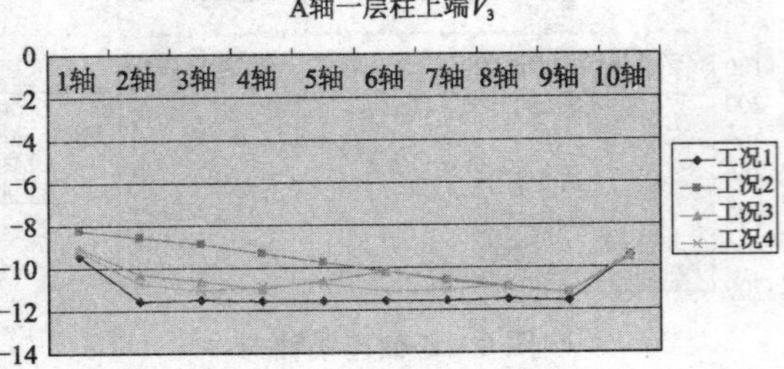

图 9　各工况 A 轴一层柱上端沿横向的剪力值

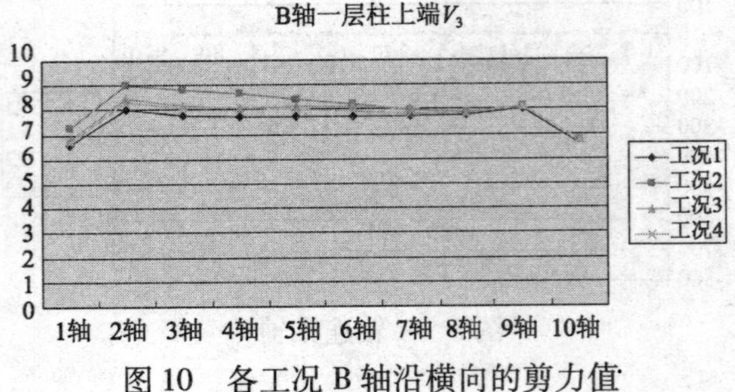

图 10　各工况 B 轴沿横向的剪力值

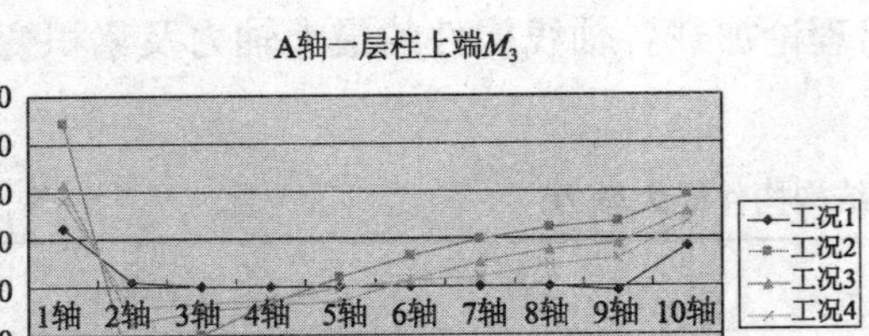
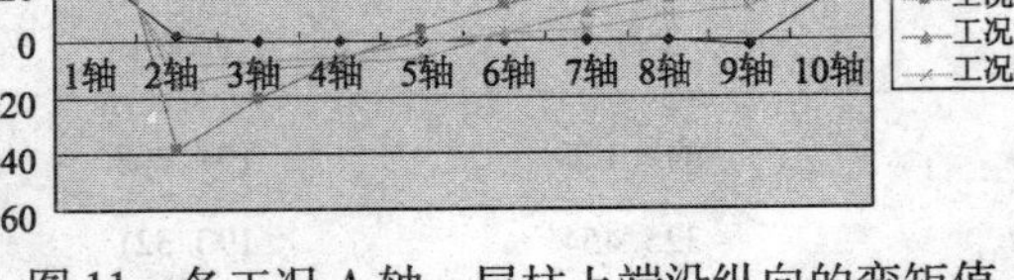

图 11　各工况 A 轴一层柱上端沿纵向的弯矩值

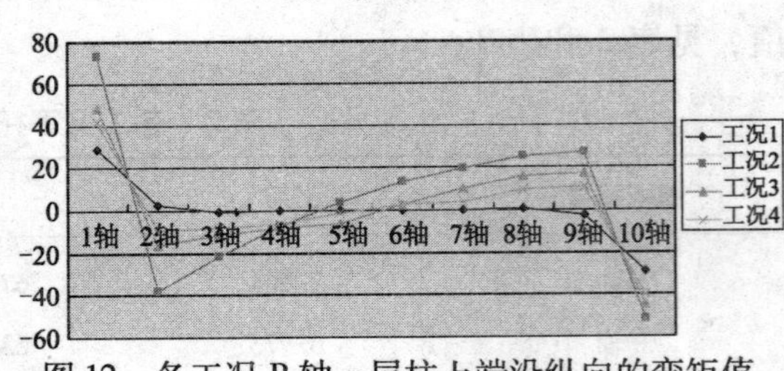

图 12　各工况 B 轴一层柱上端沿纵向的弯矩值

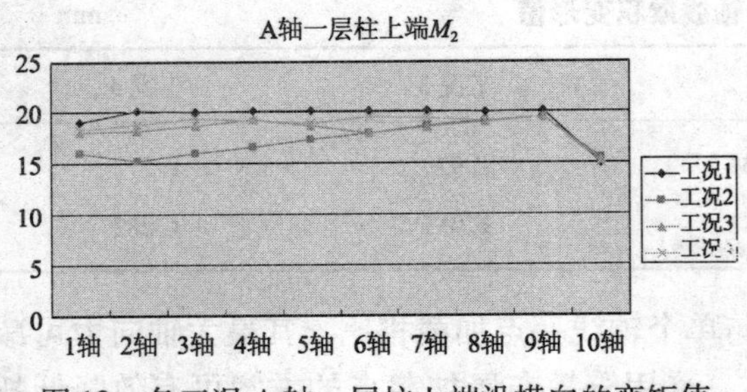

图 13　各工况 A 轴一层柱上端沿横向的弯矩值

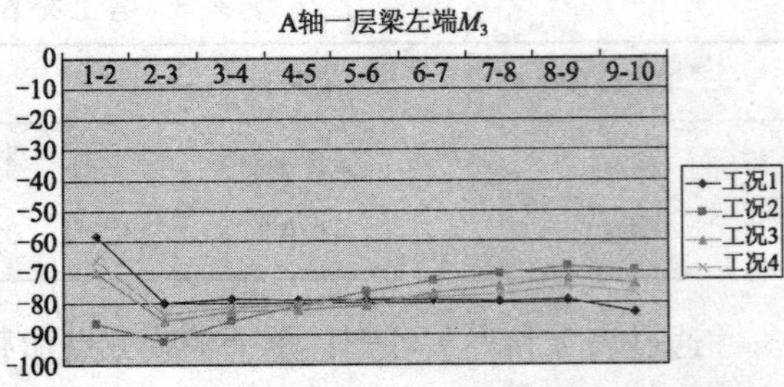

图 14　各工况 A 轴一层梁左端沿纵向的弯矩值

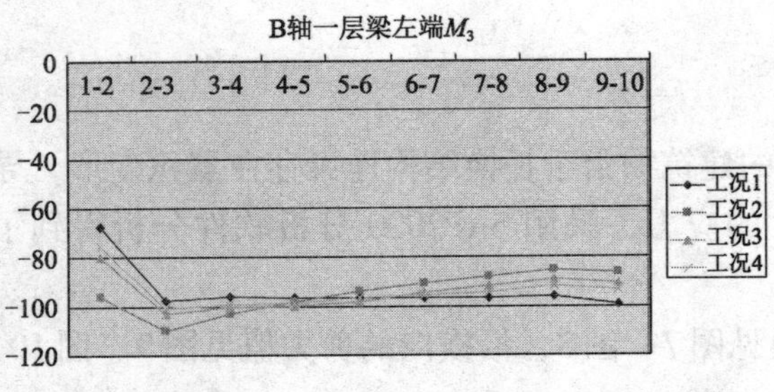

图 15　各工况 B 轴一层梁左端沿纵向的弯矩值

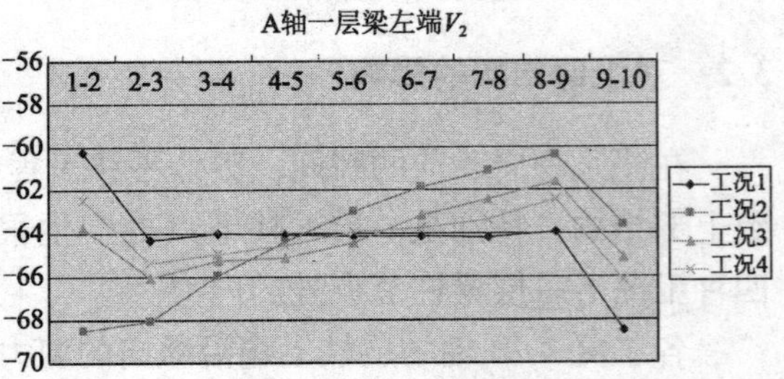

图 16　各工况 A 轴一层梁左端沿纵向的剪力值

通过图 7 ~ 图 16 可知：

（1）单个轴线三点加载与单个轴线一点加载相比，其一层柱上端沿纵向的最大剪力值约可减小 40% ~50% 左右；

（2）单个轴线三点加载下一层柱上端沿纵向的最大剪力值 V_3 和不加载下最大剪力值 V_0 之差 ΔV 与三点加载下最大剪力值 V_3 之比为 35% 左右；

（3）对横向剪力影响很小；

（4）纵向的最大弯矩值亦可减小 40% ~50% 左右；

（5）单个轴线三点加载下一层柱上端沿纵向的最大剪力值 M_3 和不加载下最大剪力值 M_0 之差 ΔM 与三点加载下最大剪力值 M_3 之比为 30% ~35%；

（6）对横向弯矩影响亦不是很大；

（7）其一层梁左端沿纵向的弯矩和剪力在各个轴线上趋于相等，最大弯矩和最大剪力与最小弯矩和最小剪力的差值变小，使得各个梁承受的内力较为均匀，采用分散布置加载点的方案可有效降低建筑物上部结构一层柱上端沿平移方向的最大剪力和弯矩，亦可使一层梁端承受的内力变得较为均匀，解决了受力不均匀带来的各种问题。

4　结论

通过分析不同的动力施加方式下，施加水平牵引力前后连梁及上部结构梁柱节点的变形和内力变化情况，得出不同的动力施加方式对托换体系及上部结构的影响不同，在建筑物移动后端一点加载时在托换体系及上部结构中产生的内力最大，三点加载时在连梁内产生的轴力、连梁的累积变形、一层梁柱节点处柱上端沿平移方向的剪力弯矩最小；也就是说合理的动力施加方式对托换体系及上部结构影响很小。对大型的建筑物来说，当沿平移方向距离很长时，移位施力点应分散布置。

于 2006 年成功平移的莱芜高新区管委会综合楼即采用了三点施加水平牵引力，连梁累积变形和连梁轴力均很小，说明在托换体系截面配筋不变的情况下，合理的动力施加方式可以减少其内力。

参考文献

[1] 贾留东，夏风敏，张鑫，张爱社．莱芜高新区 15 层综合楼平移设计与现场监测［J］．建筑结构学报，2009，30（6）：39 ~46.

[2] 都爱华，张鑫，赵考重．建筑物整体平移技术的试验研究［J］．工业建筑，2002（7）：4 ~6.

[3] 贾留东，张鑫，孙剑平，徐向东．临沂市国家安全局 8 层办公楼整体平移设计［J］．工业建筑．

行业标准《后锚固法检测混凝土抗压强度技术规程》编制工作介绍

崔士起　王金山　孔旭文

山东省建筑科学研究院建筑结构研究所，济南，250031

【摘　要】 根据中华人民共和国住房和城乡建设部建标［2009］88号文件的要求，由山东省建筑科学研究院会同高校、科研、检测机构、设计和企业等15个单位的人员组成编制组，新编制了工程建设行业标准《后锚固法检测混凝土抗压强度技术规程》。为使此项新技术尽快为国家经济建设服务，我单位抓紧落实，迅速与各有关单位团结协作，经过编制组全体同志一年多的努力，完成了行业标准《后锚固法检测混凝土抗压强度技术规程》报批稿，现将本次编制的主要工作介绍如下。

【关键词】 后锚固法，混凝土抗压强度，检测，规程，编制介绍

1　编制背景

混凝土是一种用量很大、历史悠久、而又正在蓬勃发展的工程材料，也是现代土木工程中最主要的结构材料之一。混凝土施工质量的好坏直接影响到混凝土结构工程乃至整个建筑工程的安全、适用和经济[1]。

混凝土原材料的品质、配合比、拌和、捣制和养护等生产工艺不当，均可能导致混凝土质量、强度和耐久性的下降。因此，加强混凝土的质量监控和检测来保证混凝土质量，成为建筑工程管理中的重要环节。众所周知，混凝土的主要质量指标强度历来是以标准试件的抗压强度为依据的。试件抗压强度试验是混凝土与钢筋混凝土结构设计、施工及验收的基本依据。我国所制定的《混凝土强度检验评定标准》(GBJ 107—87)，对这一试验法做出了明确的规定，为按试件强度进行混凝土质量监控奠定了基础。

我国《混凝土强度检验评定标准》(GBJ 107—87）第4.3.3条规定：“当对混凝土试件强度的代表性有怀疑时，可用从结构中钻取试样的方法或采用非破损检验方法，按有关标准的规定对结构或构件中混凝土的强度进行推定。”《混凝土结构工程施工质量验收规范》(GB 50204—2002）第7.1.4条规定：“当混凝土试件强度评定不合格时，可采用非破损或局部破损的检测方法，按国家现行有关标准的规定对结构构件中的混凝土强度进行推定，并作为处理的依据。”这里所说的非破损检验方法，就是指在不影响结构或构件受力性能或其他使用功能的前提下，直接在结构或构件上通过测定某些物理量，并通过这些物理量与混

作者简介：崔士起，研究员，院副总工程师，研究方向：工程结构检测鉴定加固新技术开发与工程建设标准编制，E-mail：jiegousuo@ sina. com。

凝土强度的相关性，进而推定混凝土强度、均匀性、连续性、耐久性等一系列性能的检测方法。如何利用非破损检测方法检测不同条件下混凝土结构的强度，是深受国内外工程学术界关注的重要课题。

我国混凝土强度现场检测技术的研究一直局限于回弹法、超声回弹综合法、后装拔出法、钻芯法等范围内，目前混凝土强度现场检测领域行业标准及标准化协会标准有《回弹法检测混凝土强度技术规程》(JGJ/T 23—2001)、《超声回弹综合法检测混凝土强度技术规程》(CECS 02：2005)、《后装拔出法检测混凝土强度技术规程》(CECS 69：94) 及《钻芯法检测混凝土强度技术规程》(CECS 03：2007)。

后锚固法检测混凝土抗压强度是在混凝土硬化后，钻孔并用高强胶粘剂粘锚固件，在胶粘剂硬化后拔出锚固件，根据锚固力推定混凝土强度的一种试验方法。

后锚固法作为一种新的微破损方法，具有检测精度高、对结构损伤小、操作简单便捷等优点。

2　已有工作基础

2006 年山东省建筑科学研究院组织济南、青岛大型混凝土搅拌站及部分地市建筑工程质量监督检测机构，开始绿色高性能混凝土强度增长机理及其现场检测新技术研究，共制作 75 种配比的 240mm×750mm×2100mm 混凝土试件 150 个，同时制作 150mm 立方体混凝土试块近 6000 个。该课题已经通过了山东省科技厅的技术鉴定，达到国际领先水平，建立了普通塑性混凝土、流动性泵送混凝土及高性能大流动性混凝土多种检测方法（回弹法、超声回弹综合法、后装拔出法、钻芯法、后锚固法等）的测强曲线。同条件混凝土各种检测方法的精度对比证明：后锚固法回归曲线精度高于回弹法和超声回弹综合法等无损检测方法。课题对后锚固法的受力机理进行了深入分析，得出了试验设备参数，通过大量的试验研究总结了各因素对后锚固法测强曲线的影响，得出了测强曲线。

2008 年 11 月我单位撰写的论文“Adhesive-bonded Anchorage Pullout Test to Estimate In-place Concrete Compressive Strength[2]”（《后锚固法检测混凝土强度》）一文经过美国材料测试协会 ASTM 专家近一年的审查后在其核心期刊《Journal of Testing and Evaluation》(《测试与评估学报》）上发表，在审查过程中，各位专家给我们提供了大量的建议，我们根据这些建议及时进行了改进完善，该文确定了后锚固法的基本试验参数和设备参数。该文为世界各国学者研究使用后锚固法检测混凝土强度提供了理论基础。

后锚固法检测混凝土抗压强度相关技术和设备共申请发明专利 4 项，已授权发明专利 1 项，已授权实用新型专利 2 项。为了满足编制规程的需要，我单位将放弃已申请的部分专利权。

后锚固法检测混凝土抗压强度技术在山东济南、烟台、潍坊、聊城、莱芜等地市进行了大量验证测试，结果表明：后锚固法测强曲线精确度高，可以用来检测混凝土抗压强度。

根据山东省建设厅关于印发《2008 年山东省工程建设地方标准制订、修订计划》的通知（鲁建标函［2008］3 号）的要求，标准组在广泛调研、认真总结绿色高性能混凝土强度增长机理及其现场检测新技术研究成果及实践经验、参考国外先进标准和广泛征求意见的基础上，制定了山东省工程建设标准《后锚固法检测混凝土抗压强度技术规程》。2008 年 12 月山东省工程建设标准《后锚固法检测混凝土抗压强度技术规程》通过了山东省建设厅组织有关专家对送审稿进行审查。

近一年来，山东省建筑工程质量监督检验测试中心在全省进行了大规模的推广应用，应用单位反馈良好。

为了在全国推广应用此项新技术，2009 年 1 月山东省建筑科学研究院就此项技术申报 2009 年工程建设标准制定、修订项目计划，并于 2009 年 5 月被列入《2009 年工程建设城建、建工行业标准制订、修订计划》。根据中华人民共和国住房和城乡建设部建标［2009］88 号文件的要求，为使此项新技术尽快为国家经济建设服务，我单位抓紧落实，迅速与各有关单位团结协作，经过编制组全体同志的共同努力，完成了行业标准《后锚固法检测混凝土抗压强度技术规程》报批稿。

3　编制主要内容

编制的《后锚固法检测混凝土抗压强度技术规程》共六章两个附录。标准正文和附录的编排为：前三章为总则、术语符号和基本规定，规定了本标准制定的目的和适用范围，明确了本标准术语符号的意义，并将后锚固法检测混凝土强度的共性要求和基本原则作为基本规定；第四、五章分别为后锚固法试验装置和检测技术，这部分内容是本规程中的核心内容。第六章为混凝土强度推定，给出了测强公式及强度评定公式，以满足实际工程检测鉴定的需要。附录分别给出了测点强度换算表和专用、地区测强曲线的制定，以便于具有条件的地区和单位制定专用和地区测强曲线，采用专用和地区测强曲线可以提高后锚固法检测混凝土抗压强度的可靠性。

4　全国范围内试验

山东省建筑科学研究院绿色高性能混凝土强度增长机理及其现场检测新技术研究已进行了 7 个龄期的试验，确定了后锚固法试验参数及设备，取得了大量的试验数据。经数据分析表明：后锚固法检测混凝土抗压强度不受龄期影响。为验证《后锚固法检测混凝土抗压强度技术规程》中全国统一测强曲线的准确性，还需要在全国范围内选择有代表性的地区进行数据采集并选择实际工程进行测试验证工作。

编制组特别选择甘肃省建筑科学研究院代表西北地区，福建省建筑科学研究院代表东南地区，辽宁省建设科学研究院代表东北地区，江苏省建筑科学研究院代表中部地区进行了大量的数据采集和测试验证工作。各单位均按编制大纲的规定完成了后锚固法的数据采集工作，取得了大量试验数据（图 1）。

图 1　试件及试验现场

4.1　后锚固法测强曲线建立

4.1.1　回归指标评价

测强回归曲线的准确性可通过回归指标来评价，通常评价回归方程精度的指标有：

（1）相关系数：$R = \dfrac{L_{xy}}{L_{xx}L_{yy}}$

（2）剩余标准离差：$S = \sqrt{\dfrac{1}{n-m-1}\sum_{i=1}^{n}(y_i - \hat{y})^2}$

（3）平均相对误差：$\delta = \pm \dfrac{1}{n}\sum_{i=1}^{n}\left|\dfrac{y_i}{\hat{y}_i} - 1\right| \times 100\%$

（4）相对标准差：$e_r = \sqrt{\dfrac{1}{n-1}\sum_{i=1}^{n}\left(\dfrac{y_i}{\hat{y}_i} - 1\right)^2} \times 100$

式中　δ——回归方程式的强度平均相对误差，精确至0.1%；

e_r——回归方程式的强度相对标准差，精确至0.1%；

y_i——由第 i 个试块抗压试验得出的混凝土抗压强度值，精确至0.1MPa；

$\hat{y}_i$——对应于第 i 个试块现场微破损检测的强度换算值，精确至0.1MPa；

n——制定回归方程式的数据总数。

4.1.2　回归测强曲线

同条件制作混凝土试件和150mm×150mm×150mm混凝土立方体试块，在每一试验龄期，对混凝土试件进行后锚固法试验，得到混凝土后锚固法拔出力值，同时对立方体混凝土试块进行抗压强度检测试验，得到混凝土立方体抗压强度。

根据编制组科研成果[3~6]，后锚固法混凝土完整锥体拔出力与混凝土立方体抗压强度之间关系方程采用直线形式。

规程编制组在山东、江苏、甘肃、福建、辽宁等地区大量试验数据的基础上，得出《后锚固法检测混凝土抗压强度技术规程》统一测强曲线。

$$f = 2.1667T + 1.8288$$

相关系数 $r = 0.909$，平均相对误差 $\delta = 10.84\%$，相对标准差 $e_r = 13.21\%$。

式中　f——混凝土立方体抗压强度，MPa；

T——混凝土完整锥体拔出力，kN。

4.2　后锚固法与无损检测方法精度对比

山东省建筑科学研究院科研项目“绿色高性能混凝土（GHPC）强度增长机理及其现场检测新技术研究”[7]对多种检测方法（回弹法、超声回弹综合法、后装拔出法、钻芯法、后锚固法等）进行了平行系统研究。同条件混凝土各种检测方法的精度对比见表1。由表1可见：后锚固法回归曲线精度高于回弹法、超声回弹综合法。

表1　同条件试块后锚固法与回弹法、超声回弹综合法回归曲线

方　法	公　　式	相关系数 r	剩余标准离差 s（MPa）	平均相对误差 δ（%）
回弹法	$f=0.01597R^{2.17309}10^{(-0.0282d)}$	0.940	5.684	10.86
超声回弹综合法	$f=0.011375R^{1.7468}V^{1.22576}10^{(-0.0179d)}$	0.953	5.131	9.27
后锚固法	$f=2.1761t-0.0081$	0.966	4.500	7.72

其中：f——混凝土强度换算值，MPa；R——回弹值；d——碳化深度值，mm；V——超声声速，km/s；T——混凝土完整锥体拔出力，kN。

5　结束语

理论分析与试验数据回归分析结果[2~7]证明：混凝土完整锥形拔出力与同条件混凝土立方体试块抗压强度具有良好的线性相关关系，并在山东、江苏、甘肃、福建、辽宁等地区大量试验数据的基础上，得出《后锚固法检测混凝土抗压强度技术规程》统一测强曲线。后锚固法与现行的混凝土非破损检测方法比较，受原材料、施工方法、龄期、养护方法等因素影响较小，具有试验方法可靠，测试精度高，测试费用低，对结构基本无损伤，可重复检测等优点，具有在我国推广应用的前景。

《后锚固法检测混凝土抗压强度技术规程》的编制将丰富我国混凝土强度现场检测方法和技术，并为新建混凝土工程结构的验收及既有混凝土工程结构的检测鉴定及加固设计提供科学依据。该项标准的颁布实施，将为我国提高工程质量，防止重大恶性事故的发生起到积极的促进作用，必将带来巨大的经济效益和社会效益。

参考文献

[1] 吴慧敏．结构混凝土现场检测新技术——混凝土非破损检测（第二版）[M]．长沙：湖南大学出版社，1998.07.

[2] Shiqi Cui，Jinshan wang，Xuwen Kong，Adhesive-bonded Anchorage Pullout Test to Estimate In-place Concrete Compressive Strength［J］，Journal of Testing and Evaluation，Vol. 36，No. 6（2008）.

[3] Shiqi Cui，Jinshan wang，Xuwen Kong，The Rationale of Adhesive Postinstalled Method to Estimate the Concrete Strength［J］，Key engineering materials，Vol. 385 ~ 387（2008）.

[4] 崔士起，石磊，王金山，孔旭文．有约束后锚固拔出法试验受力机理及回归曲线分析［J］．建筑结构，38（2），2008.

[5] 王金山，崔士起，结构混凝土强度微破损检测新方法［C］，第10届全国建设工程无损检测会议，2008.10.

[6] 王金山，崔士起，孔旭文，赵晶，刘松石．后锚固法检测混凝土抗压强度试验原理及影响因素分析［C］，全国工程结构诊治与安全控制学术研讨会，2009.11.

[7] 崔士起，孔旭文，谢慧东，王金山等．绿色高性能混凝土（GHPC）强度增长机理及其现场检测新技术研究［R］，山东省建筑科学研究院，2008.12.

某六度区中小学校舍抗震安全性现状调查

成　勃　石　磊　王金山　刘　岩　李仰贤

山东省建筑科学研究院，济南，250031

【摘　要】　我单位接受当地教育部门委托，对我省部分中小学校舍进行了抗震安全性鉴定。本文对某六度区中小学校舍抗震安全性现状进行了归纳总结。该六度区校舍在各方面均具有较强的代表性，可供建设单位和加固设计单位对照参考。

【关键词】　中小学校舍，抗震安全性，六度区，调查

1　绪论

“5·12”汶川地震造成了大量中小学校舍坍塌和学生伤亡，国务院对全国中小学校舍抗震安全性非常关心，要求在三年左右的时间内完成中小学校舍的治理工作。我单位接受当地教育部门委托，对我省部分中小学校舍进行了抗震安全性鉴定。本文对其城区的中小学校舍抗震安全性现状做了调查与分析。

2　该地区基本情况

据教育部门介绍，我省教育建设经费占全国的1/20，该地区占全省的1/100，该地区的教育建设在全国处于中等偏上的水平，根据《建筑抗震设计规范》(GB 50011—2001) 的规定[1]，该地区的设防烈度为六度第二组，具有一定的代表性。

3　校舍基本情况

该地区的城区有中小学校24处，共计136个工程。其中：平房34个，楼房102个，其中四层及以上72个，六层及以上17个。中小学校舍建造年代分布为：1980年以前4个，1980～1992年18个，1992～2002年42个，2002年以后72个。建筑结构形式情况为：框架结构23个，钢结构5个，砖混结构108个。如图1、图2所示。

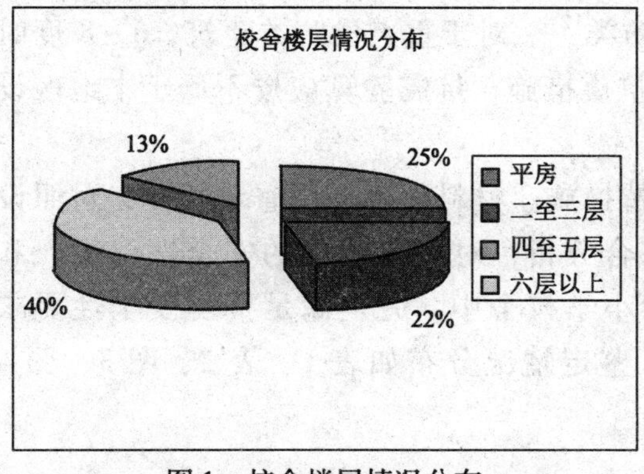

图1　校舍楼层情况分布

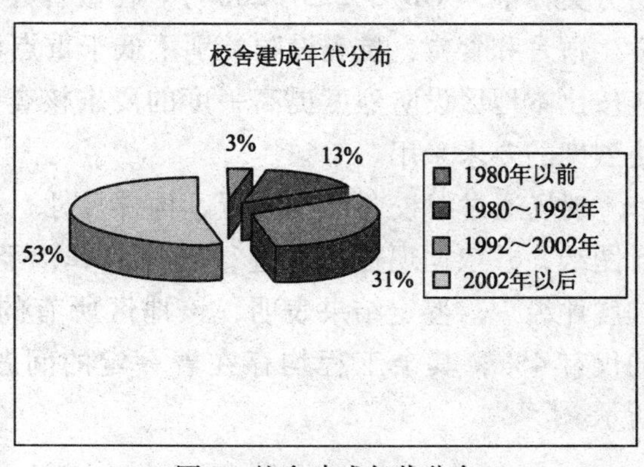

图2　校舍建成年代分布

4　标准更迭情况

各个时期建设的校舍，一般均依据当时的国家标准进行建设。我国建国初期的建设基本照搬前苏联的标准，随着我国综合国力的提高，自20世纪60年代开始有自己的结构设计规范，其中20世纪70年代制定的主要规范有：

《工业与民用建筑地基基础设计规范》(TJ 7—74)；《工业与民用建筑结构荷载规范》(TJ 9—74)；《钢筋混凝土结构设计规范》(TJ 10—74)；《混凝土结构设计规范》[TJ 10—79（取代TJ 10—74)]；《钢结构设计规范》(TJ 17—74)；《砖石结构设计规范》(GBJ 3—73)；《工业与民用建筑抗震设计规范》(TJ 11—78）等。

20世纪80年代修订的主要规范有：

《建筑地基基础设计规范》[GBJ 7—89（取代TJ 7—74)]；《建筑结构荷载规范》[GBJ 9—87（取代TJ 9—74)]；《混凝土结构设计规范》[GBJ 10—89（取代TJ 10—79，1993年局部修订)]；《钢结构设计规范》[GBJ 17—88（取代TJ 17—74)]；《砌体结构设计规范》[GBJ 3—88（取代GBJ 3—73)]；《建筑抗震设计规范》[GBJ 11—89（取代TJ 11—78)]等。

2000年以后修订的主要标准有：

《建筑地基基础设计规范》[GB 50007—2002（取代GBJ 7—89)]；《建筑结构荷载规范》[GB 50009—2001（取代GBJ 9—87，2006年局部修订)]；《混凝土结构设计规范》[GB 50010—2002（取代GBJ 10—89)]；《钢结构设计规范》[GB 50017—2001（取代GBJ 17—88)]；《砌体结构设计规范》[GB 50003—2001（取代GBJ 3—88)]；《建筑抗震设计规范》[GB 20011—2001（取代GBJ 11—89，2008年局部修订)]等。

众所周知，标准的制定与国家的经济实力息息相关。我国每一次修订标准，不仅设计理论有较大程度的提高，而且一般材料抗力取值降低，荷载效应取值提高，安全储备均有一定程度的提高。

5　校舍抗震安全性评级情况

校舍安全性依据《民用建筑可靠性鉴定标准》(GB 50292—1999）进行鉴定，抗震性能依据《建筑抗震鉴定标准》(GB 50023—2009)，同时根据新颁布的《建筑工程抗震设防分类标准》(GB 50223—2008)。在教育建筑中，幼儿园、小学、中学的教学用房以及学生宿舍和食堂，抗震设防类别不低于重点设防类[2]。对于重点设防类建筑，6～8度时应按比本地区设防烈度提高一度的要求核查其抗震措施，抗震验算应按不低于本地区设防烈度的要求采用。

现场通过对校舍结构布置、构件尺寸、构造措施、材料强度等调查和检测，对照设计图纸，并依据现行标准进行复核验算，经综合分析，对所检校舍的安全性评级[3]和抗震评级[4]。鉴定结果表明，该地区所有的中小学校舍中，完全满足抗震安全性要求的仅有4%，其余工程均存在着一定的问题。鉴定情况分布如表1、表2、图3、图4所示。

表1　安全性评级情况

安全性评级	A	B	C	D
工程数量	10	60	32	33

表2　抗震评级情况

抗震评级	不满足	基本满足	完全满足
工程数量	46	85	5

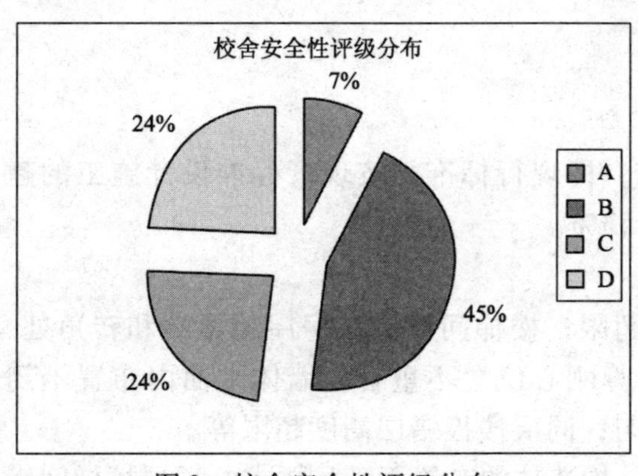

图3　校舍安全性评级分布

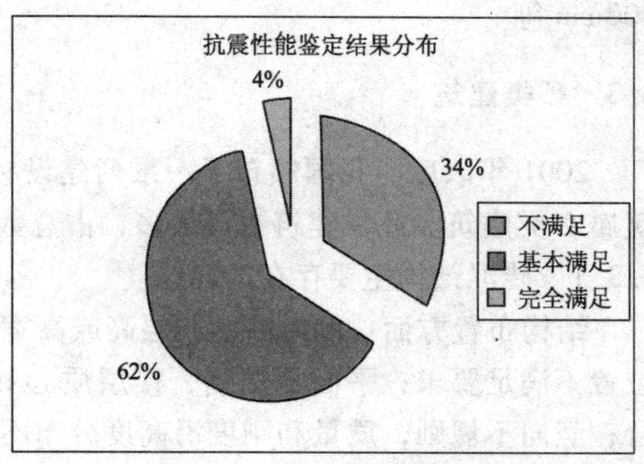

图4　抗震性能鉴定结果分布

6　主要存在的问题

6.1　A类建筑

20世纪70年代及以前的校舍数量不多，仅占调查总数的3%，但均为教学楼，在各自学校中均为主要的教学场所。受当时经济条件的限制，调查中此类建筑全部为砌体结构，层数不超过4层。该类建筑主要存在的问题有：

未设置构造柱及圈梁，或设置不满足要求；纵横墙连接处烟道、通风道等竖向孔道未采取加强措施，纵横墙拉结钢筋不满足要求；墙体局部尺寸过小，不满足要求；大梁底砖墙均无梁垫；砖强度和砌筑砂浆强度较低；立面高度变化，单廊式建筑、顶层大开间，结构布置对抗震不利等。

6.2　B类建筑

根据GB 50023—2009，20世纪80年代建造的房屋可以列为A类建筑，也可以列为B类建筑。本次对中小学校舍的抗震安全性鉴定均从严掌握，按B类建筑进行鉴定。该类建筑数量占总数的44%，其中大部分为砌体结构。

6.2.1　砌体结构主要存在的问题

结构布置方面：房屋总高度、层高或高宽比超限；楼梯间设在房屋尽端和转角，位置不满足要求；平面不规则，楼层质心和计算刚心位置不重合，墙体平面内布置不闭合，有单肢外墙；竖向不规则，质量和刚度沿高度分布不均匀；存在支撑梁的独立砖柱、顶层大开间等均对抗震不利等。

构造措施方面：未设置构造柱及圈梁，或设置不满足要求；纵横墙连接处有烟道、通风道等竖向孔道，未采取加强措施；纵横向拉结钢筋或芯柱配筋不符合标准要求；顶层楼梯间横墙和外墙未设通长钢筋；大跨度大梁底砖墙无梁垫；大梁支撑长度过小；墙体局部尺寸不满足要求；女儿墙最大高度超限；砖或砂浆强度不满足最低要求等。

6.2.2 B类建筑主要存在的问题

框架结构的工程数量不多，主要问题有：单跨框架；柱的箍筋加密区体积配箍率不满足要求；混凝土柱强度等级低，柱轴压比不满足要求；框架梁柱箍筋直径不满足箍筋最小直径的要求，加密区的体积配箍率不满足最小配箍率的要求，箍筋肢距大于300mm等。

6.3 C类建筑

2001年以后，我国颁布了一系列建设标准，即现行标准。按现行标准设计施工的建筑属C类建筑。此类建筑数量最多，占总数的53%。

6.3.1 砖混结构主要存在的问题

结构布置方面：房屋高度、层高或高宽比超限；楼梯间设置在房屋的尽端和转角处，位置不满足要求；平面不规则，楼层质心和计算刚心位置不重合，墙体平面内布置不闭合；竖向不规则，质量和刚度沿高度分布不均匀；同层楼板错层高度超限等。

构造措施方面：墙体局部尺寸不满足要求；构造柱的布置不满足要求；顶层楼梯间横墙和外墙未沿墙高每隔500mm设通长钢筋；女儿墙最大高度超限；砌体砖和砂浆强度较低，不满足要求；走廊柱截面尺寸过小等。

6.3.2 框架结构存在的主要问题

结构布置方面：采用不规则的设计方案，抗侧力结构的平面布置不规则、不对称，建筑的平面和竖向剖面不规则，结构的侧向刚度变化不均匀；单跨框架结构；楼梯间设置在房屋的尽端或转角处，位置不满足要求等。

构造措施方面：梁、柱混凝土强度等级不满足要求；柱轴压比不满足要求；框架梁柱箍筋直径不满足箍筋最小直径的要求，体积配箍率亦不满足最小配箍率的要求；顶层楼梯间横墙和外墙未沿墙高每隔500mm设通长钢筋等。

6.4 其他问题

另调查发现一些问题，如随意加层或改造、无设计图纸。

该地区无图纸的工程有36个，绝大多数是厕所、锅炉房等普遍认为不重要的建筑物，但此类建筑恰恰是人员集中的场所，更应该予以重视；不少工程增层后，顶层设有大开间房间，抗震横墙最大间距超限，且造成竖向刚度突变，对抗震十分不利；有些工程在一个受力单元内框架与砌体混合使用，地震力传递不明确，从而产生安全隐患。

7 结论

本次对某六度区中小学校舍抗震安全性现状进行了检测鉴定和归纳总结。该地区经济发展情况水平居全国中等偏上水平，六度设防烈度在全国也较为普遍，其校舍调查数据具有较强的代表性，可供建设单位、加固设计单位等单位的对照参考。

我国中小学校舍数量庞大，鉴定任务十分艰巨。在尚未进行专业鉴定的情况下，建设单位和相关主管部门可以对照本单位的工程现状，初步了解各工程可能存在的问题，以便进行有针对性的整改。对于加固设计单位，则可以了解校舍经常出现的问题，有针对性地进行设计和加固处理。

参考文献

[1] GB 50011—2001. 建筑抗震设计规范 [S]. 北京：中国建筑工业出版社.
[2] GB 50223—2008. 建筑工程抗震设防分类标准 [S]. 北京：中国建筑工业出版社.
[3] GB 50292—1999. 民用建筑可靠性鉴定标准 [S]. 北京：中国建筑工业出版社.
[4] GB 50023—2009. 建筑抗震鉴定标准 [S]. 北京：中国建筑工业出版社.

疏忽导致的混凝土收缩裂缝实例

郑玉庆[1] 王文钢[2]

1. 上海市工程结构新技术重点实验室，上海，200032
2. 上海市第十人民医院基建处，上海，200072

【摘　要】 商品混凝土的日益普及对提高工程质量有着积极的作用，但是商品混凝土收缩裂缝的纠纷也时有发生。收缩是混凝土材料的固有特性，是指混凝土在空气中结硬时产生的体积收缩。在一定条件下，收缩可使混凝土结构产生裂缝，本文是疏忽导致的收缩裂缝的典型案例。

【关键词】 商品混凝土，收缩，裂缝

1　房屋情况和建造过程调查

某厂辅助楼，两跨5开间的三层框架，跨度8.0m，东西向柱距7.0m，一层层高5.2m，二、三层层高4.2m，主体结构采用商品混凝土，二层拟作为浴场使用，建设方与混凝土供货方协议提供防渗混凝土。

二层梁、板2004年5月16日浇筑（2004年5月15日为雨天），商品混凝土到现场后，施工方发现坍落度较大（约160mm），但未按规定退货，而是一方面继续浇筑混凝土，另一方面打电话通知供货方要求减小坍落度，但无效果。混凝土浇筑早上7：30开始，中午11：30结束。5月17日早上开始保湿养护时发现楼板上有裂缝，于是通知建设方和供货方。双方对该批混凝土质量问题协商未果，遂发生合同纠纷，为此，法院委托我站对该批混凝土质量进行检测评估。

现场楼面以不规则的板底微细裂缝为主，板底渗水，板面未见明显裂缝，此外三层楼面也存在类似的裂缝渗水现象，如图1所示。

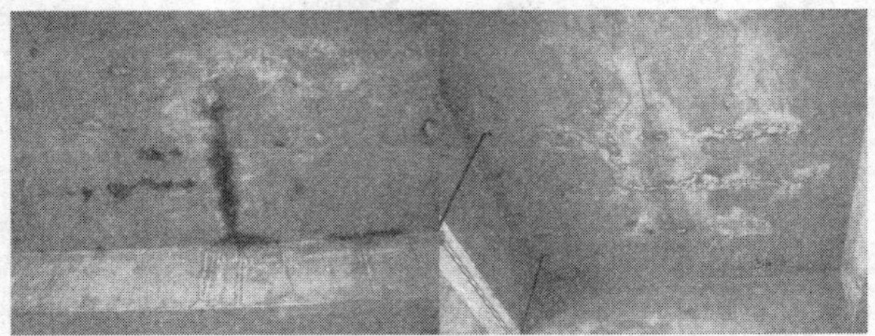

图1　典型板底裂缝、渗水痕迹

作者简介：郑玉庆，工学硕士，高级工程师，主要从事结构研究和房屋质量检测项目，E-mail：zhengyuqing@sribs. jk. sh. cn。

王文钢，大学本科，高级工程师，主要从事建筑工程管理，E-mail：wang_ wg2000@126. com。

2　现场情况调查和分析

2.1　混凝土配合比

对双方提供的混凝土配合比报告、预拌（商品）混凝土发货单等进行调查，原告、被告提供的混凝土配合比报告、预拌（商品）混凝土发货单一致，对混凝土的配合比分析，混凝土所用各种材料的品种、规格、用量等正常，水灰比为0.49，见表1。

进一步对混凝土配合比调整通知单进行核查发现，由于前日下大雨，当日的砂含水率为6%，实际伴制时按照3%的含水率扣除水的用量，每盘多用水48kg，相应的少用砂48kg，见表1，实际的水灰比为0.56，远大于设计水灰比0.49。

起初，供货方对自己的混凝土质量是充满信心的，这一情况显然出乎他们的预料，面对自己提供的资料，他们无言以对，不得不承认由于疏忽导致的失误，并以此为例进行内部整顿。

表1　混凝土配合比和调整情况

材料名称	水泥	砂	石	水	粉煤灰	外加剂
品种规格	PO42.5	中	粒径5－25	自来水	Ⅱ级灰	YN－1－3
混凝土配合比（kg/m^3）	311	800	1030	175	44	4.60
每盘质量（kg）	622	1600	2060	350	88	9.20
含水率（%）		6.0	1.0			
每盘实际质量（kg）	622	1648	2081	281	88	9.20
备注		应为1696kg		应为233kg		

2.2　混凝土强度和实验室抗渗实验

对双方提供28d龄期的混凝土试块抗压强度进行调查，混凝土强度达到设计要求，见表2。在现场对混凝土强度进行测试，结果混凝土强度测试值30.6～34.9MPa，混凝土强度达到设计值。

表2　混凝土试块抗压强度

<table>
<tr><th></th><th>抗压强度（MPa）</th><th>强度代表值（MPa）</th><th>折合标准试块强度（MPa）</th><th>达到设计强度（%）</th></tr>
<tr><td rowspan="3">供货方</td><td>33.9</td><td rowspan="3">35.0</td><td rowspan="3">33.2</td><td rowspan="3">111</td></tr>
<tr><td>34.8</td></tr>
<tr><td>36.2</td></tr>
<tr><td rowspan="6">建设方</td><td>35.9</td><td rowspan="3">36.7</td><td rowspan="3">36.7</td><td rowspan="3">122</td></tr>
<tr><td>35.2</td></tr>
<tr><td>39.1</td></tr>
<tr><td>37.3</td><td rowspan="3">35.0</td><td rowspan="3">35.0</td><td rowspan="3">117</td></tr>
<tr><td>35.7</td></tr>
<tr><td>32.0</td></tr>
</table>

实验室提供的混凝土抗渗检验报告表明：水压力加压至 0.7MPa 试块无渗漏，抗渗性能合格。

2.3 存在问题及原因分析

通过上述调查，事实已经非常清楚，由于技术人员疏忽，混凝土配合比调整通知单出现错误，实际的配合比与设计配合比不一致，导致混凝土水灰比增大、坍落度增大，并使混凝土的收缩值偏大，是楼面产生较多的裂缝和渗水的主要原因。

如果建设方发现混凝土坍落度异常时，按照规定退货，也不会发生问题，但建设方和施工单位没有按照有关规定退货，而是继续施工，在施工管理上也有过错。

值得说明的是，混凝土硬化时的体积收缩是一种必然现象，在完全自由的状态下，收缩只会引起构件的缩短，而不会产生裂缝。受到结构的整体作用，每一构件都受到不同程度的约束，因此，混凝土收缩必然在结构、构件中产生应力，材料和施工均正常的混凝土也会产生一些裂缝损伤。本案三层楼面裂缝即是例证。

2.4 处理建议

混凝土强度达到设计要求，现场以不规则的微细裂缝为主，对主体结构安全不构成威胁，因此，不必采用结构加固的措施，但众多微观裂缝、渗水等对房屋的使用功能有影响，双方在此方面也有不同意见。

二层拟作为浴场使用，根据建设方的设想，采用防渗混凝土便可防水（建设方为私企业主，图纸及部分修改不规范）。根据《建筑地面设计规范》(GB 50037)，有水流淌的地段，应采用不吸水、易冲洗、防滑的面层，并应设置隔离层。隔离层可采用防水卷材类、防水涂料类和沥青砂浆等材料。显然，浴场需要另做防水层。

因此，我们建议二层混凝土板面做配筋细石混凝土，采用防水卷材类、防水涂料类和沥青砂浆等材料做隔离层，隔离层上另做面层，板底可采用粉刷层、涂料等进行封闭处理。

3 结论

影响混凝土收缩的因素很多，材料及用量、结构体型、钢筋用量、施工工艺、浇筑时的温度、湿度、风力、施工养护等均有关系，要完全防止收缩裂缝是很困难的，但在改善和控制收缩裂缝方面，我们还有许多工作值得做。本案中混凝土搅拌站技术人员的疏忽、施工管理的放松导致了一起工程质量和合同纠纷，事实证明，许多造成危害性的收缩裂缝都是在某方面重视不足的情况下造成的。

参考文献

[1] 国家标准 GB 50010—2002. 混凝土结构设计规范 [S].
[2] 国家标准 GB 50204—2002. 混凝土结构工程施工及验收规范 [S].
[3] 国家标准 GB/T 50344—2004. 建筑结构检测技术标准 [S].
[4] 王铁梦. 工程结构裂缝控制 [M]. 上海建工出版社 1997.

印度某煤塔结构安全分析

席向东　张文革　韩腾飞　张　伟

中冶建筑研究总院有限公司，北京，100088

【摘　要】对印度某煤塔的施工质量进行检查，对其承载力采用有限元程序进行计算分析，评价其安全性，提出相应的加固处理方案。

【关键词】工程质量，安全性，有限元

1　概况

印度某煤塔，设计储煤量2800t，煤塔总长32.51m，宽10.0m，总高42.32m。采用钢筋混凝土框架剪力墙结构，筏板基础，混凝土强度主体采用C40，受力钢筋主要采用三级钢，中方为设计方及设备供货商。

该煤塔由竖壁和斜壁组成料仓，中部设分煤仓，分煤仓悬挂在7个巨型桁架下，巨型桁架支承在两侧竖壁上。在两侧竖壁外侧悬挂钢桁架，与竖壁上的牛腿共同支承捣固机。

主体基本竣工后，中方在现场检查时发现，多处构件未按照合理施工顺序进行施工，且存在钢筋锚固长度不足等问题，由于煤塔设计储煤量较大，结构体系复杂，关键部位未按照设计要求施工存在着严重的安全隐患。必须对其进行检查鉴定。鉴于印度国内没有相应的鉴定标准，且煤塔设计也是依据中国规范进行，所以本次鉴定主要依据我国《工业建筑可靠性鉴定标准》(GB 50144—2008）进行。

2　现场调查

现场检查发现。该煤塔主要存在以下问题：

（1）由于对设计图纸理解偏差，多道梁未施工或未按要求施工；

（2）支承捣固机的牛腿受力钢筋锚固长度不满足设计要求；

（3）竖壁与斜壁、斜壁与分煤仓壁之间钢筋锚固存在缺陷，锚固长度不足，或钢筋出现阴角；

（4）存在大量的露筋、孔洞、蜂窝、脱模不净、夹杂垃圾现象；

（5）混凝土浇筑结合面存在显著缝隙；

（6）多处出现严重跑模。

席向东，1973.10，男，河南人，高级工程师，硕士，主要从事建筑物检测鉴定及抗震研究，eastxi@sina.com

张文革，1966.04，男，山西人，教授级高工，硕士，主要从事建筑物检测鉴定及抗震研究同时对混凝土进行了钻芯、回弹、超声测缺、钢筋布置、构件尺寸复核等检测，检测后发现：

（1）混凝土芯样强度严重偏低，在送实验室的27个芯样中，有25个未达到40MPa，平均值28.3MPa，最小值16.8MPa；按浇筑时间大致可分为三个浇筑批次，按照钻芯修正的回弹法推定，第一批次推定值23.96MPa，第二批次20.52MPa，第三批次16.07MPa。

（2）从芯样表观可以看出，混凝土内部存在大量气孔。

（3）在现场进行的10个超声测区位置中，有8个存在内部缺陷。

（4）钢筋布置和截面尺寸基本符合设计要求。

（5）钢筋送检结果表明，屈服强度满足要求，但屈强比较低，且部分样品最大力总伸长率不满足要求，说明钢筋延性较差。

3 有限元分析

为了准确分析煤塔结构的安全性，特采用midas和sap两种软件分别对其进行建模计算，其中未施工或未按要求施工的梁属于传力体系的重要构件，如果按照实际情况建模将改变受力体系，导致煤塔无法正常承载，所以计算时仍按照设计要求布置，但在加固方案中必须着重处理：

3.1 单元选取

梁柱采用frame单元，竖壁、斜壁和分煤仓壁采用shell单元。外挂桁架及各辅助钢平台按照荷载输入，所有节点均为刚性节点。

3.2 加载

主要荷载包括：结构自重、储煤自重、外挂捣固机及钢桁架、各层平台荷载、风荷载等。

其中煤压力是所有荷载中的关键因素，不仅数值大，而且不正确的加载会引起计算的极大偏差，不能一味的偏安全计算竖壁以及斜壁的煤压力，必须使所加荷载水平方向互相平衡，竖向合力应与煤总自重相当，如果水平方向煤压力不平衡，会引起额外的柱底水平反力和弯矩，使内力严重偏离实际值。

3.3 地震作用

由于该煤塔位于地震区，设防烈度7度，基本地震加速度0.15g，煤塔重心较高，地震作用也对煤塔安全有显著影响，而合理确定质量是非常重要的。

结构自重以及平台活荷载均按照规范中的方法进行选取，但煤塔内的储煤则必须慎重对待，煤既不同于完全固定于结构上的刚性体，也不同于自由流动的流体，介于二者之间，经多方论证，最终按照0.6的系数考虑储煤的质量进行验算。

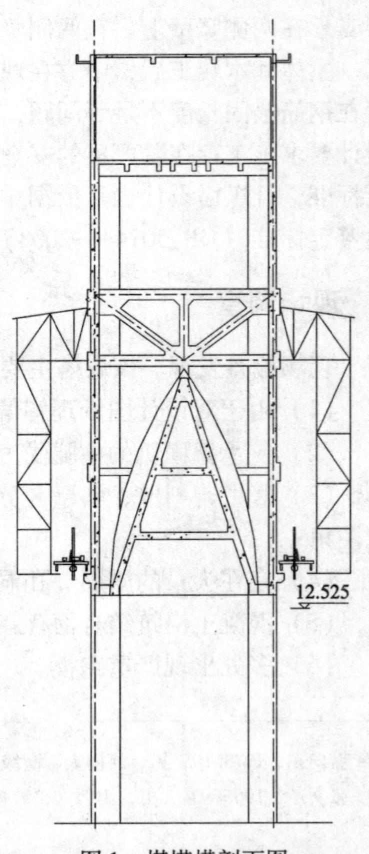

图1 煤塔横剖面图

3.4　验算结果

对照两个模型的计算结果，各构件内力基本一致，参照原设计计算结果，有以下几点：

（1）混凝土强度降低对构件内力分布影响较小；

（2）混凝土强度降低，使构筑物侧移量有所增加，所以必须考虑柱子的 P－delta 效应；

（3）由于混凝土强度降低，造成主框架柱、竖壁及斜壁的各道梁承载力均不能满足要求，安全裕度一般在 06～0.8 之间；

（4）竖壁、斜壁承载力略低于设计要求，安全裕度在 0.9～1.0 之间；

（5）顶层框架和楼梯间框架由于传力体系明确，设计安全储备较小，所以不满足要求，但受弯构件对混凝土强度的敏感程度小于受压构件，安全裕度在 0.8～0.9 之间。

4　安全性分析

4.1　混凝土强度不足对安全性的影响

实测混凝土强度显著小于设计强度等级，其中第三批次仅达到 16.07MPa，即便强度最高的第一批次也只有 23.96MPa，远未达到 C40 的设计要求。对于混凝土强度反映敏感的主框架柱、顶层框架柱及楼梯间柱均不能满足要求，平台梁板由于其明确的传力体系而未采取更高的安全裕度，也不能满足要求。

竖壁和斜壁由于受力复杂，设计时对其给予较高的安全裕度，所以承载力虽然不足，但差距较小。

4.2　钢筋锚固缺陷对安全性的影响

钢筋锚固缺陷在这里包括两个层面的问题，一方面施工单位本身对图纸理解有误，例如牛腿的受力钢筋在锚固端部未按照图纸所示的那样向下弯折，直接造成锚固长度不足。竖壁上所留的斜壁插筋与设计位置存在偏差，浇筑时强行弯折插筋，在混凝土保护层深度范围形成阴角，造成锚固隐患，一旦受力保护层会崩落，钢筋丧失锚固力。

另一方面，由于混凝土强度实际值没有达到设计要求，从另一方面造成所有钢筋的搭接、端部锚固不能满足要求，而这一方面很容易被忽视，而且对于主体已经完工的构筑物来讲，基本上不具备补救的条件。所以计算构件安全性时必须考虑钢筋锚固缺陷对结构承载力的负面影响。折减系数可按照实测混凝土强度与设计混凝土强度等级对应的抗拉强度比值计算，例如设计强度等级 C40，实测混凝土强度等级 C20，那么对构件钢筋面积的影响系数就是 1.10/1.71＝0.64。实际的折减应根据具体条件进行分析，对于采用机械连接、焊接连接钢筋，则在支座以外的区域是不需要折减的。

4.3　钢筋延性不足对安全性的影响

实测钢筋屈服强度值较高，但强屈比偏低，在 1.12～1.18 之间，且部分样品最大力总伸长率仅为 6.5%，说明印度钢筋，至少该构筑物所采用钢筋，具有强度高、延性差的特点。而钢筋的延性对处于地震区的混凝土构筑物却具有重要的意义，钢筋延性较差，使构筑物的变形能力受到削弱，构件不能在变形中充分耗能，容易引起脆性破坏，导致结构失效垮塌，所以在评价构筑物安全性时必须考虑钢筋对其延性的不利影响。

4.4 其他缺陷对安全性的影响

除了混凝土强度不足、锚固缺陷、钢筋延性差以外，该构筑物还出现了大量的蜂窝、孔洞、露筋、结合面缺陷等，所有这些都不同程度地降低了构件的整体性、耐久性，特别是很多结合面内夹杂垃圾，严重削弱了构件的承载力，必须采取对应措施。

5 加固处理意见

通过检查、检测、计算及相关分析，该煤塔整体上是不安全的，不能满足原设计的 7 度（0.15g）设防，储煤 26000kN 的承载要求，经过综合论证分析，处理意见如下：

（1）由于混凝土强度不足造成钢筋锚固力下降从而降低构件承载力，在构筑物主体已基本完工的现实情况下，大范围全面加固不太可能而且花费巨大，而且很难通过加固来弥补钢筋锚固长度不足的缺陷，所以不推荐全面加固的处理方案。

（2）通过与工艺协商，建议缩短皮带机检修时间，从而降低最大储煤量，测算后，认为 1600t 可以达到工艺与结构安全的平衡点，被各方所接受。

（3）由于混凝土强度偏低，密实度较差，其耐久性已不能满足印度当地湿热气候，建议将使用年限由原设计的 50 年降低为 20 年。

（4）在竖壁、斜壁之间增设混凝土腋，加强连接。

（5）对未施工或未按要求施工的梁，进行补设或者剔凿后重新施工并进行加强。

（6）对顶层框架及平台采用分别增设叠合层或粘贴碳纤维等方式进行加固。

6 结语

随着我国工程建设水平提高，涉外工程越来越多，而由于国情差异、规范差异，带来很多新课题需要我们去面对、研究、解决，从该项目，我们可总结一些经验。

我国涉外项目大多位于较落后国家，例如该项目，当地没有引入监理制度，而且由于文化上的差异，管理层对一线工人大多管理非常宽松，从而在混凝土浇筑这个在国内质量控制水平已经很高的施工项目上还存在不振捣、结合面不清理杂物、施工工序错误等问题，从而带来结构安全隐患，所以对于该类项目从保证施工质量的角度还是尽量采用国内队伍，但有些国家对外国工人限制较多，此时国内应该派遣强有力的骨干技术力量在现场进行监督。该项目施工中存在的问题也是由中方技术人员在现场发现的，发现问题后，业主也认识到施工单位技术力量的薄弱，强烈要求中方派遣技术服务队伍，一方面作为设计方进行现场技术服务，一方面行使类似国内监理职能对施工单位进行监督。

从检测鉴定的角度来讲，对国外项目检测一定要从人员、仪器、检测方案等多方面认真准备，在国外经常会为很小的辅助材料例如耦合剂甚至电池等而耽误工期，虽然这些在国内都不是问题。

从安全评价的角度来讲，合理的建立模型，准确加载是至关重要的，如果一味偏安全的增加荷载，例如在斜壁上按照最大值加等值荷载，会造成两侧不平衡，从而引起柱底的巨大水平反力和弯矩，致使配筋或截面达到了不合理的水平。计算时不能盲目的依靠现代有限元软件，必须从周期、总反力以及内力分布的合理性上加以判断，避免由于不合理简化或者假定引起的错误。

国外检测项目方兴未艾，不断提高我们的技术水平，丰富我们的检测手段，在国际上树立良好形象，迎接新时代的到来。

参考文献

[1] GB 50144—2008. 工业建筑可靠性鉴定标准 [S].
[2] GB 50367—2006. 混凝土结构加固设计规范 [S].

房屋工程地面起砂探讨

左继军

盘锦市建设工程检测中心，盘锦，124013

【摘　要】　分析造成水泥地面起砂的原因，并提出相应的防治和修补技术措施。
【关键词】　地面起砂，防治和修补措施

1　前言

建筑物房屋工程地面起砂已成为严重的质量通病，我们只有分析地面起砂的原因，才能将质量通病彻底消除在萌芽状态。

下面就房屋工程地面起砂的各种原因、防治方法及修补措施作一探讨。

2　地面起砂

2.1　现象

地面表面粗糙，光洁度差，颜色发白，不坚实。走动后，表面先有松散的水泥灰，用手摸时像干水泥面。随着走动次数的增多，砂粒逐渐松动或有成片水泥硬壳剥落，露出松散的水泥和砂子。

2.2　原因分析

（1）水泥砂浆拌合物的水灰比过大，即砂浆稠度过大。根据试验证明，水泥水化作用所需的水分约为水泥质量的20%～25%，即水灰比为0.2～0.25。这样小的水灰比，施工操作是很困难的，所以实际施工时，水灰比都大于0.25。但水灰比和水泥砂浆强度两者是呈反比的，水灰比增大，砂浆强度降低。如果施工时用水量过多，将会大大降低面层砂浆的强度；同时，施工中还将造成砂浆泌水，进一步降低地面的表面强度，完工后一经走动磨损，就会起灰砂。

（2）不了解水泥硬化的基本原理，工序安排不适当，以及底层过干或过湿等，造成地面压光时间过早或过迟。压光过早，水泥的水化作用刚刚开始，凝胶尚未全部形成，游离水分还比较多，虽经压光，表面还会出现水光（即压光后表面浮一层水），对面层砂浆的强度和抗磨能力很不利；压光过迟，水泥已终凝硬化，不但操作困难，无法消除面层表面的毛细孔及抹痕，而且会扰动已经硬结的表面，也将大大降低面层砂浆的强度和抗磨能力。

（3）养护不适当。水泥加水拌合后，经过初凝和终凝进入硬化阶段。但水泥开始硬化并不是水化作用的结束，而是继续向水泥颗粒内部深入进行。随着水化作用的不断深入，水泥砂浆强度也不断提高。水泥的水化作用必须在潮湿环境下才能进行。水泥地面完成后，如果不养护或养护天数不够，在干燥环境中面层水分迅速蒸发，水泥的水化作用就会受到影响，减缓硬化速度，严重时甚至停止硬化，致使水泥砂浆脱水而影响强度和抗磨能力。此外，如果地面抹好后不到24h就浇水养护，也会导致大面积脱皮，砂粒外露，使用后起砂。

（4）水泥地面在尚未达到足够的强度就上人走动或进行下道工序施工，使地表面遭受破坏，容易导致地面起砂，这种情况在气温低时尤为显著。

（5）水泥地面在冬期施工时，若门窗未封闭或无供暖设备，就容易受冻。水泥砂浆受冻后，强度将大幅度下降；这主要是水在低温下结冰时，体积将增加9%，解冻后，不复收缩，因而使孔隙率增大；同时，骨料周围一层水泥浆在冰冻后，其粘结力也被破坏，形成松散颗粒，人一经走动也会起砂。

（6）冬期施工时在新做的水泥地面房间内生炭火升温，燃烧时产生的二氧化碳气体是有害的，它和水泥砂浆（混凝土）表面层接触后，与水泥水化后生成的尚未结晶硬化的氢氧化钙反应，生成白色粉末状的新物质——碳酸钙。这是一种十分有害的物质，本身强度不高，且还能阻碍水泥砂浆（混凝土）内水泥水化作用的正常进行，从而显著降低地面面层的强度，常常造成地面凝结硬化后起砂。

（7）原材料不符合要求：

① 水泥强度等级低，或者用过期结块水泥、受潮结块水泥，这种水泥活性差，影响地面面层强度和耐磨性能。

② 砂子粒度过细，拌合时需水量大，水灰比加大，强度降低，试验证明，用同样配合比制作成的砂浆试块，细砂拌制的砂浆强度比用中粗砂拌制的砂浆强度约低25%～35%。砂子含泥量过大，也会影响水泥与砂子的粘结力，容易造成地面起砂。

2.3　预防措施

（1）严格控制水灰比。用于地面面层的水泥砂浆的稠度不应大于3.5cm，用混凝土和豆石混凝土铺设地面时的坍落度不应大于3cm。施工前垫层要充分湿润，刷浆要均匀，冲洗间距不宜太大，最好控制在1.2m左右，随铺灰随用短刮杠刮平。混凝土面层宜用平板振捣器振实，豆石混凝土宜用辊子滚压，或用木抹子拍打密实，使其表面泛浆，以保证面层的强度和密实度。

（2）掌握好面层的压光时间。水泥地面的压光一般不应少于三遍。第一遍应在面层铺设后随即进行。先用木抹子均匀搓打一遍，使面层材料均匀、紧密、抹压平整，以表面不出现水层为宜。第二遍压光应在水泥初凝后、终凝前完成（一般以上人时有轻微脚印但又不明显下陷为宜），将表面压实、压平整。第三遍压光主要是消除抹痕和闭塞细毛孔，进一步将表面压实、压光滑（时间应掌握在上人不出现脚印或有不明显的脚印为宜），但切忌在水泥终凝后压光。

（3）水泥地面压光后，应视气温情况，一般在一昼夜后进行洒水养护，或用草帘、锯末覆盖后洒水养护。使用普通硅酸盐水泥的水泥地面，连续养护时间不应少于7d；用矿渣硅酸盐水泥的水泥地面，连续养护的时间不应少于10d。

（4）合理安排施工流向，避免上人过早。水泥地面应尽量安排在墙面、天花板的粉刷等装饰工程完工后进行，避免对面层产生污染和损坏。如必须安排在其他装饰工程之前施工，应采取有效的保护措施，如铺设草帘、油毡、塑料布等，并应确保7～10d的养护期。

特别指出的是严禁在已做好的水泥地面上拌合砂浆，或倾倒于水泥地面上。

(5) 在低温条件下抹水泥地面，应防止早期受冻。抹地面前，应将门窗玻璃安装好，或增加供暖设备，以保证施工环境温度在 -5℃以上。采取炉火取暖时，应设有烟囱，有组织地向室外排放烟气。温度不能过高，并应保持室内有一定的湿度。

(6) 水泥宜采用早期强度较高的普通硅酸盐水泥，其强度等级不应低于32.5，安定性要好。过期结块或受潮结块的水泥不得使用。砂子宜采用中粗砂，含泥量不应大于3%。用于面层的豆石和碎石粒径不应大于15mm，也不应大于面层厚度的2/3，含泥量不应大于2%。

(7) 采用无砂水泥地面，面层拌合物内不用砂，用粒径为2~5mm的米石（瓜籽石）拌制，配合比宜用水泥：米石=1：2（体积比），稠度亦应控制在3.5mm以内。这种地面压光后，一般不起砂，必要时还可以磨光。

2.4　治理方法

(1) 小面积起砂且不严重时，可用磨石将起砂部分水磨，直至露出坚硬的表面。也可以用纯水泥浆罩面的方法进行修补，其操作顺序是：清理基层——→充分冲洗湿润——→铺设纯水泥浆（或撒干水泥面）1~2mm——→压光2~3遍——→养护。如表面不光滑，还可水磨一遍。

(2) 大面积起砂，可用107胶水泥浆修补，具体操作方法和注意事项如下：

① 用钢丝刷将起砂部分的浮砂清除掉，并用清水冲洗干净。地面如有裂缝或明显的凹痕时，先用水泥拌合少量的107胶制成的腻子嵌补。

② 用107胶加水（约一倍水）搅拌均匀后，涂刷地面表面，以增强107胶水泥浆与面层的粘结力。

③ 107胶水泥浆应分层涂抹，每层涂抹约0.5mm厚为宜，一般应涂抹3~4遍，总厚度为2mm左右。底层胶浆的配合比可用水泥：107胶：水=1：0.25：0.35，搅拌均匀后涂抹于经过处理的地面上。操作时可用刮板刮平，底层一般涂抹1~2遍，面层胶浆的配合比可用水泥：107胶：水=1：0.2：0.45，一般涂抹2~3遍。

④ 当室内气温低于10℃时，107胶将变稠甚至会结冻。施工时应提高室温，使其自然融化后再进行配制，不宜直接用火烤加温或加热水的方法解冻。107胶水泥浆不宜在低温下施工。

⑤ 107胶掺入水泥（砂）浆后，有缓凝和降低强度的作用。试验证明，随着107胶掺量的增多，水泥（砂）浆的粘结力也增加，但强度则逐渐下降。107胶的合理掺量应控制在水泥重量的20%左右。

⑥ 涂抹后按照水泥地面的养护方法进行养护，2~3d后，用细砂轮或油石轻轻将抹痕磨去，然后上蜡一遍，即可使用。

(3) 对于严重起砂的水泥地面，应作翻修处理，将面层全部剔除掉，清除浮砂，用清水冲洗干净。铺设面层前，凿毛的表面应保持湿润，并刷水灰比为0.4~0.5的素水泥浆，以增强其粘结力，然后用1：2的水泥砂浆另铺一层面层，必须做到随刷浆随铺设面层。面层铺设成型后，应注意养护。

3　结束语

综上所述，只有严格按照规范、规程和标准施工，杜绝马虎草率行为，才有可能根治或大大减少房屋地面起砂。只要抓住施工这一环节，严把质量关，就有可能控制其他影响因素。通过对所选用材料的检测复试可以把住材料关。这样层层把关，房屋工程的地面起砂可以大大减少，以至于最终可以彻底清除。

检测鉴定阶段对建设工程质量评定

周子义　周柯生

浙江衢州康平建筑工程司法鉴定事务所，衢州，324000

【摘　要】 检测鉴定阶段对建设工程质量的评定与质量竣工验收有共同之处也有不同之处，一般不宜做出合格与不合格的鉴定结论。鉴定应针对建设工程质量的特点，根据建设项目施工图设计文件、施工技术资料、工程建设标准和规范，做出客观的结论；对工程项目出现的质量问题，通过验算和技术分析，找出质量问题的原因，分清质量责任，提出修补方案，指出能达到安全和使用功能，还是能正常使用；对不能继续承载的工程结构，应及时出具鉴定报告，要求业主立即采取措施。

【关键词】 司法鉴定，建设工程，质量评定

建设工程质量问题比较复杂，涉及多个责任主体。《建设工程质量管理条例》(国务令第279号）确定建设单位、勘察单位、设计单位、施工单位和监理单位均为建设工程的质量责任主体。建设工程一旦出现质量问题，各责任主体往往各执一词，互相推诿，不愿承担责任。而鉴定建设工程质量本身及确定责任主体的问题，又具有很强的技术性和专业性。随着法治的不断健全和当事人维权意识的不断增强，对工程质量缺陷有争议的，当事人一般会启动司法鉴定程序，委托具有相应资质的司法鉴定机构进行鉴定。

从工程质量问题发生的时间和阶段来看，有的争议发生在保修阶段，也有的争议发生建设项目使用两年以上已有工程。从启动鉴定的性质来看，有的委托进行司法鉴定，有的委托进行诉前鉴定，也有的委托进行非讼鉴定。

检测鉴定阶段对建设工程质量的评定与质量竣工验收有共同之处也有不同之处，一般不宜做出合格与不合格的鉴定结论。鉴定应针对建设工程质量的特点，根据建设项目施工图设计文件、施工技术资料、工程建设标准和规范，做出客观的结论：对工程项目出现的质量问题，通过验算和技术分析，找出质量问题的原因，分清质量责任，提出修补方案，指出能达到安全和使用功能，还是能正常使用；对不能继续承载的工程结构，应及时出具鉴定报告，要求业主立即采取措施。

1　司法鉴定对建设工程质量的评定与建设工程质量的竣工验收有共同之处，也有不同之处

司法鉴定对建设工程质量的评定和建设工程质量的竣工验收均以施工图设计文件、工程

1. 周子义，鉴定副科长，工程师。地址：浙江省衢州市荷三路281号五楼，邮编：324002。

2. 周柯生，主任，高级工程师。

建设标准规范和技术规程的基本要求以及验收规范的规定为基准，以检验测试数据为依据，评判工程质量。当设计要求高于标准规范的要求时，以设计要求为基准；当设计要求低于标准规范的要求时，以标准规范的要求为基准，责任不完全由施工单位承担。对于建筑工程施工质量验收统一标准（GB 50300—2001）公布实施后的建设工程，应按与该统一标准配套的施工质量验收规范的规定进行质量评定，对于《建筑工程施工质量验收统一标准》(GB 50300—2001）公布实施之前建造的建设项目，应按建造时有效的工程施工及验收规范、有效的技术标准规范或技术规程的规定进行质量评定。应该注意，标准规范中的施工工艺要求不宜作为工程质量的评定依据，是分析施工质量问题原因的依据。

值得重视的是在各类鉴定实践中，村镇公共建筑和农村或城镇中自建住宅的质量纠纷占相当的比重。对于村镇中的公用建筑，虽然在建造时可能没有按相应的标准规范和技术规程的规定进行设计与施工，也可以按照上述原则进行结构工程施工质量的评定。对于农村或城镇中的自建住宅，可参考上述原则进行工程施工质量的评定。

无论哪类性质的鉴定，对建设工程质量的评定都是司法鉴定人按科学、客观、独立、公正的原则，利用本人的专业知识和工作经验，根据受鉴项目的施工图设计文件、相关的工程建设标准规范和施工阶段形成的技术资料，做出结论性的意见。

建设工程质量竣工验收有规定的组织和程序。《建筑工程施工质量验收统一标准》(GB 500300—2001）第 6.0.3 条、第 6.0.4 条和第 6.0.7 条以强制性条文规定，单位工程完工后，施工单位应自行组织有关人员进行检查评定，并向建设单位提交工程验收报告，建设单位收到工程验收报告后，应由建设单位（项目）负责人组织施工（含分包单位)、勘察、设计、监理等单位（项目）负责人进行单位工程验收，并做出合格与否的综合验收结论。单位工程质量竣工验收合格后，建设单位应在规定时间内将工程竣工验收报告和有关文件，报建设行政管理部门备案。

2　对建设工程质量进行司法鉴定，一般不宜做出合格或不合格的鉴定结论，而应做出工程质量是否符合施工图设计文件、工程建设规范标准的鉴定结论

《建设工程质量管理条例》(国务院令第 279 号）规定：建设单位、勘察单位、设计单位、施工单位、工程监理单位依法对建设工程质量负责，都是建设工程质量主体。因此，《建筑工程施工质量验收统一标准》(GB 50300—2001）规定，建设工程质量合格与否的结论，只能由建设单位组织建设工程各质量责任主体，通过规定的程序进行竣工验收后才能得出。验收合格的条件有五个：除构成单位工程的各分部工程应该合格，并且有关质量控制资料完整以外，还须进行以下三个方面的检查。涉及安全和使用的分部工程应进行检验资料的复查，不仅要全面检查其完整性（不得有漏检缺项)，而且对分部工程验收时补充进行的见证抽样检验报告也要复核。这种强化验收的手段体现了对安全和主要使用功能的重视。此外，对主要使用功能还须进行抽查。使用功能的检查是对建筑工程和设备安装工程最终质量的综合检验，也是用户最为关心的内容。因此，在分项、分部工程验收合格的基础上，竣工验收时再作全面检查。抽查项目是在检查资料文件的基础上由参加验收的各方人员商定，并用计量、计数的抽样方法确定检查部位，检查要求按有关专业工程施工质量验收标准的要求进行。最后，还须由参加验收的各方人员共同进行观感质量检查，最后共同确定是否通过验收。《中华人民共和国建筑法》第六十一条规定：建筑工程竣工经验收合格后，方可交付使用；未经验收或者验收不合格的，不得交付使用。

建设工程出现质量问题，引起当事人纠纷，应启动鉴定程序，其原因是多方面的。

一是结构的先天缺陷。工程设计是把各种现有的技术成果转换为生产力的一种手段和活动。在进行工程设计时，尽管设计人员尽最大可能考虑了影响工程安全和使用的诸多因素，在结构上采取了各种各样的处理措施，但是由于技术水平的限制，实际结构有其各自的结构特点和与众不同的使用环境以及施工质量的差异，竣工使用后的结构不可能完全被设计分析时采取的数学模型所描述，使用中实际情况与原先设计构思有一定的差异。另外，场地选择的错误，基础方案的不合理，结构体系选择上的失误或计算方法选择上的差异等均可能在工程中留下隐患，导致结构的先天不足。结构的先天不足还可能源于施工，造成这类隐患的原因很多，如使用了劣质或低等级建筑材料，施工管理和质量控制措施不利，技术设备落后施工程序不合理，施工人员素质低技术水平差，甚至有些施工企业为了减少开支采取偷工减料等手段，导致工程质量低劣，达不到设计要求。

二是结构的后天损害。恶劣的使用环境是引起结构缺陷和损伤的一个主要原因。在长期的外部环境及使用环境条件下，外部介质每时每刻都在侵蚀结构材料，导致其组成材料的劣化，工程结构的功能将逐渐地被削弱，甚至丧失，这是一个不可改变的客观规律。按照劣化作的性质来分，外部环境对工程结构的侵蚀作用一般可以分为三类：

（1）物理作用：如高温及高湿、温湿变化，霜冻及冻融现象，粉尘及流水冲刷，辐射等因素对结构材料的劣化。

（2）化学作用：如含有酸、碱或盐等化学介质的气体或液体，一些其他有机材料、烟气等向结构材料内部侵入，产生化学作用，引起材料组成成分的变化。

（3）生物作用：如一些微生物、真菌、水藻、水动物、蠕虫、昆虫、多细胞作物等对工程材料的破坏。

意外灾害也是结构后天损伤的一个重要原因。意外灾害包括自然灾害和人为灾害，它们使工程结构受到严重损害，甚至完全丧失其结构功能。

使用不当也会造成对工程结构的损害。对有建筑结构而言，使用不当造成损伤的原因是多方面的。如随意改变使用功能，增大使用荷载；为了达到某种装璜效果，随意改变甚至拆除承重结构；为了增大建筑面积，未经设计单位验算设计，对原有建筑进行扩建甚至加层改造等。

对建设工程质量进行司法鉴定，主要是通过司法鉴定人的专业知识和技术经验，根据工程标准规范，采用必要的检测和验算手段，对建设工程质量进行鉴定。因此，对建设工程质量进行司法鉴定，一般不宜做出合格或不合格的鉴定结论：一是鉴定机构和司法鉴定人独立地进行鉴定，不具备施工质量竣工验收规定的主体和程序；二是法律规定不合格的工程不得交付使用，一旦对已投入使用的工程做出不合格的鉴定结论，将在法律和规章上引起混乱，影响正常的工作生产、生活秩序。因此，鉴定机构对建设工程质量进行鉴定，应做出工程质量是否符合施工图设计文件、工程建设规范标准的鉴定结论；对可以继续承载的工程出现的质量缺陷，经过验算和技术分析，找出质量问题的原因，分清质量责任，提出修补方案；对不能继续正常承载的工程结构，应根据工程建设规范标准，及时出具鉴定报告，要求业主立即采取措施。

3　司法鉴定实践中，建设单位特别是相当数量商品房屋的业主，由于不了解建设工程的质量特点，不具备工程结构的专业知识，对建设工程产生一些质量缺陷，就认为工程结构不符合安全要求，要求拆除或退房，引起了一些不必要建设工程质量纠纷。

国务院颁发的《质量振兴纲要》中第一次科学地对质量进行了分类，将质量划分为三种，即：第一种服务质量；第二种产品质量；第三种工程质量。所谓服务质量，是指向客户或购买者提供的一种非物质型的“软”质量。所谓产品质量，是指各行各业生产的除建设工程以外的各种产品的质量，它们受国家《产品质量条例》的管辖。我们日常接触到的大多数工业生产的物品，包括工程上所使用的建筑材料产品，都属于这个范畴。所谓工程质量即建设工程质量，是独立于产品质量外的单独一种类型的质量，它受国家《建设工程质量管理条例》（国务院令第279号）的管辖。将建设工程质量单列一类，主要是由建设工程的重要性和特殊性决定的。

以上定义与分类，与国际通用分类方法基本一致，并以国务院文件形式颁发，应该是对工程质量的权威定义与分类。

建设工程质量的特点是由工程项目的特点决定的：工程项目的特点一是具有单项性。工程项目不同于工厂中连续生产的相同产品，它是按业主的建设意图单项进行建造的，其施工内外部管理条件、所在地点的自然和社会环境、生产工艺过程等也各不相同。即使类型相同的工程项目，其设计、施工也会存在着千差万别。二是具有一次性与寿命的长期性。工程项目的实施必须一次成功，它的质量必须在建设的一次过程中全部满足合同规定的结构安全和使用功能要求。它不同于工业产品，如果不合格可以报废，售出的可以用退货或退还货款的方式补偿顾客的损失。建设工程项目的质量缺陷只能采取返修或返工的方式使其工程建设达到标准。三是具生产管理方式的特殊性。建设工程项目施工地点是特定的，产品位置固定而操作人员流动。因此，这些特点形成了工程项目管理方式的特殊性。这种管理方式的特殊性还体现在工程项目建设必须实施工程监理（或业主自行监理），这样可以对建设工程质量的形成有制约和提高的作用。四是具有风险性。建设工程项目在自然环境中进行建设，受大自然的阻碍或损害很多；由于建设周期很长，遭遇社会风险的机会也很多；工程的质量会受到或大或小的影响。

正是由于上述工程项目的特点而形成了建设工程质量本身的特点，即：

（1）影响因素多。如决策、设计、建筑材料、施工机械、施工环境、施工工艺、施工方案、操作方法、技术措施、管理制度、施工人员素质等均直接或间接地影响建设工程项目的质量。

（2）质量波动大。工程建设因其具有复杂性、单一性，不像一般工业产品的生产那样，有固定的生产流水线，有规范化的生产工艺和完善的检测技术，有成套的生产设备和稳定的生产环境，有相同系列规定和相同功能的产品，所以其质量波动性大。

（3）质量变异大。由于影响工程质量的因素较多，任一因素出现质量问题，均会引起工程建设系统的质量变异，造成工程质量事故。

（4）质量隐蔽性。建设工程项目在施工过程中，由于工序交接多，中间产品多，隐蔽工程多，若不及时检查并发现其存在的质量问题，事后看表面质量可能很好，容易产生第二判断错误，即将不合格的产品认为是合格的产品。

（5）终检局限大。建设工程项目建成后，不可能像某些工业产品那样，可以拆卸或解体来检查内在的质量，可以做到零缺陷出厂。而建设工程项目最终检验时难以发现工程内在的隐蔽的质量缺陷。

正是由于上述建设工程质量的特点，国家施工质量验收规范中规定：对施工过程中不符合标准规定的部位可采取返修措施，对不合格的工程部位可采取返工措施，使其能够达到验收标准或仍能满足安全使用要求，从而可以通过验收交付使用。

《建设工程质量管理条例》(国务院令第 279 号）第二十四条和第三十二条都以工程质量问题的处理做出了规定，根据这些条款，已有建筑物出现质量问题，经过有资质的鉴定机构验算和技术分析，找出质量问题的原因，分清质量责任，提出修补方案，同时由责任单位、业主协商好修补费用的来源，最后能达到安全和使用功能，已有建筑物还是能正常使用的。

当然，国家施工质量验收规范才是强制性条文，规定通过返修或加固处理仍不能满足安全使用要求的工程，严禁验收或使用。

某影剧院抗震性能检测鉴定

张　靖[1]　王乐天[2]　王　沙[1]

1. 内蒙古工业大学土木工程学院，呼和浩特，010051；
2. 内蒙古伊泰置业有限责任公司，鄂尔多斯，017000

【摘　要】　人员密集的公共建筑如果在地震中受到严重破坏，不仅会造成大量人员伤亡和经济损失，而且对社会产生极大的影响。汶川地震后，各地相继对一些重要的公共建筑进行了抗震鉴定，其中影剧院最为典型。本文依据我国现行抗震鉴定相关规范规程，结合影剧院的特殊结构体系及特点，对某影剧院的抗震性能进行了检测鉴定，提出了合理处理建议。
【关键词】　影剧院，承载力验算，抗震鉴定，处理建议

1　工程概况

某影剧院始建于二十世纪七十年代中期，至今已使用近35年，原设计图纸不齐全。该影剧院建筑面积约4892m^2，由钢筋混凝土结构（大厅部分）和砌体结构（化妆间部分）组成，整体建筑平面大致呈长方形，东西长69.3m，主要轴网尺寸为6.0m；南北长37.2m，主要轴网尺寸为3.0m。该影剧院于1998年进行加层改造，在门厅和休息厅上部各增加一层钢结构。

2　检测依据、范围、内容

依据国家相关技术标准、规范和规程的要求，主要检测范围为影剧院主体结构。检测内容为：(1) 结构体系、结构构件连接及填充墙布置情况检查；(2) 构件混凝土强度检测；(3) 构件配筋情况检测；(4) 构件截面尺寸检测；(5) 墙体砌筑用砖强度检测；(6) 墙体砌筑砂浆强度检测；(8) 建筑物垂直度测量；(9) 结构外观质量检查；(10) 结构安全性及抗震性能验算和鉴定；(11) 处理建议。

3　检测结果

3.1　结构体系、结构构件连接及填充墙布置情况

该影剧院由大厅和化妆间两部分组成，两楼间设置防震缝。大厅包括观众厅、舞台、门厅、休息厅；观众厅和舞台均为单层空旷混凝土结构房屋；门厅和休息厅原为二层框架结构房屋，1998年改造时，上部各增加一层钢结构，现均为三层。化妆间为二层砌体结构辅助用房。该影剧院结构平面布置示意图见图1

影剧院沿纵向的立面高度变化较多，结构的整体体系较复杂，经过改建和临时搭建

（原混凝土结构上加钢结构）后，现存的建筑结构形式较混乱。该影剧院观众厅总高度约14.36m，舞台总高度约20.3m，门厅总高度约10.0m，休息厅总高度约9.0m，化妆间总高度约5.2m。该影剧院楼、屋面板主要采用装配整体式楼、屋盖。观众厅屋顶为钢屋架。混凝土结构和上部加层钢结构的连接部位采用高强螺栓，未发现漏拧、松动现象，连接可靠。砌体填充墙在平面和竖向的分布基本均匀对称。

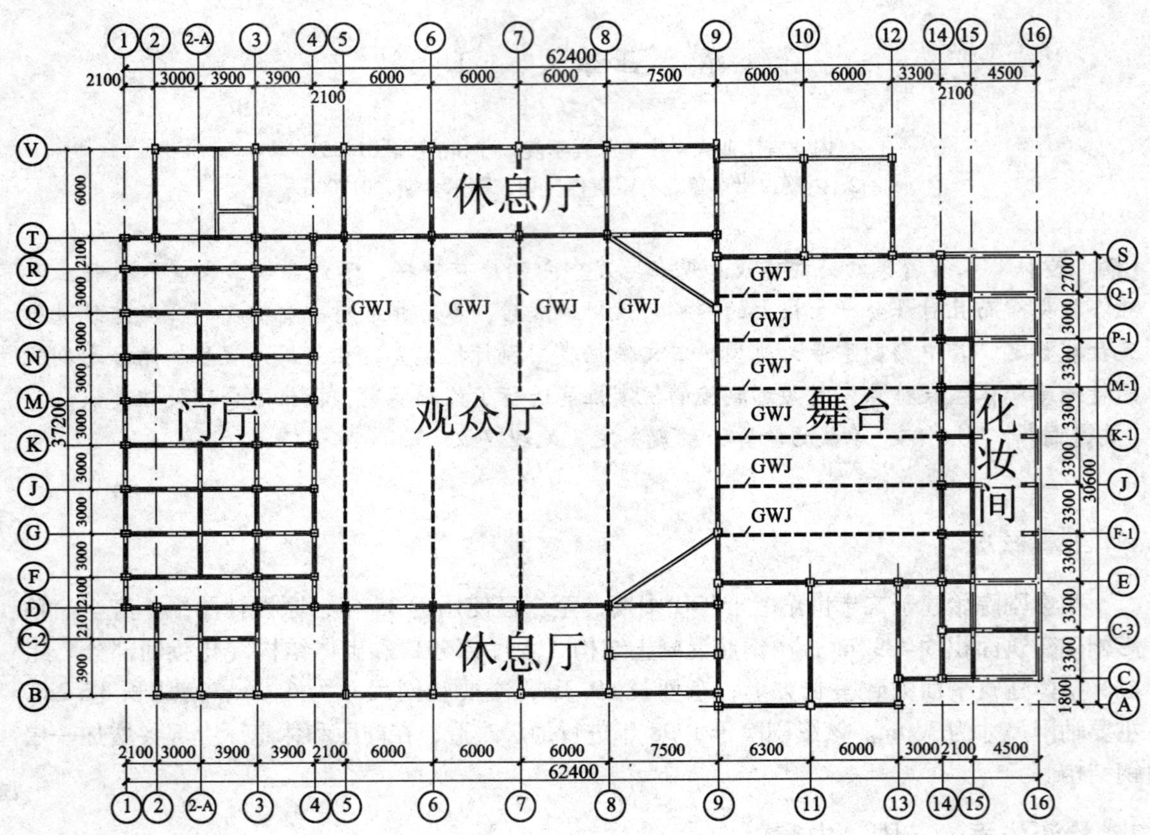

图1 该影剧院结构平面布置示意图

3.2 构件混凝土强度检测结果

根据设计图纸，该影剧院框架柱混凝土设计强度标号为250号，相当于强度等级C23，框架梁混凝土设计强度标号为200号，相当于强度等级C18。

采用回弹法对该楼的框架柱、梁分类进行批量检测。为保证检测结果的准确性，在该工程部分构件上钻取芯样对回弹检验结果进行修证。经计算，该楼框架柱混凝土强度推定区间为31.7～32.6MPa，框架梁混凝土强度推定区间为30.2～31.6MPa，根据《建筑结构检测技术标准》(GB/T 50344—2004）对于计量抽样检测批的规定，该楼一层～三层框架柱混凝土强度均满足设计强度为250号（C23）的要求，框架梁混凝土强度均满足设计强度为200（C18）号的要求。

3.3 构件配筋情况检测结果

采用雷达仪和钢筋磁感应测定仪对混凝土构件的钢筋配置情况进行抽样检测。检测结果表明：受检柱、梁构件主筋根数及箍筋间距均满足设计要求，但部分柱、梁加密区长度、加密区箍筋间距和箍筋最小直径不满足《建筑抗震设计规范》(GB 50011—2001) 的要求。

3.4 构件截面尺寸检测结果

采用钢卷尺对大厅部分中构件的截面尺寸进行抽样检测。按《混凝土结构工程施工验收规范》(GB 50204—2002)、《钢结构工程施工质量验收规范》(GB 50205—2001) 有关规定，受检柱、梁构件的截面尺寸均符合设计要求。

3.5　墙体砌筑用砖强度检测结果

根据设计图纸及现场检测，该楼化妆间部分墙体砌筑用砖为蒸压灰砂砖，砖强度标号为100号，相当于强度等级MU10。对蒸压灰砂砖采用取样检测方法，从该楼随机抽取蒸压灰砂砖进行抗压试验，结果表明：化妆间所测墙体砌筑用蒸压灰砂砖强度等级为MU10，满足设计强度等级为MU10的要求。

3.6　墙体砌筑砂浆强度检测结果

根据设计图纸，化妆间墙体砌筑砂浆强度标号为25号，相当于强度等级M2.5。采用回弹法检测化妆间墙体砌筑砂浆强度，结果表明：化妆间所测墙体砌筑砂浆推定强度为1.4MPa，低于设计强度等级为M2.5的要求。

3.7　建筑物垂直度测量及结构外观质量检查结果

采用全站仪对建筑物垂直度进行检测，建筑物垂直度检测结果为：顶点侧向位移最大值为10mm，相当于$H/1436$。

通过对该影剧院结构外观进行检查，构件未见露筋、锈蚀及混凝土开裂等损伤，舞台个别框架柱错位，见图2；钢柱、钢梁、钢屋架未见明显锈蚀等缺陷；主体结构无明显变形、倾斜；未发现因地基不均匀沉降引起的主体结构裂缝及其他明显外观缺陷；个别填充墙体有横向或斜向裂缝。将部分柱、梁构件的钢筋保护层剔开，对钢筋锈蚀情况进行检查，发现大部分受检构件钢筋表面存在一定程度的锈蚀现象，但锈蚀未对钢筋有效截面产生影响。

图2　柱上下错位

4 结构安全性及抗震性能验算和鉴定

4.1 抗震措施鉴定

依据《建筑工程抗震设防分类标准》(GB 50223—2008) 和《建筑抗震鉴定标准》(GB 50023—2009)(以下简称标准) 的规定，按抗震设防分类为丙类建筑，抗震设防烈度为8度，对该楼按后续使用年限30年的A类钢筋混凝土房屋，根据检测结果和结构现状情况对抗震措施进行鉴定，结果如下：

(1) 混凝土结构部分（大厅)：

① 结构布置、平面规则性、填充墙的间距与厚度均满足标准要求，但结构的整体刚度分布欠均匀；

② 构件混凝土强度满足标准要求；

③ 部分柱、梁的钢筋配置与构造不满足标准要求。

由于混凝土结构（大厅）部分抗震措施不满足标准要求，根据《建筑抗震鉴定标准》(GB 50023—2009) 的规定，需对该结构进行第二级鉴定（结构抗震承载力验算)，从而评定其是否满足抗震鉴定要求。

(2) 砌体结构部分（化妆间)：

① 房屋的总高度与层高均满足标准要求；

② 房屋的高宽比满足标准要求，但抗震墙间距、平面墙体布置均不满足标准要求；

③ 墙体砌筑用砖强度等级达到 MU10 的要求；

④ 墙体砌筑砂浆强度等级低于 M2.5 的要求；

⑤ 圈梁的钢筋配置和截面尺寸满足标准要求，但圈梁水平间距不满足标准要求；

⑥ 房屋承重门窗最小宽度、外墙尽端至门窗洞边的距离均满足标准要求；

⑦ 局部抗震承载力简化验算结果不满足标准要求。

由于砌体部分（化妆间）横墙间距超过刚性体系最大值4m且有多项抗震措施不符合标准要求，根据《建筑抗震鉴定标准》(GB 50023—2009) 中5.2.10的规定，综合抗震能力不满足标准要求，不再进行第二级鉴定。

4.2 结构安全性及抗震承载力验算

采用PKPM系列软件对结构安全性及抗震承载力进行验算。

(1) 验算中所取的有关参数

对大厅部分进行结构安全性及抗震承载力验算所采用的基本参数为：

竖向荷载根据 (GB 50009—2001) 结合设计图纸及实际情况确定；

风荷载、雪荷载：基本风压 $W_0=0.45\text{kN/m}^2$。地面粗糙度类别为C类，基本雪压为 0.40kN/m^2；

地震作用：地震烈度按8度 ($0.20g$)，场地土类型为Ⅱ类，设计地震分组为第一组。

材料强度：框架柱、梁的混凝土强度按实测强度取值，柱取C30，梁取C30，主筋强度设计值参照HRB335，箍筋的强度设计值参照HPB235；三层钢结构部分框架柱、梁采用焊接H型钢、工形钢、槽钢三种；钢屋架采用双拼等边角钢，钢材种类采用Q235。

结构布置、构件截面尺寸和钢筋配置情况按设计图纸结合实际情况取值。

（2）构件承载力验算结果

根据验算结果，框架柱轴压比最大值为0.68，满足《建筑抗震鉴定标准》(GB 50023—2009）中二级框架的框架柱轴压比不大于0.8的规定。将各层框架柱、梁验算所需钢筋与设计所配钢筋进行比较，一层～三层部分框架柱、梁设计配筋不满足验算所需配筋要求。对观众厅上部屋面钢屋架截面承载力进行计算分析，根据验算结果：屋架上弦杆、下弦杆、腹杆和拉杆的承载力均满足规范要求。

5 处理建议

与普通混凝土结构的抗震鉴定相比，该影剧院的结构体系较为复杂，且因其进行过二次改造，使得其结构体系更为繁琐。作为影剧院，该结构的顶部跨度大，对抗震检测鉴定及加固提出了更高的要求。

通过上述检测鉴定，针对该建筑物的特殊性，建议对其进行加固处理，具体措施如下：

（1）对配筋量不满足规范要求的框架柱、梁和超筋的框架柱、梁进行加固处理；

（2）对构造措施不满足标准要求的部位进行增加构造措施处理；

（3）对砌体部分房屋进行加固处理；

（4）因该结构体系较复杂，后续混凝土结构的加固量较大，加固后的整体结构上下刚度相差更大，在地震作用中上部钢结构偏柔容易外闪，因此须对连接处进行特别加强处理。

6 结语

通过对该影剧院的检测鉴定，结合其本身结构复杂、使用年限长、顶部跨度大等特点，根据相关规范规程以及专业软件的计算分析，对该影剧院的抗震加固提出具体建议，对具有复杂结构、特殊功能的公共建筑进行抗震性能检测鉴定有着重要的现实意义。

参考文献

[1] GB 50153—2008. 工程结构可靠性设计统一标准［S］. 北京：中国建筑工业出版社，2008.
[2] GB 50009—2001. 建筑结构荷载规范［S］. 北京：中国建筑工业出版社，2006.
[3] GB 50223—2008. 建筑工程抗震设防分类标准［S］. 北京：中国建筑工业出版社，2008.
[4] GB 50023—2009. 建筑抗震鉴定标准［S］. 北京：中国建筑工业出版社，2009.
[5] GB 50010—2002. 混凝土结构设计规范［S］. 北京：中国建筑工业出版社，2002.
[6] GB 50011—2001. 建筑抗震设计规范［S］. 北京：中国建筑工业出版社，2008.
[7] GB 50292—1999. 民用建筑可靠性鉴定标准［S］. 北京：中国建筑工业出版社，1999.
[8] GB/T 50344—2004. 建筑结构检测技术标准［S］. 北京：中国建筑工业出版社，2004.
[9] GB 50003—2001. 砌体结构设计规范［S］. 北京：中国建筑工业出版社，2001.
[10] JGJ/T 23—2001. 回弹法检测混凝土抗压强度技术规程［S］. 北京：中国建筑工业出版社，2001.
[11] CECS 03：2007. 钻芯法检测混凝土强度技术规程［S］. 北京：中国建筑工业出版社，2007.
[12] JGJ 8—2007. 建筑变形测量规范［S］. 北京：中国建筑工业出版社，2007.

碳纤维用于钢筋混凝土梁受剪加固的试验研究及分析

杜德杰[1] 徐福泉[2]

1. 北京工业大学建工学院，北京，100124
2. 中国建筑科学研究院，北京，100013

【摘 要】 本文进行了碳纤维布加固钢筋混凝土梁的受剪性能试验研究，试验中考虑的影响因素有剪跨比、混凝土强度、加固量以及锚固措施。针对采用碳纤维布环包加固的混凝土梁，统计了碳纤维受剪承载力降低系数取值，同时通过试验验证有效的附加锚固措施，保证碳纤维布无法环包时可以达到环包时的效果。

【关键词】 碳纤维布，受剪加固，环形外包，承载力降低系数

1 引言

碳纤维增强塑料（Carbon Fiber Reinforced Plastic）加固修补混凝土结构技术是一项新兴的结构加固技术，由于碳纤维布加固混凝土结构具有高强、高效、施工便捷、耐久耐腐、不增加结构自重及结构尺寸等优点，目前已在工程中广泛应用[1]。

在过去二十余年，各国大学及科研机构相继进行了较多的碳纤维材料加固性能的试验研究及理论分析，对碳纤维材料及加固构件的性能有了一定的认识。目前，《碳纤维片材加固混凝土结构技术规程》(CECS146：2003）以及《混凝土结构加固设计规范》(GB 50367—2006）均提出了碳纤维加固的设计方法，都考虑了碳纤维发挥的降低系数。本文进行了碳纤维用于钢筋混凝土梁受剪性能试验研究，针对采用碳纤维布环包加固的混凝土梁，统计了碳纤维受剪承载力降低系数取值。同时通过试验验证有效的附加锚固措施，保证碳纤维布无法环包时可以达到环包时的效果。

2 试验介绍

2.1 试件设计

试件分为两组，如图1所示：一组为矩形截面简支梁，截面尺寸为200mm×300mm，跨度1.7m，净跨1.3m，受拉纵筋3Φ25，受压纵筋2Φ20，箍筋Φ6@150；另一组为T形截面简支梁，截面宽200mm，高300mm，翼缘宽500mm，翼缘高60mm，受拉纵筋3Φ25，受压纵筋2Φ20，箍筋Φ6@150。钢筋及碳纤维材料性能指标分别见表1和表2，试件具体情况见表3。

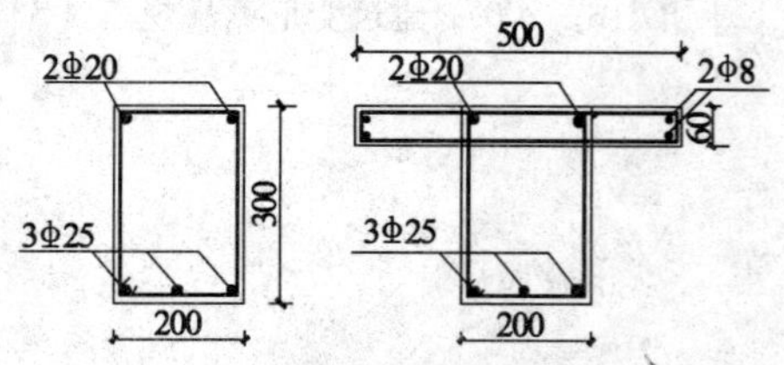

图1 试件截面配筋图

表1　钢筋实测力学指标

钢筋规格	屈服强度（MPa）	极限强度（MPa）	弹性模量（MPa）
Φ6	348	513	2.1×10^5
Φ20	395	588	2.0×10^5
Φ25	370	572	2.0×10^5

表2　碳纤维力学指标

材料种类	厚度（mm）	弹性模量（MPa）	抗拉强度（MPa）
碳纤维	0.111/0.167	2.30×10^5	3500

表3　试件主要参数及试验结果

试　件	混凝土强度 f_{cu}（MPa）	截面形状	剪跨比 λ	碳纤维宽度 w_{cf}（mm）	碳纤维间距 s_{cf}（mm）	粘贴方式	极限荷载（kN）	破坏模式
Lj-400-U	45.7	矩形	1.521	—	—	—	522.7	剪压破坏
Lj-400-50-100	45.9	矩形	1.521	50	100	环包	760.8	碳纤维拉断
Lj-400-50-50	26.8	矩形	1.521	全包	全包	环包	692.1	碳纤维拉断
Lj-400-50-100-U	34.4	矩形	1.521	50	100	U形箍	535.6	碳纤维剥离
Lj-500-U	32.1	矩形	1.901	—	—	—	359.7	剪压破坏
Lj-500-50-150	32.1	矩形	1.901	50	150	环包	449.4	碳纤维拉断
Lj-650-U	45.9	矩形	2.471	—	—	—	258	剪压破坏
Lj-650-50-150	26.8	矩形	2.471	50	150	环包	368.3	碳纤维拉断
LT-400-65-130-U	45.9	T形	1.521	65	130	U形箍至腹板顶	650.1	碳纤维剥离
LT-400-65-130	34.4	T形	1.521	65	130	穿透翼缘环包	618.1	碳纤维拉断
LT-400-65-130-GB	26.8	T形	1.521	65	130	U形箍至腹板顶	540.6	碳纤维拉断

注：除试件Lj-650-50-150采用0.111mm碳纤维布外，其他加固试件均采用0.167mm的碳纤维布。

实际加固中，由于有楼板的作用，碳纤维的粘贴受到楼板的限制，为考察实际情况，制作T形截面梁3根，各试件分别采用下述方法加固处理：

（1）试件LT-400-65-130-U粘贴U形碳纤维至腹板顶，不采用附加锚固措施，以考察实际梁不采用附加措施的加固效果。

（2）试件LT-400-65-130在翼缘上钻孔，使碳纤维穿过孔洞环包，为避免孔洞处碳纤维应力集中而产生破坏，在孔洞位置增加了一层碳纤维作为附加锚固，如图2（c）所示。

（3）试件LT-400-65-130-GB粘贴U形碳纤维至腹板顶，采用钢板压条附加锚固。

T形试件加固施工完后，为与矩形试件对比，剔除了混凝土翼缘，使试验梁变为矩形截面，从而考察各种附加锚固措施的效果。

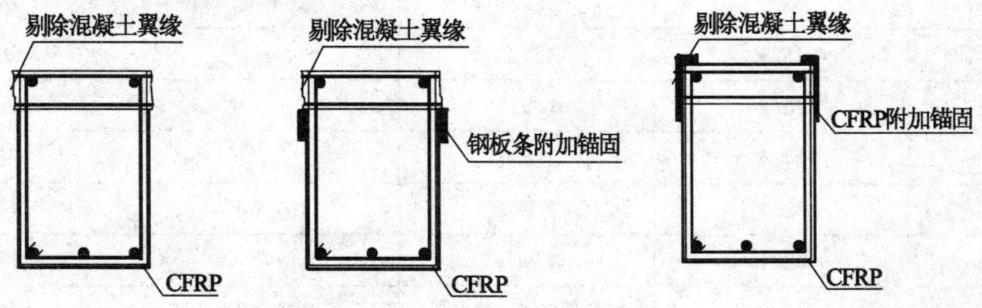

图2　T形试件的处理

（a）加固方案1；（b）加固方案2；（c）加固方案3

2.2　试验仪表布置及加荷方案

试验中量测的主要内容有：剪弯段箍筋应变，碳纤维应变，跨中挠度，裂缝宽度。

试验采用两点加荷，加荷点到支座的距离分别为650mm（剪跨比为2.471）、500mm（剪跨比为1.901）及400mm（剪跨比为1.521）。

试验加荷采用分级单调加载的形式，每级荷载20kN，在每级荷载下记录应变值、位移值，并连续绘制荷载－位移曲线。在试验中用放大镜观察裂缝，并随时记录裂缝发展情况。

3　试验结果及分析

加固梁的承载力试验结果见表3，由表3可知，采用碳纤维受剪加固后，梁的受剪承载力显著提高：试件Lj-400-50-100与试件Lj-400-U的混凝土强度基本相同，但受剪承载力提高了约46%，试件Lj-500-U与试件Lj-500-50-150对比也表明了这一事实。其他试件混凝土强度不同，试验数据之间缺乏明确的可比性。

为了进一步考察碳纤维加固梁的性能，需要了解各种混凝土强度的原梁承载力，参照普通钢筋混凝土梁的受剪承载力的回归公式[2]：

$$\frac{Q}{R_a bh_0}=K_1+K_2\frac{P}{R_a}+K_3\frac{\mu_k R_g}{R_a} \tag{1}$$

式中　$K_1=\frac{0.08}{m-0.3}$，当K_1小于0.03时，取0.03；当K_1大于0.1时，取0.1；

$K_2=\frac{10}{m}$；$K_3=0.4+0.3m\leqslant 1.0$；

P——纵筋配筋率百分比，$P=100\mu$；

R_a——混凝土强度，kg/cm^2；

R_g——钢筋强度，kg/cm^2；

m——剪跨比；

μ_k——箍筋配筋率。

未加固混凝土梁的受剪承载力计算结果见表4，试件1、5、7（剪跨比分别为1.521、1.901及2.471）的计算值与试验值基本吻合，对于相同剪跨比的其他构件可以采用上述公式进行受剪承载力的计算。

表4　未加固梁受剪承载力计算结果

试　件	f_{cu}（MPa）	λ	实测受剪承载力（kN）	计算受剪承载力（kN）
1	45.7	1.521	263.45	248.80
2	45.9	1.521	—	263.45
3	26.8	1.521	—	196.21
4	34.4	1.521	—	218.68
5	32.1	1.901	181.64	176.90
6	32.1	1.901	—	176.90
7	45.9	2.471	130.69	128.31 *
8	26.8	2.471	—	134.90

续表

试　件	f_{cu}（MPa）	λ	实测受剪承载力（kN）	计算受剪承载力（kN）
9	45.9	1.521	—	263.45
10	34.4	1.521	—	218.68
11	26.8	1.521	—	196.21

注：1. 试件7由于混凝土强度很高，箍筋小于最小配箍率，剪跨比较大，箍筋没有完全发挥其作用，按照规范规定，受剪承载力计算中不计入箍筋项的影响；
2. 试件2及试件9与试件1的混凝土强度基本相同，故取试件1的实测受剪承载力为其计算受剪承载力。

现行的设计规范在加固梁受剪承载力计算上采取未加固梁和碳纤维提供受剪承载力直接相加的方式，即：

$$V_b \leqslant V_{brc} + V_{bcf} \tag{2}$$

其中　V_b——加固梁的受剪承载力；

V_{brc}——未加固梁的受剪承载力；

V_{bcf}——碳纤维对加固梁受剪承载力的贡献。

计算碳纤维对加固梁受剪承载力的贡献，结果见表5。

表5　碳纤维受剪承载力贡献

试　件	f_{cu}（MPa）	λ	V_{brc}（kN）	V_b（kN）	V_{bcf}（kN）
Lj-400-U	45.7	1.521	263.45	263.45	—
Lj-400-50-100	45.9	1.521	263.45	382.24	118.79
Lj-400-50-50	26.8	1.521	196.21	348.08	151.87
Lj-400-50-100-U	34.4	1.521	218.68	269.67	50.99
Lj-500-U	32.1	1.901	181.64	181.64	—
Lj-500-50-150	32.1	1.901	181.64	226.47	44.83
Lj-650-U	45.9	2.471	130.69	130.69	—
Lj-650-50-150	26.8	2.471	134.90	185.98	51.08
LT-400-65-130-U	45.9	1.521	263.45	326.83	63.38
LT-400-65-130	34.4	1.521	218.68	310.83	92.15
LT-400-65-130-GB	26.8	1.521	196.21	272.17	75.96

由试验碳纤维受剪承载力贡献可知：

（1）随着碳纤维加固量的增加，碳纤维对受剪承载力的贡献增加；

（2）U形粘贴碳纤维对受剪承载力的贡献低于碳纤维环包，碳纤维环包试件的破坏状态为碳纤维拉断；而U形粘贴碳纤维试件的破坏状态为碳纤维与混凝土剥离，没有达到其材料强度；

（3）T形截面梁的试验结果表明，采取附加钢板锚固及穿洞粘贴基本上可以达到碳纤维环包的性能，破坏状态均为碳纤维拉断，锚固措施比较有效；碳纤维对承载力的贡献存在一定差异，这可能是由于受剪承载力试验结果的离散性产生的。

4　碳纤维受剪承载力降低系数计算

现行规范均按加固梁不同剪跨比和条带的不同加锚方式，对碳纤维抗剪强度进行了折减。碳纤维加固梁受剪承载力的贡献为 $V_{bcf}=\alpha_{sv}\frac{A_{cf}f_{cfu}}{s_{cf}}h$，其中 $A_{cf}=2n_{cf}w_{cf}t_{cf}$，$\alpha_{sv}$ 为碳纤维受剪承载力降低系数，对碳纤维环包试件的试验数据进行分析，参考本文试验结果及文献资料，统计各试验条件下的 α_{sv}，具体结果见表6。

表6　碳纤维受剪承载力降低系数

试　件	f_{cu}（MPa）	剪　跨　比	α_{sv}
Lj-400-50-100	45.9	1.521	0.677
Lj-400-50-50	26.8	1.521	0.433
Lj-500-50-150	32.1	1.901	0.384
Lj-650-50-150	26.8	2.471	0.658
LT-400-65-130	34.4	1.521	0.526
LT-400-65-130-GB	26.8	1.521	0.433
1[5]	25.5	2.270	0.450
2[5]	25.5	2.270	0.450
3[5]	25.5	2.270	0.421
PC1[6]	40	2.25	0.614
PC2[6]	40	2.25	0.519
A[7]	57.6	2.67	0.484
E[7]	61.1	2.67	0.755
G[7]	55.6	2.67	0.897
SB1-11[8]	25	2.9	0.446
SB1-12[8]	25	2.9	0.407
Shr1-Q1（Ⅰ）[9]	25	2.7	0.380
Shr1-Q2（Ⅰ）[9]	25	2.7	0.387
Shr2-Q1（Ⅱ）[9]	25	2.7	0.391
Shr2-Q2（Ⅱ）[9]	25	2.7	0.454
Shr3-Q1（Ⅲ）[9]	25	2.9	0.457
Shr3-Q2（Ⅲ）[9]	25	2.9	0.466
平均值			0.504
标准差			0.135

不同剪跨比的碳纤维受剪承载力降低系数见图3，由图3可知，剪跨比对碳纤维受剪承载力降低系数的影响不大，参照《混凝土结构设计规范》(GB 50010—2002)，在计算箍筋对受剪承载力的贡献时，没有考虑剪跨比的影响，因此建议可不考虑剪跨比对碳纤维受剪承载力降低系数的影响，取碳纤维受剪承载力降低系数为0.50。

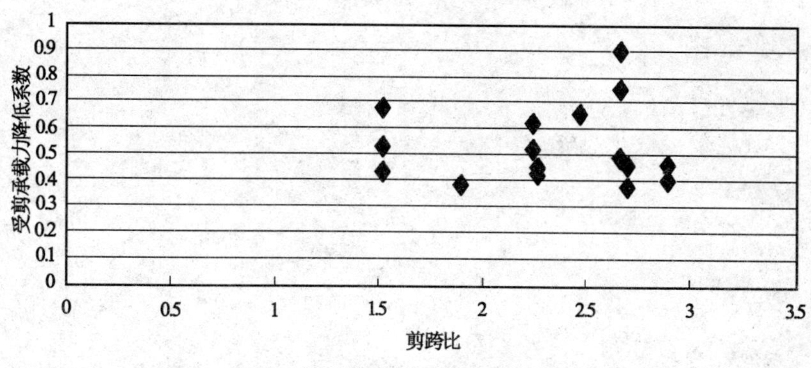

图3　碳纤维受剪承载力降低系数

当碳纤维无法环包时，可采用本文建议的附加锚固方案，使其承载力达到与环包时相同的效果。

5　结论

通过本次试验和分析，可以得出下列结论：

（1）U形粘贴碳纤维加固梁的破坏状态为碳纤维剥离，未能充分发挥其强度。

（2）碳纤维环包截面加固梁受剪效果较好，破坏状态为碳纤维拉断。

（3）当碳纤维无法环包时，可采取构造措施使其达到与环包时相同的效果，试验表明所提出的构造措施比较有效，试件破坏状态为碳纤维拉断。

（4）碳纤维受剪承载力降低系数建议取为0.5。

参考文献

[1] 徐福泉．碳纤维布加固钢筋混凝土梁静载性能研究［D］．中国建筑科学研究院．2001.8.

[2] 钢筋混凝土结构设计与构造：85年设计规范背景资料汇编，中国建筑科学研究院．1985.7.

[3] 中国建设标准化协会标准．碳纤维片材加固混凝土结构技术规程［S］．中国计划出版社，2006.

[4] 中华人民共和国建设部．混凝土结构加固设计规范［S］．中国建筑工业出版社，2006.

[5] 谢剑．碳纤维织物增强钢筋混凝土梁承载能力的试验研究［D］．天津大学．

[6] Diagana C，Li A，Gedalia B，et al. Shear strengthening effectiveness with CFF strips［J］．Engineering Structures，2003，25：507～516.

[7] J. F. Chan，and J. G. Teng. Shear Capacity of Fiber-reinforced Polymer-Strengthened Reinforced Concrete Beams：Fiber Reinforced Polymer Rupture［J］．Journal of Structural Engineering，2003，129（5）：615～625.

[8] 冯雪松．碳纤维（CFRP）加固钢筋混凝土梁抗剪性能的试验研究［D］．东南大学．2005.3.

[9] 周毅雷，陈忠范．外包环形碳纤维布加固钢筋混凝土梁的受剪承载能力试验研究［J］．特种结构．2004，21（4）：62-65.